SQL Server 2019 数据库管理项目教程

（活页式）

主　编　黄小花　黄　侃　熊慧芳

副主编　姜如霞　胡冰华　熊汉卿

南昌三联印务有限公司

北京理工大学出版社

BEIJING INSTITUTE OF TECHNOLOGY PRESS

内容简介

数据库管理技术是计算机科学中的重要组成部分，随着大数据时代的到来，学习和掌握数据库管理知识显得非常必要。

本书以活页式教材形式，根据活页式、工作手册式教材的特点，突出实践性和应用性，系统地介绍了使用 SQL Server 软件对数据库进行管理的全过程。全书共分为 12 个项目，主要内容包括数据库的设计、SQL Server 2019 安装与配置、数据库的创建与管理、数据表的创建与管理、约束的创建与管理、数据的查询、索引的创建与管理、视图的创建与管理、存储过程与函数的创建与管理、触发器的创建与管理、数据库的安全管理、数据库的备份与还原。

本书可以作为计算机网络技术、软件技术、电子商务技术及相关计算机专业的教材，也可以作为数据库自学者的参考书。

图书在版编目（CIP）数据

SQL Server 2019 数据库管理项目教程：活页式 / 黄小花，黄侃，熊慧芳主编. --北京：北京理工大学出版社，2021.9

ISBN 978-7-5763-0237-0

Ⅰ. ①S… Ⅱ. ①黄… ②黄… ③熊… Ⅲ. ①关系数据库系统-高等职业教育-教材 Ⅳ. ①TP311.132.3

中国版本图书馆 CIP 数据核字（2021）第 172965 号

出版发行 / 北京理工大学出版社有限责任公司
社　　址 / 北京市海淀区中关村南大街 5 号
邮　　编 / 100081
电　　话 / (010) 68914775（总编室）
　　　　　(010) 82562903（教材售后服务热线）
　　　　　(010) 68948351（其他图书服务热线）
网　　址 / http://www.bitpress.com.cn
经　　销 / 全国各地新华书店
印　　刷 / 南昌三联印务有限公司
开　　本 / 787 毫米×1092 毫米　1/16
印　　张 / 22.25
字　　数 / 524 千字
版　　次 / 2021 年 9 月第 1 版　2021 年 9 月第 1 次印刷
定　　价 / 68.00 元

责任编辑 / 王玲玲
文案编辑 / 王玲玲
责任校对 / 刘亚男
责任印制 / 施胜娟

前言

2019 年，教育部颁发的《国家职业教育改革实施方案》倡导使用新型活页式、工作手册式教材，为当代职业教育教材的开发指明了方向。随着“三教”改革的到来，新形势下的教学需有与之配套的新形式教材。在此背景下，教材组编写了本教材。

活页式教材作为一种新型教材开发模式，能更好地适应当前高校理论与实践一体化的课程模式。活页式教材具有以下特色：

①教材封装成活页形式，更好地实现了知识的动态生成。以活页式呈现教材内容，可方便对知识点进行补充和修订，实现教材的即时动态修订，体现工作手册教材的特点。

②教材中嵌入了大量二维码，方便读者随时扫码观看。我们为教材准备了大量的微课视频，将这些微课视频以二维码形式存放在书中内页对应章节处，供读者扫码观看。读者只要通过智能设备，使用微信轻轻一扫，即可随时观看对应的微课视频，非常方便，这也便于我们后期对教材内容的即时更新。

③教材的开发注重体系化和项目制。以体系化、项目制设计活页式教材，从培养需求出发，梳理学生学习中所需的各种知识和技能，形成系统化的清单，将所有知识清单组成一个连贯的体系，围绕体系中的清单实现教材活页化。

本教材编写过程中，以项目制、任务式方式进行。全书选择“教学管理”数据库作为一个完整教学项目，将整个项目分解为若干子项目，各子项目既相互独立，又有机联系。每个项目根据知识点划分为多个相互独立的完整工作任务，每个工作任务包含具体的任务工单、完成任务所需的前导知识、任务实施的步骤等。项目制、任务式方式注重培养学生的实践能力，将理论知识与实践技能融会贯通。

加入了课程思政元素，具备了以德树人的教育功能。课程思政已成为高校专业课程未来发展的方向，在专业课程中引入课程思政内容，对提升大学生素养有着重要的意义。为此，我们在编写教材时，为教材中的每个项目精心设置了“思政小课堂”，通过“思政小课堂”挖掘每个项目中隐含的思政元素，让学生在专业知识的学习中不自觉地接受思政教育，将专业教育与思政教学有机融合，培养了学生的道德情操。

以学生为中心，体现以学生为本位的教学理念。教材中设计的学习化工作任务单，确定了以“做中学”为主要特征的学习方法，学生需围绕工作任务，进行有计划、有步骤的操作，在实施工作任务过程中查阅完成任务所需前导知识。

开发了配套的信息化资源，注重课程一体化设计。新型活页式教材的使用不是独立存在的，我们更注重课程一体化设计，开发了一系列与之配套的数字化教学资源，如微视频、动画、电子教案、电子课件、题库、课题库、试卷库等，让教材与资源相互融合，实现无缝衔接，共同发挥其作用。同时，还为课程建立起立体式教学平台，使线上线下学习互通互补。

本书围绕“项目制、任务式”为主线进行编写，读者在阅读时，可先查看每章的“项目导读”，从整体上把握每个项目所涉及的知识内容；通过“项目目标”进一步明确该项目对知识点的要求及对重难点的把握；通过“项目地图”，以图谱的方式架构起项目知识体系框架；通过“思政小课堂”有机融入项目内容，建立起专业教育与思政教育相互融入的纽带。在完成项目中的各具体任务时，先详细查看任务工单，明确任务内容、任务目标、任务要求后，制订出解决任务的计划决策等方案，并尝试去完成任务；当完成任务有困难时，根据任务工单查阅完成任务所需的前导知识；根据前导知识的学习，写出任务的实施步骤，给出相应的代码并在 SQL Server 软件中调试运行；最后对任务进行检查、总结评估，对照任务工单，评估任务完成情况。

本书由江西交通职业技术学院黄小花老师、江西交通职业技术学院黄侃老师、江西交通职业技术学院熊慧芳老师担任主编；江西交通职业技术学院姜如霞老师、江西交通职业技术学院胡冰华老师、华东交通大学熊汉卿老师担任副主编。其中，项目 1 和项目 5 由江西交通职业技术学院黄小花老师编写；项目 4 由江西交通职业技术学院黄侃老师编写；项目 7 和项目 8 由江西交通职业技术学院熊慧芳老师编写；项目 2、项目 6、项目 10 由江西交通职业技术学院姜如霞老师编写；项目 11 和项目 12 由江西交通职业技术学院胡冰华老师编写；项目 3 和项目 9 由华东交通大学熊汉卿老师编写。

本书拥有配套的信息化资源，开放的电子教案、电子课件、源代码、习题答案等资源，可以在北京理工大学出版社网站下载。

由于编写时间仓促及作者水平有限，书中难免存在疏漏之处，欢迎广大读者和同仁提出宝贵意见。

目录

项目1 “教学管理”系统数据库的设计

【项目导读】

完整的数据库设计一般包含需求分析、概念结构设计、逻辑结构设计、物理结构设计、数据库实施、数据库运行和维护共6个阶段，本项目主要学习概念结构设计和逻辑结构设计两个阶段的内容。

概念结构设计主要是对现实世界进行建模，形成概念模型，而实体－联系模型（E－R模型）是描述概念模型最有力的工具。

概念层数据模型是面向用户、面向现实世界的数据模型，它与具体的数据库管理系统（DBMS）无关，因此还需对数据库进行逻辑结构设计。逻辑结构设计的主要任务是将用户绘制的E－R图转换为具体的DBMS支持的数据模型，这里主要是转换为关系模式。

为保证数据库中存放的数据具有准确性和可靠性，还需对数据库进行完整性设计。

本项目要完成“教学管理”系统数据库概念结构设计、数据库逻辑结构设计、数据库完整性设计共三个任务。

【项目目标】

- 掌握数据模型的概念、概念层数据模型和组织层数据模型的特点；
- 掌握局部E－R图、全局E－R图的绘制及E－R图的优化方法；
- 掌握E－R图转换为关系模式的方法；
- 掌握数据库完整性设计方法。

【项目地图】

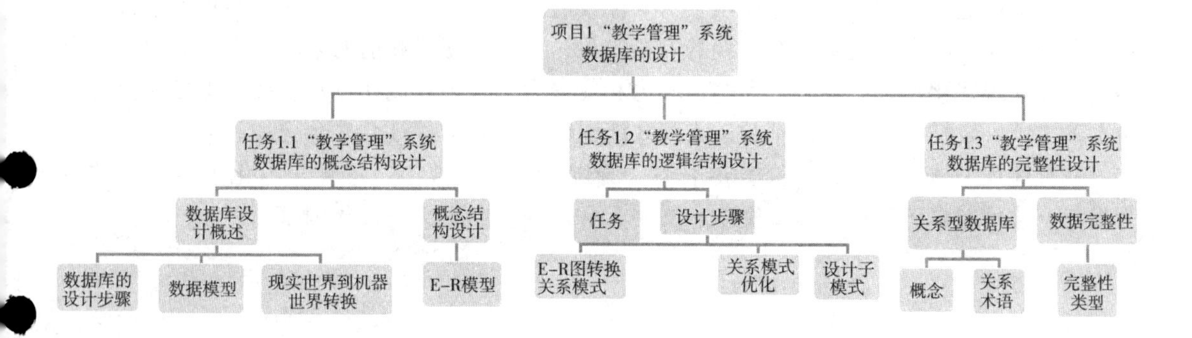

【思政小课堂】

以人为本的设计理念：构建以“爱国、敬业、诚信、友善”为基础的核心价值观。

爱国是核心价值观的核心，是每个公民的义务和责任。历史反复证明，爱国从来就是凝聚全国各族人民的核心要素。爱国作为公民的一项基本义务和美德，具有鲜明的时代特性。今天，“爱国”既表现为对祖国河山、历史文化等的热爱之情，更意味着将对祖国的热爱之情融入建设富强、民主、文明、和谐的社会主义现代化国家的实践中去。在实现中华民族伟大复兴的历程中，只有继续把爱国作为不可离弃的价值观，贯穿于民族复兴整个历史过程，才能不断增强各族群众对伟大祖国的认同、对中华民族的认同、对中华文化的认同、对中国特色社会主义道路的认同，朝着“富强、民主、文明、和谐”的理想迈进。

敬业是公民的基本职业要求，是从业者做好本职工作的前提条件，也是爱国在工作生活中的具体体现。敬业既包括精神层面的内涵，也包括务实层面的要求：敬业就意味着热爱、看重自己所从事的工作，并将这种自豪转化成对工作的动力，对生活、集体和国家的热爱。敬业者既希望获得个人的成功，往往也对单位、国家具有强烈的归属感和自豪感。一个伟大的民族是由无数个忠于职守、品格高尚的个体组成的。国民兢兢业业、一丝不苟地做好本职工作，不仅关系到自身生存发展，也决定着整个国家的健康发展。要实现“富强、民主、文明、和谐”的目标，就必须以公民的恪尽职守及对祖国的诚实忠义为前提。

诚信是个人的立身之本和必备的道德品格。诚信包含“礼于外，诚于内”。其基本内容是诚实、诚恳、信用，也就是以诚恳待人，靠诚取信于人。诚不仅是道德的基础和根本，也是一切事业得以成功的保证。信是一个人形象和声誉的标志和个人应该具备的最基本的道德品质。当今社会，诚信已不再局限于传统的个体道德修养层面，它更是现代公民的社会公德和公共领域的交往规矩及政府机构的行事准则。小到人与人之间的约定，大到国与国之间的条约，都须讲诚信。诚信也是社会建设的基本要求，只有都讲诚信，诚信才能成为维系整个社会的纽带，才能成为整个社会普遍存在的状态。

友善是中华民族的传统美德之一。友善包含善待亲友、他人、社会、自然等。善待亲人可以和谐家庭关系。善待朋友，善待他人，可以和谐人际关系。善待自然可以形成和谐的生态关系。以友善的态度为人处世，不但体现着一个人的道德水平，同时也体现了一个民族的素质的。友善不像敬业等职业道德那样指向特定的群体，它是紧涉人际关系的道德要求，是各阶层、各行业都应该积极倡导的具有基础性和普适性特点的价值观。近年来同事之间、邻里之间、部门之间、地区之间涌现出了“希望工程”“送温暖”等无数友善的感人事迹。这些都是中华民族的友善美德在新时期的发扬光大，充分体现了和谐的人际关系，对改革开放和社会主义现代化建设产生了巨大的亲和力和凝聚力。只要我们在日常生活中倡导并保留一份友善之情，发扬友善互助的精神，人间才能充满更多真情，社会才会更加和谐。

只有体现个体道德层面和价值要求的“爱国、敬业、诚信、友善”内化为每个人的行为规范，才可能真正实现富强、民主、文明、和谐的社会主义现代化国家。

任务1.1 “教学管理”系统数据库的概念结构设计

【任务工单】

任务工单1－1：“教学管理”系统数据库的概念结构设计

<table>
<tr><td>任务名称</td><td colspan="5">“教学管理”系统数据库的概念结构设计</td></tr>
<tr><td>组别</td><td></td><td>成员</td><td></td><td>小组成绩</td><td></td></tr>
<tr><td>学生姓名</td><td colspan="3"></td><td>个人成绩</td><td></td></tr>
<tr><td>任务情境</td><td colspan="5">数据库管理员要完成某高校“教学管理”系统数据库的设计工作。现请你以数据库管理员身份帮助管理员完成“教学管理”系统数据库的概念结构设计。请围绕学校日常的教学事务，根据实体及实体间的联系绘制优化后的全局E－R图，完成数据库概念模型设计</td></tr>
<tr><td>任务目标</td><td colspan="5">“教学管理”系统数据库概念结构设计：绘制优化后的全局E－R图</td></tr>
<tr><td>任务要求</td><td colspan="5">按本任务后面列出的具体任务内容，完成“教学管理”系统E－R图的绘制</td></tr>
<tr><td>知识链接</td><td colspan="5"></td></tr>
<tr><td>计划决策</td><td colspan="5"></td></tr>
<tr><td>任务实施</td><td colspan="5">1. “教学管理”系统数据库局部E－R图绘制步骤

2. “教学管理”系统数据库全局E－R图绘制步骤

3. “教学管理”系统数据库全局E－R图的优化</td></tr>
</table>

续表

检查	1. 局部 E－R 图绘制；2. 全局 E－R 图绘制；3. 全局 E－R 图优化
实施总结	
小组评价	
任务点评	

【前导知识】

一、数据库设计概述

数据库设计概述

1. 数据库设计步骤

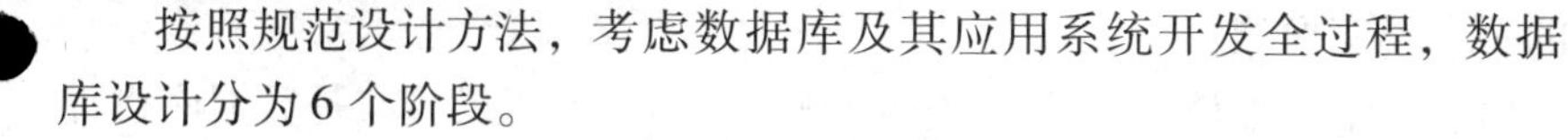

按照规范设计方法，考虑数据库及其应用系统开发全过程，数据库设计分为6个阶段。

①需求分析：需求收集和分析，得到数据字典和数据流图。

②概念结构设计：对用户需求综合、归纳与抽象，形成概念模型，用E-R图表示。

③逻辑结构设计：将概念结构转换为某个数据库管理系统DBMS所支持数据模型。

④数据库物理设计：为逻辑数据模型选取一个最适合应用环境的物理结构。

⑤数据库实施：建立数据库，编制与调试应用程序，组织数据入库，程序试运行。

⑥数据库运行和维护：对数据库系统进行评价、调整与修改。

在数据库设计过程中，需求分析和概念结构设计可以独立于任何数据库管理系统进行，逻辑结构设计和数据库物理设计与选用的数据库管理系统密切相关。在这6个阶段中，本项目主要介绍“概念结构设计”和“逻辑结构设计”两个阶段的设计过程。

2. 数据模型

数据模型是对现实世界数据特征的抽象表达。在数据库领域，数据模型用于表达现实世界中的对象，即将现实世界中杂乱的信息用一种规范的、易于处理的方式表达出来，而且这种数据模型既要面向现实世界（表达现实世界信息），又要面向机器世界（因为要在机器上实现出来），因此一般要求数据模型满足3个方面的要求：

第一，能够真实地模拟现实世界。

第二，容易被人们理解。

第三，能够方便地在计算机上实现。

可以将模型分为两大类，分别是概念层模型和组织层模型，它们分别属于两个不同的层次。

（1）概念层模型（概念模型）

概念层数据模型，也称为概念模型或信息模型，它从数据的应用语义视角来抽取现实世界中有价值的数据并按用户的观点来对数据进行建模，这类模型主要用在数据库的设计阶段，它与具体的数据库管理系统无关，也与具体的实现方式无关。

（2）组织层模型（逻辑模型）

组织层数据模型主要是从计算机系统的观点对数据进行建模，它与所使用的数据库管理系统的种类有关，因为不同的数据库管理系统支持的数据模型可以不同。

3. 从现实世界到机器世界的转换

为了把现实世界中的具体事物抽象、组织为某一具体DBMS支持的数据模型，人们通常先将现实世界抽象为信息世界，然后再将信息世界转换为机器世界。

即首先把现实世界中的客观对象抽象为某一种描述信息的模型，这种模型并不依赖具体的计算机系统，而且也不与具体的DBMS有关，而是概念意义上的模型，也就是前面所说的概念层数据模型。

然后再把概念层数据模型转换为具体的DBMS支持的数据模型，也就是组织层数据模型（比如关系数据库的二维表）。

概念结构设计

二、概念结构设计

概念结构设计是整个数据库设计的关键，它通过对用户需求进行综合、归纳与抽象，形

成一个独立、具体 DBMS 的概念模型。因此概念结构设计的主要任务是形成概念模型。

概念模型是各种数据模型的共同基础，具有以下主要特点：

①能真实、充分地反映现实世界，包括事物和事物之间的联系，能满足用户对数据的处理要求，是现实世界的一个真实模型。

②易于理解，可以用它和不熟悉计算机的用户交换意见。用户的积极参与是数据库设计成功的关键。

③易于更改，当应用环境和应用要求改变时，容易对概念模型修改和扩充。

④易于向关系、网状、层次等各种数据模型转换。

描述概念模型的有力工具是实体联系图（E－R 图）。E－R 图也称为 E－R 模型（Entity Relationship Model，实体联系模型），它直接从现实世界中抽象出研究对象间的联系，然后用 E－R 图来表示数据模型。

1. 实体联系模型（E－R 模型）组成要素

（1）实体

客观存在并能相互区分的对象称为实体，实体是具体的，例如，班级、学生、课程都是实体。在 E－R 图中，实体用矩形框表示，框内注明实体的名称。

（2）联系

表示实体与实体之间的联系。实体间的联系用菱形表示，框内注明联系的名称，然后用连线分别与有关的实体相连，并在连线上注明联系类型。

实体间的联系类型有 3 种，可别为一对一联系、一对多联系、多对多联系。

①一对一联系（1：1）。

如果实体 A 中的每个实例在实体 B 中至多有一个实例与之关联，并且，B 中的每个实例在实体 A 中至多有一个实例与之关联，则称实体 A 和实体 B 是一对一联系。

②一对多联系（1：n）。

如果实体 A 中的每个实例在实体 B 中有 n 个实例（n≥0）与之关联，而实体 B 中的每个实例在实体 A 中最多只有一个实例与之关联，则称实体 A 与实体 B 是一对多联系。

③多对多联系（n：m）。

如果实体 A 中的每个实例在实体 B 中有 n 个实例（n≥0）与之关联，而实体 B 中的每个实例在实体 A 中也有 m 个实例（m≥0）与之关联，则称实体 A 与实体 B 是多对多联系。

（3）属性

每个实体或联系都具有一定的特征或性质，这样才能够相互区分。属性用来描述实体或联系的特性。例如，学生实体的属性有学号、姓名、性别、出生日期、专业等。

在实体的属性中，将能够唯一标识实体的一个属性或最小的一组属性（称为属性集或属性组）称为实体的标识属性，标识属性也称为实体的码，例如学号属性就是学生实体的码。

属性在 E－R 图中用椭圆表示，在椭圆框内标注属性，并用连线与实体连接起来。如果该属性是实体的“码”，需在属性名下方加上下划线进行标识。

2. E－R 图设计

E－R 图绘制可按以下 3 步进行：第 1 步，明确现实世界所含的各种实体及其属性、实体间的联系及对信息的制约条件等，得到局部的 E－R 图；第 2 步，将各个局部 E－R 图综合为一个整体E－R图；第3步，对全局E－R图进行优化。

（1）局部E－R图设计

设计局部E－R图的关键就是正确地划分实体和属性。实体和属性在形式上并没有可以明显区分的界限，通常是按照现实世界中事物的自然划分、对现实世界中的事物进行数据抽象得到实体和属性。

经过数据抽象后得到的实体和属性，往往是相对而言的，需要根据实际情况进行调整。对关系数据库而言，其基本原则是实体具有描述信息而属性没有，属性是不可再分的数据项，不能包含其他属性。例如，学生是一个实体，具有学号、姓名、性别、班级等信息，如果不需要对班级做更详细的描述，则“班级”可作为一个属性存在，但如果还需对班级做更进一步的分析，比如，还要分析班级人数、班主任、所属专业等，则“班级”就需作为一个实体对象存在。

（2）全局E－R图设计

把局部E－R图集成为全局E－R图时，可以采用一次将所有的E－R图集成在一起的方式，也可以用逐步集成、进行累加的方式，即一次只集成少量几个E－R图，这样实现起来比较容易。当将局部E－R图集成为全局E－R图时，需要消除各分E－R图合并时产生的冲突，解决冲突是合并E－R图的主要工作和关键所在。

各局部E－R图之间的冲突主要有3类：

1）属性域冲突。

即属性的类型、取值范围或取值集合不同；属性取值单位冲突。

2）命名冲突。

同名异义，即不同意义的对象在不同的局部应用中具有相同的名字；异名同义，即同一意义的对象在不同的局部应用中具有不同的名字。

当出现属性冲突或命名冲突时，通常可以通过讨论、协商等方法解决。

3）结构冲突。

①同一对象在不同应用中具有不同的抽象，有的地方作为属性，有的地方作为实体。例如“职称”可能在某一局部应用中作为实体，而在另一局部应用中却作为属性。解决这种冲突必须根据实际情况而定，是把属性转换为实体还是把实体转换为属性，基本原则是保持数据项一致。一般情况下，凡能作为属性对待的，应尽可能作为属性，以简化E－R图。

②同一实体在不同子系统的E－R图中所包含的属性个数和属性排列次序不完全相同。解决的方法是让该实体的属性为各局部E－R图中属性的并集，然后再适当调整属性次序。

③实体间的联系在不同的E－R图中为不同的类型。两个实体在不同的应用中呈现不同的联系，比如A1和A2两个实体在某个应用中可能是一对多联系，而在另一个应用中是多对多联系，这种情况应该根据应用的语义对实体间的联系进行适当调整。

（3）全局E－R图优化

一个好的全局E－R图除了能反映用户功能需求外，还应满足如下条件：

①实体个数尽可能少。

②实体所包含的属性尽可能少。

③实体间联系无冗余。

优化的目的就是使E－R图满足上述3个条件，要使实体个数尽可能少，可以进行相关实体的合并，一般是把具有相同主键的实体进行合并。另外，还可以考虑将 1∶1 联系的两个实体合并为一个实体，同时消除冗余属性和冗余联系，但也应该根据具体情况，有时候适当的冗余可以提高数据查询效率。

【任务内容】

绘制“教学管理”系统系统 E－R 图。系统语义描述如下：

（1）一名学生可以选修多门课程，一门课程可同时被多名学生选修。需要记录学生选修课程的成绩和学分。

（2）一名教师可讲授多门课程，一门课程可由多名教师讲授，需确定教师讲授的课时。

（3）一个班级可开设多门课程，一门课程可由多个班级开设，需确定课程类型及课程考核方式。

（4）一个教师可担任多个班级的课程，一个班级课程可由多名教师担任，需确定任课学期和周学时数。

（5）一个班级包含多名学生，一名学生只能属于一个班级。

【任务实施】

1. 绘制局部 E－R 图。

局部 E－R 图绘制步骤如下：

（1）确定实体。

根据“教学管理”系统语义描述，确定系统有四个实体，分别为学生、教师、课程、班级。

（2）确定联系及联系类型。

实体联系及联系类型如下：

①学生与课程之间是多对多的联系，定义联系为“成绩”；

②教师与课程之间是多对多的联系，定义联系为“任课”；

③班级与课程之间是多对多的联系，定义联系为“开课”；

④班级与教师之间是多对多的联系，定义联系为“授课”；

⑤班级与学生之间是一对多的联系，定义联系为“隶属”。

（3）确定实体的属性。

四个实体的属性如下，其中码属性（能唯一标识实体一个或多个属性组）用下划线标识。

①学生：学号、姓名、性别、年龄、是否党员、籍贯、电话、备注；

②教师：教师编号、姓名、性别、年龄、职称、所在系；

③课程：课程编号、课程名称、学时、学分、课程类型；

④班级：班级编号、班级名称、班主任、入学时间、所属专业、班级简介。

（4）确定四个联系的属性。

①成绩：成绩编号、成绩；

②任课：上课时间、上课教室；

③开课：考核方式；

④授课：授课学期、周学时数；

⑤录属：无属性。

（5）根据实体、联系、属性绘制E－R图。

①学生和课程的局部E－R图如图1－1所示。

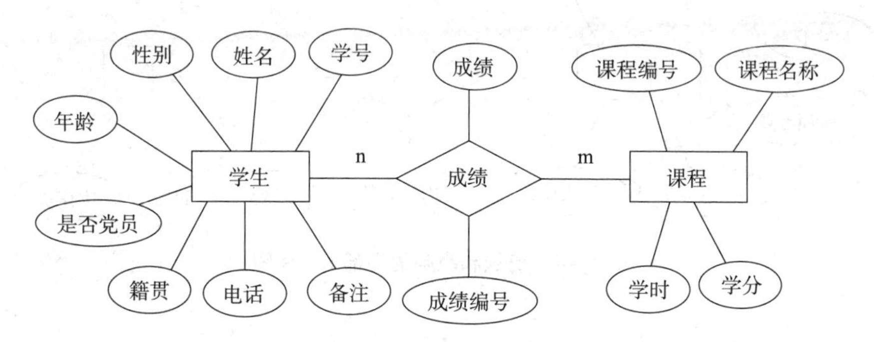

图1－1 学生和课程的局部E－R图

②教师和课程的局部E－R图如图1－2所示。

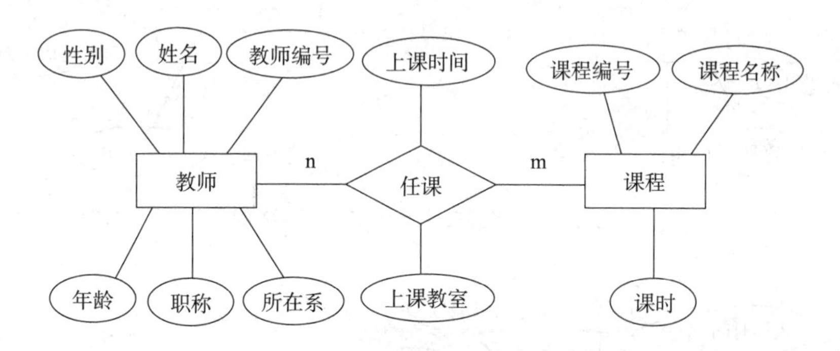

图1－2 教师和课程的局部E－R图

③班级和课程的局部E－R图如图1－3所示。

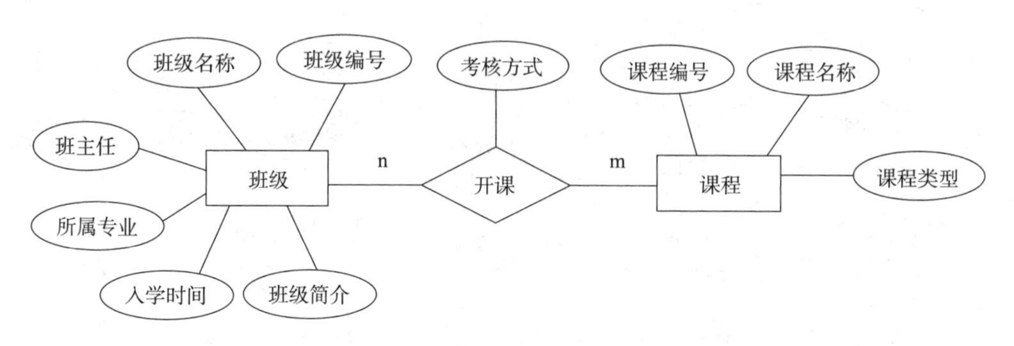

图1－3 班级和课程的局部E－R图

④班级与教师的局部E－R图如图1－4所示。

⑤班级与学生的局部E－R图如图1－5所示。

2. 绘制全局E－R图。

①合并图1－1、图1－5所示的学生与课程、学生与班级的局部E－R图，这两个局部E－R图不存在冲突，合并后的效果如图1－6所示。

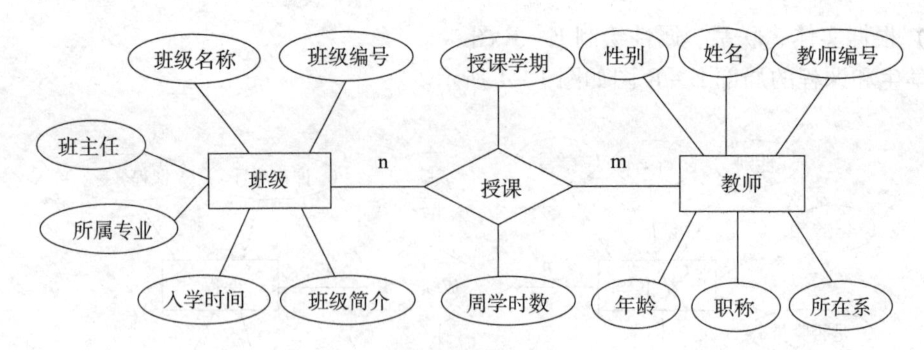

图 1－4　班级和教师的局部 E－R 图

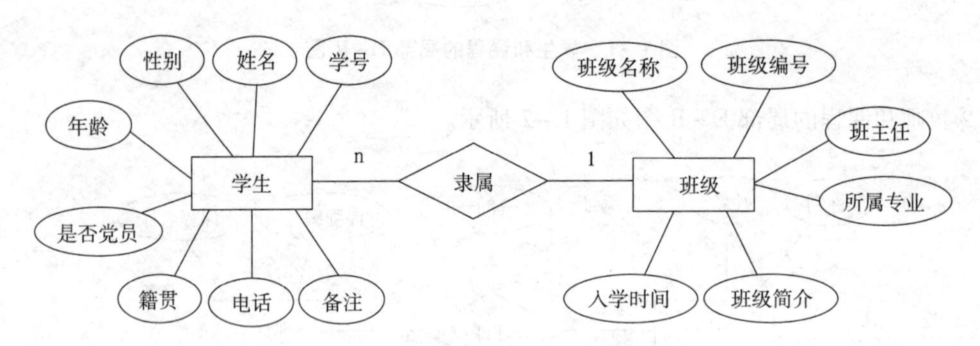

图 1－5　班级和学生的局部 E－R 图

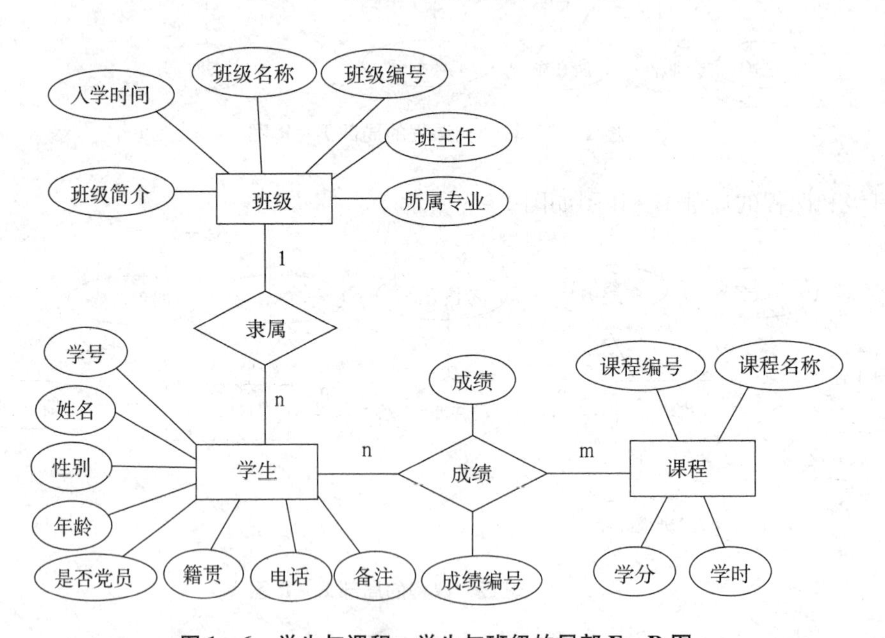

图 1－6　学生与课程、学生与班级的局部 E－R 图

②合并图 1－2、图 1－4 所示的教师与课程、教师与班级的局部 E－R 图，这两个局部 E－R 图不存在冲突，合并后效果如图 1－7 所示。

③将合并后的两个局部 E－R 图（图 1－6 和图 1－7）与图 1－3 合并为一个全局 E－R 图。

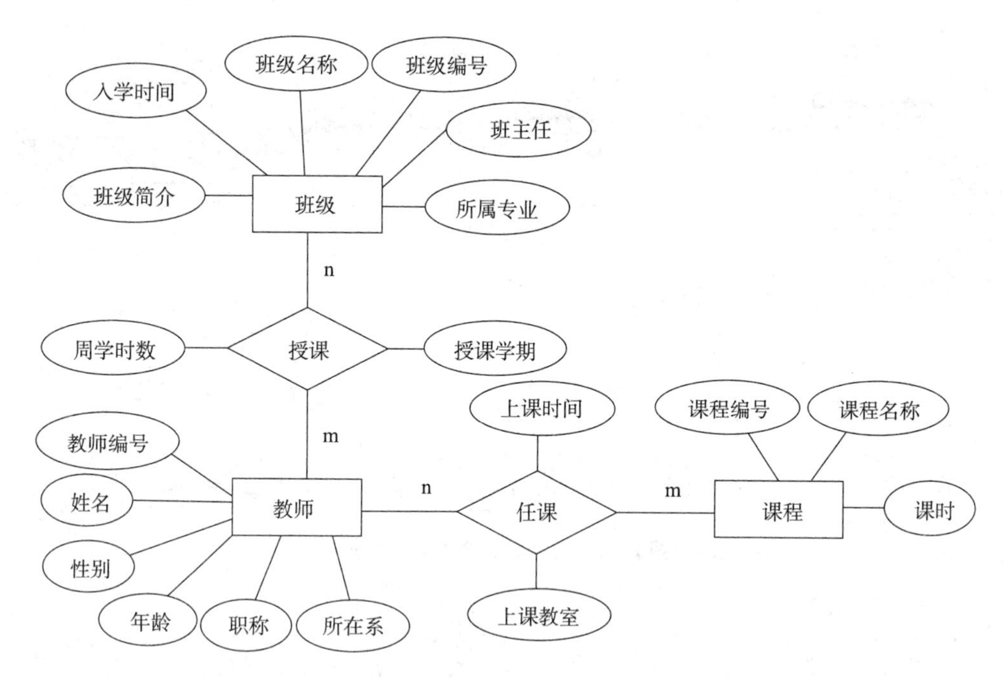

图1－7　教师与课程、教师与班级的局部E－R图

在进行合并时，发现这3个E－R图中都有“班级”实体和“课程”实体。其中“班级”实体在3个E－R图中呈现的属性完全相同，因此这里直接将班级“实体”进行合并，让其在全局E－R图中只出现一次。

另外，对于“课程”实体，其在3个E－R图中所包含的属性不完全相同，即存在结构冲突。解决该冲突的方法是：合并后“课程”实体的属性是3个局部E－R图中“课程”实体属性的并集。当将所有属性合并为“课程”实体后，发现“课时”和“学时”两个属性代表的含义基本相同，即存在命名冲突（异名同义），解决方法是：将异名同义的两个属性合并为一个属性，合并后这里统一命名为“学时”。合并后的全局E－R图如图1－8所示。

3. E－R图优化。

（1）实体间联系无冗余。

分析图1－8所示的全局E－R图，发现班级与教师的“授课”联系，可由“开课”联系与“任课”联系二者推导出来，属于数据冗余，因此可以将两个联系合并为一个联系。这里将“授课”联系消去，统一命名为“开课”，直接将“授课”联系的“授课学期”和“周学时数”两个属性合并到“开课”联系中，并将“授课学期”的属性名改为“开课学期”。

（2）实体包含属性尽可能少。

图1－8的全局E－R图中，学生实体的“年龄”属性可由“出生日期”计算出来，在这里属于数据冗余，因此，将“年龄”属性用“出生日期”属性替代，以使实体所包含的属性尽可能少。

综上所述，优化后的全局E－R图如图1－9所示。

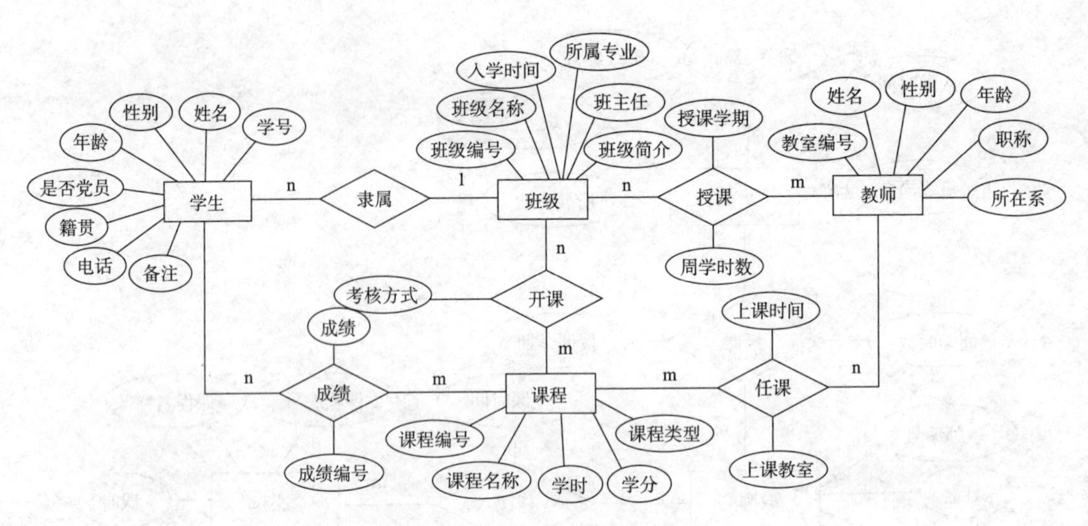

图 1-8　合并后的全局 E-R 图

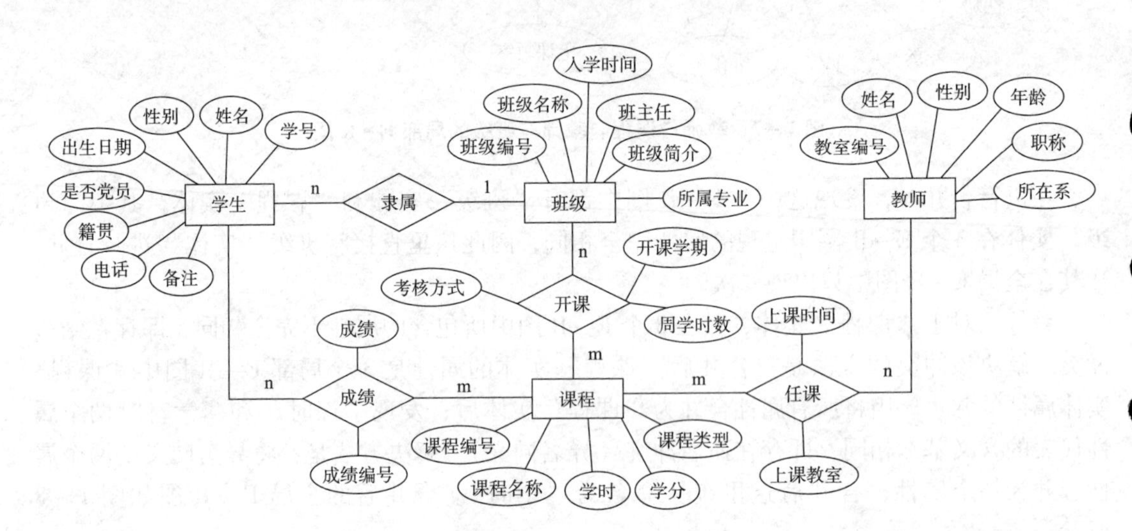

图 1-9　优化后的全局 E-R 图

任务 1.2 “教学管理”系统数据库的逻辑结构设计

【任务工单】

任务工单 1－2：“教学管理”系统数据库的逻辑结构设计

<table>
<tr><td>任务名称</td><td colspan="5">“教学管理”系统数据库的逻辑结构设计</td></tr>
<tr><td>组别</td><td></td><td>成员</td><td></td><td>小组成绩</td><td></td></tr>
<tr><td>学生姓名</td><td colspan="3"></td><td>个人成绩</td><td></td></tr>
<tr><td>任务情境</td><td colspan="5">在本项目任务 1.1 中已完成“教学管理”系统数据库概念结构设计，绘制了全局 E－R 图。现请你继续以数据库管理员身份帮助管理员完成数据库的逻辑结构设计，将绘制的全局 E－R 图分解后转换为对应的关系模式，对关系模式进行规范化分析，并设计相应的用户子模式</td></tr>
<tr><td>任务目标</td><td colspan="5">“教学管理”系统数据库的逻辑结构设计：将 E－R 图转换为对应关系模式并进行规范化处理</td></tr>
<tr><td>任务要求</td><td colspan="5">按本任务后面列出的具体任务内容，完成“教学管理”系统数据库的逻辑结构设计</td></tr>
<tr><td>知识链接</td><td colspan="5"></td></tr>
<tr><td>计划决策</td><td colspan="5"></td></tr>
<tr><td>任务实施</td><td colspan="5">1. 将“教学管理”系统全局 E－R 图转换为关系模式的步骤

2. 对“教学管理”系统关系模式规范化分析的方法

3. 设计“教学管理”系统用户子模式</td></tr>
</table>

续表

检查	1. E-R 图转换为关系模式；2. 关系模式规范化；3. 用户子模式
实施总结	
小组评价	
任务点评	

【前导知识】

一、逻辑结构设计任务

逻辑结构设计任务

概念结构设计所得的 E－R 模型是对用户需求的一种抽象的表达形式，它独立于任何一种具体的数据模型，因而也不能为任何一个具体的 DBMS 所支持。为了能够建立起最终的物理系统，还应该对数据库进行逻辑结构设计。

逻辑结构设计的任务是：把概念结构设计阶段设计好的 E－R 模型（E－R 图）进一步转化为某一个 DBMS 所支持的数据模型（层次模型、网状模型、关系模式）。然后根据逻辑设计的准则、数据的语义约束、规范化理论等对数据模型进行适当的调整和优化，形成合理的全局逻辑结构，并设计出用户子模式。

由于目前使用的数据库基本上都是关系数据库（本教材使用的是 SQL Server），这里主要讨论概念模型到关系模式的转换。因此，逻辑结构设计的主要任务是将 E－R 图转换为对应的关系模式，然后对关系模式进行优化，并根据需要设计相应的用户视图。

二、逻辑结构设计步骤

逻辑结构设计步骤

1. E－R 模型（E－R 图）转换为关系模式

关系模式是一组关系（二维表）的结合，而 E－R 模型则是由实体、实体的属性、实体间的联系 3 个要素组成的。因此，E－R 图向关系模式的转换要解决的问题是：如何将实体和实体间的联系转换为关系模式；如何确定这些关系模式的属性和码。下面具体介绍转换的原则。

（1）实体的转换原则

一个实体转换为一个模式，实体的属性就是关系模式的属性，实体的键即为关系模式的键。例如，对于“学生”实体，转换后将对应一个关系模式（学生表），学生实体的属性就是关系模式的属性（即表中对应的每个列名），实体的键“学号”就是关系模式的主键。

（2）联系的转换

对于实体间的联系，就要视 1∶1、1∶n、n∶m 3 种不同情况做不同的处理。

1）一个 1∶1 的联系。

①转换为一个独立的关系模式。与该联系相连的各实体的键及联系本身的属性均转换为关系的属性，每个实体的键均是该关系的键。

②与某一端实体对应的关系模式合并。需要在该关系模式的属性中加入另一个关系模式的键和联系本身的属性。

2）一个 1∶n 的联系。

①转换为一个独立的关系模式。与该联系相连的各实体的键及联系本身的属性均转换为关系的属性，而关系的键为 n 端实体对应关系模式的键。

②与 n 端对应的关系模式合并。需要在 n 端实体转换的关系模式中加入 1 端实体的键和联系本身的属性。

3）一个 n∶m 的联系。

只能将联系转换为一个独立的关系模式（不存在合并的情况）。其属性为两端实体的键加上联系类型的属性，而关系的键为两端实体的键的组合。

2. 关系模式的优化

有了关系模式，可以进一步优化，优化方法为：

①确定各属性间的函数依赖关系。

②对各个关系模式间的数据依赖进行极小化处理，消除冗余联系。

③判断每个关系模式的范式，根据实际需要确定最合适的范式。

④根据应用环境，对某些模式进行合并或分解。例如，如果应用系统的查询操作比较多，而且对查询响应速度的要求也比较高，则可以适当降低规范化的程度，即将几个表合并为一个表，以减少查询时表的连接个数。

⑤对关系模式进行必要的分解

以上 5 点工作理论性比较强，主要目的是设计一个数据冗余尽量少的关系模式。这里主要是考虑效率问题。如果一个关系模式属性特别多，就应该考虑是否可以对这个关系进行垂直分解。如果有些属性是经常访问的，而有些属性是很少访问的，则应该把它们分解为两个关系模式。例如，假设有“学生”关系模式，学生的基本信息会经常访问，而学生家庭信息相对访问较少，则可将“学生”这个关系模式分解为两个垂直关系模式，一个保存学生基本信息，一个保存学生家庭信息。

如果一个关系数据量特别大，就应该考虑是否可以进行水平分解。例如，在一个论坛中，如果在设计时把会员发的主帖和跟帖设计为一个关系，则在帖子量非常大的情况下，在这一步就应该考虑把它们分开了。因为显示的主帖是经常查询的，而跟帖则是在打开某个主帖的情况下才可以查询。

关系模式的优化，重要是对关系模式进行规范化处理，以下介绍关系模式的规范化。

（1）函数依赖

函数依赖是最重要的一种数据依赖，在对关系进行规范化的过程中，主要使用函数依赖来分析关系中存在的数据依赖的特点。

1）函数依赖的概念。

假设 X 和 Y 是关系 R 中的两个不同的属性或属性组，如果对于 X 中的每一个具体值，Y 中都有唯一的具体值与之对应，则称 Y 函数依赖于 X，或 X 函数决定 Y，记作 X→Y，其中 X 称为决定因素。

2）部分函数依赖与完全函数依赖。

假设 X→Y 是关系 R 中的一个函数依赖，如果存在 X 的真子集 X′，使得 X′→Y 成立，则称 Y 部分函数依赖于 X，简称部分依赖；否则，称 Y 完全函数依赖于 X，简称完全依赖。

3）传递函数依赖。

在关系 R 中，如果存在函数依赖 X→Y，Y→Z，则 Z 传递函数依赖于 X，简称传递依赖。

（2）关系范式。

关系范式的基本思想是消除关系中的数据冗余，消除数据依赖中不合适的部分。

1）第一范式。

如果关系 R 的所有属性都是简单属性，即每个属性都是不可再分的，则称 R 属于第一范式（简称 1NF），记作 $R \in 1NF$。

在任何一个关系数据库系统中，第一范式是对关系模式的最起码的要求。不满足第一范式的数据库模式不能称为关系数据库。

2）第二范式。

如果关系 R 属于 1NF，并且每个不包含在主键中的属性都完全依赖于 R 的主键，那么

称R属于第二范式（简称2NF），记作$R \in 2NF$。

3）第三范式。

如果关系R属于1NF，并且每个不包含在主键中的属性都不传递依赖于R的主键，那么称R属于第三范式（简称3NF），记作$R \in 3NF$。

4）BC范式。

在一个关系中，如果所有的决定因素都是关系的候选键，则该关系属于BC范式（简称BCNF），记作$R \in BCNF$。

一般一个数据库设计符合3NF或BCNF就可以了。在BC范式以后还有第四范式、第五范式，因满足4NF和5NF的关系相对较少，这里不再进行深入的讨论。

一个关系如果满足5NF，一定满足4NF；满足4NF，一定满足BCNF；满足BCNF，一定满足3NF；满足3NF，一定满足2NF；满足2NF，一定满足1NF。

另外，并不是规范化程度越高的关系模式就越好，当对数据库的操作主要是查询，而更新较少时，为了提高效率，保留适当的数据冗余而不必将关系分解得太小；否则，为了查询数据，常常要做大量的连接运算，反而会花费大量的时间，降低查询的效率。

3. 设计用户子模式

将概念模型转换为逻辑数据模型之后，还应该根据局部应用需求，并结合具体的数据库管理系统的特点，设计用户的外模式。

外模式概念对应关系数据库的视图，设计外模式是为了更好地满足各个用户的需求。定义数据库的模式主要是从系统的时间效率、空间效率、易维护等角度出发，由于外模式与模式是相对独立的，因此，在定义用户外模式时，可以从满足每类用户的需求出发，同时考虑数据的安全和用户的操作方便。在定义外模式时，应考虑以下问题：

①使用更符合用户习惯的别名。在设计用户模式时，可以利用视图的功能，对关系模式的某些属性重新命名。

②对不同级别的用户定义不同的视图，以保证数据的安全。可以针对不同的用户，导出表中部分数据，建立多个不同的视图，这样就可以防止用户非法访问不允许他们访问的数据，从而在一定程度上保证了数据的安全。

③简化用户对系统的使用。如果某些局部应用经常要使用某些很复杂的查询，为了方便用户，可以将这些复杂查询定义为一个视图，这样用户每次只对定义好的视图查询，而不必再编写复杂的查询语句，从而简化了用户的使用。

【任务内容】

1. E－R图到关系模式的转换。将任务1.1中绘制的全局E－R图进行分解，分解后将其转换为对应的关系模式。

2. 关系模式的规范化。分析步骤1中的每个关系模式，并分别指出属于第几范式。

3. 设计用户子模式。在“学生”表上定义两个视图，第一个视图包含一般教师可查询的基本信息，第二个视图包含党支部可查询的入党信息。

【任务实施】

1. E－R图到关系模式的转换。将任务1.1中绘制的全局E－R图进行分解，分解后将其转换为对应的关系模式。

（1）将学生和课程的E－R图转换为对应的关系模式。

将全局 E－R 图分解后，得到分解后的学生和课程的 E－R 图，如图 1－10 所示。

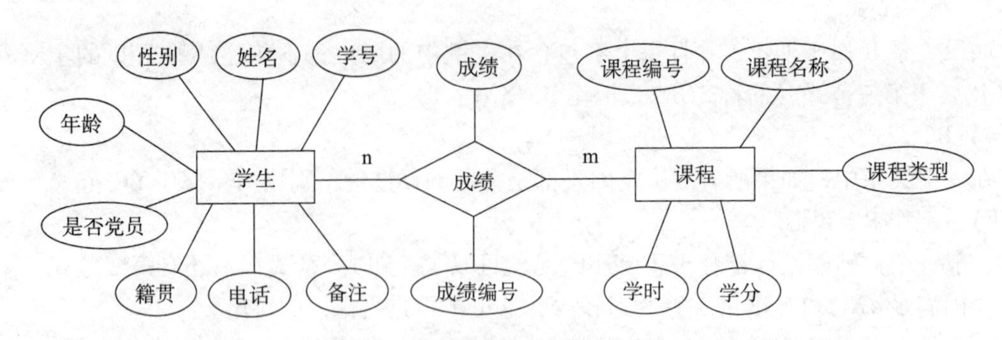

图 1－10　学生和课程的 E－R 图

此处是多对多联系，因此该联系只能转换为一个独立的关系模式。具体如下。

将“学生”实体转换为一个关系模式：

①学生：（<u>学号</u>、姓名、性别、年龄、是否党员、籍贯、电话、备注）

将“课程”实体转换为一个关系模式：

②课程：（<u>课程编号</u>、课程名称、课程类型、学时、学分）

将“成绩”转换为一个独立的关系模式，加入两端实体的键及联系本身属性，而关系的键为两端实体的键的组合：

③成绩：（<u>学号</u>、<u>课程编号</u>、成绩编号、成绩）

（2）将学生和班级的 E－R 图转换为对应的关系模式。

对全局 E－R 分解后，得到分解后的学生和班级的 E－R 图，如图 1－11 所示。

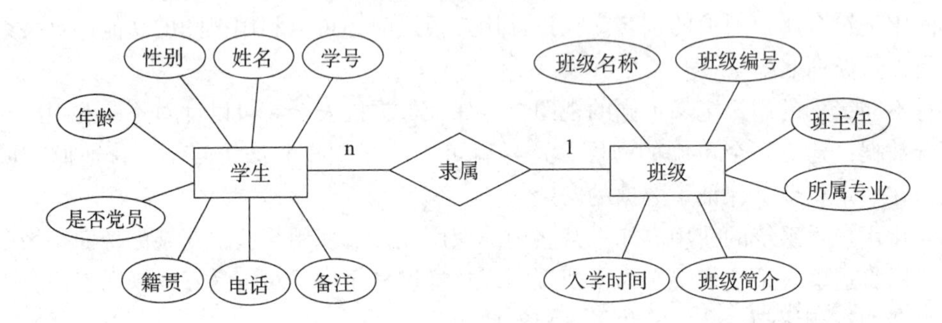

图 1－11　学生和班级的 E－R 图

此处是一对多联系，因此可将其转换为一个独立的关系模式，也可与 n 端实体合并。

方法 1：将“隶属”转换为一个独立的关系模式，加入两端实体的键及联系本身属性，而关系的键为 n 端实体对应关系模式的键。

①学生：（<u>学号</u>、姓名、性别、年龄、是否党员、籍贯、电话、备注）

②班级：（<u>班级编号</u>、班级名称、班主任、所属专业、入学时间、班级简介）

③隶属：（<u>学号</u>、班级编号）

方法 2：将“隶属”联系与 n 端“学生”实体合并，加入 1 端实体的键和联系本身属性。

①学生：（<u>学号</u>、姓名、性别、年龄、是否党员、籍贯、电话、备注、班级编号）

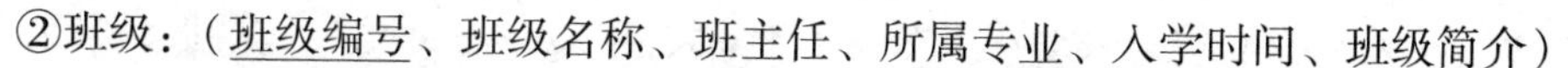

②班级：（班级编号、班级名称、班主任、所属专业、入学时间、班级简介）

（3）将教师和课程的 E－R 图转换为对应的关系模式。

将全局 E－R 图分解后，得到分解后的教师和课程的 E－R 图，如图 1－12 所示。

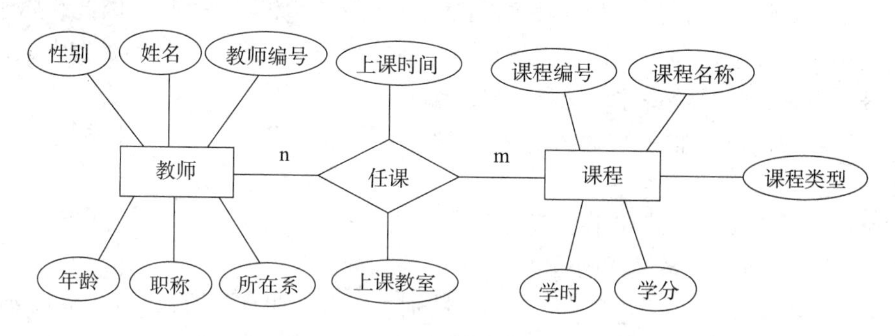

图 1－12　教师和课程的 E－R 图

此处是多对多联系，因此该联系只能转换为一个独立的关系模式。具体如下：

①教师：（教师编号、姓名、性别、年龄、职称、所在系）

②课程：（课程编号、课程名称、课程类型、学时、学分）

将联系“任课”转换为一个独立的关系模式，加入两端实体的键及联系本身属性，而关系的键为两端实体的键的组合：

③任课：（教师编号、课程编号、上课时间、上课地点）

（4）将班级和课程的 E－R 图转换为对应的关系模式。

将全局 E－R 图分解后，得到分解后的班级和课程的 E－R 图，如图1－13所示。

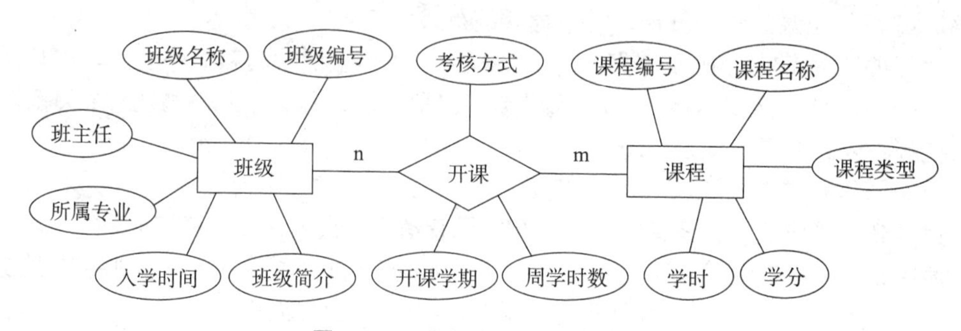

图 1－13　班级和课程的 E－R 图

此处是多对多联系，因此该联系只能转换为一个独立的关系模式。具体如下：

①班级：（班级编号、班级名称、班主任、所属专业、入学时间、班级简介）

②课程：（课程编号、课程名称、课程类型、学时、学分）

将联系“开课”转换为一个独立的关系模式，加入两端实体的键及联系本身属性，而关系的键为两端实体的键的组合：

③开课：（班级编号、课程编号、开课学期、周学时数、考核方式）

2. 关系模式的规范化。分析步骤 1 中的每个关系模式，并指出分别属于第几范式。

（1）分析“学生”关系模式的范式。

“学生”关系模式采用的是步骤 1 中的方法 2，将学生与课程两者间的联系与 n 端实体合并，即“学生”关系统模式为（学号、姓名、性别、年龄、是否党员、籍贯、电话、备注、班级编号）。该关系模式所属范式的分析结果如下：

①学生关系模式的每个属性都是不可再分的。因此，首先属于第一范式。

②在学生关系模式中，每个非主键属性都完全依赖于主键“学号”。因此，属于第二范式。对应依赖关系如下：学号→姓名，学号→性别，学号→年龄，学号→是否党员，学号→籍贯，学号→电话，学号→备注，学号→班级编号。

③以上依赖中，每个非主键属性都不传递依赖主键，因此，学生关系模式属于第三范式。

综上所述，学生关系模式属于第三范式。

（2）分析“教师”关系模式的范式。

“教师”关系模式为（教师编号、姓名、性别、年龄、职称、所在系）。范式分析如下：

①教师关系模式的每个属性都是不可再分的，因此，首先属于第一范式。

②教师关系模式的每个非主键属性都完全依赖主键，因此，该关系模式属于第二范式。

③每个非主键属性都不传递依赖主键，因此，教师关系模式属于第三范式。

综上所述，教师关系模式属于第三范式。

提示：如更改教师模式为（教师编号、姓名、性别、年龄、职称、系代码、系名称、系主任）后，则教师模式不属于第三范式。原因如下：教师编号→系代码，而系代码→系名称和系主任，因此，系名称和系主任传递依赖于教师编号，而第三范式不允许存在传递依赖。

（3）分析“班级”和“课程”关系模式的范式。

根据以上分析思路，可知“班级”和“课程”关系模式都属于第三范式。

（4）分析“任课”和“开课”关系模式的范式。

在“任课”关系模式中，（教师编号、课程编号）→上课时间和上课地点。在开课关系模式中，（教师编号、班级编号）→开课学期、周学时数、考核方式，并且两个关系都不存在传递依赖，因此都属于第三范式。

（5）分析“成绩”关系模式的范式。

上述得到的“成绩”关系模式为（学号、课程编号、成绩编号、成绩），它不属于第一范式，原因是“成绩”属性还可继续分为“平时成绩”和“考试成绩”。现将其更改变成第一范式：（学号、课程编号、成绩编号、平时成绩，考试成绩）。

更改后仍不属于第二范式，原因是（学号、课程编号）→平时成绩和考试成绩，而成绩编号→平时成绩和考试成绩，因此平时成绩和考试成绩两个属性不完全依赖主键（学号和课程编号），因此不属于第二范式。但因经常使用成绩编号查询学生的成绩，为提高效率，仍然保留“成绩编号”属性，并将其作为主键。

3. 设计用户子模式。在“学生”表上定义两个视图，第一个视图包含一般教师可查看的基本信息，第二个视图包含党支部可查看的入党信息。

（1）定义学生基本信息视图1：（学号、姓名、性别、出生日期、籍贯、电话）。

（2）定义学生入党信息视图2：（学号、姓名、性别、是否党员）。

任务1.3 “教学管理”系统数据库的完整性设计

【任务工单】

任务工单1-3：“教学管理”系统数据库的完整性设计

<table>
<tr><td>任务名称</td><td colspan="5">“教学管理”系统数据库的完整性设计</td></tr>
<tr><td>组别</td><td></td><td>成员</td><td></td><td>小组成绩</td><td></td></tr>
<tr><td>学生姓名</td><td colspan="3"></td><td>个人成绩</td><td></td></tr>
<tr><td>任务情境</td><td colspan="5">在本项目的任务1.2中已完成对“教学管理”系统数据库的逻辑结构设计，得到了最终的关系模式。现请你继续以数据库管理员身份帮助管理员完成数据库的完整性设计。确定每个关系模式的主键、外键、属性的数据类型及其他相关约束条件，以保证数据的准确性</td></tr>
<tr><td>任务目标</td><td colspan="5">完成“教学管理”系统数据库的完整性设计，包括主键、外键、非空等相关限制条件设计</td></tr>
<tr><td>任务要求</td><td colspan="5">按本任务后面列出的具体任务内容，完成“教学管理”系统数据库的完整性设计</td></tr>
<tr><td>知识链接</td><td colspan="5"></td></tr>
<tr><td>计划决策</td><td colspan="5"></td></tr>
<tr><td>任务实施</td><td colspan="5">设计“教学管理”系统数据库7个关系模式对应的表结构。包括每个关系模式的主键、外键；每个属性的数据类型、长度；以及属性相关的约束条件，例如非空、唯一、默认值、检查条件等，最终以表格的形式列出</td></tr>
</table>

续表

检查	1. 实体完整性；2. 域完整性；3. 参照完整性
实施总结	
小组评价	
任务点评	

【前导知识】

一、关系型数据库

关系型数据库

1. 关系型数据库的概念

所谓关系型数据库，是指采用了关系模式来组织数据的数据库。

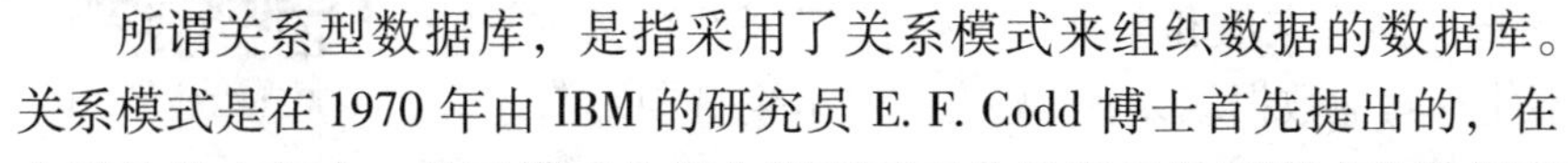

关系模式是在 1970 年由 IBM 的研究员 E. F. Codd 博士首先提出的，在之后的几十年中，关系模式的概念得到了充分的发展并逐渐成为数据库架构的主流模型。

关系数据库是建立在关系模式基础上的数据库，而关系模式指的就是二维表格模型，现实世界中的各种实体及实体之间的各种联系均用二维表表示。因此，关系型数据库是由多张能互相联系的二维行列表格组成的数据库。

2. 关系模式中基本术语

（1）关系

一个关系就是一张二维表，二维表的名字就是关系的名字。例如“教学管理”系统中表示实体对象的学生表、课程表、教师表及表示联系的开课表、任课表，每个表都代表一个关系，都是用二维表格来组织数据。

（2）元组

元组指的是二维表中的一行，在数据库中被称为记录。例如，学生表中每一行学生信息称为一个元组或一条记录。

（3）属性

属性指的是二维表中的一列，在数据库中被称为字段。例如，学生表中描述学生学号、姓名、性别、出生日期等属性的列都称为一个属性或一个字段。

（4）域

域指的是属性的取值范围，也就是数据库中某一列的取值限制。例如，学生表中的姓名列取值为字符型，出生日期取值为日期型。

（5）主关键字

主关键字是一组可以唯一标识元组的属性，简称主键。可以把表中的一列（单字段主键）或多列（多字段主键）设置为主键，通过主键盘来唯一标识表中每一行数据。

（6）外关键字

外关键字是相对于主键而言的。若表 A 的主键出现在另一个表 B 的字段中，则该主键在表 B 中被称作外键。使用外键的主要目的在于：

①提供表之间的连接。例如，通过学生表中的“学号”（主键）与成绩表中的“学号”（外键），就可将两个表关联起来。

②可以根据外键的值检查输入数据的合法性。例如，在成绩表中，应保证输入的学号和课程编号分别是存在于学生表和课程表中的，否则，数据库可以拒绝接受。

（7）关系模式

二维表的结构称为关系模式，关系模式可用来描述关系的结构。在描述关系时，通过包含关系名、属性、主键、外键。其格式为关系名（属性 1，属性 2，…，属性 N），其中，定义为主键或外键的属性在下方加下划线。

二、关系型数据库完整性

1. 数据完整性概念

数据库中的数据是从外界输入的，由于种种原因，可能会输入无效或错误的信息。数据完整性可以保证输入的数据符合规定。

例如，在“教学管理”系统数据库中，学生表中有学号、姓名、性别、出生日期等9个字段，各个字段的数据类型都有规定。在这张表中，每个学生的“学号”字段不能有空值和重复；“性别”字段中的数据只能为“男”或“女”，不能有其他数据填入；“姓名”“出生日期”等字段必须有值，不能为空。

2. 数据完整性类型

数据完整性分为四类：实体完整性、域完整性、参照完整性、用户定义的完整性。

（1）实体完整性

实体完整性规定在表中不能存在完全相同的记录，而且每条记录都要有一个非空并且不重复的主键。主键的存在保证了实体的完整性。

例如，在学生表中，学号就是这个表的主键。为保证学生实体的完整性，学号字段不能为空，也不能有相同的学号出现，否则这个学生信息就不能存储在这个关系当中。

如果主键是多个属性组成的组合主键，如“开课”表关系中，将课程编号和班级编号设置为组合主键，那么课程编号和班级编号这两个属性就不能同时为空或同时取相同值。

在SQL Server数据库管理系统中，除了主键外，还可以通过唯一约束、IDENTITY自动标识列等方法来保证每个元组唯一性，同样可实现实体完整性。

（2）域完整性

域完整性是指数据库表中的字段必须满足某种特定的数据类型或约束。其中，约束又包括取值范围、取值精度等规定。例如，在“学生”表中，“学号”字段内容只能填入规定长度的学号，而“性别”字段只能填入“男”或“女”，“出生日期”和“入学时间”只能填入日期类型数据。

域完整性大多数情况下可通过定义字段的数据类型来实现，当数据类型无法确定该属性域时，可以实施约束来进行域完整性控制。例如，非空约束NOT NULL、检查约束CHECK、默认约束DEFAULT等都属于域完整性的范畴。

（3）参照完整性

参照完整性是用于确保相关联的表间的数据保持一致，即两个表的主键和外键的数据应对应一致，避免因一个表的数据修改，导致另一个表的相关数据失效。参照完整性是建立在外键和主键之间的关系上的，它要求外键值必须是另一个关系的主键的有效值，或者是空值。例如，在“学生”表中的“班级编号”的值必须是在“班级”表中存在的值。

参照完整性一般是通过主键和外键来实现的，具体有如下两种方式：

级联：更改主键值时，所有外键值也随之改变。删除主键所在表中记录时，外键所在的所有表中的相应记录将自动删除。

限制：若外键表中有相关记录，则不允许更改或删除相关的主键值。若主键没有相应的值，则外键所在表中不能添加相应的记录。

（4）用户定义的完整性

用户定义的完整性即是针对某个特定关系数据库的约束条件，它反映了某一具体应用所涉及的数据必须满足的语义要求。SQL Server提供了定义和检验这类完整性的机制，以便用统一的系统方法来处理它们，而不是用应用程序来承担这一功能。其他的完整性类型都支持用户定义的完整性。

【任务内容】

根据任务1.2设计好的关系模式，对每个关系模式进行数据库完整性设计，指出每个关系模式中属性的数据类型、长度、取值范围及其他限制性约束条件，并指出每个关系模式的主键和外键，最终形成每个关系模式的表结构。

【任务实施】

表1-1~表1-7（见二维码）为“教学管理”系统数据库7个关系模式对应的表结构设计。

表1-1~表1-7

【知识考核】

1. 填空题

（1）________从数据的应用语义视角来抽取现实世界中有价值的数据并按用户的观点来对数据进行建模，该模型独立于具体的DBMS。

（2）组织层模型主要包括四种：________、________、________、________。

（3）________ 是描述概念模型的有力工具。

（4）实体间的联系有三种类型，分别为________、________、________。

（5）数据完整性主要包括________、________、________、________。

2. 选择题

（1）在数据库设计中，E-R图用来描述信息结构，但不涉及信息在计算机中的表示，它是数据库设计的（　　）阶段。

A. 需求分析　B. 概念设计　C. 逻辑设计　D. 物理设计

（2）E-R图是数据库设计的重要工具，它主要用于建立数据库的（　　）。

A. 概念模型　B. 逻辑模型　C. 结构模型　D. 物理模型

（3）在关系数据库中，设计关系模式是（　　）的任务

A. 需求分析　B. 概念设计阶段　C. 逻辑设计阶段　D. 物理设计阶段

（4）在数据库的概念设计中，最常用的数据模型是（　　）。

A. 形象模型　B. 物理模型　C. 逻辑模型　D. 实体-联系模型

（5）一个n∶m联系转换为关系模式时，该关系模式的关键字是（　　）。

A. n端实体对应的关键字　B. m端实体对应的关键字

C. 两端实体关键字的组合　D. 重新选取其他属性

3. 判断题

（1）元组指的是二维表中的一行，在数据库中被称为记录。（　　）

（2）若表A主键出现在另一个表B中，则该主键在表B被称作外键。（　　）

（3）满足3NF的关系模式不一定满足2NF。（　　）

（4）如果关系R的每个属性都是不可再分的，则称R属于第二范式。（　　）

（5）当联系类型是1∶n时，可将联系转换为一个独立关系模式，也可与n端合并。（　　）

4. 简答题

（1）数据库设计包含哪六个阶段？

（2）组织层数据模型有哪几种？分别有什么特点？

（3）简述E-R图转换为关系模式的步骤。

项目2

SQL Server 2019安装与配置

【项目导读】

数据库管理系统是一个工具，它能简化管理数据的任务，并及时地从中抽取出有用的信息。随着大数据时代的到来，日益增长的海量数据让数据库管理系统变得非常重要。

SQL Server 是关系数据库中的杰出代表，是与 Oracle、DB2 齐名的企业级商用数据库“三巨头”之一。SQL Server 是由微软公司开发的一款数据库管理系统，在使用上非常简单方便，和其他软件集成的程度也非常高，在伸缩性上也有非常大的软件优势。

在学习 SQL Server 2019 之前，首先要做的就是安装数据库软件（本项目将安装 SQL Server 2019 Developer 版），学习数据库命令行工具 sqlcmd 使用方法，并学会使用数据库管理工具 SQL Server Management Studio（SSMS）访问数据库。

综上所述，本项目要完成的任务有安装 SQL Server 2019、配置 SQL Server 2019、卸载 SQL Server 2019。

【项目目标】

- 了解常见数据库种类；
- 了解 SQL Server 2019 中常用的安装版本、系统需求和特点；
- 在微软官网上下载 SQL Server 2019，并掌握 SQL Server 2019 的安装；
- 掌握 SQL Server 2019 的配置，并使用数据库命令行工具 sqlcmd 进行配置连接；
- 掌握 SQL Server 2019 的配置，并使用数据库管理工具 SSMS 进行配置连接；
- 掌握 SQL Server 2019 的卸载。

【项目地图】

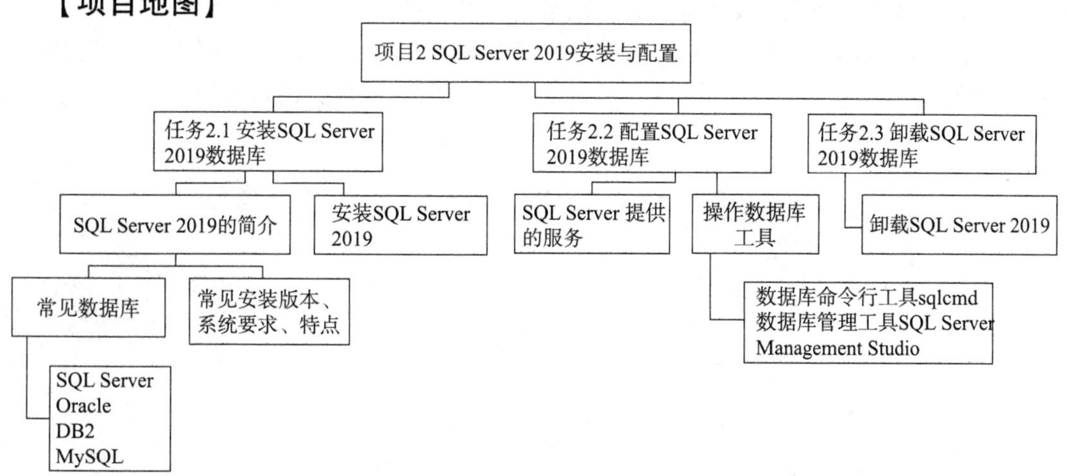

【思政小课堂】

“科技梦”助推“中国梦”：坚定不移走中国特色自主创新道路

习近平总书记指出：实现“两个一百年”奋斗目标，实现中华民族伟大复兴的中国梦，必须坚持走中国特色自主创新道路。40年来，我国科技事业砥砺前行、蓬勃发展，在攻坚克难中铸就伟业，在勇攀高峰中追求卓越，不断探索和实践中国特色自主创新道路。

改革开放以来，我国科技事业发展从推动科技与经济紧密结合、加速科技成果向现实生产力转化，进入全面支撑“五位一体”总体布局、加快从要素驱动向创新驱动转变的新阶段。科技实力从以跟踪、追赶为主，进入跟跑、并跑、领跑“三跑并存”的新阶段。体制机制改革从释放高校、科研院所的创新活力，进入完善国家创新体系功能布局、调动全社会创新创业积极性的新阶段。我国正在加速迈向建设创新型国家和世界科技强国的新征程。

科技实力大幅跃升，在世界创新版图中占据重要位置。科技投入的产出质量和效率大幅提升，我国发明专利申请量和授权量均居世界第一。基础研究和前沿技术领域实现多点突破，群体性跃升。在载人航天、探月工程、北斗导航、量子通信、深海探测、高速铁路等领域取得了一批在世界上叫得响、数得着的重大成果。科技创新能力正在从量的积累向质的飞跃、从点的突破向系统能力提升转变。

科技支撑引领能力显著增强，经济社会发展的科技含量更加突出。高水平创新源头供给不断涌现，有效推动产业转型升级。半导体照明、太阳能光伏、风电等重点产业规模和技术能力居世界先进水平。科技支撑农业农村现代化迈出新步伐，良种在粮食增产中的贡献率达到43%以上。科技扶贫带动精准脱贫，为县域发展和乡村振兴注入新活力。一批创新药物打破国外产品垄断，建立了完整的传染病防控体系。大气、水、土壤污染防治科技攻关力度不断加大，公共安全和防灾减灾科技保障能力不断增强，有力支撑了健康中国、美丽中国、平安中国的建设。

坚持科技创新和体制机制创新“双轮驱动”。以改革驱动创新，以创新驱动发展，把政府引导与市场机制有机结合起来，这是40年来深化科技体制改革、推动科技创新的重要路径和方法手段。充分发挥社会主义集中力量办大事的优势，统筹中央和地方、军口和民口、国际和国内的各类创新资源，以战略规划引领前沿方向，以重大项目汇聚创新要素，促进各类创新主体的协同发展，营造公平竞争的市场环境，构建法律政策文化的良好创新生态。

科技创新犹如逆水行舟，不进则退。我们必须清醒地认识到，当前我国科技发展水平特别是关键核心技术创新能力相比国际先进水平还有很大差距。

新时代的科技创新必须坚持以习近平新时代中国特色社会主义思想为指导，以建设世界科技强国为奋斗目标，坚持发展是第一要务、人才是第一资源、创新是第一动力，开辟新空间。

任务 2.1　安装 SQL Server 2019 数据库

【任务工单】

任务工单 2 - 1：安装 SQL Server 2019 数据库

任务名称	安装 SQL Server 2019 数据库				
组别		成员		小组成绩	
学生姓名		个人成绩			
任务情境	用户系统需要使用 SQL Server 2019 作为数据库软件，现请你以数据库管理员身份帮助用户完成 SQL Server 2019 的安装工作				
任务目标	掌握 SQL Server 2019 数据库的下载和安装				
任务要求	按本任务后面列出的具体任务内容，完成数据库 SQL Server 2019 的安装工作				
知识链接					
计划决策					
任务实施	1. 微软官网下载 SQL Server 2019 数据库的步骤 2. 安装数据库 SQL Server 2019 数据库的步骤				

续表

检查	1. SQL Server 服务是否启动；2. “开始”菜单栏是否有 SQL Server 2019
实施总结	
小组评价	
任务点评	

【前导知识】

一、常见数据库

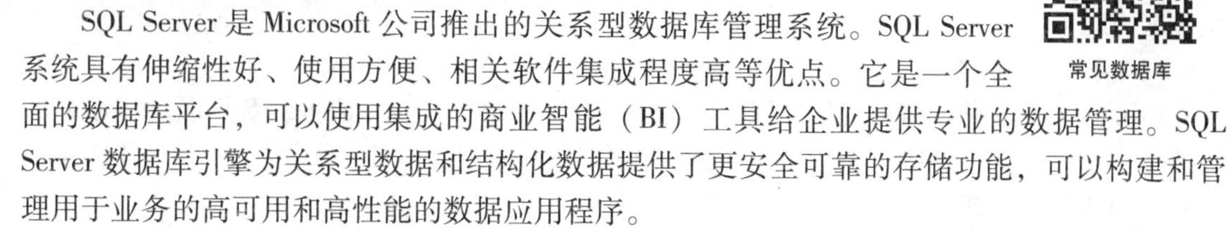

常见数据库

1. SQL Server

SQL Server 是 Microsoft 公司推出的关系型数据库管理系统。SQL Server 系统具有伸缩性好、使用方便、相关软件集成程度高等优点。它是一个全面的数据库平台，可以使用集成的商业智能（BI）工具给企业提供专业的数据管理。SQL Server 数据库引擎为关系型数据和结构化数据提供了更安全可靠的存储功能，可以构建和管理用于业务的高可用和高性能的数据应用程序。

2. Oracle

Oracle 即 Oracle Database，是甲骨文公司的一款关系型数据库管理系统。它广泛应用于企业应用程序。它在数据库系统中一直处于领先地位。Oracle 数据库系统是第一个专为企业网格计算而设计的数据库，在数据安全性、完整性方面具有很大优势，在跨操作系统、跨硬件平台的数据兼容性上具有良好性能，适用于各类大、中、小、微机环境。

3. DB2

DB2 广泛应用在企业应用程序，适用于海量数据。DB2 是 IBM 开发的系列关系型数据库管理系统，主要为服务器提供数据库管理帮助，而且应用的对象也是大型应用系统。DB2 具有较好的可伸缩性，支持大型机到单用户环境，能够在常见的操作系统平台上服务，还提供了高层次的数据利用性、完整性、安全性、可恢复性。

4. MySQL

MySQL 是流行的关系型数据库管理系统，特别是在 Web 应用方面。MySQL 由瑞典 MySQLAB 公司开发，目前属于 Oracle 旗下的产品。由于其体积小、速度快、跨平台、支持分布式，尤其是开放源码这个特点，非常适合中小型企业选择作为 Web 数据库。

二、SQL Server 2019 的简介

SQL Server 2019 的简介

2019 年 11 月 7 日，在 Microsoft Ignite 2019 大会上，微软正式发布了新一代数据库产品 SQL Server 2019。SQL Server 2019 为所有数据工作负载带来了创新的安全性和合规性功能、业界领先的性能、任务关键型的可用性和高级分析，同时还支持内置的大数据。

1. SQL Server 2019 常见安装版本

（1）Enterprise 版本

Enterprise 版本提供了全面的高端数据中心功能，性能极为快捷、虚拟化不受限制，还具有端到端商业智能，可为关键任务工作负荷提供较高服务级别，支持最终用户访问深层数据。

（2）Developer 版本

Developer 版本支持开发人员基于 SQL Server 构建任意类型的应用程序。它包括 Enterprise 版本的所有功能，但有许可限制，只能用作开发和测试系统，而不能用作生产服务器。SQL Server Developer 版本是构建和测试应用程序的理想之选。

（3）Standard 版本

Standard 版本提供了基本数据管理和商业智能数据库，供部门和小型组织运行其应用程序，并支持将常用开发工具用于本地和云，有助于以最少的 IT 资源进行最有效的数据库管理。

（4）Web 版本

对于 Web 主机托管服务提供商和 Web VAP 而言，SQL Server Web 版本是一项总拥有成本较低的选择，它可针对从小规模到大规模 Web 资产等内容提供可伸缩性、经济性和可管理性能力。

（5）Express 版本

Express 版本是入门级的免费数据库，是学习和构建桌面及小型服务器数据驱动应用程序的理想选择。它是独立软件供应商、开发人员和热衷于构建客户端应用程序的人员的最佳选择。

2. SQL Server 2019 系统要求

SQL Server 数据库软件可以安装在 Windows Server 2012 以上、Windows 8 以上等操作系统，当然，SQL Server 数据库软件也可以安装在 Linux 平台的计算机上。SQL Server 数据库软件是运行在操作系统上的，所以安装之前需要了解数据库软件的系统要求。对系统硬件（主要是内存）的要求如下：

硬盘：SQL Server 要求最少 6 GB 的可用硬盘空间。磁盘空间要求将随所安装的 SQL Server 组件不同而发生变化。

内存：Express 版本最低要求 512 MB，但最好 1 GB 以上。所有其他版本最低要求 1GB，但最好 4 GB 以上，并且应随着数据库大小的增加而增加来确保最佳性能。

处理器：最低要求 x64 处理器，处理速度 1.4 GHz，但最好 2.0 GHz 或更快。

3. SQL Server 2019 特点

（1）数据的智能化

智能化把烦琐的工作通过数字化处理，或基于数据化直接调用或指导到工作，将人需要付诸的精力和所需的理解减至最低。SQL Server 是数据集成的中心，可以通过 SQL Server 和 Spark 工具为结构化和非结构化数据进行转型。

（2）跨平台、跨语言

从 SQL Server 2017 开始，SQL Server 可以在 Windows、Linux 操作系统平台上服务，为多种编程语言提供 API。这些编程语言包括 C、C++、Python、Java、PHP 和 .NET 等。

（3）功能性强

利用突破性的可扩展性，改善数据库的稳定性并缩短响应时间，而无须更改应用程序，让任务关键型应用程序、数据仓库和数据湖实现高可用性。

（4）安全性好

SQL Server 具有许多支持创建安全数据库应用程序的功能。无论要使用哪个版本的 SQL Server，通用安全注意事项（如数据盗窃和蓄意破坏）都适用。每个版本的 SQL Server 都具有不同的安全功能，版本越高，功能越强。

（5）数据分析、决策

SQL Server 在管理大数据环境方面具有优势。它提供了数据库的关键元素（HDFS、Spark 和分析工具）与 SQL Server 深度集成，并得到 Microsoft 的完全支持。同时，Power BI 报表服务器提供交互式 Power BI 报表及 SQL Server Reporting Services 的企业报告功能。

三、安装 SQL Server 2019

安装 SQL Server 2019

本教材使用的计算机是 4 GB 内存，操作系统为 Windows 10。安装步骤如下：

①访问 SQL Server 2019 Developer 官方网站。

②选择免费版本，直接单击下载。

③双击启动安装文件。

④选择基本安装类型。

⑤根据自己的需求，选择合适的安装路径，最后单击“安装”按钮。

【任务内容】

1. 在微软官网下载 SQL Server 2019 数据库软件。
2. 安装 SQL Server 2019 数据库。
3. 验证 SQL Server 2019 数据库的安装。

【任务实施】

1. 在微软官网下载 SQL Server 2019 数据库软件。

（1）输入下载地址“https://www.microsoft.com/zh-cn/sql-server/sql-server-downloads”，下拉找到下载版本，单击“立即试用”按钮。

（2）免费版本有 Developer 版和 Express 版本，此处下载 SQL Server 2019 Developer 版本，并保存下载文件 SQL 2019 – SSEI – Dev. exe。

2. 安装 SQL Server 2019 数据库。

（1）右击应用程序文件下载位置，以管理员身份运行该程序即可启动 SQL Server 2019 数据库的安装过程，出现安装类型界面，选择安装类型有基本、自定义、下载介质。

提示：以管理员身份运行获得的权限大，能减少不必要的操作。

（2）选择“自定义安装”，当然，也可以根据需要选择其他安装类型。选择安装位置，单击“安装”按钮，这里默认安装在 C 盘。

提示：安装目录尽量不要有中文目录名。

（3）弹出图 2 – 1 所示的下载安装程序包对话框，此过程持续几分钟，很快弹出图 2 – 2 所示的“SQL Server 安装中心”对话框。

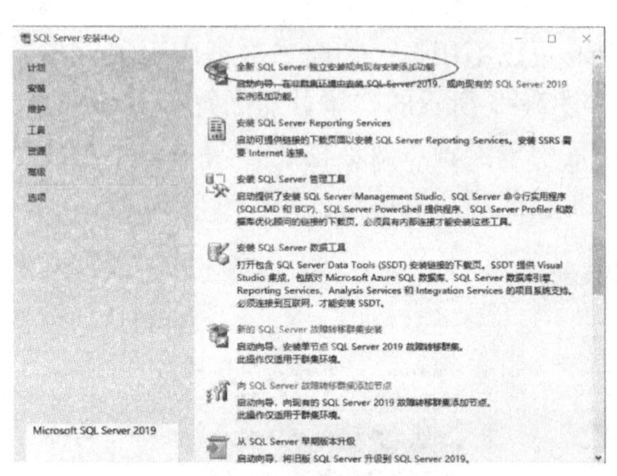

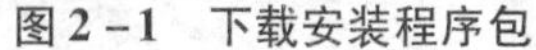

图 2 – 1　下载安装程序包

图 2 – 2　“SQL Server 安装中心”对话框

（4）进入安装中心，单击“安装”按钮，安装 SQL Server 2019 数据库软件，此处单击“全新 SQL Server 独立安装或向现有安装添加功能”，弹出如图 2 – 3 所示对话框。若安装过早期版本 SQL Server 数据库软件，可单击“从 SQL Server 早期版本升级”，可节省大量时间。

（5）在图 2 – 4 所示的“Microsoft 更新”对话框中单击“下一步”按钮；在图 2 – 5 所

示的“安装规则”对话框中单击“下一步”按钮；在图 2 - 6 所示的“产品密钥”对话框中使用 Developer 版本，单击“下一步”按钮；在图 2 - 7 所示的“许可条款”对话框中勾选“我接受许可条款”，单击“下一步”按钮。

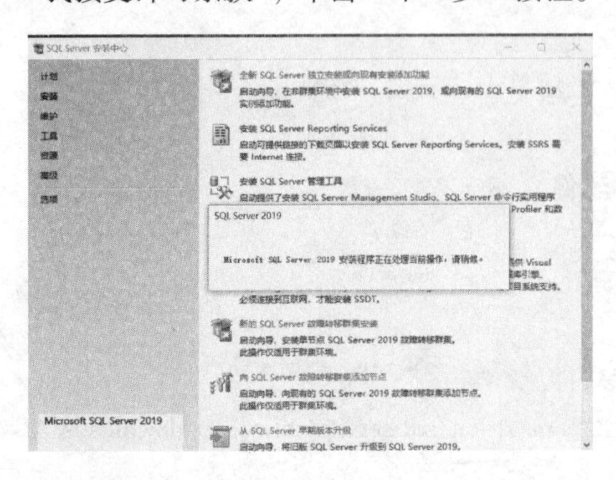

图 2 - 3　全新 SQL Server 独立安装

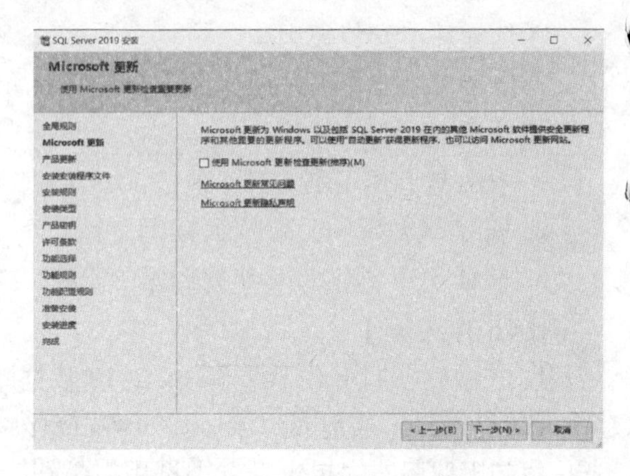

图 2 - 4　Microsoft 更新

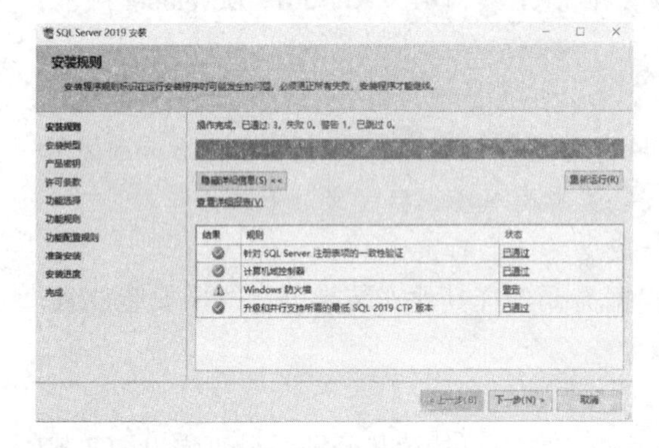

图 2 - 5　安装规则

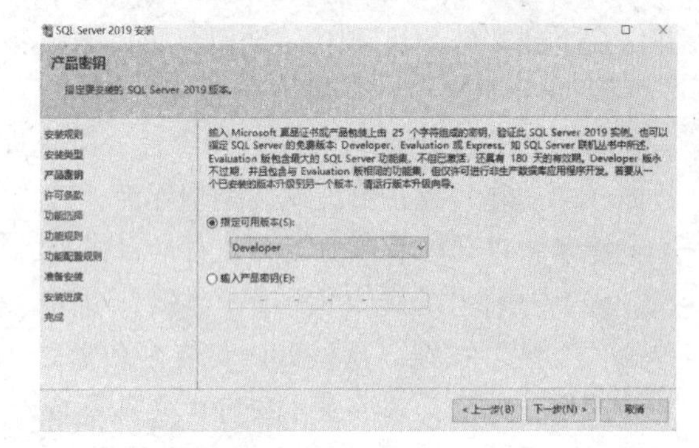

图 2 - 6　产品密钥

（6）在图 2 - 8 所示的“功能选择”对话框中里面勾选需要的功能。例如机器学习用不到，可以不用选；必选“数据库引擎服务”和“SQL Server 复制”，单击“下一步”按钮。在图 2 - 9 所示的“服务器配置”对话框中，单击“下一步”按钮；在图 2 - 10 所示的“数据库引擎配置”对话框的“身份验证模式”中，选择“混合模式”，配置 sa 用户密码，并添加当前用户，单击“下一步”按钮。

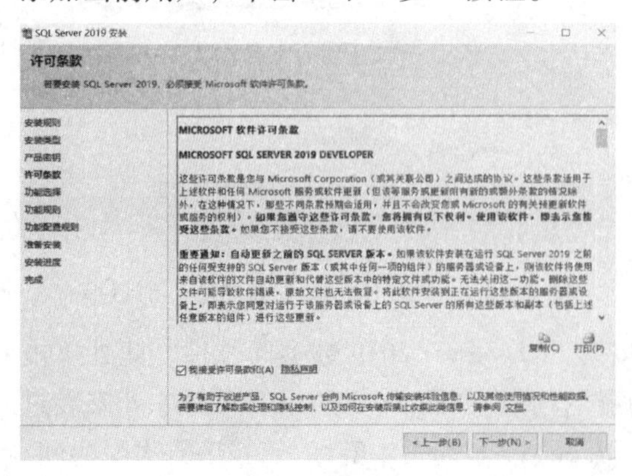

图 2 - 7　许可条款

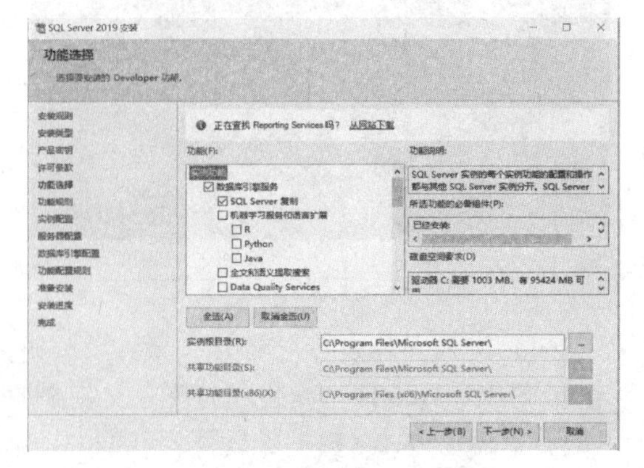

图 2 - 8　功能选择

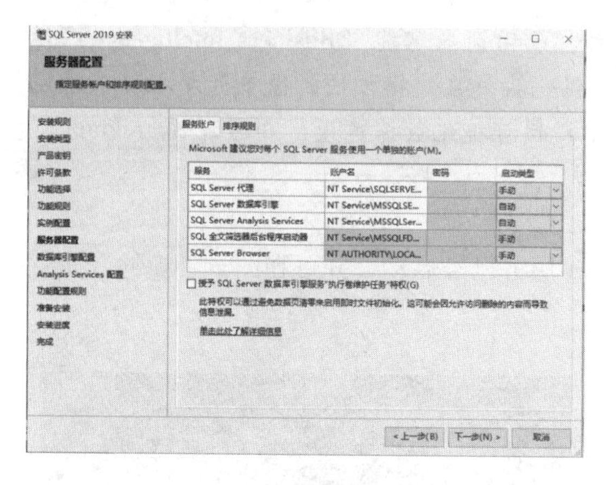

图 2－9　服务器配置

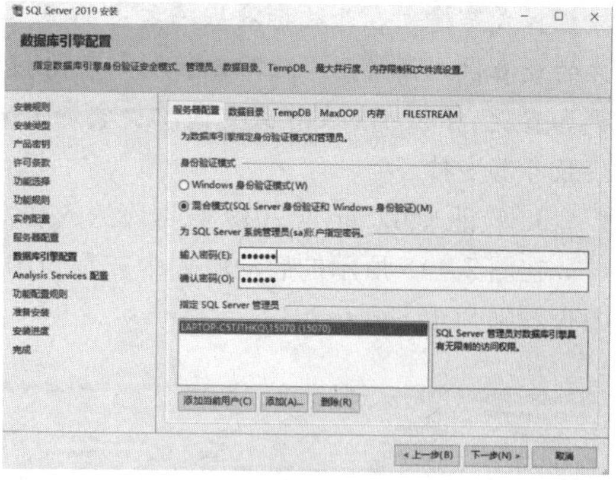

图 2－10　数据库引擎配置

（7）在图 2－11 所示的“Analysis Services 配置”的“服务器模式”中选择“表格模式”，并添加当前用户，单击“下一步”按钮。之后一直单击“下一步”按钮，直到完成整个 SQL Server 2019 数据库软件的安装，如图 2－12 ~ 图 2－14 所示。

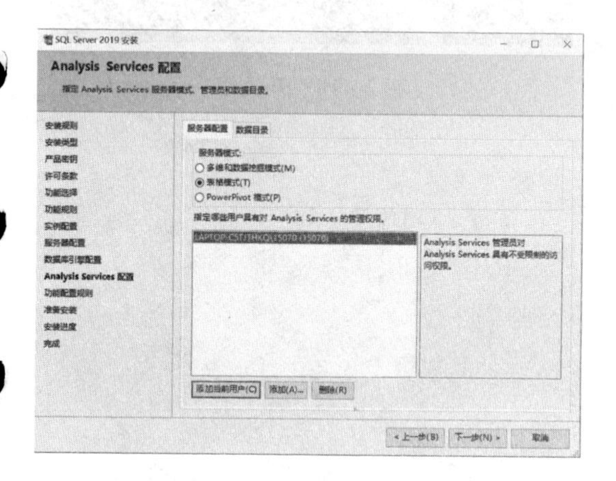

图 2－11　Analysis Services 配置

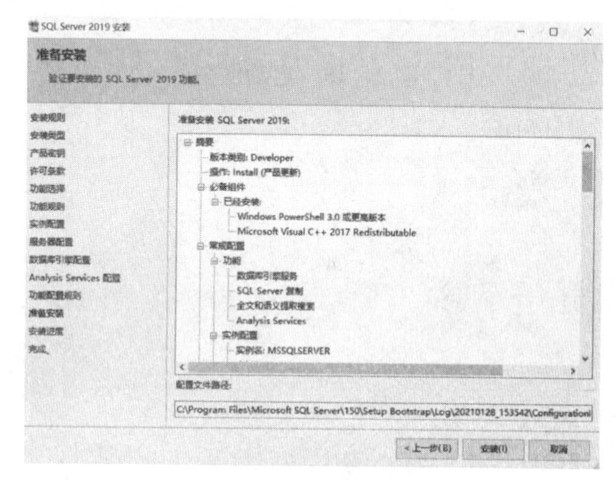

图 2－12　准备安装

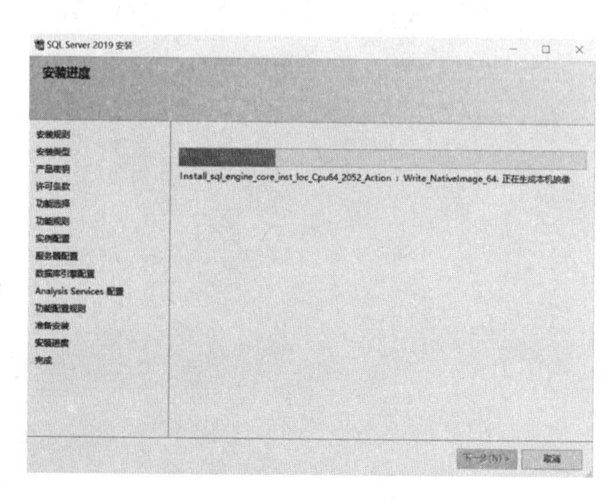

图 2－13　安装进度

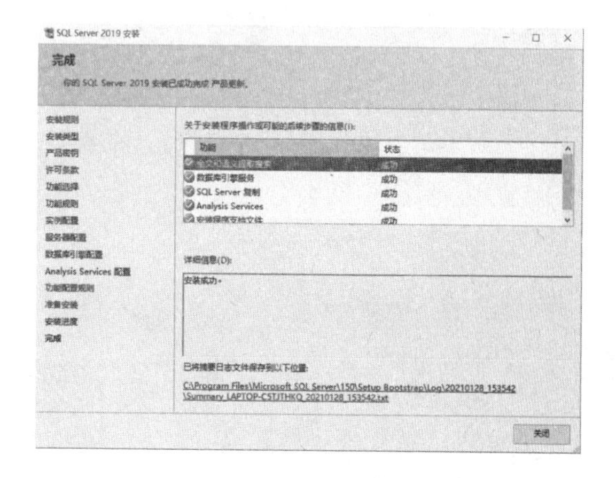

图 2－14　完成安装

提示：服务器模式包括多维和数据挖掘模式、表格模式及 PowerPivot 模式。多维和数据挖掘模式是建立在开放标准基础之上的成熟技术，已由商业智能（Business Intelligence）软件的众多供应商采用，但难以驾驭。表格模式提供一种关系建模方法，很多开发人员认为它更加直观。PowerPivot 模式更简单，它在 Excel 中提供可视化数据建模，并通过 SharePoint 提供服务器支持。

3. 验证 SQL Server 2019 数据库的成功安装。

在图 2－15 所示的启动服务中查看 SQL Server 服务已经启动，并可在图 2－16 的开始栏中查看到 SQL Server 2019。

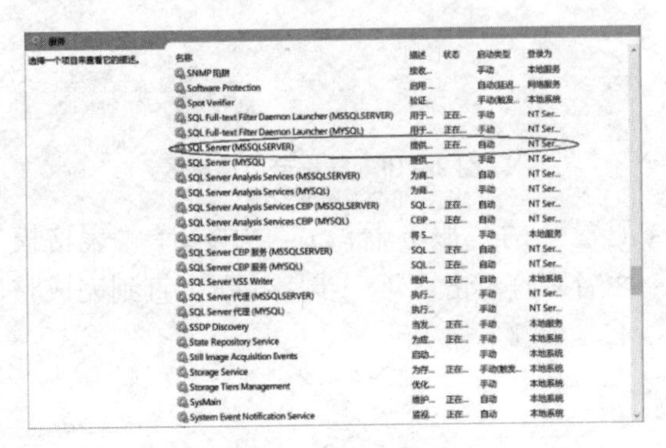

图 2－15　启动服务

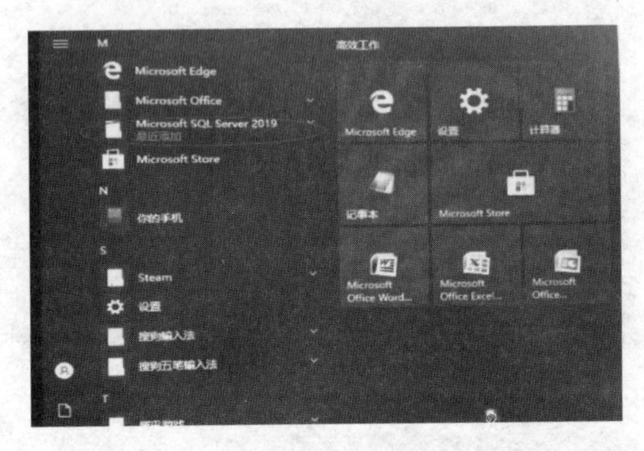

图 2－16　开始栏

任务 2.2　配置 SQL Server 2019 数据库

【任务工单】

任务工单 2－2：配置 SQL Server 2019 数据库

任务名称	配置 SQL Server 2019 数据库				
组别		成员		小组成绩	
学生姓名				个人成绩	
任务情境	数据库管理员已按照任务 2.1 成功安装 SQL Server 2019，现请你以数据库管理员身份分别使用数据库命令行工具 sqlcmd 和数据库管理工具 SQL Server Management Studio（SSMS）完成 SQL Server 2019 的配置				
任务目标	使用数据库命令行工具 sqlcmd 和数据库管理工具 SSMS 进行 SQL Server 2019 的配置				
任务要求	按本任务后面列出的具体任务内容，完成 SQL Server 2019 的配置				
知识链接					
计划决策					
任务实施	1. 使用数据库命令行工具 sqlcmd 进行 SQL Server 2019 的配置连接的步骤 2. 使用数据库管理工具 SSMS 进行 SQL Server 2019 的配置连接的步骤				

续表

检查	1. 使用 sqlcmd 进行配置连接成功；2. 使用 SSMS 进行配置连接成功
实施总结	
小组评价	
任务点评	

【前导知识】

一、SQL Server 提供的服务

SQL Server 提供的服务

不同的功能由不同的 SQL Server 相关服务完成，这些服务支撑 SQL Server 的正常运行。

1. SQL Server 服务

实现 SQL Server 数据库引擎。在计算机上运行的每个 SQL Server 实例都有一个 SQL Server 服务。SQL Server 服务是 SQL Server 2019 中最核心的服务，此服务直接管理和维护数据库，负责处理 Transact - SQL 语句并管理数据库对象。其他所有的 SQL Server 服务都依赖于此服务，其他的服务都是为了扩展或补充 SQL Server 服务的功能。

2. SQL Server 代理服务

SQL Server 代理服务执行作业、监视 SQL Server、激发警报，以及允许自动执行某些管理任务。在计算机上运行的每个 SQL Server 实例都有一个 SQL Server 代理服务。

3. SQL Server Analysis Service 服务

为商业智能应用程序提供联机分析处理（OLAP）和数据挖掘功能。

二、数据库操作工具

数据库操作工具

1. 数据库命令行工具 sqlcmd

上个章节成功安装了数据库 SQL Server 2019，此时就需要维护和管理它，SQL Server 2019 提供数据库命令行工具 sqlcmd 来实现相关的运维管理工作，当然，也可以使用不同的图形化管理工具来维护和管理 SQL Server 2019。但是使用 sqlcmd 工具是一项重要基本功能，因为要考虑到不能使用图形化工具的情况，而 sqlcmd 在正常情况下能一直运行。

2. 数据库管理工具 SQL Server Management Studio

SQL Server Management Studio（SSMS）是一个集成环境，用于访问、配置、管理和开发 SQL Server 的所有组件。SSMS 组合了大量图形工具和丰富的脚本编辑器，使各种技术水平的开发人员和管理员都能访问 SQL Server。SSMS 提供用于配置、监视和管理 SQL Server 和数据库实例的工具。使用 SSMS 部署、监视和升级应用程序使用的数据层组件，以及生成查询和脚本。

SSMS 将早期版本的 SQL Server 中所包含的企业管理器、查询分析器和 Analysis Manager 功能整合到单一的环境中。SSMS 还可以和 SQL Server 的所有组件协同工作。

启动 SSMS，并成功连接到服务器后，出现 SSMS 工作界面。SSMS 的工作界面如图 2 - 17 所示。

SSMS 的工作界面是一个可视化的窗口式的操作环境。其工作界面主要有标题栏、控制按钮栏、功能区等。每一个区还会涉及如选项卡、命令之类的名词，下面将介绍各个组成部分的含义及使用方法。

标题栏：显示当前正在编辑的数据库文件名。

控制按钮栏：可以控制窗口的最大化、最小化、还原及关闭操作。

功能区：功能区位于标题栏的下方，默认由 8 个选项卡组成，分别为文件、编辑、视图、查询、项目、工具、窗口以及帮助。每个选项卡下分为多个组，每个组中有多个命令。

数据库选择框：默认为 4 个系统数据库选择。系统数据库分别为 master 数据库、model

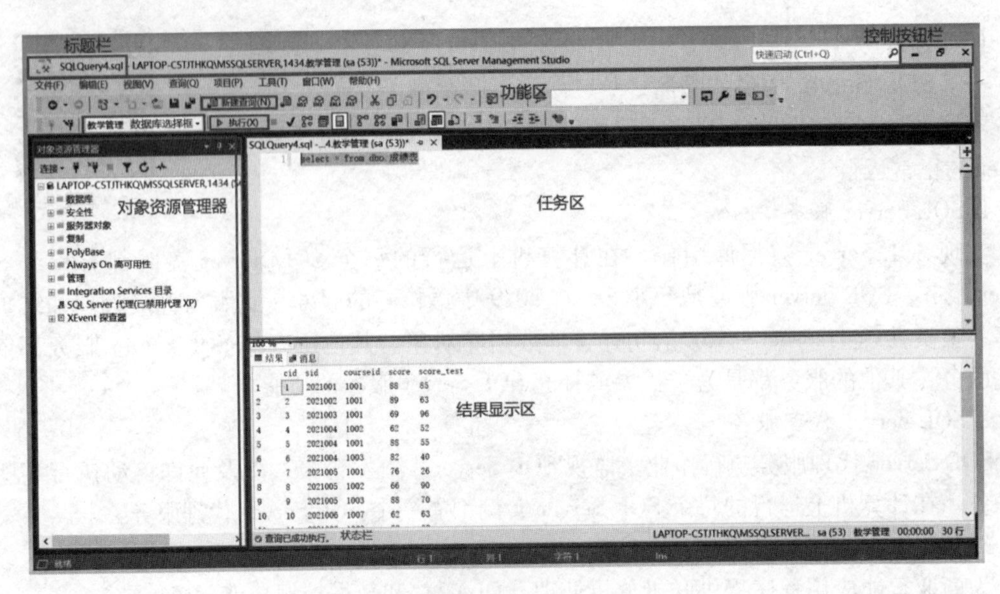

图 2－17　SSMS 工作界面

数据库、msdb 数据库和 tempdb 数据库。

新建查询按钮：单击该按钮显示查询分析界面，之后项目会经常使用到。

执行按钮：数据库操作语句执行。

对象资源管理器：它提供了整个数据库导航，用于查看和管理每个 SQL Server 实例中的对象服务器对象（如表）及日志文件等。

任务区：显示内容会根据用户具体的执行任务而有所改变。如图 2－17 右侧上栏所示，在进行数据查询时，就会看到查询分析界面。

结果显示区：执行任务后显示结果，如图 2－17 右侧下栏所示。

【任务内容】

1. 启动 SQL Server 服务。
2. 启用 TCP/IP 协议。
3. 使用 sqlcmd 配置连接并打开，查看系统数据库。
4. 使用 SSMS 配置连接并打开，查看系统数据库。

【任务实施】

1. 启动 SQL Server 服务。

方法 1：使用 SQL Server 配置管理器启动 SQL Server 服务。

（1）在“开始”菜单中找到 Microsoft SQL Server 2019，单击“SQL Server 2019 配置管理器”，如图 2－18 所示。

（2）找到 SQL Server 服务，并启动此服务，如图 2－19 所示。

方法 2：利用 cmd 命令启动 SQL Server 服务。

（1）在电脑开始菜单搜索栏输入“cmd”，建议单击“以管理员身份运行”。

（2）打开命令提示符窗口，输入命令“net start 数据库实例名称”，在任务 2.1 中安装 SQL Server 2019 时设置数据库实例名称为 mssqlserver，所以输入“net start mssqlserver”，启动 SQL Server 服务，出现“SQL Server（MSSQLSERVER）服务正在启动”“SQL Server

（MSSQLSERVER）服务已经启动成功”信息，表示 SQL Server 服务启动成功，如图 2－20 所示。

图 2－18　SQL Server 2019 配置管理器

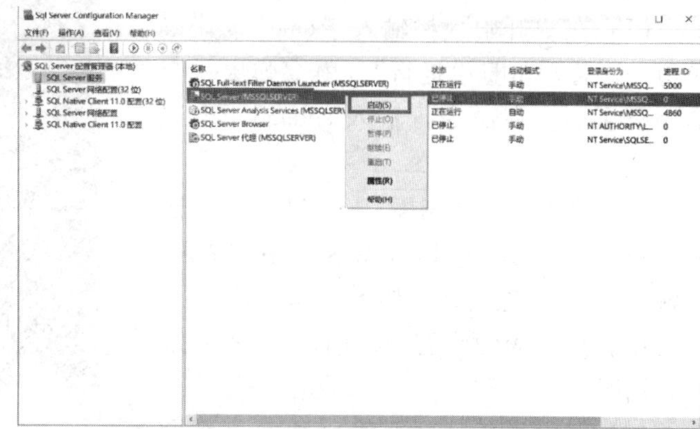

图 2－19　启动 SQL Server 服务（1）

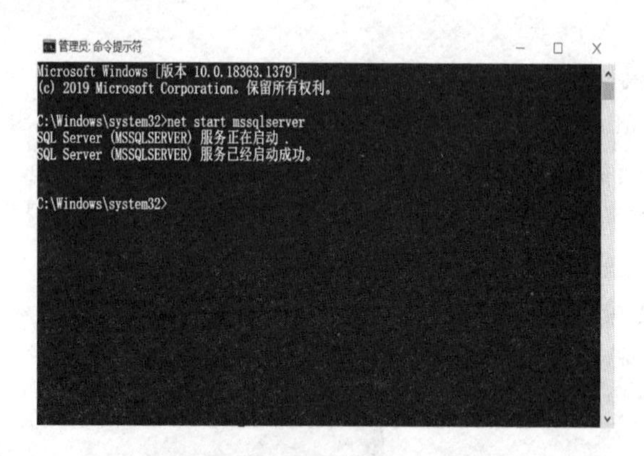

图 2－20　启动 SQL Server 服务（2）

提示：如果按照上个任务安装 SQL Server 2019，一般默认 SQL Server 服务开机时自启动，无须进行手动启动服务。

2. 启用 TCP/IP 协议。

（1）在电脑“开始”菜单找到 Microsoft SQL Server 2019，单击“SQL Server 2019 配置管理器”。

（2）找到 SQL Server 网络配置，单击“MSSQLSERVER 的协议”，启用 TCP/IP 协议，如图 2－21 所示。

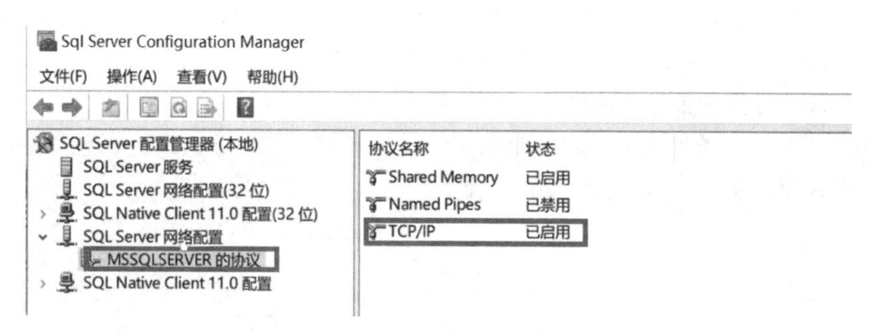

图 2－21　启用 TCP/IP 协议

3. 使用 sqlcmd 配置连接并打开，查看系统数据库。

（1）在“开始”栏输入“cmd”，建议单击“以管理员身份运行”，就会弹出一个命令行页面。在命令行输入 sqlcmd，出现“1 >”。

（2）查看已有数据库：在“1 >”后输入“select * from SysDatabases”，在“2 >”后输入“go”。查询结果如图 2－22 所示。

```
Microsoft Windows [版本 10.0.18363.1379]
(c) 2019 Microsoft Corporation。保留所有权利。

C:\Windows\system32>sqlcmd
1> select * from SysDatabases
2> go
name
                                    dbid  sid
                                              mode  status    status2
   crdate                 reserved            category  cmptlevel filename
ersion
master
                                       1 0x01
                                                 0     65544  1090520
064 2003-04-08 09:13:36.390 1900-01-01 00:00:00.000  0      150 C:\Program
 Files\Microsoft SQL Server\MSSQL15.MSSQLSERVER\MSSQL\DATA\master.mdf
```

图 2－22　打开 sqlcmd

4. 使用 SSMS 配置连接并打开，查看系统数据库。

（1）登录微软官网下载 SSMS。下载网址 https://docs.microsoft.com/zh-cn/sql/ssms/download-sql-server-management-studio-ssms?view=sql-server－2017。

（2）登录 SSMS，弹出“连接到服务器”窗口，服务器类型可选项：数据库引擎、Analysis Services、Reporting Services、Integration Services、Azure－SSIS Integration Runtime，这里选择“数据库引擎”，默认为此选项，如图 2－23 所示。

（3）浏览服务器名称。选择“浏览更多…”，根据实际情况选择“本地服务器”或是“网络服务器”，这里选择本地服务器即本计算机 LAPTOP－C5TJTHKQ，如图 2－24 所示。

提示：除了浏览选择服务器，也可以手动输入服务器名称，格式如下：服务器\实例名(,端口号）或者 IP 地址\实例名(,端口号)。

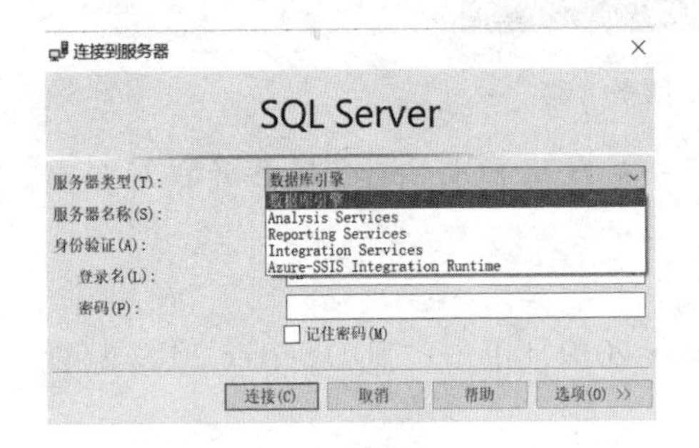

图 2－23　选择数据库引擎

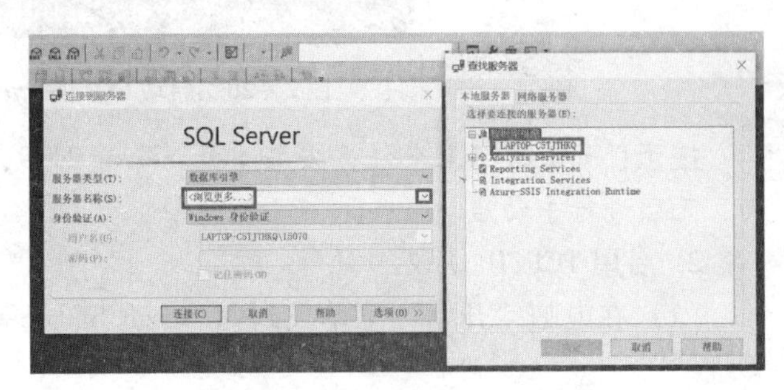

图 2－24　浏览服务器名称

（4）身份验证可选项：Windows 身份验证、SQL Server 身份验证、Azure Active Directory－通用且具有 MFA 支持、Azure Active Directory－密码、Azure Active Directory－已集成，这里选择“SQL Server 身份验证”，如图 2－25 所示。

（5）由于（4）选择“SQL Server 身份验证”，登录名必须为 SQL Server 数据库中设置的用户，这里登录名为 sa，如图 2－26 所示。

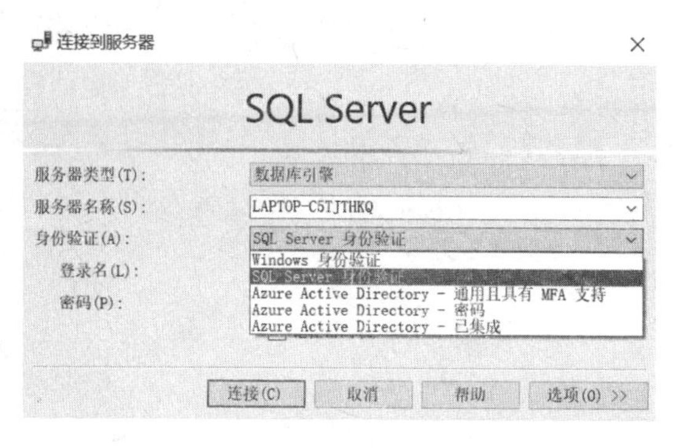

图 2－25　选择身份验证

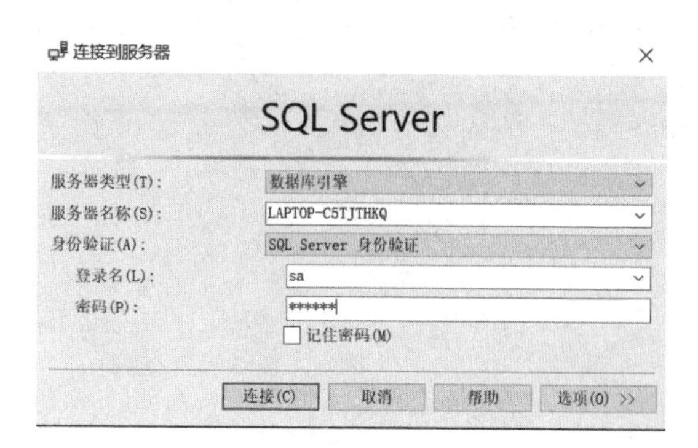

图 2－26　连接数据库服务器

（6）配置服务器属性。连接成功进入 SSMS 工作界面。右击服务器名称，单击“属性”，如图 2－27 所示。单击“安全性”，选择“SQL Server 和 Windows 身份验证模式”，单击“确定”按钮，如图 2－28 所示。单击“连接”，勾选“允许远程连接到此服务器”，单击“确定”按钮，如图 2－29 所示。配置完成后，需重新启动 SQL Server 服务。

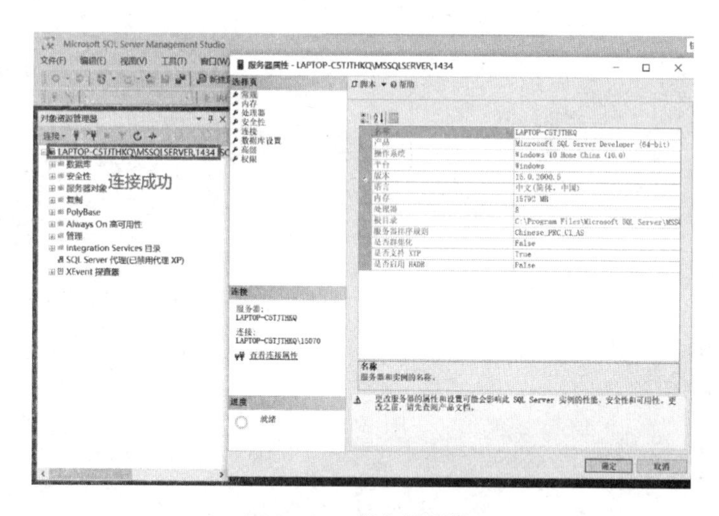

图 2－27　服务器属性

（7）登录到 SSMS，在“对象资源管理器”窗格中选择数据库，单击数据库左边的⊞，展开数据库节点，查看数据库中的系统数据库 master、model、msdb、tempdb。

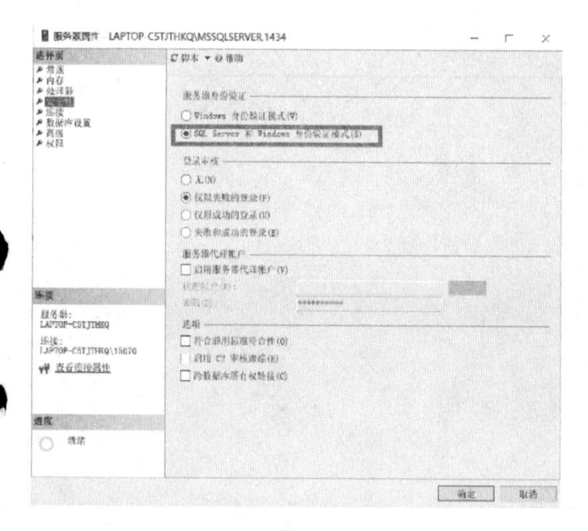

图 2－28　服务器属性“安全性”

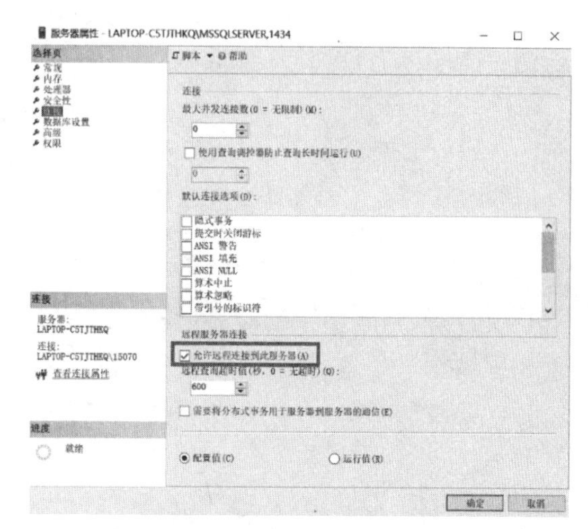

图 2－29　服务器属性“连接”

任务2.3　卸载SQL Server 2019数据库

【任务工单】

任务工单2-3：卸载SQL Server 2019数据库

<table>
<tr><td>任务名称</td><td colspan="5">卸载SQL Server 2019数据库</td></tr>
<tr><td>组别</td><td></td><td>成员</td><td></td><td>小组成绩</td><td></td></tr>
<tr><td>学生姓名</td><td colspan="3"></td><td>个人成绩</td><td></td></tr>
<tr><td>任务情境</td><td colspan="5">数据库管理员有的时候不仅需要进行安装，同时也需要进行卸载。现请你以数据库管理员身份进行SQL Server 2019的卸载</td></tr>
<tr><td>任务目标</td><td colspan="5">卸载SQL Server 2019数据库</td></tr>
<tr><td>任务要求</td><td colspan="5">按本任务后面列出的具体任务内容，完成SQL Server 2019数据库的卸载</td></tr>
<tr><td>知识链接</td><td colspan="5"></td></tr>
<tr><td>计划决策</td><td colspan="5"></td></tr>
<tr><td>任务实施</td><td colspan="5">卸载SQL Server 2019数据库的步骤</td></tr>
</table>

续表

检查	1. 应用程序中无 Microsoft SQL Server 2019（64 - bit）；2. Windows 服务中无 SQL Server
实施总结	
小组评价	
任务点评	

【任务内容】

卸载 SQL Server 2019 数据库。

卸载 SQL Server 2019

【任务实施】

（1）首先关闭所有已打开的 SQL Server 工具，关闭有关 SQL Server 相应的服务，进入 Windows 服务界面，如图 2－30 所示，关闭 SQL Server（MSSQLSERVER）服务、SQL Server Browser 服务等相关服务。

（2）进入 Windows 设置界面，选择“应用”，如图 2－31 所示，卸载有关 Microsoft SQL Server 的程序，如 Microsoft SQL Server 2019（64－bit）、Microsoft SQL Server 2019 T－SQL 语言服务等。

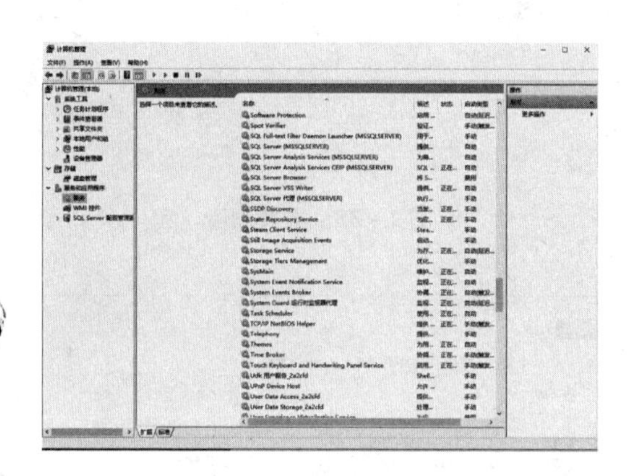

图 2－30　Windows 服务

图 2－31　Windows 设置

（3）单击“卸载”→“Microsoft SQL Server 2019”，单击“删除”按钮，如图 2－32 所示。

（4）选择要删除的 SQL Server 实例 MSSQLSERVER，单击“下一步”按钮，如图 2－33 所示。

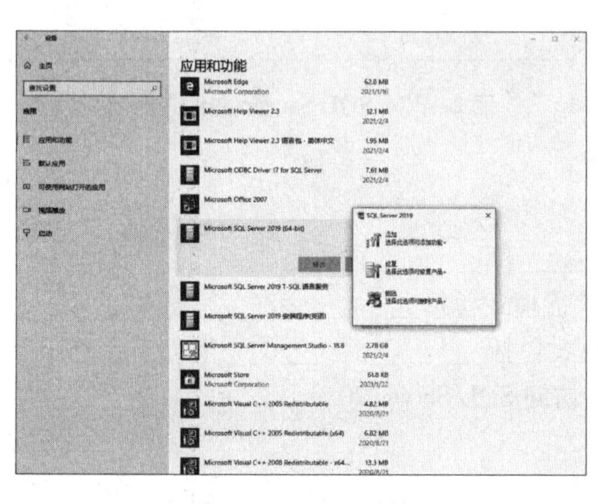

图 2－32　程序卸载

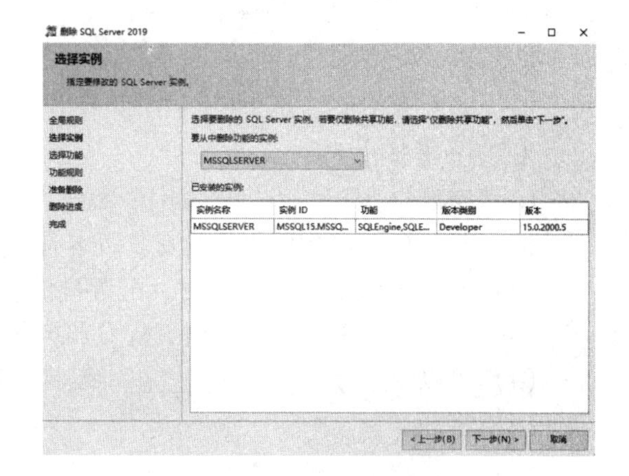

图 2－33　实例卸载

（5）如图 2－34 所示，选择删除功能，单击“下一步”按钮。

（6）如图 2－35 所示，准备删除。单击“删除”按钮，完成 SQL Server 2019 的删除，如图 2－36 所示。

（7）找到 C 盘 Program Files 文件夹，删除 Microsoft SQL Server 文件夹，如图 2－37 所示。

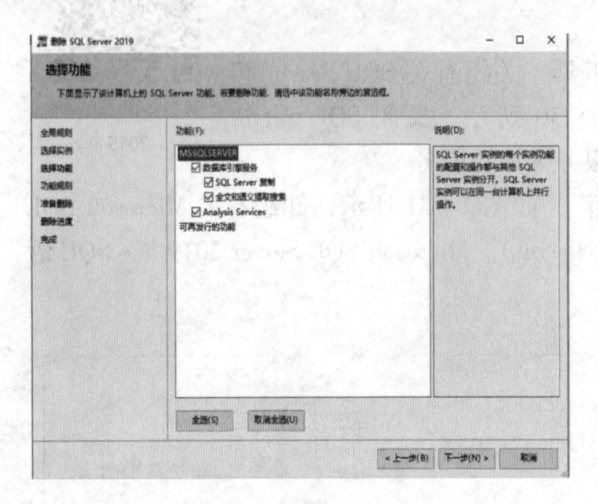

图 2－34　功能卸载

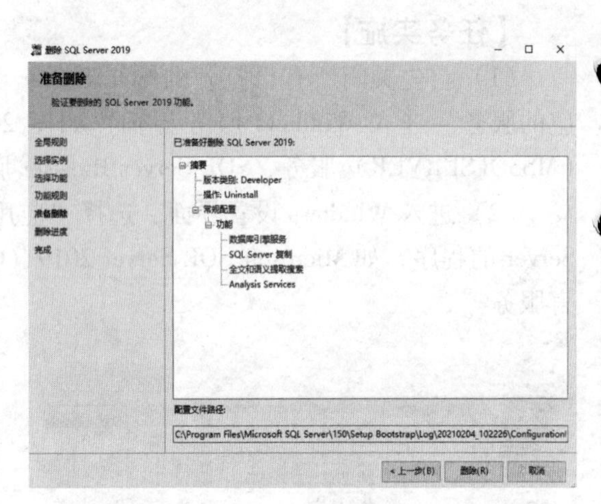

图 2－35　准备删除

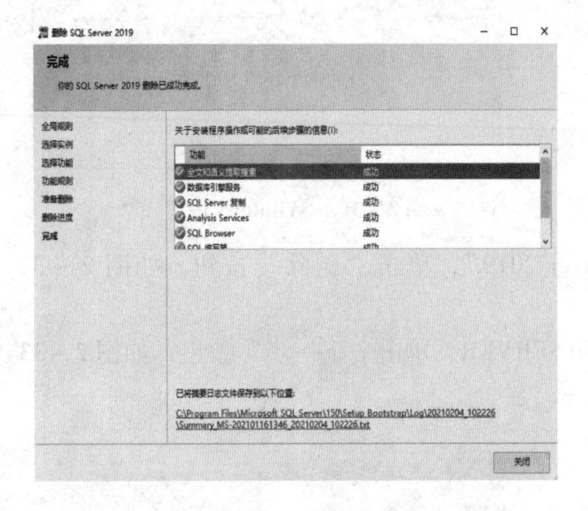

图 2－36　删除完成

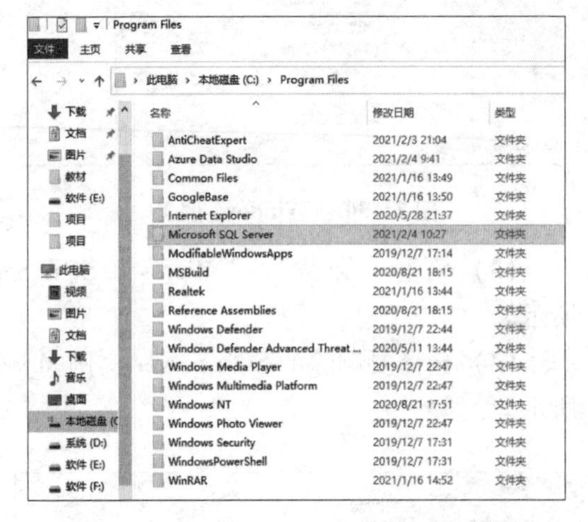

图 2－37　SQL Server 文件夹删除

【知识考核】

1. 填空题

（1）SQL Server 2019 的免费安装版本有________和________两种。

（2）安装 SQL Server 2019 时，配置身份证验证模式包括________和________。

（3）安装 SQL Server 2019 时，配置服务器模式包括________、________和________。

（4）可以使用________和________工具连接访问 SQL Server 2019。

2. 选择题

（1）SQL Server 是一种（　　）软件。

A. 操作系统　　B. 语言处理　　C. 数据库管理系统　D. 服务性程序

（2）SQL Server 2019 不能安装在（　　）操作系统。

A. Windows 8　　B. UNIX

C. Windows Server 2012　　D. Linux

（3）SQL Server 2019 的安装版本主要包括（　　）。

A. Enterprise、Developer、Standard　　B. Enterprise、Developer、Server

C. Server、Web、Standard　　D. Enterprise、Develop、Standard

（4）SQL Server 2019 的数据库工具有（　　）。

A. SSMS、SQLPlus　　B. SSMS、SQLCMD

C. Service、SQLPlus　　D. Service、SQLCMD

（5）SSMS 连接服务器时，服务器名称格式正确的是（　　）。

A. 服务器\实例名(,端口号)　　B. IP 地址\实例名(,端口号)

C. IP 地址:实例名(,端口号)　　D. A 和 B

3. 判断题

（1）从 SQL Server 2019 开始，出现了 Linux 版本。(　　)

（2）SQL Server 是由微软公司开发的一款数据库管理系统。(　　)

（3）Express 版本是入门级的免费数据库，是学习和构建桌面及小型服务器数据驱动应用程序的理想选择。(　　)

（4）SQL Server 2019 的安装类型有基本、自定义。(　　)

4. 简答题

（1）简述 SQL Server 2019 数据库的主要特点。

（2）简述安装 SQL Server 2019 数据库的系统要求。

（3）简述卸载 SQL Server 2019 数据库的步骤。

项目3 “教学管理”系统数据库的创建与管理

【项目导读】

在之前的两个项目中，我们完成了对“教学管理”系统数据库的设计，并下载安装好了 Microsoft SQL Server 2019 和与之对应的数据库管理工具 SQL Server Management Studio（SSMS）。

下一步就要学习数据库的创建和管理了。Microsoft SQL Server 2019 数据库的创建、修改和删除都可以使用 SSMS 的对象资源管理器或者直接输入 SQL 命令来完成。

在本项目之中，需要完成的任务有：了解数据库的基本概念；基于项目 2 中搭建的 Microsoft SQL Server 2019 开发环境，完成“教学管理”系统数据库的创建、查看、修改和删除等操作；学习基础的 SQL 语法。

【项目目标】

- 了解数据库的基本组成、基本概念；
- 掌握使用 SQL Server Management Studio 创建数据库的操作；
- 掌握使用 SQL 语句创建数据库的操作；
- 掌握使用 SQL Server Management Studio 查看数据库的操作；
- 掌握使用 SQL 语句查看数据库的操作；
- 掌握使用 SQL Server Management Studio 修改数据库的操作；
- 掌握使用 SQL 语句修改数据库的操作；
- 掌握使用 SQL Server Management Studio 删除数据库的操作；
- 掌握使用 SQL 语句删除数据库的操作。

【项目地图】

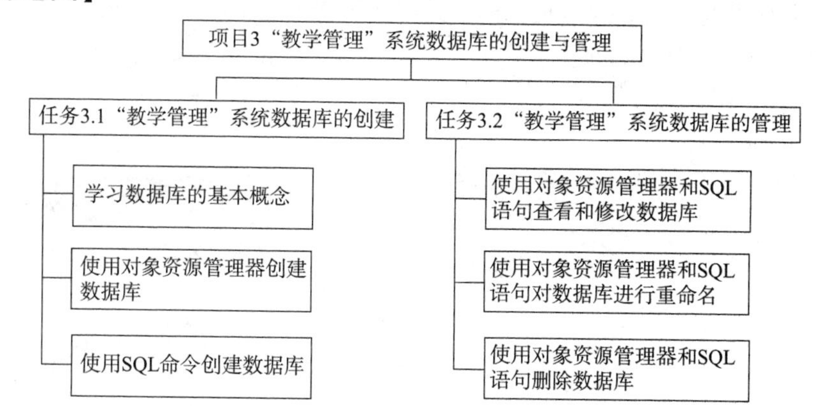

【思政小课堂】

数据库管理员的基本职业素养

“数据库”课程作为计算机方向的核心课程，实用性强，并且关系到学生信息素养和职业道德规范。在本项目中，作为“数据库管理员”的你们要学习数据库的基本概念，并在之前搭建的 Microsoft SQL Server 2019 开发环境中完成“教学管理”系统数据库的创建、查看、修改和删除等操作，并学习基础的 SQL 语法。

这里提到的数据库的管理员（Database Administrator，DBA），指从事管理和维护数据库管理系统（DBMS）的相关工作人员的统称，属于运维工程师的一个分支，主要负责业务数据库从设计、测试到部署交付的全生命周期管理，需要保证数据库服务 7×24 小时的稳定、高效运转。所以，对数据库管理员的职业素养往往都会要求比较高，并且一旦违背基本的职业素养、职业道德，产生的后果将会是非常严重的。

一、敬业精神

中华民族历来有“敬业乐群”“忠于职守”的传统，敬业是中国人民的传统美德。作为一名数据库管理员，需要有稳定的工作态度、勤勉工作、笃行不倦、脚踏实地、任劳任怨等敬业精神。

数据库管理员的敬业精神格外重要，而如何合理、安全地对数据库文件进行操作也是我们今后的学习重点。

二、保密意识

习近平总书记在中共中央政治局就实施国家大数据战略进行第二次集体学习时强调，要切实保障国家数据安全。要加强关键信息基础设施安全保护，强化国家关键数据资源保护能力，增强数据安全预警和溯源能力。要加强政策、监管、法律的统筹协调，加快法规制度建设。大数据时代的到来，必将推动保密管理又一次产生新的革命性变革，直接对保密的方式、要求和标准产生质的影响。对大数据时代的泄密风险防范，我们必须进行深入研究，切实采取有效措施应对这一重大变革。

三、团队协作

团队协作是一种为达到既定目标所显现出来的资源共享和协同合作的精神，它可以调动团队成员的所有资源与才智，并且会自动地驱除所有不和谐、不公正的现象，同时对表现突出者及时地予以奖励，从而使团队协作产生一股强大而持久的力量。在团队精神的作用下，团队成员产生了互相关心、互相帮助的交互行为，显示出关心团队的主人翁责任感，并努力自觉地维护团队的集体荣誉，自觉地以团队的整体声誉为重来约束自己的行为，从而使团队精神成为公司自由而全面发展的动力。

任务3.1 “教学管理”系统数据库的创建

【任务工单】

任务工单3-1：“教学管理”系统数据库的创建

任务名称	“教学管理”系统数据库的创建				
组别		成员		小组成绩	
学生姓名				个人成绩	
任务情境	数据库管理员已按照客户需求完成了对“教学管理”系统数据库的设计，现请你以数据库管理员身份帮助用户完成“教学管理”系统数据库的创建工作，且需使用 SQL Server Management Studio 对象资源管理器和 SQL 命令两种方法分别完成				
任务目标	使用对象资源管理器和 SQL 命令两种方法创建数据库并命名为“教学管理”系统				
任务要求	按本任务后面列出的具体任务内容，完成“教学管理”系统数据库的创建				
知识链接					
计划决策					
任务实施	1. 学习数据库的基本概念，并小组讨论，互相讲解 数据库 数据库的优点 SQL Server 数据库的组成				

续表

任务实施	2. 使用 SQL Server Management Studio 对象资源管理器创建数据库的步骤 3. 使用 SQL 语句创建数据库的步骤
检查	1. 新创建数据库的名称； 2. 新创建数据库的配置（是否允许自动增长、最大文件大小等）
实施总结	
小组评价	
任务点评	

【前导知识】

“教学管理”系统项目的数据库设计已在项目1中完成。在紧接其后的项目2中，我们安装好了Microsoft SQL Server 2019并与之对应地安装了数据库管理工具SQL Server Management Studio（SSMS）。现在就可以学习数据库的创建了。

首先学习使用SSMS对象资源管理器和在查询分析器中书写SQL命令这两种方法创建所需的数据库。需要注意的是，不管使用哪一种方法，都可以实现数据库的创建，但也都要求用户具有创建数据库的权限，并且需要定义数据库的名字、所有者、大小等相关参数。

一、数据库的基本概念

数据库基本概念

数据库（database），顾名思义，可以理解为存放数据的仓库。详细介绍的话，数据库是按照数据结构来组织、存储和管理数据的仓库，是存储在一起的相关数据的集合，并且这个集合不仅可以反映数据本身的内容，而且可以反映出数据间的联系。其优点主要体现在以下几个方面：

- 减少数据的冗余度，节省数据的存储空间。

同文件系统相比，由于数据库实现了数据共享，从而避免了用户各自建立应用文件，减少了大量重复数据，减少了数据冗余，维护了数据的一致性。

- 具有较高的数据独立性和易扩充性。

数据库的独立性包括两个方面：一方面是数据库的逻辑结构和应用程序相互独立，另一方面是数据库物理结构的变化不会影响数据的逻辑结构。并且由于数据库减少了数据的冗余性，所以更易修改、易扩充。

- 实现数据资源的充分共享。

所有用户都可以对数据库中的数据进行存放、获取，也可以用各种方式通过接口使用数据库，实现数据共享。

现如今，人们普遍将数据库分为以Microsoft SQL Server、Oracle、DB2、MySQL为代表的关系型数据库（relational database）和NoSQL、Cloudant、MongoDB、Redis等非关系型数据库（NoSQL）两种。

本项目将以Microsoft SQL Server 2019为例学习关系型数据库的相关知识。

二、了解数据库的组成

数据库组成

数据库主要由文件和文件组组成。数据库中所有的数据和对象都被存储在文件中。数据库至少包含两个文件：主要数据文件（＊.mdf），一个数据库有且仅有一个主要数据文件；事务日志文件（＊.ldf），至少包含一个日志文件，也可以有多个。此外，一个数据库可以有0个或多个次要数据文件（＊.ndf）。

1. 数据库文件

数据库文件主要分为三种类型，具体描述说明见表3－1。

表3－1　SQL Server 2019的文件类型

文件类型	说明
主要数据文件	包含数据库的启动信息，并指向数据库的其他文件。用户数据和对象可存储在此文件中。每个数据库都有一个主要数据文件，主要数据文件的默认扩展名是.mdf

续表

文件类型	说明
次要数据文件	次要数据文件是可选的，由用户定义并存储用户数据，每个文件放在不同的磁盘驱动器下（可分散于多个磁盘）。此外，如果数据库超过了单个 Windows 文件的最大大小，就可以使用次要数据文件，这样数据库的大小就能继续增大。次要数据文件的默认扩展名是 . ndf
事务日志文件	事务日志文件用于保存可恢复数据库的日志信息。每个数据库必须且至少有一个事物日志文件。事务日志文件的默认扩展名是 . ldf

2. 文件组

文件组是 SQL Server 2019 数据文件的一种逻辑管理单位，它通过将数据库文件分成不同的文件组，从而更方便地对数据库文件进行分配和管理。

文件组主要分为以下两种类型：主要文件组和用户定义文件组，见表 3－2。

表 3－2　SQL Server 2019 的文件组类型

文件组	说明
主要文件组	包含主要数据文件和任何没有明确指派给其他文件组的文件。系统表的所有页都分配在主要文件组中
用户定义文件组	用户首次创建数据库或之后修改数据库时明确创建的任何文件组

提示：每个数据库中都有一个文件组作为默认文件组运行，默认文件组包含在创建时没有指定文件组的表和索引的页。在每个数据库中，每次只能有一个文件组是默认文件组。如果没有指定默认文件组，则默认文件组为主文件组。

在对文件进行分组时，一定要遵循如下文件和文件组的设计规则：

- 文件只能是一个文件组的成员。
- 文件或文件组不能由一个以上的数据库使用。
- 数据和事务日志信息不能属于同一文件或文件组。
- 日志文件不能作为文件组的一部分，日志空间与数据空间分开管理。

3. 数据库的对象

数据库就相当于一个容器，容器中有表、索引、视图、缺省值、触发器、用户、存储过程等对象，见表 3－3。

表 3－3　数据库对象

数据库对象	说明
表（Table）	数据库中的表与日常生活中使用的表格类似，它也是由行（Row）和列（Column）组成的。列由同类的信息组成，每列又称为一个字段，每列的标题称为字段名。行包括了若干列信息项。一行数据称为一个或一条记录，它表达有一定意义的信息组合
索引（Index）	索引是根据指定的数据库表列建立起来的顺序。它提供了快速访问数据的途径，并且可监督表的数据，使其索引所指向的列中的数据不重复，如聚簇索引
视图（View）	视图看上去同表似乎一模一样，具有一组命名的字段和数据项，但它其实是一个虚拟的表，在数据库中并不实际存在。视图是由查询数据库表产生的，它限制了用户能看到和修改的数据

续表

文件类型	说明
缺省值（Default）	缺省值，就是数据库表中插入数据或创建列时，有些列或者列的数据没有予以设定具体数值，那么就会直接以预先设置的内容赋值
触发器（Trigger）	触发器由事件来触发，可以查询其他表，而且可以包含复杂的 SQL 语句。它们主要用于强制服从复杂的业务规则或要求
用户（User）	有权限访问数据库的人，可分为管理员用户和普通用户
存储过程（Stored Procedure）	存储过程是为完成特定的功能而汇集在一起的一组 SQL 程序语句，经编译后存储在数据库中的 SQL 程序

三、认识系统数据库和用户数据库

系统数据库和用户数据库

SQL Server 2019 的数据库包含两种类型：系统数据库和用户数据库。

1. 系统数据库

系统数据库是由 SQL Server 2019 系统自动创建的，是用于存储系统信息及用户数据库信息的数据库，SQL Server 2019 使用系统数据库来管理数据库系统。

SQL Server 2019 包含有 5 个系统数据库，分别是 master、model、msdb、resource 和 tempdb，见表 3 -4。

表 3 -4　系统数据库

系统数据库	说明
master 数据库	master 数据库是记录了 SQL Server 系统的所有系统级信息的数据库。这包括实例范围的元数据、端点、链接服务器和系统配置设置。master 数据库还记录了所有其他数据库是否存在及这些数据库的具体文件位置
model 数据库	model 数据库是所有用户数据库和 tempdb 数据库的模板数据库
msdb 数据库	msdb 数据库由 SQL Server 代理用来计划警报和作业。系统使用 msdb 数据库来存储警报信息及计划信息、备份和恢复相关信息
resource 数据库	resource 数据库是只读数据库，它包含了 SQL Server 2019 中的所有系统对象
tempdb 数据库	tempdb 数据库是连接到 SQL Server 实例的所有用户都可用的全局资源，它保存所有临时表和临时存储过程。另外，它还用来满足所有其他临时存储要求，例如存储 SQL Server 生成的工作表

2. 用户数据库

用户数据库是由用户个人创建的，是用于存储个人需求与特定功能的数据库。

四、创建数据库的须知

数据库的创建须知

①创建数据库需要许可，在默认情况下，只有系统管理员和数据库拥有者可以创建数据库。

②创建数据库时，必须确定数据库的名称、所有者、大小及存储该数据库的文件和文件组，数据库名称必须遵循 SQL Server 标识符规则。

③在 Microsoft SQL Server 2019 上最多可以指定 32 767 个数据库。

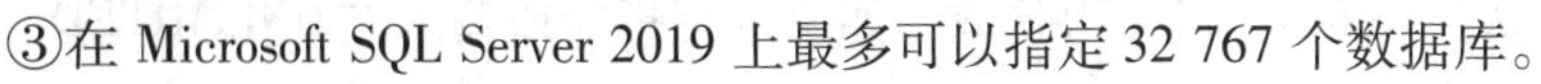

④在创建数据库时，最好指定文件的最大允许增长的大小，这样做可以防止文件在添加数据时无限制地增大，以至于最终耗尽整个磁盘空间。

五、SQL 简介

SQL 介绍及创建数据库语句的简单讲解

结构化查询语言（Structured Query Language，SQL）是一种特殊目的的编程语言，是一种数据库查询和程序设计语言，用于存取数据以及查询、更新和管理关系型数据库系统。

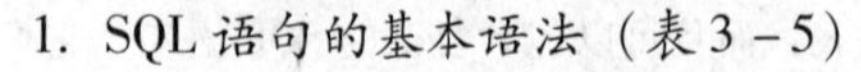
1. SQL 语句的基本语法（表 3－5）

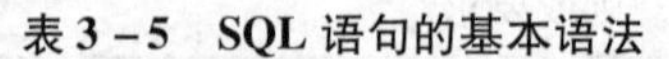
表 3－5　SQL 语句的基本语法

参数符号	说明
[ ]	表示可选语法项，省略时各参数取默认值
[，...n]	表示前面的内容可以重复多次
{ }	表示必选项，有相应参数时，{ } 中的内容是必选的
〈〉	表示在实际的语句中要用相应的内容替代
文字大写	说明该文字是 T－SQL 的关键字
文字小写	说明该文字是用户提供的 T－SQL 语法的参数
ON	指定存放数据库的数据文件信息，说明数据库是根据后面的参数创建的

2. 创建数据库的基本 SQL 语法

```
CREATE DATABASE database_name
[ ON
[〈filespec〉[ ,...n ] ]
[ ,〈filegroup〉[ ,...n ] ]
]
[ LOG ON {〈filespec〉[ ,...n ] } ]
[ COLLATE collation_name ]
```

①CREATE DATABSE：创建数据库的命令。

②database_name：用户所要创建的数据库的名称，最长不超过 128 字符，在一个 SQL Server 实例中，数据库名称是唯一的。

③LOG ON：指定日志文件的明确定义。如果没有它，系统会自动创建一个为所有数据文件总和的 1/4 大小或 512 KB 大小的日志文件。

④COLLATE collation_name：指定数据库默认排序规则，规则名称可以是 Windows 排序规则的名称，也可以是 SQL 排序规则名称。

⑤〈filespec〉：指定文件的属性，可包含以下内容：

NAME = logical_file_name：定义数据文件的逻辑名称，此名称在数据库中必须唯一。

FILENAME ='os_file_name'：定义数据文件的物理名称，包括物理文件使用的路径名和文件名。

SIZE size：文件属性中定义文件的初始值，指定为整数。

MAXSIZE max_size：文件属性中定义文件可以增长达到的最大值，可以使用 KB、MB、GB 或 TB 作为后缀，默认值是 MB，指定为整数。如果没有指定或输入“UNLIMITED”，那么文件将会增长到磁盘变满为止。

FILEGROWTH = growth_increment：定义文件的自动增长，growth_increment 定义每次增长的大小。

⑥〈filegroup〉：定义对文件组的控制。

【任务内容】

1. 使用 SQL Server Management Studio 创建所需的“教学管理”系统数据库。
2. 使用 SQL 语句在创建所需的“教学管理”系统数据库。

【任务实施】

1. 使用 SQL Server Management Studio 创建数据库，详细步骤如下：

（1）登录到 Microsoft SQL Server Management Studio。

（2）在“对象资源管理器”窗格中找到“数据库”，单击右键。

（3）选择“新建数据库”命令，如图 3 - 1 所示。

（4）打开“新建数据库”窗口，如图 3 - 2 所示。

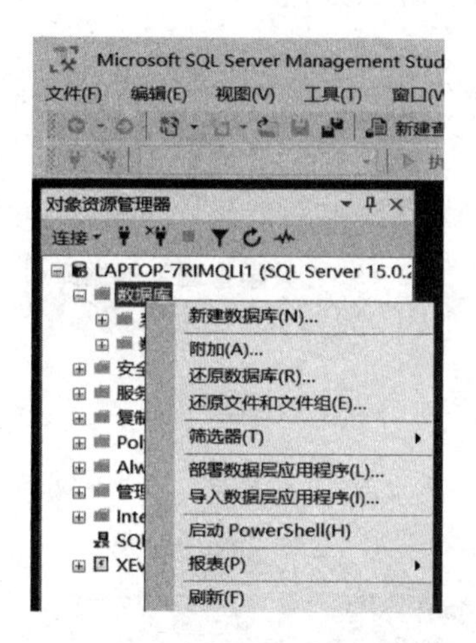

图 3 - 1　新建数据库操作

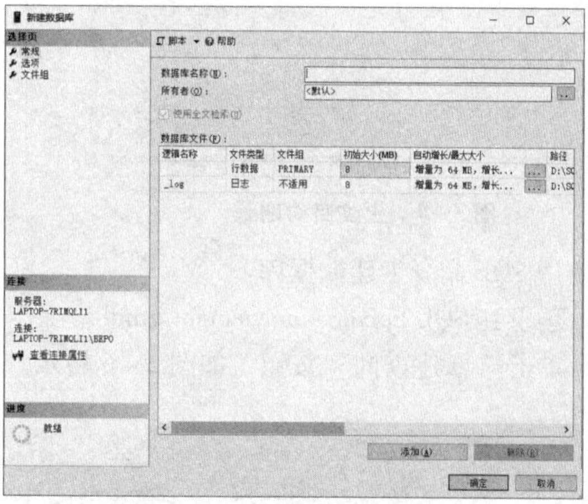

图 3 - 2　新建数据库窗口

（5）在“新建数据库”窗口的“数据库名称”文本框中输入在项目 1 中拟好的名字“教学管理”系统，如图 3 - 3 所示。

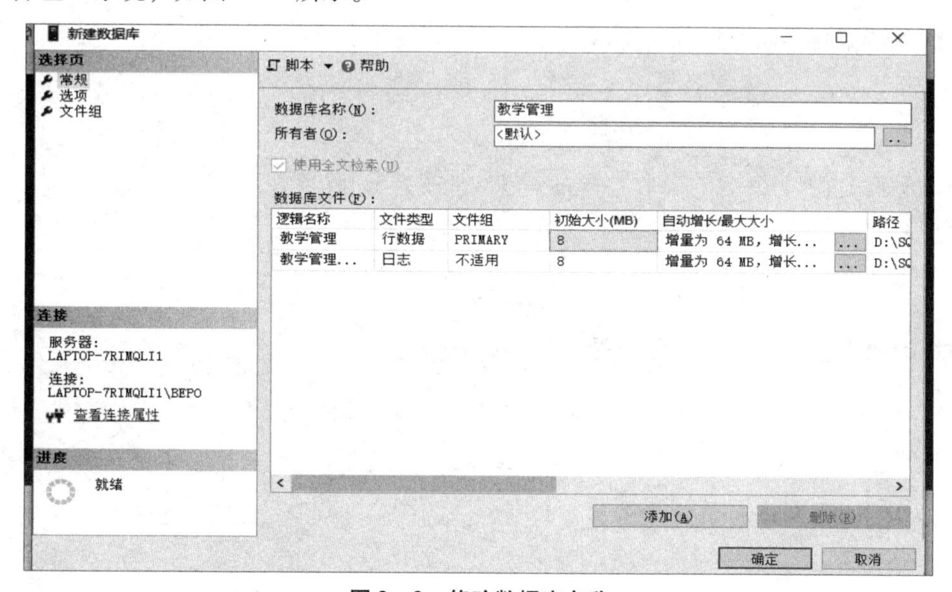

图 3 - 3　修改数据库名称

（6）更改自动增长，并单击“确定”按钮，如图 3-4 所示。

（7）之后便可在“数据库”目录下看到“教学管理”数据库，如图 3-5 所示。

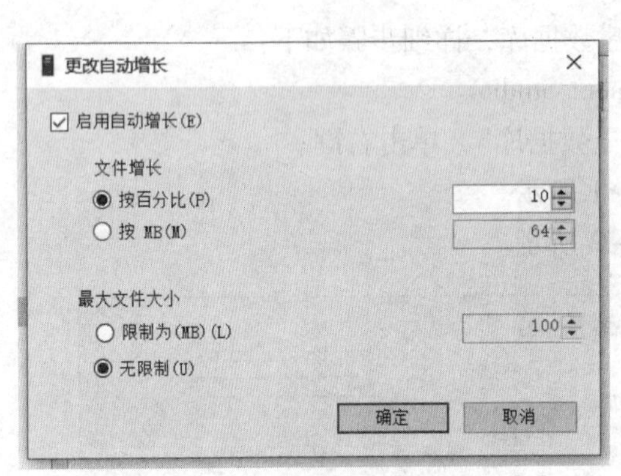

图 3-4　更改自动增长

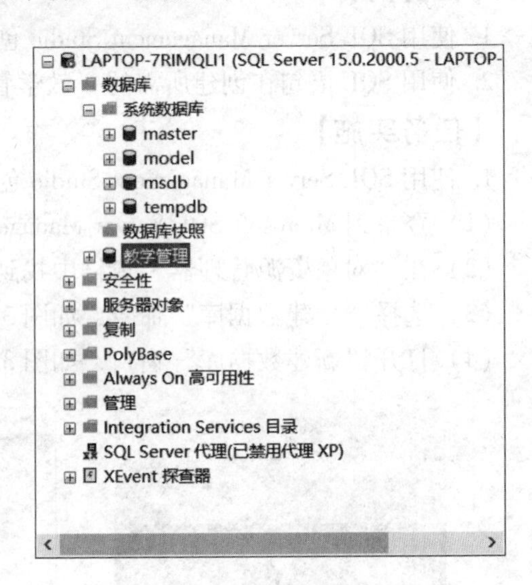

图 3-5　“教学管理”数据库

2. 使用 SQL 命令创建数据库。

（1）登录到 SQL Server Management Studio。

（2）单击“新建查询”按钮，如图 3-6 所示。

图 3-6　新建查询

（3）输入以下 SQL 命令：

```
CREATE DATABASE 教学管理    /* 创建"教学管理"数据库 */
ON
(NAME =教学管理,     /* 设置数据库的数据文件名称*/
FILENAME ='D:\testingDB\教学管理.mdf',     /* 设置数据文件存储路径*/
SIZE =10,    /* 设置数据文件初始大小为 10 MB*/
MAXSIZE =50,    /* 设置数据文件最大值*/
FILEGROWTH =1    /* 设置数据文件增量*/
)
LOG ON
(NAME =教学管理_log,     /* 设置日志文件名称*/
FILENAME ='D:\testingDB\教学管理_log.ldf',     /* 设置日志文件存储路径*/
SIZE =1,    /* 设置日志文件初始大小为 1 MB*/
```

```
MAXSIZE = UNLIMITED,     /* 设置日志文件最大值* /
FILEGROWTH = 10%     /* 设置日志文件增长率* /
)
GO
```

提示：文件路径需要按实际情况进行更改，且如果是第二次创建数据库，数据库的名称也需要修改。

（4）单击工具栏上的 ▷ 执行(X) 按钮，或按 F5 键，执行以上的 SQL 命令。在查询窗口下方显示命令已成功，完成“教学管理”系统数据库的创建，如图 3 – 7 所示。

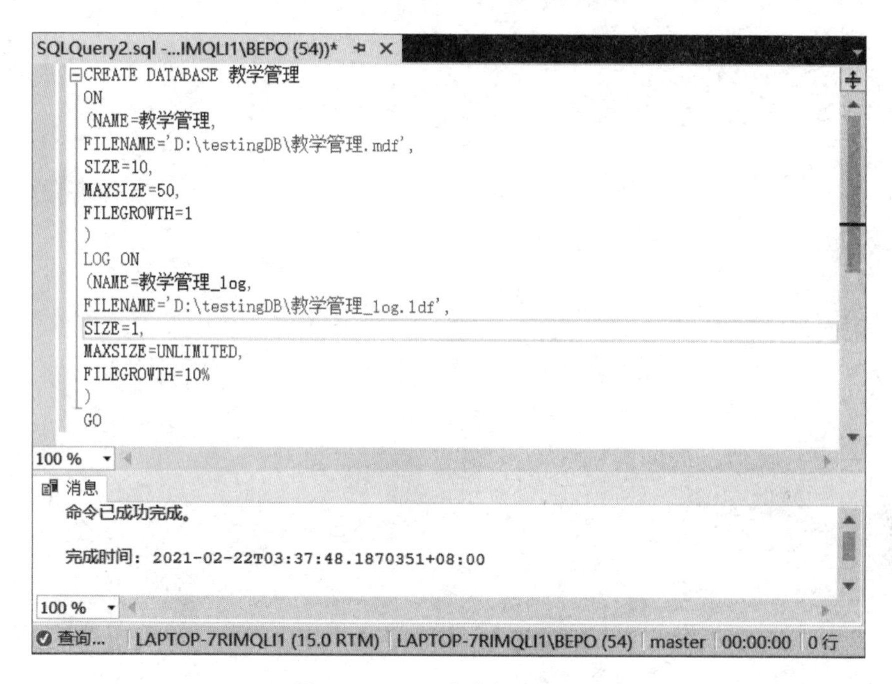

图 3 – 7 SQL 命令创建数据库

（5）单击“数据库”，选择“刷新”，即可看到“数据库”目录下新增的“教学管理”系统数据库，如图 3 – 8 所示。

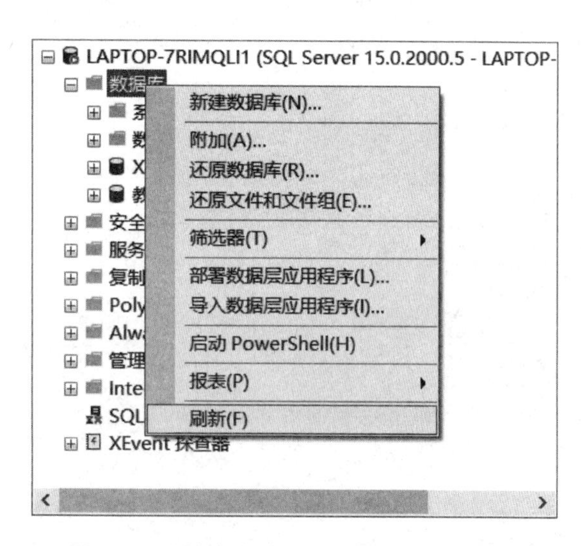

图 3 – 8 刷新数据库，查看数据库创建结果

任务3.2 “教学管理”系统数据库的管理

【任务工单】

任务工单3-2：“教学管理”系统数据库的管理

<table>
<tr><td>任务名称</td><td colspan="5">“教学管理”系统数据库的管理</td></tr>
<tr><td>组别</td><td></td><td>成员</td><td></td><td>小组成绩</td><td></td></tr>
<tr><td>学生姓名</td><td colspan="3"></td><td>个人成绩</td><td></td></tr>
<tr><td>任务情境</td><td colspan="5">数据库管理员已按照客户需求完成了对“教学管理”系统数据库的设计，并已经在Microsoft SQL Server 2019中新建了该数据库。现需要你通过SSMS对此新建的数据库进行管理和维护</td></tr>
<tr><td>任务目标</td><td colspan="5">使用“对象资源管理器”和SQL命令两种方法对数据库进行管理</td></tr>
<tr><td>任务要求</td><td colspan="5">按本任务后面列出的具体任务内容，对“教学管理”系统数据库进行管理</td></tr>
<tr><td>知识链接</td><td colspan="5"></td></tr>
<tr><td>计划决策</td><td colspan="5"></td></tr>
<tr><td>任务实施</td><td colspan="5">1. 查看和修改数据库
a. 使用SQL Server Management Studio对象资源管理器查看和修改数据库

b. 使用SQL语句查看和修改数据库</td></tr>
</table>

续表

任务实施	2. 使用 SQL Server Management Studio 对象资源管理器将数据库改为只读，使用 SQL 语句将其恢复为可写状态 3. 分别使用 SQL Server Management Studio 对象资源管理器和 SQL 语句修改数据库名 4. 分别使用 SQL Server Management Studio 对象资源管理器和 SQL 语句收缩数据库 5. 尝试分离和附加数据库 6. 分别使用 SQL Server Management Studio 对象资源管理器和 SQL 语句删除数据库
检查	1. 查看、修改数据库；2. 配置数据库为只读/可读写状态；3. 修改数据库名；4. 删除数据库
实施总结	
小组评价	
任务点评	

【前导知识】

在任务3.1中，已经新建了“教学管理”系统数据库，现在学习如何管理数据库。

在本任务中，将学习使用SSMS和SQL命令这两种方法对数据库进行“查看”“修改”“配置只读属性”“重命名”和“删除”等操作。

CRUD是增加（Create）、检索（Retrieve）、更新（Update）和删除（Delete）几个英文单词的首字母简写。CRUD主要被用于描述软件系统中数据库或者持久层的基本操作功能。

一、数据库的查看

数据库的查看

```
EXECUTE sp_helpdb[数据库名]
```

①EXECUTE：用于执行SQL语句。

②sp_helpdb：系统存储过程，用于查看数据库信息。

二、数据库的修改

数据库的修改

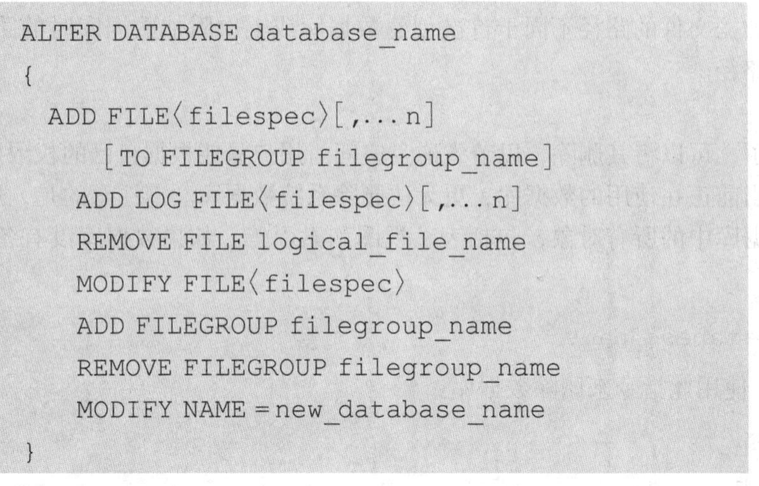

```
ALTER DATABASE database_name
{
  ADD FILE〈filespec〉[,...n]
      [TO FILEGROUP filegroup_name]
    ADD LOG FILE〈filespec〉[,...n]
    REMOVE FILE logical_file_name
    MODIFY FILE〈filespec〉
    ADD FILEGROUP filegroup_name
    REMOVE FILEGROUP filegroup_name
    MODIFY NAME =new_database_name
}
```

①ADD FILE〈filespec〉[,...n][TO FILEGROUP filegroup_name]：向指定的文件组中添加新的数据文件。

②ADD LOG FILE〈filespec〉[,...n]：增加新的日志文件。

③REMOVE FILE logical_file_name：从数据库系统表中删除文件描述和物理文件。

④MODIFY FILE〈filespec〉：修改物理文件名。

⑤ADD FILEGROUP filegroup_name：增加一个文件组。

⑥REMOVE FILEGROUP filegroup_name：删除指定的文件组。

⑦MODIFY NAME = new_database_name：重命名数据库。

三、设置数据库为只读/读写状态

数据库的分离附加删除

```
ALTER DATABASE database_name SET READ_ONLY/READ
_WRITE
```

①READ_ONLY：只读状态。

②READ_WRITE：可写状态。

四、修改数据库名

```
sp_renamedb '原数据库名','新数据库名'
```

sp_renamedb：用于修改数据库名。

需注意，在修改数据库名之前，应确认其他用户已断开与数据库的连接，而且要修改数据库的配置为单用户模式。修改后的数据库必须遵循标识符的定义规则，并在数据库服务器中不存在。

五、数据库的分离

分离数据库是指将数据库从 SQL Server 的实例中删除，但同时使数据库在其数据文件和事务日志文件中保持不变。之后就可以使用这些文件将数据库附加到任何 SQL Server 实例，包括分离该数据库的服务器。

六、数据库的附加

附加数据库就是将一个备份磁盘中的数据库文件（.MDF）和对应的日志文件（.LDF）复制到需要的计算机，并将其添加到某个 SQL Server 数据库服务器中。之后，就由该服务器来管理和使用这个数据库。在附加数据库时，所有的数据文件（MDF 文件和 NDF 文件）都必须保证可用。如果有数据文件的路径不同于首次创建数据库或上次附加数据库时的路径，则必须指定文件的当前路径。

七、数据库的删除

若数据库不再需要了，可以将其删除，以节省磁盘空间。用户只能根据自己的权限删除用户数据库，不能删除当前正在使用的数据库，更无法删除系统数据库。需注意的是，删除数据库意味着将删除数据库中的所有对象，包括表、视图和索引等。如果数据库没有备份，则不能恢复。

```
DROP DATABASE database_name
```

DROP DATABASE：使用此指令来删除数据库。

【任务内容】

1. 查看和修改数据库。
2. 配置数据库的只读/可读写属性。
3. 修改数据库名。
4. 数据库的收缩。
5. 数据库的分离和附加。
6. 数据库的删除。

【任务实施】

1. 查看和修改数据库。

（1）使用 SQL Server Management Studio 查看和修改数据库。

①登录到 SQL Server Management Studio。

②在“对象资源管理器”窗格中的数据库目录下找到“教学管理”系统数据库，单击右键，如图 3－9 所示。

③单击“属性”，进入数据库属性页面，如图 3－10 所示。

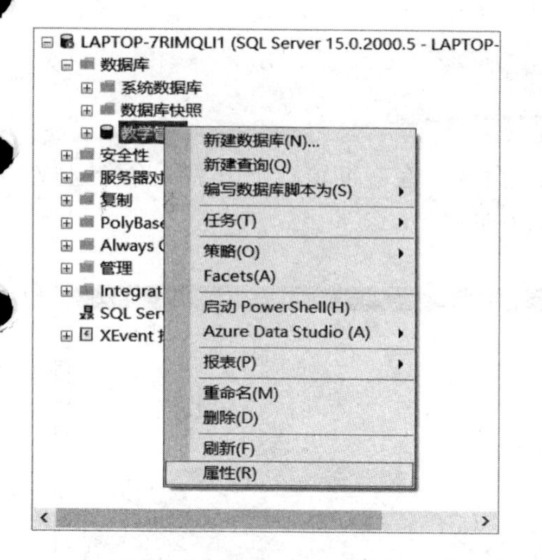

图 3-9　查看数据库属性

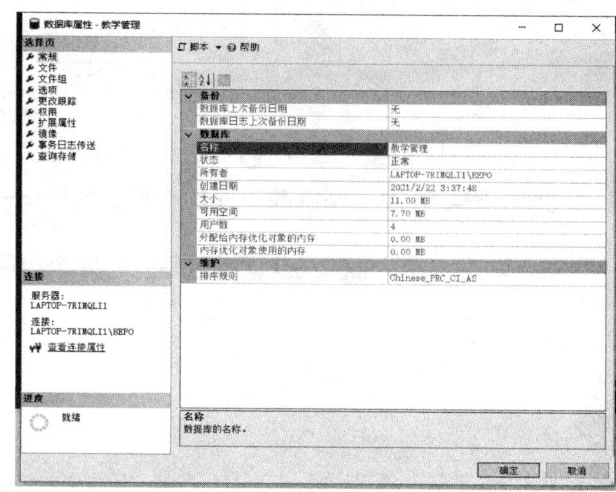

图 3-10　“教学管理”系统数据库的属性窗口

④单击“选择页”下的“文件”选项，可以看到在任务 3.1 中新建的数据库文件，如图3-11所示，随后即可修改数据库文件的属性，将其大小改为 7 MB。

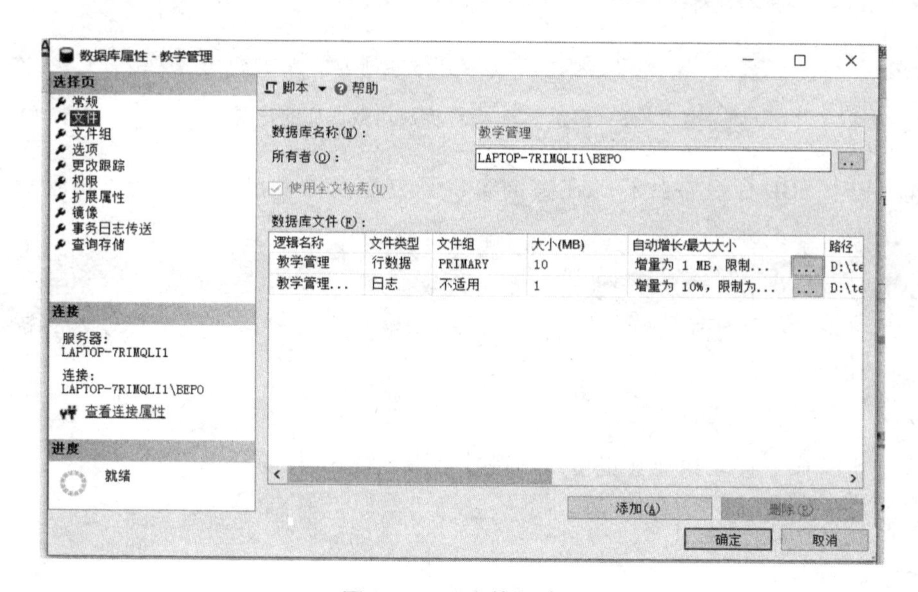

图 3-11　“文件”选项

（2）使用 SQL 命令查看和修改数据库。

①登录到 SQL Server Management Studio。

②单击“新建查询”按钮，如图 3-12 所示。

图 3-12　“新建查询”按钮

③输入以下 SQL 命令：

```
EXECUTE sp_helpdb 教学管理/* 查看"教学管理"系统数据库 * /
GO
```

④单击工具栏上的 ▷执行(X) 按钮，执行以上 SQL 命令。在查询窗口下方显示命令已成功，完成“教学管理”系统数据库的查看，如图 3－13 所示。

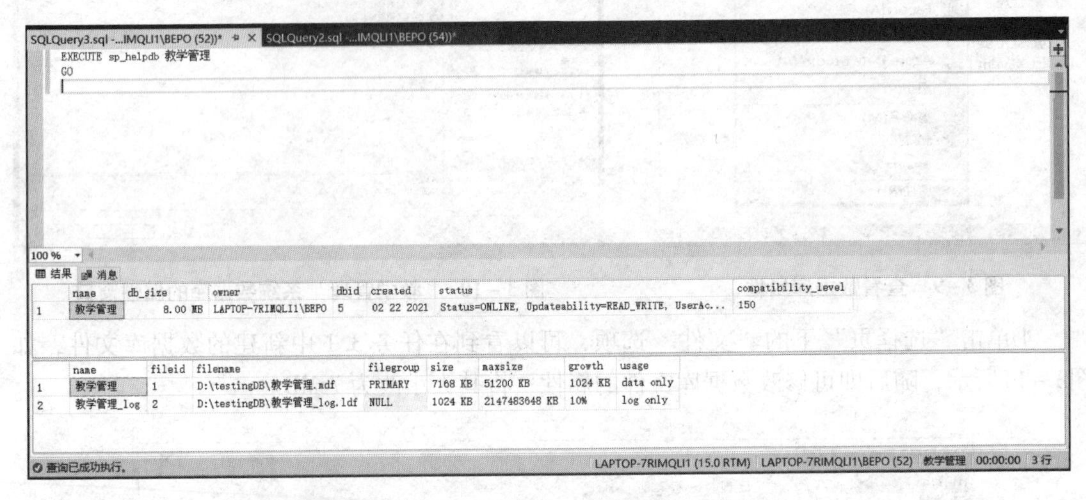

图 3－13　通过 SQL 命令完成对数据库的查看

⑤输入以下 SQL 命令并执行。在查询窗口下方显示命令已成功执行，将容量修改回 10 MB。

```
ALTER DATABASE 教学管理     /* 修改数据库 * /
MODIFY FILE(NAME =教学管理,SIZE =10MB)     /* 将"教学管理"系统数据库
大小改为 10MB * /
GO
```

⑥通过 SQL 命令查看验证（也可以右键数据库查看其属性）。

```
EXECUTE sp_helpdb 教学管理     /* 查看"教学管理"系统数据库 * /
GO
```

2. 配置数据库的只读/可读写状态。

（1）使用 SQL Server Management Studio 对象资源管理器配置数据库只读。

①在“对象资源管理器”窗格中的数据库目录下找到“教学管理”系统数据库，单击右键，在弹出的快捷菜单中单击“属性”，如图 3－14 所示。

②将“数据库为只读”属性修改为“TRUE”，如图 3－15 所示。

图3-14 "教学管理"系统数据库属性

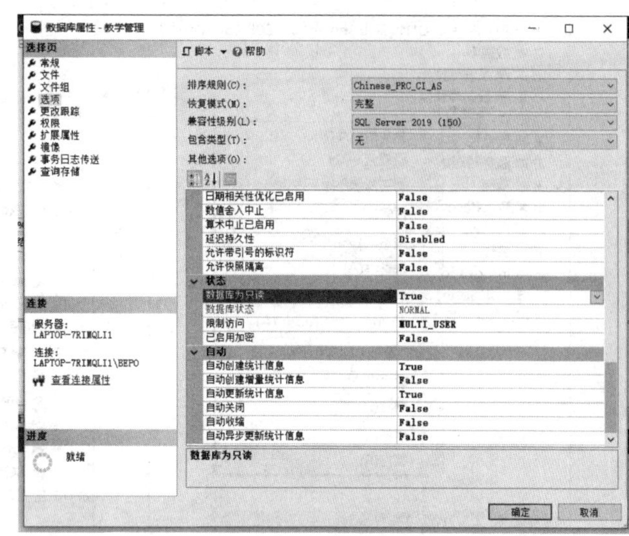

图3-15 修改属性

（2）使用SQL命令将数据库恢复为可写状态。

①单击"新建查询"按钮，输入以下SQL命令：

```
ALTER DATABASE 教学管理 SET READ_WRITE  /* 将数据库恢复为可读写状态 */
GO
```

②单击工具栏上的 ▷执行(X) 按钮，执行SQL命令。

3. 修改数据库名。

（1）使用SQL Server Management Studio对象资源管理器修改数据库名。

①登录到SQL Server Management Studio。

②关闭所有与"教学管理"系统数据库有关联的查询窗口。

③在"对象资源管理器"窗格中的数据库目录下找到"教学管理"系统数据库，单击右键，如图3-16所示。

④单击"重命名"，并修改数据库名，如图3-17所示。

（2）使用SQL命令修改数据库名。

①单击"新建查询"按钮，输入以下SQL命令：

```
sp_renamedb '教学管理(修改)','教学管理'   /* 重命名数据库 */
GO
```

②单击工具栏上的 ▷执行(X) 按钮执行SQL命令。

③刷新并检查是否已将"教学管理（修改）"数据库改为"教学管理"系统。

4. 数据库的收缩。

（1）使用SQL Server Management Studio对象资源管理器收缩数据库。

①为了让实验效果明显，首先需要手动将数据库的大小调大一些。右击"教学管理"系统数据库，选择"属性"→"文件"→"修改数据库大小"，如图3-18所示。

图 3－16　选择“重命名”

图 3－17　重命名后的数据库

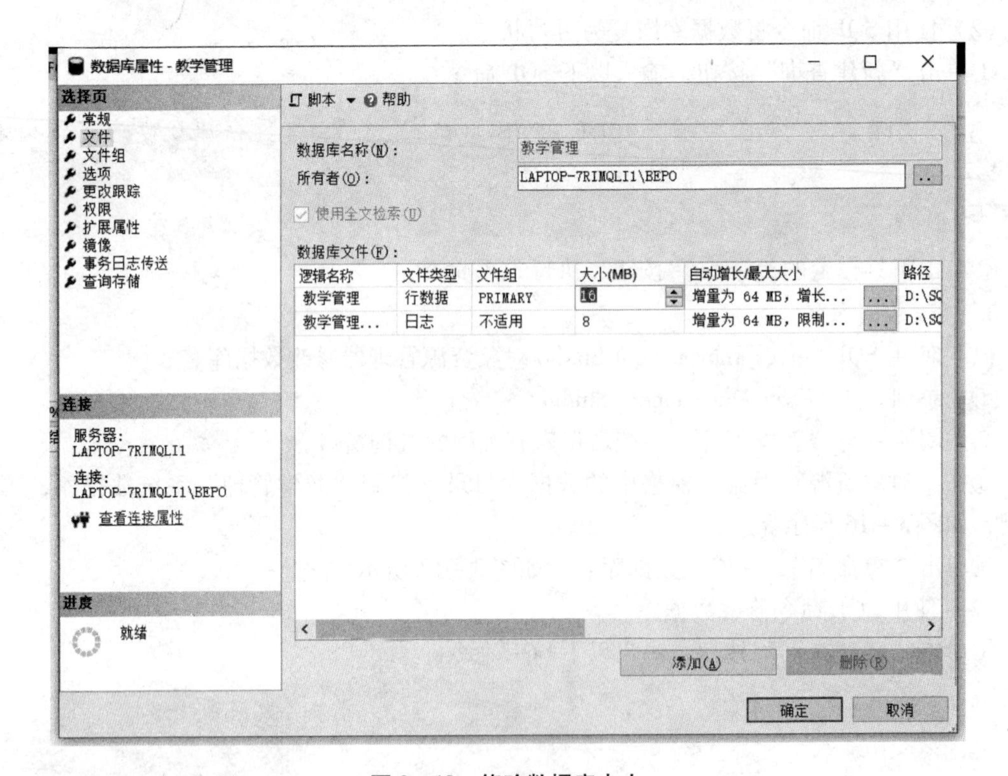

图 3－18　修改数据库大小

②此时再右击“教学管理”系统数据库，选择“属性”，就可以看到数据库的大小已经发生改变了。

③右击“教学管理”系统数据库，选择“任务”→“收缩”→“数据库”，如图 3－19 所示。

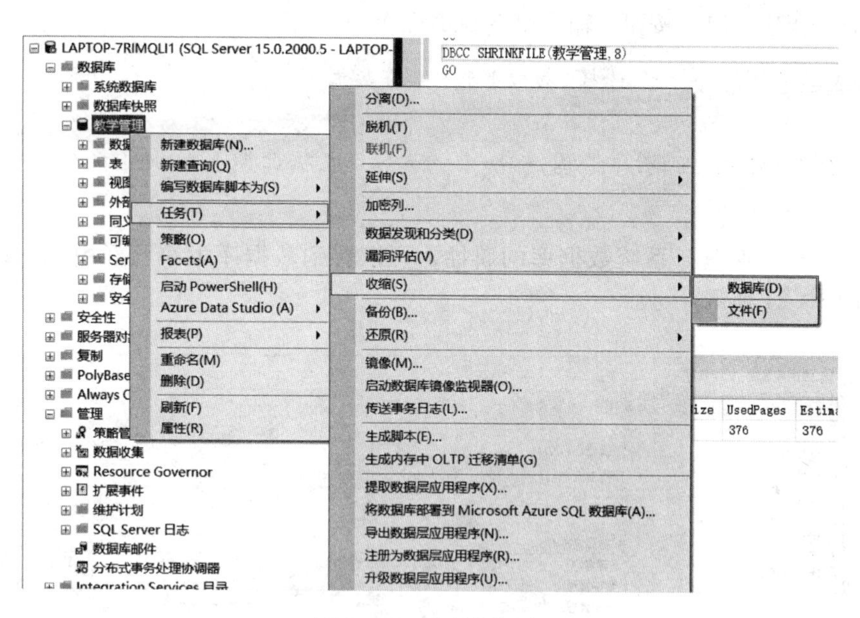

图 3-19　收缩数据库

④在新的弹窗中核对数据库名，如图 3-20 所示，然后单击“确定”按钮，数据库就会自动收缩了。之后可以再次查看数据库属性检查结果。

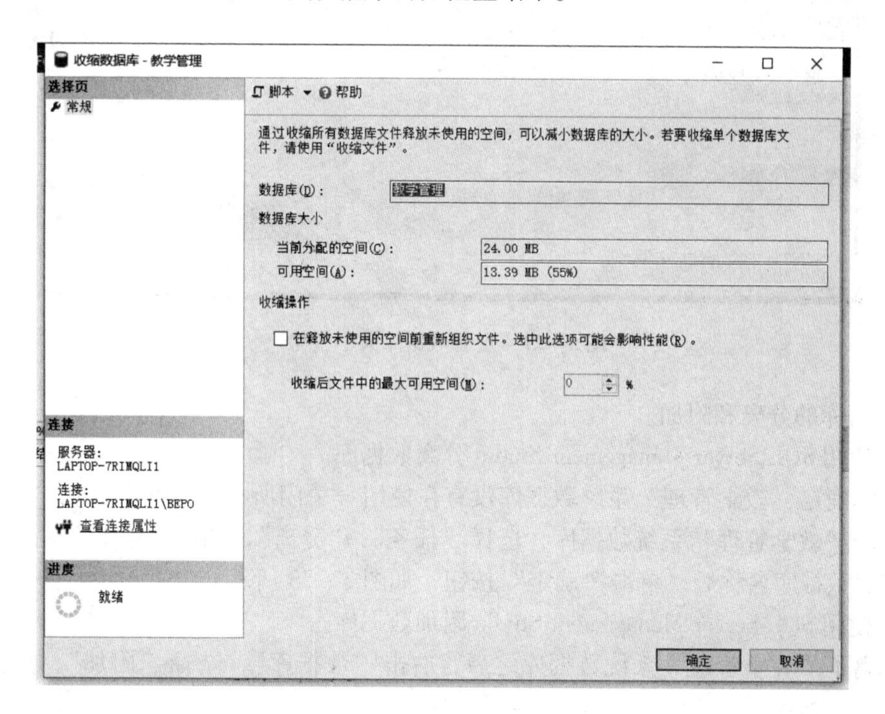

图 3-20　确定收缩数据库

（2）使用 SQL 语句收缩数据库。

①手动将数据库的大小调大一些，右击“教学管理”系统数据库，选择“属性”→“文件”，将数据库的默认大小修改为 16 MB。

②单击“新建查询”按钮，输入以下 SQL 命令：

```
USE 教学管理     /* 选择"教学管理"系统数据库* /
GO
DBCC SHRINKFILE(教学管理,6)     /* 收缩数据库大小为 6 MB* /
GO
```

③查看“教学管理”系统数据库的属性，可以看到数据库大小已经由 16 MB 更改为 6 MB，如图 3－21 所示。

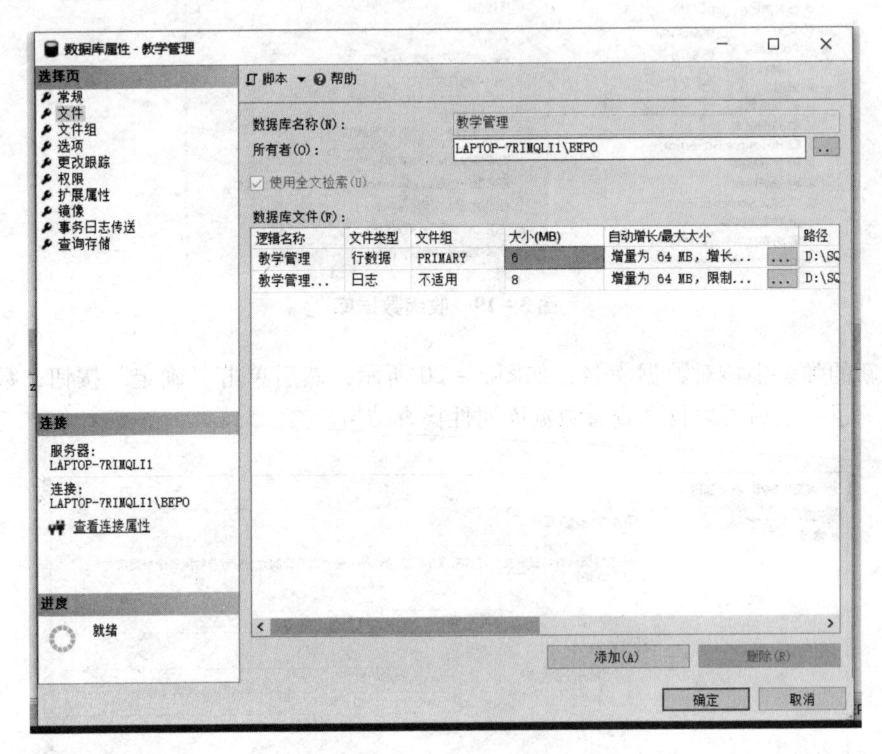

图 3－21　查看数据库大小变化

5. 数据库的分离和附加。

（1）使用 SQL Server Management Studio 分离数据库。

①首先确定“教学管理”系统数据库没有在使用（关闭所有的查询窗口）。

②右击“教学管理”系统数据库，选择“任务”→“分离”，如图 3－22 所示。

③核对数据库属性名称后，单击“确定”按钮，如图 3－23 所示。

（2）使用 SQL Server Management Studio 附加数据库。

①分离了“教学管理”系统数据库之后，右击“数据库”，选择“附加”，如图 3－24 所示。

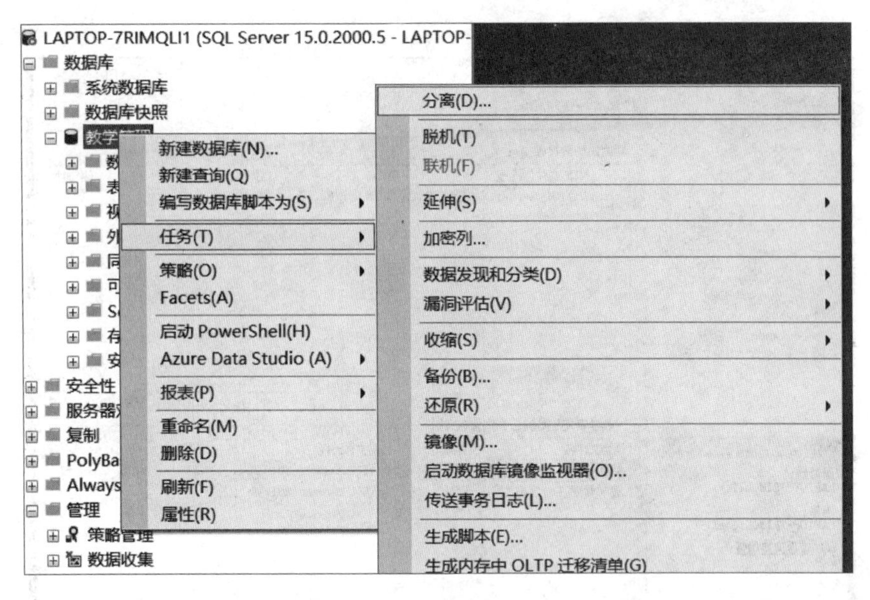

图3－22 分离数据库

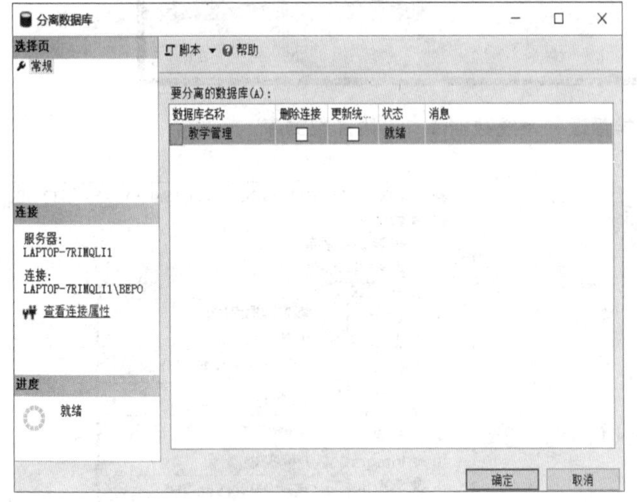

图3－23 确定分离数据库

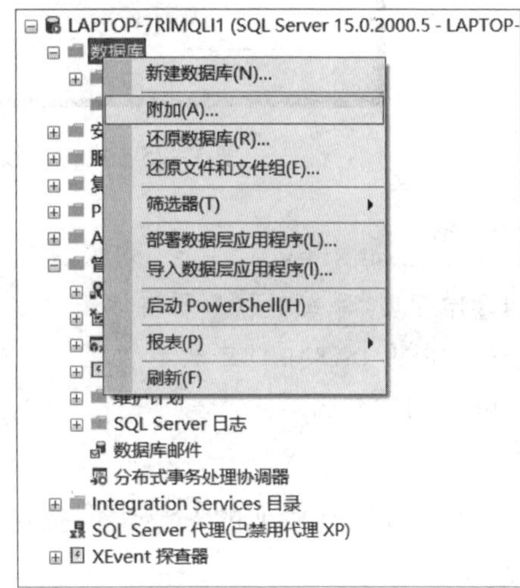

图3－24 附加数据库

②在新弹出的“附加数据库”窗口中单击“添加”按钮，并找到之前分离的数据库文件，将其重新附加进数据库，如图3－25所示。

6. 数据库的删除。

（1）使用SQL Server Management Studio对象资源管理器删除数据库。

①登录到SQL Server Management Studio，并在“对象资源管理器”窗格中的数据库目录下找到“教学管理”系统数据库。

②单击右键，如图3－26所示，单击“删除”按钮，完成对“教学管理”系统数据库的删除操作。

（2）使用SQL命令删除数据库（如上一步已删除，可新建一个再尝试）。

①单击“新建查询”按钮，输入以下SQL命令：

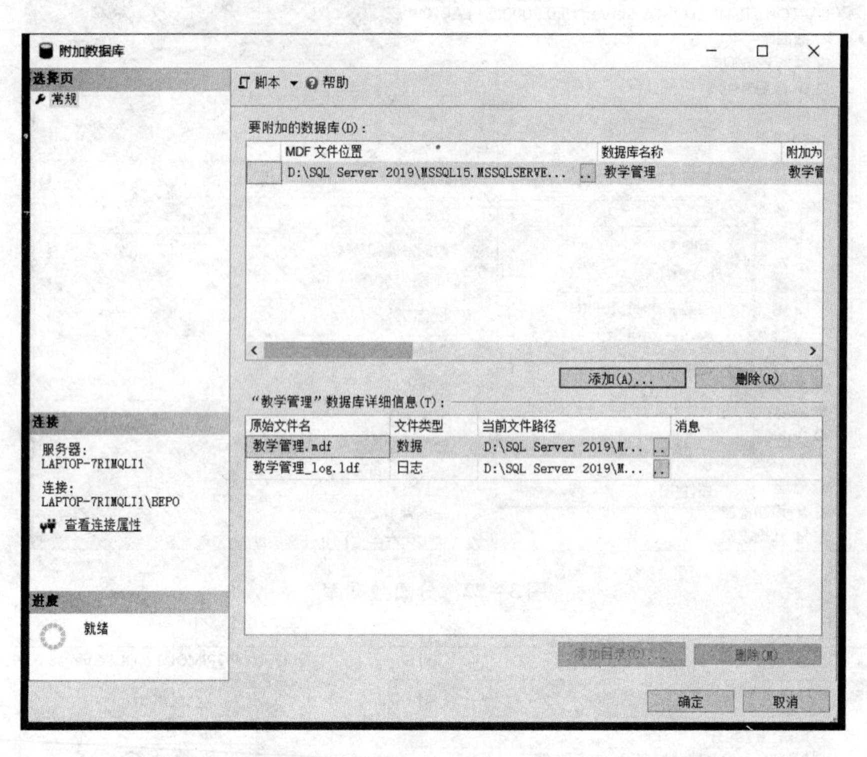

图 3-25　找到“教学管理”系统数据库，并附加数据库

```
USE master    /* 切换数据库,保证"教学管理"系统数据库不再使用 * /
DROP DATABASE 教学管理    /* 使用DROP 删除数据库* /
GO
```

②单击工具栏上的 ▷ 执行(X) 按钮执行 SQL 命令。

③刷新并检查结果。

图 3-26　删除数据库

【知识考核】

填空题：

（1）Microsoft SQL Server 属于________型数据库。

（2）SQL 是________的缩写。

（3）SQL 语句中创建数据库的语句是________。

（4）CRUD 分别是________、________、________和________的英文缩写。

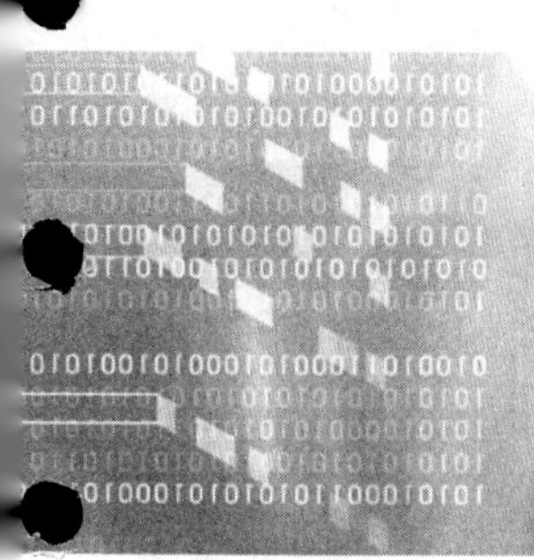

项目4 “教学管理”系统数据表的创建与管理

【项目导读】

在关系数据库中，每个关系都表现为一张二维表，通过表来组织和存储数据。表是数据库的基本组成部分，数据库所有信息都是用表来描述的，对数据库中各类对象的操作，实际上是对数据表的操作。

关系模式设计好后，可以根据设计好的表结构在数据库中创建表。表的创建可以使用SQL Server Management Studio和SQL语句来完成。可根据需要对创建好的表结构进行修改和删除，表结构的修改和删除同样可以使用SQL Server Management Studio和SQL语句来完成。新建的表是没有任何记录的，应向表中插入记录，对记录进行更新和删除操作。记录的插入、更新、删除可直接在表上进行，也可通过书写SQL命令来完成。

综上所述，本项目要完成的任务有：创建“教学管理”系统数据表；“教学管理”系统数据表的表结构的修改和删除；“教学管理”系统数据表记录的插入、更新、删除操作。

【项目目标】

- 掌握SQL Server 2019中常用的系统数据类型；
- 掌握使用SQL Server Management Studio创建表的操作；
- 掌握使用SQL语句创建表的操作；
- 掌握使用SQL Server Management Studio修改和删除表结构的操作；
- 掌握使用SQL语句修改和删除表结构的操作；
- 掌握使用SQL Server Management Studio添加、更新、删除记录操作；
- 掌握使用SQL语句添加、更新、删除记录操作。

【项目地图】

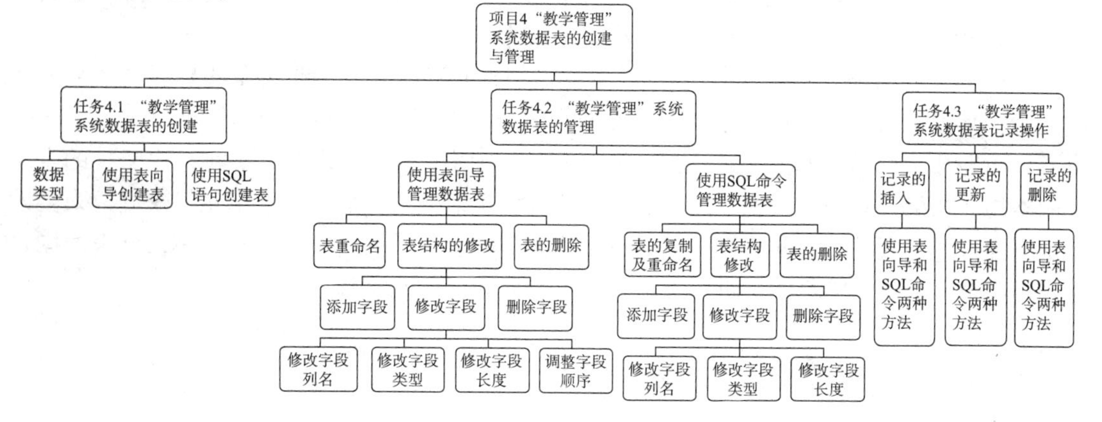

【思政小课堂】

“数字中国”助推国家治理现代化

当今世界不同以往，信息技术风起云涌，催生了数字世界，并与物理世界平行而生。面对这样的世界，如何用“数字”推动政务创新改革？如何用“数字”实现社会的综合治理？如何用“数字”服务百姓民生？这些问题已经是时代命题。数据共享、资源共享推动经济转型升级、高质量发展，更重要的是，将物理世界人、事、物的信息数字化、智能化，用更科学、高效、正确的治理手段和路径形成创新社会治理、保障和改善民生、提升整个社会的运行效率乃至国家的竞争力。

一、“数字中国”体现数字治理理念

“数字中国”将大数据、云计算、人工智能、区块链等数字化手段加以落实，力求通过“数字中国”建设，推进形成体系化的治理能力，解决发展问题、百姓需求和社会痛点，规划出“以民为本”的社会治理创新发展道路。

二、“数字中国”构建数字治理格局

“数字中国”以数字化方式推进了国家治理体系和治理能力现代化。积极构建全国数据资源共享体系，形成基于大数据应用的数字政府、数字社会和数字公民。整合碎片化、片面化数据，以纵向、横向的“360 度无死角”模式描绘出解决问题的画像模型，依靠人工智能等新技术分析问题、找到源头、综合施策。“数字中国”融合社会多元主体的共同治理，打通信息壁垒，用大数据和人工智能的手段感知社会态势、畅通沟通渠道、辅助科学决策，催生出一个“政府主导、市场机制、企业运作”的良好治理格局，推进智慧社会建设，最终达到国家治理体系和治理能力现代化。

三、“数字中国”引领数字治理潮流

“数字中国”将有效地破解当前主要矛盾。“数字中国”建设从社会管理层面上讲，是政府实现社会管理与监督的有力手段和治理方式，比如综合治安、食品安全、交通出行、移动支付、金融科技等，使社会治理做到精准需求的精准分析、精准服务、精准治理、精准监督、精准反馈、精准施策，提高效能、降低成本、提高资源共享，从公共服务层面上讲，是利用网络化、数字化、智能化来服务公民，提升个人数字化水平，真正做到从老百姓的痛点出发解决问题，实现人民群众对美好生活的向往的需求。“数字中国”带来的不仅是工作方式的改变，更是管理思维的变革和治理智慧的提升。“数字中国”让政府对外开放数据“还数于民”，打通各部门间的信息孤岛和壁垒，破解社会资源分配不公的痛点，政府通过购买服务等方式当好“掌舵人”，通过“自下而上”的有序、良性互动，形成多中心治理结构、多维度管理过程，实现人人参与、人人有责、人人分享、人人出彩。

“数字中国”是数字时代的“新文艺复兴”。18 世纪创造了工业革命的辉煌。如今的人类社会，来到了物理空间和虚拟空间全面融合的时空交汇点，“数字中国”建设点亮了这一奇点。面向数字世界和人类未来，“数字中国”开创出“连接、共生、共创、共享”的全新文明格局。如果说互联网改变了人们的行为方式、生活方式，那么，数字化将改变全人类的思维方式，重塑人的思想和心性，同时也重构人类社会生活的新空间、新秩序，未来的国家治理乃至全球治理，将是物理世界与数字世界深度融合的双重治理。

任务 4.1 “教学管理”系统数据表的创建

【任务工单】

任务工单 4-1：“教学管理”系统数据表的创建

任务名称	“教学管理”系统数据表的创建				
组别		成员		小组成绩	
学生姓名				个人成绩	
任务情境	数据库管理员已按照客户需求在项目 1 中完成了对“教学管理”系统表结构的设计，并在项目 3 中创建好了数据库，现请你以数据库管理员身份帮助用户完成“教学管理”系统数据表的创建工作。使用 SQL Server Management Studio 和 SQL 命令两种方法完成				
任务目标	使用 SSMS 和 SQL 命令两种方法创建“教学管理”系统数据表并设置表的主键				
任务要求	按本任务后面列出的具体任务内容，完成“教学管理”系统相关数据表的创建				
知识链接					
计划决策					
任务实施	1. 使用 SQL Server Management Studio 创建表 × × 的步骤 2. 使用 SQL 语句建表 × × 的代码				

续表

检查	1. 字段类型设置；2. 字段长度设置；3. NULL 值设置；4. 主键的设置
实施总结	
小组评价	
任务点评	

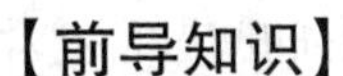

【前导知识】

一、SQL Server 系统数据类型

SQL Server 系统数据类型

在创建表之前，需为表中的字段定义数据类型。数据类型是数据的一种属性，用来表示数据信息的类型，任何一种计算机语言都有自己的数据类型。不同程序设计语言因特点不同，所具有的数据类型也有一定的差异。

SQL Server 2019 提供了 30 多种系统数据类型，并且允许用户在系统类型的基础上创建自定义数据类型。以下将分类介绍 SQL Server 2019 提供的系统数据类型。在学习此部分时，需重点关注不同数据类型所存储的信息类别、存储信息的范围、所占用存储空间大小等。

1. 字符型数据类型

字符型数据用于存储汉字、英文字母、数字、标点等各类符号。字符型数据可分为 Unicode 字符和非 Unicode 字符。

（1）非 Unicode 字符

非 Unicode 字符编码规定，每一个字符占一个字节的存储空间，每一个汉字占两个字节的存储空间。SQL Server 2019 常用的非 Unicode 字符型数据见表 4－1。

表 4－1　SQL Server 2019 常用的非 Unicode 字符型数据

数据类型	描述	存储空间
char(n)	固定长度字符串。可存储 1～8 000 个定长字符串。字符串长度在创建时指定，一经指定，将固定不变	1～8 KB
varchar(n)	可变长度字符串。可存储 1～8 000 个可变长度字符串，每个字符占 1 B 存储空间。可变长字符串最大长度在创建时指定，如未指定，默认为长度为 50	1～8 KB
varchar(max)	可变长度字符串。在行为上与 varchar(n) 相同，用来取代 text	1～2 GB
text	可变长度的字符串，最多存储 2 GB 字符数据	1～2 GB

从表中可见，非 Unicode 字符型包括定长和变长两种。所谓定长，就是字符长度固定。定长字符有 char(n) 类型。例如，将一个字段定义为 char(8) 类型，则表示该字段长度固定为 8 个字符，即最多只能输入最多 8 个长度的英文字符或是 4 个长度的汉字，当输入的数据长度没有达到指定的长度时，系统将自动以英文空格在其后面填充，使长度达到相应的长度。有 var 前缀的，表示变长字符，比如 varchar(n)、varchar(max)，变长字符实际存储空间是可变的，当数据长度没有达到指定长度时，其长度为实际字符的长度，不会以空格填充。例如，将一个字段定义为 varchar(8) 类型，则表示该字段最大长度为 8，当输入数据长度没达到 8 时，将以实际长度存储。text 存储的也是变长字符。

提示：如果能确定字符长度，那么使用 char 类型。比如定义 char(10)，不论存储的数据是否达到了 10 B，都要占用 10 B 的空间。如果不能确定字符的长度，只知道它不能超过某个长度，从空间上考虑，用 varchar 合适。对于超过 8 KB 的字符，可以使用 text 数据类型存储。例如，因为 html 文档全部都是 ASCII 字符，并且在一般情况下长度超过 8 KB，所以这些文档可以 text 数据类型存储在 SQL Server 中。

（2）Unicode 字符

在数据库中，英文字符只需要一个字节存储就足够了，但汉字和其他众多非英文字符则需要两个字节存储。如果英文与汉字同时存在，由于占用空间数不同，容易造成混乱，导致读取出来的字符串是乱码。Unicode 字符集就是为了解决字符集这种不兼容的问题而产生的。Unicode 字符编码规定，所有的字符都用 2 B 表示，即英文字符也是用 2 B 表示的。比如 nchar(40)，可保存 20 个英文字母，或者 20 个汉字。

Unicode 字符在非 Unicode 字符基础上加上前缀 n 来表示，如 nchar、nvarchar 等。Unicode 字符也分为定长和变长两种。定长 Unicode 字符有 nchar(n)，变长 Unicode 字符有 nvarchar(n)、nvarchar(max)、ntext 3 种。表 4-2 为 SQL Server 2019 常用的 Unicode 字符型数据。

表 4-2　SQL Server 2019 常用的 Unicode 字符型数据

数据类型	描述	存储空间
nchar(n)	固定长度 Unicode 字符串。存储 1~4 000 个 Unicode 定长字符串，字符串长度在创建时指定	1~8 KB
nvarchar(n)	可变长度的 Unicode 字符串。可存储 1~4 000 个可变长度 Unicode 字符串。可变长度 Unicode 字符串的最大长度在创建时指定，每个字符占 2 B 存储空间	1~8 KB
nvarchar(max)	可变长度 Unicode 字符串。在行为上与 nvarchar(n) 相同，用来取代 ntext	1~2 GB
ntext	可变长度 Unicode 字符串，最多存储 2 GB 字符数据	1~2 GB

提示：和前面的 char/varchar 相比，nchar/nvarchar 最多存储 4 000 个字符，不论是英文还是汉字；而 char/varchar 最多能存储 8 000 个英文、4 000 个汉字。可以看出，使用 nchar/nvarchar 数据类型时，不用担心输入的字符是英文还是汉字，较为方便，但在存储英文时，数量上有些损失。所以，一般来说，如果含有中文字符，用 nchar/nvarchar；如果为纯英文和数字，用 char/varchar；对于超大数据，如文章内容，使用 ntext。

2. 数值型数据类型

数值型数据存储的是数字。数字包括正数和负数、小数和整数，整数由正整数和负整数组成。在 SQL Server 中，整数类型有 bigint、int、smallint 和 tinyint。bigint 数据类型存储范围最大，但占用存储空间也最大。int 存储数据的范围大于 smallint 存储数据的范围，而 smallint 存储数据的范围大于 tinyint 存储数据的范围。使用 int 数据类型存储的数据要求 4 B 存储空间，smallint 要求 2 B 存储空间，tinyint 数据类型只要 1 B 存储空间，因此，使用时应根据实际情况选择合适的类型。

SQL Server 中，小数分定点小数和浮点小数。定点小数的数据类型有 decimal 和 numeric，浮点小数的数据类型有 float 和 real。相对定点类型，浮点类型能表示更大的存储范围，但缺点是容易产生计算误差。

SQL Server 中存储货币的类型有 money 和 smallmoney，money 要求 8 B，smallmoney 要求 4 B。表 4-3 为 SQL Server 2019 常用的数值型数据。

表 4-3　SQL Server 2019 常用的数值型数据

数据类型	描述	存储空间/B
tinyint	允许从 0 到 255 的所有数字	1
smallint	允许从 -32 768 到 32 767 的所有数字	2
int	允许从 -2 147 483 648 到 2 147 483 647 的所有数字	4
bigint	允许介于 -9 223 372 036 854 775 808 和 9 223 372 036 854 775 807 之间的所有数字	8

续表

数据类型	描述	存储空间/B
decimal(p,s)	固定精度和小数位数的数值类型。允许从 $-10^{38}+1$ 到 $10^{38}-1$ 之间的数字。p 表示可以存储的最大位数（小数点左侧和右侧）。p 必须是 1 ~ 38 之间的值。默认是 18。s 参数指示小数点右侧存储的最大位数。s 必须是 0 ~ p 之间的值，默认是 0	5 ~ 17
numeric(p,s)		
smallmoney	介于 −214 748.364 8 和 214 748.364 7 之间的货币数据	4
money	介于 −922 337 203 685 477.580 8 和 922 337 203 685 477.580 7 之间的货币数据	8
float(n)	从 -1.79×10^{308} 到 1.79×10^{308} 的浮动精度数字数据。参数 n 指示该字段保存 4 B 还是 8 B。float(24) 保存 4 B，而 float(53) 保存 8 B	4 或 8
real	从 -3.40×10^{38} 到 3.40×10^{38} 的浮动精度数字数据	4

3. 日期和时间型数据类型

日期和时间数据类型主要用来存储日期和时间的信息。表 4 −4 列出了 SQL Server 2019 常用的日期和时间类型。在列出的存储类型中，time 仅存储时间，date 仅存储日期，其他日期类型可同时存储日期和时间。一般使用 datetime 存储日期和时间，但如需存储较大日期，可用 datetime2 和 datetimeoffset，存储较小日期可用 smalldatetime。

表 4 −4　SQL Server 2019 常用的日期时间类型

日期时间型	说明	存储空间/B
time[(n)]	仅存储时间。n 表示为秒的小数部分指定数字位数，是 0 ~ 7 的整数，默认小数精度为 7（100 ns）	5
date	仅存储日期。存储从 0001 年 1 月 1 日到 9999 年 12 月 31 日之间的日期	3
datetime2[(n)]	存储从 0001 年 1 月 1 日到 9999 年 12 月 31 日之间的日期和时间数据	8
datetimeoffset[(n)]	与 datetime2 存储的时间相同，但会外加时区偏移	10
datetime	存储从 1753 年 1 月 1 日到 9999 年 12 月 31 日之间的日期和时间数据，默认为秒的小数部分精度为 3	8
smalldatetime	存储从 1900 年 1 月 1 日到 2079 年 6 月 6 日之间的日期和时间数据，精度为 1 分钟	4
timestamp	存储唯一的数字，每当创建或修改某行时，该数字会更新。timestamp 基于内部时钟，不对应真实时间。每个表只能有一个 timestamp 变量	8

提示：时间的输入方法：输入时，时、分、秒间用冒号隔开。日期的输入方法：可按照“年 − 月 − 日、月 − 日 − 年、月 − 年 − 日”格式输入，此处“ − ”也可用“/”代替。不管用哪种格式输入，日期最终显示格式为“年/月/日”。日期与时间同时输入的方法：日期与时间两者中间用空格分开，可先输入日期后输时间，也可先输时间后输入日期，但最终显示格式为日期在前，时间在后。

4. 位数据类型

位数据类型常用于逻辑数据的存储。当表示真或者假、on 或者 off 时，使用位数据类型。位数据类型只能取整数 1、0 或 NULL 三个值。当取值 1 时，为 true，表示真；当取值 0

时，为 false，表示假。位数据类型所占存储空间大小按下面规定：如果一个表中有 8 个以下的位数据类型字段，则系统会用 1 B 存储这些字段；如果表中有 9 个以上 16 个以下位数据类型字段，则系统会用 2 B 来存储这些字段。一般情况下，会使用 1 B 的容量来存储位数据类型。

5. 二进制数据类型

二进制数据常用于存储图像等数据，它包括定长度二进制数据 binary、变长度二进制数据类型 varbinary 和 image 三种。binary(n) 是 n 位固定的二进制数据。其中，n 的取值范围是从 1 到 8 000。varbinary(n) 是 n 位变长度的二进制数据。其中，n 的取值范围是从 1 到 8 000。在 image 数据类型中，数据是以位字符串存储的，不是由 SQL Server 解释的，必须由应用程序来解释。例如，应用程序可以使用 bmp、gif 和 jpeg 格式把数据存储在 image 类型中。表 4-5 为 SQL Server 2019 常用的二进制型数据。

表 4-5　SQL Server 2019 常用的二进制型数据

数据类型	描述	存储空间
binary(n)	固定长度二进制数据。可存储 1～8 000 个二进制数据，其指定的长度即为占用的存储空间	1～8 KB
varbinary(n)	可变长度二进制数据。可在创建时指定其具体长度或不指定	1～8 KB
varbinary(max)	可变长度的二进制数据。在行为上与 varbinary 相同，用来取代 image 类型	1～2 GB
image	可变长度的二进制数据。最多 2 GB	1～2 GB

6. 其他特殊数据类型

特殊数据类型指的是前面没有提到过的其他新型数据类型，SQL Server 2019 的其他特殊数据类型见表 4-6。

表 4-6　SQL Server 2019 的其他特殊数据类型

数据类型	描述
geometry	平面空间数据类型，是作为 SQL Server 中的 .NET 公共语言运行 CLR 时数据类型实现的，表示平面坐标系中的数据
geography	地理空间数据类型，是作为 SQL Server 中的 .NET 公共语言运行 CLR 时数据类型实现的，表示圆形地球坐标系中的数据
sql_variant	用于存储 SQL Server 2019 支持的各种数据类型，除 text、ntext、image 和 timestamp 之外。存储最多 8 000 字节不同数据类型的数据
uniqueidentifier	存储全局标识符（GUID）。存储 16 B 的二进制，每个表只能包括一个该类型的列，用于标识该列
xml	存储 XML 格式化数据。最多 2 GB
hierarchyid	一种长度可变的系统数据类型，可用 hierarchyid 管理具有层次结构的层次结构数据和表

二、使用 SQL Server Management Studio 创建表

使用 SQL Server Management Studio 创建表

在 SQL Server 中建立了数据库之后，就可以在该数据库中创建表了。可以通过 SQL Server Management Studio 向导可视化创建表，或通过在查询分析器中书写 SQL 语句方法进行。不管哪种方法，都要求用户具有创建表的权限。默认情况下，系统管理员和数据库的所有者具有创建表的权限。

在创建表前，先要定义表的结构。所谓定义表结构，就是设计表中应

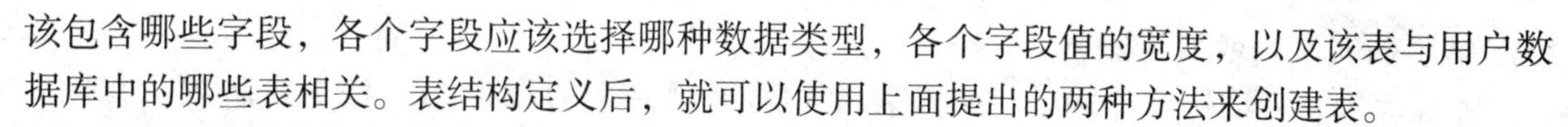

该包含哪些字段，各个字段应该选择哪种数据类型，各个字段值的宽度，以及该表与用户数据库中的哪些表相关。表结构定义后，就可以使用上面提出的两种方法来创建表。

“学生管理系统”项目的表结构设计已在项目1中完成，下面直接介绍使用SQL Server Management Studio向导可视化创建表的方法。

1. 使用SQL Server Management Studio创建表的步骤

①登录到SQL Server Management Studio，在“对象资源管理器”窗格中选择数据库，单击数据库左边的⊞，展开数据库节点。找到目标数据库，单击目标数据库左边的⊞，展开目标数据库节点，在目标数据库下的“表”节点上右击，选择“新建”→“表”命令，如图4-1所示，打开“表设计器”窗口，如图4-2所示。

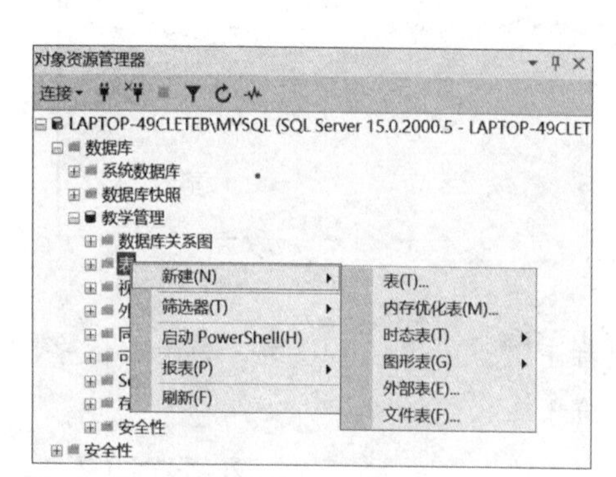

图4-1 新建表操作

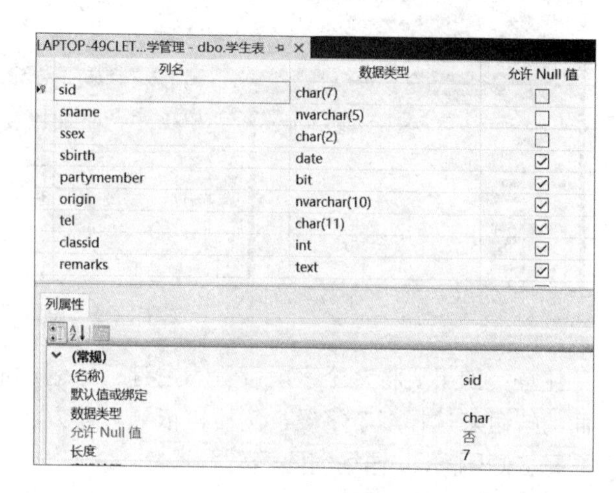

图4-2 “表设计器”窗口

②在“表设计器”窗口设计表结构。表设计器是一种可视化工具，允许用户对所连接的数据库中的单个表进行设计和可视化处理。表设计器分为两部分：上半部分显示网格，网格的每一行描述表中的一个字段。网格每一行包含三列：列名（即字段名）、数据类型、允许空值设置。表设计器的下半部分为在上半部分中突出显示的任何数据列的属性。如在长度属性中可设置选定字段对应的数据类型长度。

提示：对于所添加的每一列，都有新行出现在表设计器的上半部分。在该行内，可以编辑列的基本属性，可以在表设计器的下半部分编辑列的其他属性。只需单击表设计器上半部分内的某行，然后添加或编辑出现在下半部分内的属性值。

表设计窗口各个选项的含义：

a. 列名：字段名称，在同一个表中，字段名必须是唯一的。

b. 数据类型：字段的数据类型，用户可以单击该栏，然后单击出现的下拉箭头，即可进行选择，可以是系统数据类型，也可以是用户自定义数据类型。在表设计器的下半部分出现该列属性。

c. 允许空：字段内容是否允许为NULL。

d. 长度：数据类型的长度。

e. 默认值或绑定：设置字段的默认值，以及字段自动编号属性。

③插入、删除列。在定义表结构时，可以在某一字段的上边插入一个新字段，也可以删除一个字段。方法是在“表设计器”窗口的上部网格中用鼠标单击该字段，在弹出的菜单

中选择“插入列”或“删除列”。

④保存表。表结构设计好后，单击表设计器工具栏上的“保存”按钮，出现“保存”对话框，输入要保存的表名并单击“确定”按钮，然后关闭表设计器完成表的定义。

2. 在表设计器中设置表的主键

一般来说，大多数表都会有主键，通过主键来唯一标识一个主体。在创建表时，可在“表设计器”窗口中设置表的主键。方法为：在需设置为主键的字段上右击鼠标，然后选择“设置主键”命令，如图4－3所示。当然，单击表设计器工具栏上的“主键”图标也可设置表的主键。设置为主键的字段前面会出现一个钥匙图标。

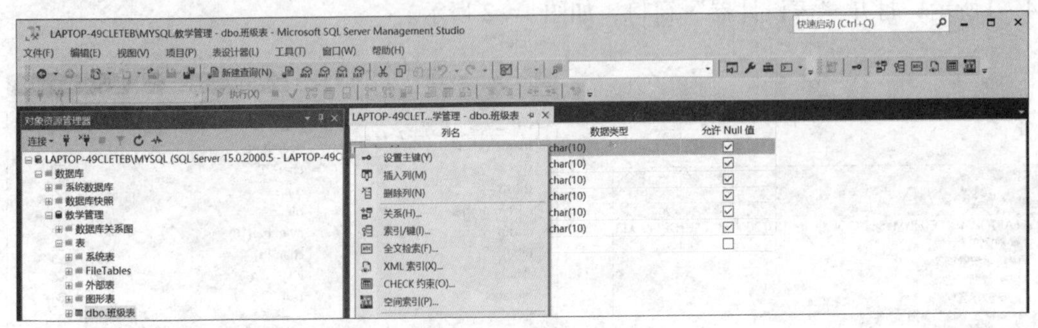

图4－3　设置主键

注意：如果要将多个字段设置为主键，即创建组合主键，可按住Ctrl键，单击每个字段前面的按钮来选择多个字段，然后再依照上述方法设置主键。

三、使用SQL语句创建表

除可使用SQL Server Management Studio创建表外，还可以使用Transact－SQL语言中的create table语句来创建表。表是属于数据库的，在创建表前，需使用“use 数据库名”命令打开当前数据库，指定在当前数据库下创建表。创建表的基本语法格式如下：

```
create table 表名
(列名 数据类型
[not null |null] [primary key] [identity[(seed,increment)]]…)
```

主要参数说明：

①表名：用于指定新建表的名称。表名必须符合标识符规则，不能使用SQL语言中的关键字作为表名。表名最长不能超过128字符。表名不区分大小写，对于数据库来说，表名应是唯一的。

②列名：用于指定新建表的列名（字段），列名必须符合标识符规则，并且在表内保持唯一。如有多个列，列与列之间用逗号隔开，最后一个列名可以不用逗号。

③数据类型：指定列的数据类型。列的数据类型可以是系统数据类型，也可以是用户自定义数据类型。

④not null｜null：可选项，指定列是否允许空值。取值null时，表示该列允许有空值；取值not null时，表示该列不允许有空值。在SQL Server中，NULL既不是0，也不是空格，它意味着用户还没有为列输入数据或是明确地插入了NULL。

⑤primary key：是通过唯一索引对给定的一列或多列强制实体完整性的约束。对于每个

表，只能创建一个 primary key 约束。

⑥identity：指定列为一个标识列。标识列为自动编号列，设置为自动编号的列需为整数类型或者小数位数为0的定点实数。当用户向有标识列的数据表中插入新数据行时，系统将为该列赋予唯一的、递增的值。每个表只能创建一个标识列。

指定某列为标识列的同时，必须指定标识种子和标识增量，或者两者都不指定。seed：指定 identity 列的初始值，默认值为1；increment：指定 identity 列的列值增量，默认值为1。如果两者都不指定，则取默认值（1,1）。

identity 列通常与 primary key 约束一起使用，该列值不能由用户更新，不能为空值，也不能绑定默认值和 default 约束。

【任务内容】

1. 根据项目1设计的表结构，使用 SQL Server Management Studio 在“教学管理”系统数据库中创建“教师表”，将教工编号字段“tid”设置为主键。

2. 根据项目1设计的表结构，使用 SQL Server Management Studio 在“教学管理”系统数据库中创建“班级表”，将班级编号“classid”设为主键和自动编号字段。

3. 根据项目1设计的表结构，使用 SQL 语句在“教学管理”系统数据库中创建“课程表”，该表暂时不创建主键，但需将课程名称“coursename”设置为不能为空。

4. 根据项目1设计的表结构，使用 SQL 语句在“教学管理”系统数据库中创建“学生表”，将学号“sid”设为主键，姓名“sname”和性别“ssex”设置为不能为空。

5. 根据项目1设计的表结构，使用 SQL 语句在“教学管理”系统数据库中创建“成绩表”，将成绩编号“cid”设为主键并且自动生成标识列，成绩表中的学号“sid”和课程号“courseid”不能为空。

6. 根据项目1设计的表结构，使用 SQL 语句在“教学管理”系统数据库中创建班级“开课表”和教师“任课表”。

【任务实施】

1. 使用 SQL Server Management Studio 在“教学管理”系统数据库中创建“教师表”，将教工编号字段“tid”设置为主键。

（1）登录到 SQL Server Management Studio，在“对象资源管理器”窗格中选择数据库，单击数据库左边的⊞，展开数据库节点。单击“教学管理 ”数据库左边的⊞，在“表”节点上单击右键，选择“新建”→“表”命令，打开“表设计器”窗口。

（2）根据项目1设计的教师表结构，设计教师表的表结构。在“表设计器”窗口中输入列名、数据类型、数据类型长度、是否为空等信息，设计好的教师表结构如图4－4所示。

（3）设置表的主键。在 tid 字段上右击鼠标，选择“设置主键”命令。设置完主键的“tid”字段前面会出现一把小钥匙标记。

提示：设置为主键的列在录入数据时不能为 NULL 值且每一行的值都不能相同。

（4）保存教师表。单击工具栏上的“保存”按钮，弹出如图4－5所示的“选择名称”对话框，在“输入表名称”文本框中输入表名“教师表”，单击“确定”按钮，保存该表。

2. 使用 SQL Server Management Studio 在“教学管理”系统数据库中创建“班级表”，将班级编号字段“classid”设置为主键和自动编号字段。

（1）登录到 SQL Server Management Studio，在“对象资源管理器”窗格中选择数据库，

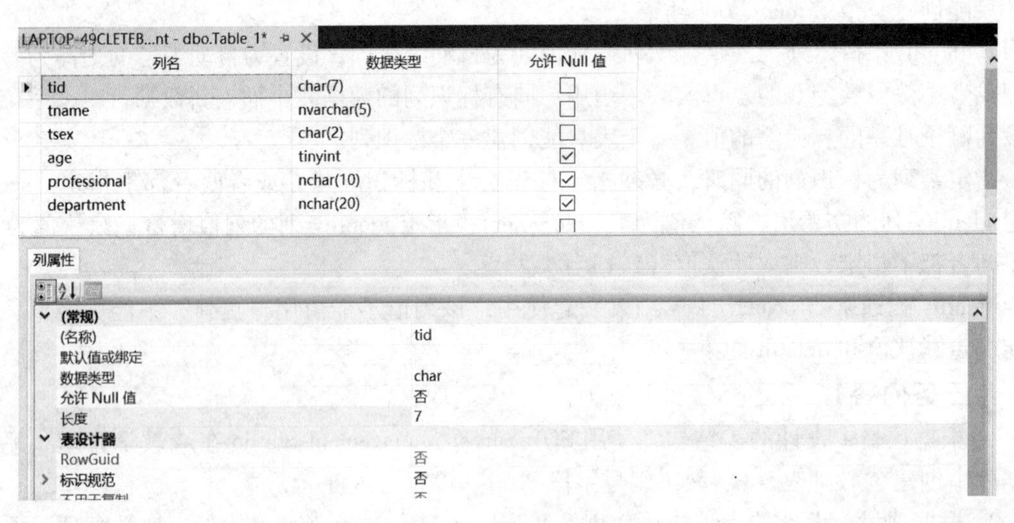

图 4－4　教师表设计

单击数据库左边的⊞，展开数据库节点。单击“教学管理”数据库左边的⊞，在“表”节点上单击右键，选择“新建”→“表”命令，打开“表设计器”，如图 4－6 所示。

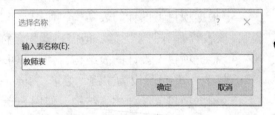

图 4－5　教师表的保存

（2）在“表设计器”窗口中将“classid”设为主键及自动编号字段。在“表设计器”上部窗格中，在“列名”中输入 classid 字段，选择数据类型为 int。在 classid 字段上右击鼠标，选择“设置主键”命令。设置完主键的“classid”字段前面会出现一把小钥匙标记。

在“表设计器”下部窗格中的“列属性”窗格中，展开“标识规范”，在“是标识”列表中选择“是”，在“标识增量”和“标识种子”后输入“1”，设置好的效果如图 4－6 所示。

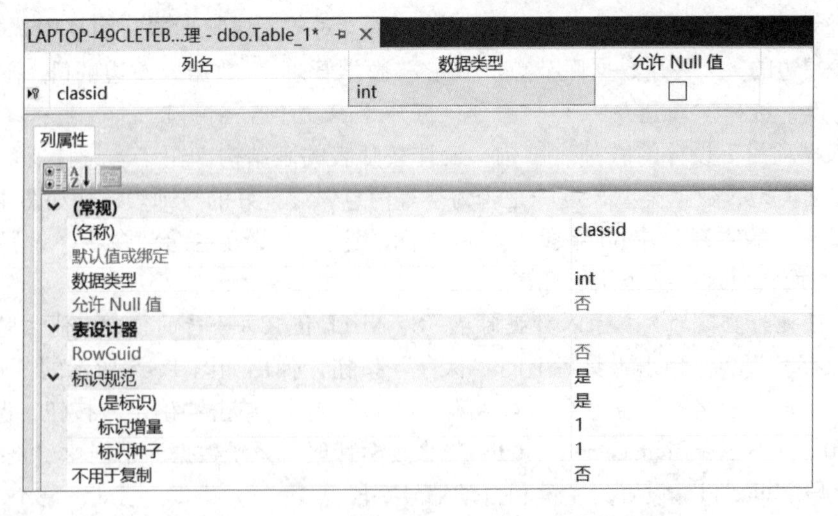

图 4－6　班级表班级编号“classid”字段的设置

提示：对于自动编号的标识列，在插入记录时，不必手工赋值，系统会给该字段自动编号，自动编号的初始号由标识种子确定，自动增量值由标识增量确定。如此处的班级编号，插入记录号后，系统将从1班开始编号，依次按1的增量递增。

（3）班级表其他字段的设置。在图4-6所示的班级表“表设计器”窗口“classid”字段后面继续输入班级表中其他字段的列名、数据类型、数据类型长度、是否为空等信息，设计好的班级表结构如图4-7所示。

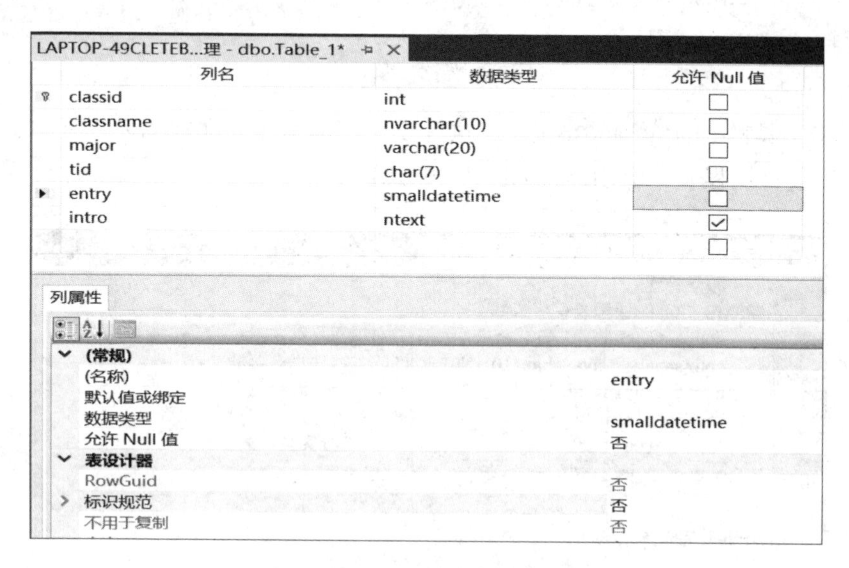

图4-7　班级表最终设计效果

（4）保存班级表。单击工具栏上的“保存”按钮，在弹出的“选择名称”对话框中的“输入表名称”文本框中，输入表名“班级表”，单击“确定”按钮，保存该表。

3. 根据项目1设计的表结构，使用SQL语句在“教学管理”系统数据库中创建“课程表”，该表暂时不创建主键，但需将课程名称“coursename”设置为不能为空。

（1）在SQL Server Management Studio环境下，单击工具栏上的新建查询(N)按钮，系统将创建图4-8所示的查询区域。

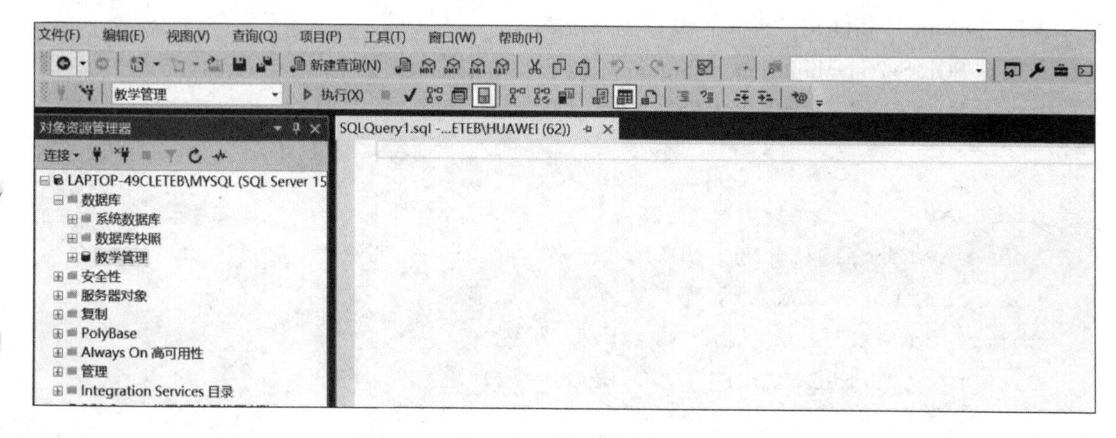

图4-8　查询区域窗口

（2）在查询区域窗口输入以下 SQL 命令：

```
use 教学管理      /* 打开"教学管理"系统数据库,在当前数据库下创建课程表* /
create table 课程表(
courseid char(5),      /* 课程号* /
coursename nvarchar(10) NOT NULL,      /* 课程名,非空* /
hours tinyint NULL,      /* 学时,为空* /
credit tinyint NULL,      /* 学分,为空* /
type varchar(20) )      /* 课程类型,为空* /
```

（3）单击工具栏上的 ▷ 执行(X) 按钮，执行以上 SQL 命令，在查询窗口下方显示命令已成功完成，完成“课程表”的创建，如图 4－9 所示。

```
创建课程表的SQL语句....\HUAWEI (51))
use 教学管理
CREATE TABLE 课程表(
    courseid char(5) primary key,      /*课程号，主键*/
    coursename  nvarchar(10) NOT NULL,      /*课程名，非空*/
    hours tinyint NULL,      /*学时，为空*/
    credit tinyint NULL,      /*学分，为空*/
    type varchar(20)   )      /*课程类型，为空*/
100 %
消息
命令已成功完成。

完成时间: 2021-01-27T00:11:31.2150028+08:00
```

图 4－9　课程表创建成功

提示：用户在创建表前，需先使用 use 数据库名打开当前数据库。如没有打开当前数据库，创建的表将放在系统数据库下的 master 数据库下。当表成功创建后，可在“对象资源管理器”窗格中，在当前数据库的表节点下，查看到新建的表。

4. 使用 SQL 语句在“教学管理”系统数据库中创建“学生表”，将学号“sid”设为主键，姓名“sname”和性别“ssex”设置为不能为空。

（1）在 SQL Server Management Studio 环境下，单击工具栏上的 新建查询(N) 按钮。

（2）在查询区域窗口输入以下 SQL 命令：

```
create table 学生表(
sid char (7) primary key,      /* 学生学号,主键* /
sname nvarchar (5) NOT NULL,      /* 学生姓名,非空* /
ssex char(2) NOT NULL,      /* 学生性别,非空* /
sbirth date NULL,      /* 出生日期,为空* /
partymember bit NULL,      /* 是否入党,为空* /
origin nvarchar (10) NULL,      /* 籍贯,为空* /
tel char (11) NULL,      /* 电话,为空* /
```

```
classid int NULL,        /* 所在班级编号,为空* /
remarks text NULL)       /* 学生备注信息,为空* /
```

（3）单击工具栏上的 ▷ 执行(X) 按钮，执行以上 SQL 命令，在查询窗口下方显示命令已成功完成，完成“学生表”的创建。

提示：此处将字段是否入党“partymember”设置为 bit 类型，用户在录入记录时，在该列只能输入 0 和 1 的值。其中，输入 0 时用 false 显示，输入 1 时用 true 显示。另外，创建表时所有注明了 NOT NULL 的字段在录入数据时都必须输入值，都不能取空值，否则，系统将提出无法录入成功的警告。

5. 使用 SQL 语句在“教学管理”系统数据库中创建“成绩表”，将成绩编号“cid”设为主键且自动生成标识列，成绩表中的学生学号“sid”和课程编号“courseid”不能为空。

（1）在 SQL Server Management Studio 环境下，单击工具栏上的 新建查询(N) 按钮。

（2）在查询区域窗口输入以下 SQL 命令：

```
create table 成绩表 (
cid int primary key identity(1,1),        /* 成绩编号,主键且为标识列* /
sid char (7) NOT NULL,        /* 学生学号,非空* /
courseid char(5) NOT NULL,        /* 课程编号,非空* /
score smallint NULL)        /* 成绩,为空* /
```

（3）单击工具栏上的 ▷ 执行(X) 按钮，执行以上 SQL 命令，在查询窗口下方显示命令已成功完成，完成“成绩表”的创建。

提示：此处将成绩表中的成绩编号“cid”通过 identity 设为标识列，标识种子为 1，增量为 1。在录入数据时，该字段值由系统自动生成数值。系统按照初始值为 1、增量为 1 自动生成，无须手工输入。

6. 使用 SQL 语句在“教学管理”系统数据库中创建班级“开课表”和教师“任课表”。

（1）在 SQL Server Management Studio 环境下，单击工具栏上的 新建查询(N) 按钮。

（2）在查询区域窗口输入以下 SQL 命令：

```
create table 开课表(
classid int NOT NULL,        /* 开课班级编号,非空* /
courseid char(5) NOT NULL,        /* 课程编号,非空* /
term varchar(20) NOT NULL,        /* 开课学期,非空* /
exam char(5),        /* 课程考核方式,非空* /
weekhours tinyint)        /* 周学时数,非空* /
create table 任课表(
tid char(7) NOT NULL,        /* 任课教师编号,非空* /
courseid char(5) NOT NULL,        /* 课程编号,非空* /
classtime varchar(20) NOT NULL,        /* 上课时间,非空* /
classroom varchar(10) NOT NULL )        /* 上课教室,非空* /
```

（3）单击工具栏上的 ▷ 执行(X) 按钮，执行以上 SQL 命令。

任务4.2 “教学管理”系统数据表的管理

【任务工单】

任务工单4-2：“教学管理”系统数据表的管理

<table>
<tr><td>任务名称</td><td colspan="5">“教学管理”系统数据表的管理</td></tr>
<tr><td>组别</td><td></td><td>成员</td><td></td><td>小组成绩</td><td></td></tr>
<tr><td>学生姓名</td><td colspan="3"></td><td>个人成绩</td><td></td></tr>
<tr><td>任务情境</td><td colspan="5">在本项目的任务4.1中已创建好了“教学管理”系统中相关的数据表，现请你以数据库管理员身份复制其中的教师表和学生表，并对复制的表进行表管理。包括表的重命名、表结构的修改、表的删除等操作</td></tr>
<tr><td>任务目标</td><td colspan="5">使用SSMS和SQL命令对复制的工作表进行重命名、表结构的修改、表的删除等操作</td></tr>
<tr><td>任务要求</td><td colspan="5">按本任务后面列出的具体任务内容，完成“教学管理”系统相关数据表的管理</td></tr>
<tr><td>知识链接</td><td colspan="5"></td></tr>
<tr><td>计划决策</td><td colspan="5"></td></tr>
<tr><td>任务实施</td><td colspan="5">1. 使用SQL命令复制任务4.1中创建好的“学生表”和“教师表”的代码

2. 使用SQL Server Management Studio管理student表的步骤

3. 使用SQL语句管理teacher表的代码

4. 使用对象资源管理器删除student表的步骤，使用SQL命令删除teacher表的代码</td></tr>
</table>

续表

检查	1. 表的复制与重命名；2. 字段名及属性的修改；3. 添加字段；4. 删除字段；5. 表的删除
实施总结	
小组评价	
任务点评	

【前导知识】

使用 SSMS 管理数据表

一、使用 SQL Server Management Studio 管理数据表

数据表的管理主要包含表的重命名、表结构的修改、表的复制与删除。在表创建好以后，如果对表的名称不满意，可重新命名。如果表字段名称、字段类型、字段长度等不符合要求，可对表结构进行修改。也可以对表进行复制、将不需要的表删除。可以通过 SQL Server Management Studio 和 SQL 语句来完成对以上表管理的操作，以下先介绍使用 SQL Server Management Studio 管理数据表。

1. 表的重命名

①在“对象资源管理器”中展开希望重新命名的表所在的数据库节点，然后选择该数据库节点中的“表”节点，使所有的表显示在内容窗格中。

②在希望重命名的表上单击鼠标右键，在弹出的菜单中选择“重命名”命令，输入新的表的名称即可。

2. 表结构的修改

右击需修改表结构的表名，在弹出的菜单中选择“设计”，打开“表设计器”窗口，如图4－10所示，该窗口与新建表时的“表设计器”窗口完全相同。

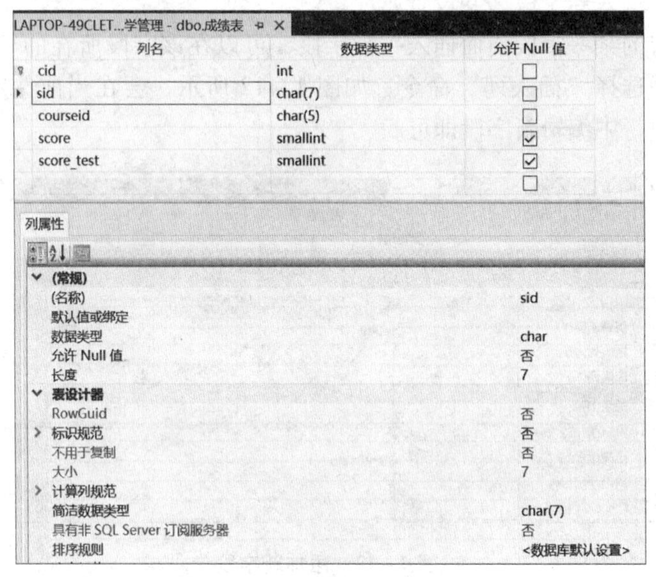

图4－10 “表设计器”窗口

在“表设计器”窗口中可执行以下操作：

（1）修改表中字段的定义

①修改字段名：在列名中输入新的字段名。

②修改字段数据类型：在数据类型列表中重新选择需要的数据类型。

③修改字段长度：选定字段后，在下方“列属性”窗格“长度”框中输入修改的字段长度。

④修改 NULL 值：在“允许 Null 值”复选框中进行选择或取消选择。

（2）调整字段顺序

“表设计器”窗口中的字段顺序是可以调整的，只要改变字段在“表设计器”窗口中的位置，即可调整该字段在表中出现的先后位置。方法是单击希望移动的字段左边选择栏，被选择的字段左边会出现右三角形标记，然后在该栏上按下鼠标左键，将该字段向上或向下移动，直至拖动到希望的位置后松开鼠标左键。如图 4－11 所示，将“score”字段向上移动到“sid”字段后。

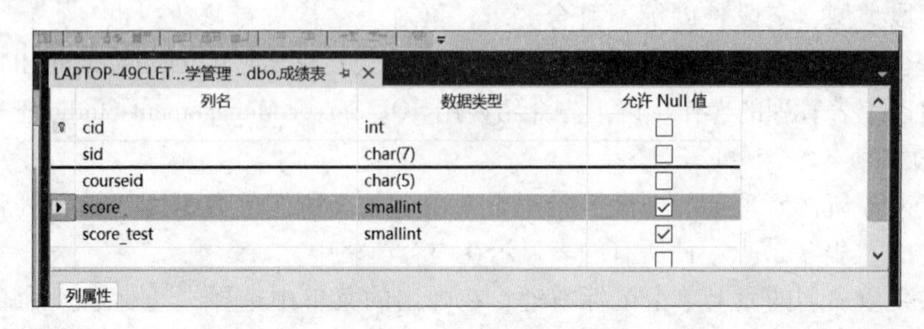

图 4－11　调整字段顺序

（3）添加新字段

如果要添加的字段位于最后一个字段，可以将光标移动到“表设计器”窗口上方窗格最后的空白行中，输入新字段名并设置属性。

如果要在现有的某一字段前面插入一个字段，可以在该字段所在的行中单击鼠标右键，然后在弹出菜单中选择“插入列”命令，如图 4－12 所示，会在当前选定字段前面插入一个空白行，在空白行中编辑新字段即可。

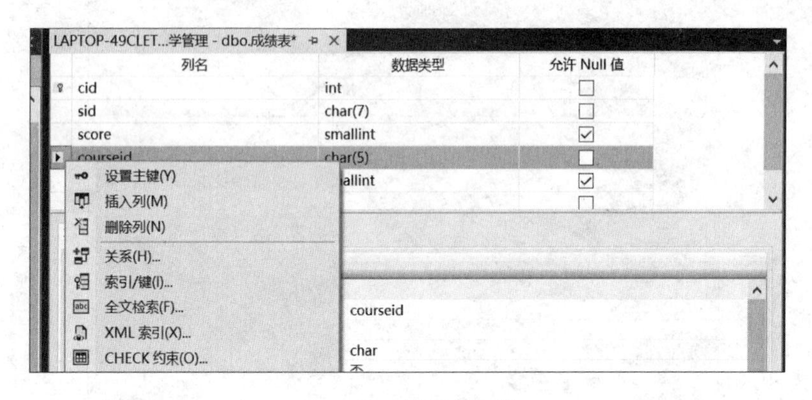

图 4－12　添加新字段

（4）删除现有字段

选中一个或多个要删除的字段，按住 Ctrl 键并单击字段左边的选择框，可选择不连续字段；按住 Shift 键并单击字段左边的选择框，可选择连续字段。在选定的字段上右击鼠标，在弹出的菜单中选择“删除列”命令。

3. 表的删除

①打开“对象资源管理器”窗口，在树状目录中展开希望删除的数据表所在的数据库节点，如“教学管理”系统数据库。

②单击表节点前的⊞，展开表节点，在显示的所有表中，选中希望删除的表，单击鼠标右键，在弹出的菜单中选择“删除”命令，弹出“删除对象”对话框，在对话框中显示了要删除表对象的信息，单击“确定”按钮，完成表的删除。

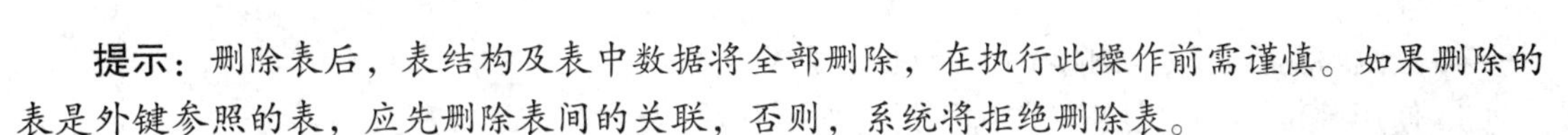

提示：删除表后，表结构及表中数据将全部删除，在执行此操作前需谨慎。如果删除的表是外键参照的表，应先删除表间的关联，否则，系统将拒绝删除表。

二、使用 SQL 语句管理数据表

使用 SQL 语句管理数据表

1. 表的复制

第一种情况：目标表不存在时，使用以下语法复制表：

```
select *  into 目标表 from 原表
```

第二种情况：目标表存在时，只复制原表中数据，使用以下语法复制表：

```
insert into 目标表 select *  from 原表
```

提示：以上语句可同时复制表结构和数据，但无法复制如主键、外键等各类约束。

2. 表的重命名

```
exec sp_rename '[原表名称]', '[新表名称]'
```

3. 表结构的修改

（1）修改表中字段的定义

①修改字段名语法：

```
exec sp_rename '[表名].[列名]','[表名].[新列名]'
```

②修改字段类型语法：

```
alter table [表名] alter column [列名] 数据类型
```

（2）添加字段

```
alter table [表名] add [新增列名] 数据类型
```

（3）删除字段

```
alter table [表名] drop column [现有列名]
```

4. 表的删除

```
drop table [表名1] ,[表名2],…
```

【任务内容】

1. 使用 SQL 命令复制任务 4.1 中创建好的“学生表”和“教师表”。

2. 使用 SQL Server Management Studio 对复制的学生表进行如下管理：

（1）重命名表：将复制的学生表重命名为“student”。

（2）修改表中字段名：将 sbirth 字段名改为 sdate，字段类型不变。

（3）修改表中字段数据类型：将 sname 字段的数据类型改为 varchar(10)。

（4）修改字段长度：将 ssex 字段长度改为 char(4)。

（5）修改 NULL 值：将 sname 字段修改为“允许 Null 值”。

（6）调整字段顺序：将 tel 字段移动到 ssex 字段后面。

（7）添加新字段：在 classid 字段前面添加一个新字段，字段名为 sdept，数据类型为 varchar，长度值为 8。

（8）删除现有字段：删除 partymember 字段。

3. 使用 SQL 语句对复制的教师表进行如下管理：

（1）重命名表：将复制的教师表重命名为 teacher。

（2）修改表中字段名：将 tid 字段名改为 tno，字段类型不变。

（3）修改表中字段数据类型：将 tage 字段的数据类型改为 smallint。

（4）修改字段长度：将 tsex 字段长度改为 char(4)。

（5）修改 NULL 值：将 tname 字段修改为“允许 Null 值”。

（6）添加新字段：在表后添加一个新字段，字段名为 intro，数据类型为 ntext。

（7）删除现有字段：删除 professional 字段。

4. 使用 SQL Server Management Studio 删除“student”表，使用 SQL 语句删除“teacher”表。

【任务实施】

1. 使用 SQL 命令复制任务 4.1 中创建好的“学生表”和“教师表”。

（1）在 SQL Server Management Studio 环境下，单击工具栏上的 新建查询(N) 按钮。

（2）在查询区域窗口输入 SQL 命令。因在当前数据库中，目标表并不存在，因此使用前面介绍的语法：select * into 目标表 from 原表。具体代码如下：

```
use 教学管理      /* 打开教学管理系统数据库 */
select * into 学生表1 from 学生表;  /* 复制学生表,并命名为"学生表1"*/
select * into 教师表1 from 教师表;   /* 复制教师表,并命名为"教师表1" */
```

（3）单击工具栏上的 ▷ 执行(X) 按钮，执行以上 SQL 命令，在查询窗口下方显示成功复制的信息。

（4）刷新对象资源管理器，在表节点下可看到复制好的“学生表 1”和“教师表 1”。分别展开两个表的表节点，可看到新表中所有字段与原表字段完全相同，并且连同原表中的数据也会一并复制过来。需注意的是，原表中的键和约束并没有复制到新表。

2. 使用 SQL Server Management Studio 对复制的学生表进行如下管理。

（1）重命名表：将复制的学生表重命名为“student”。在“对象资源管理器”中展开希望重新命名的表所在的数据库节点，然后选择该数据库节点中的“表”节点，在“表”节点下找到刚复制的表“学生表 1”，在“学生表 1”上单击鼠标右键，在弹出的菜单上选择“重命名”命令，输入新的表的名称“student”后确认。

（2）修改表中字段名：将 sbirth 字段名改为 sdate，字段类型不变。表结构的修改需在“表设计器”窗口完成。需先打开“表设计器”窗口。在对象资源管理器中右击需修改表结构的表名，此处右击“student”表，在弹出的菜单中选择“设计”，打开“student”的“表设计器”窗口，如图 4 – 13 所示。在列名下找到 sbirth 字段，将其字段名改为 sdate。

（3）修改表中字段数据类型：将 sname 字段的数据类型改为 varchar(10)。在图 4 – 13 所示“表设计器”窗口中，在列名下找到 sname 字段，在数据类型列表中选择 varchar(50)，默认长度为 50，继续在下方“列属性”网格的“长度”框中将 50 改为 10。

提示：如果表中已录入数据，在修改字段数据类型时，要求新数据类型与现有数据类型必须一致，否则将会出现类型转换错误，将无法修改。如此处试图将 sname 字符型转换为整型时，将会被拒绝。

（4）修改字段长度：将 ssex 字段长度改为 char(4)。在图 4 – 13 所示的“表设计器”窗

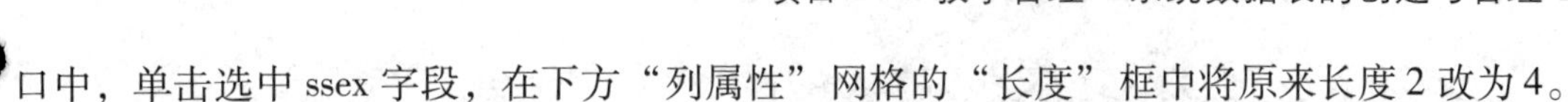

口中，单击选中ssex字段，在下方“列属性”网格的“长度”框中将原来长度2改为4。

提示：如果表中已录入数据，修改字段长度时，新的字段长度必须大于等于原来字段长度，否则，该列中的数据将会被清空或截断显示。

（5）修改NULL值：将sname字段修改为“允许Null值”。在图4－13所示的“表设计器”窗口中，勾选sname字段下的“允许Null值”复选框。

提示：如果要修改的字段在表中有空的取值，则在修改NULL值时，不允许取NOT NULL值，否则将无法修改表。

（6）调整字段顺序：将tel字段移动到ssex字段后面。单击tel字段左边选择栏，按下鼠标左键将该字段往上拖，这时会出现一个虚矩形框和实线，待实线位置定位于ssex字段后面，松开鼠标左键即可。

（7）添加新字段：在classid字段前面添加一个新字段，字段名为sdept，数据类型为varchar(8)。在classid字段上右击鼠标，在弹出的菜单中选择“插入列”，这时会在classid字段上方插入一个空白行。在空白行的列名中输入sdept，在数据类型下选择“varchar”，在下方“列属性”窗格的“长度”框中输入长度值8。

提示：新增的字段对于表中已经存在的行而言最初先填充空值，因此新增加的字段刚开始不能用NOT NULL非空约束，因为最初的时候该字段必须包含空值。但是可以保存表结构，向表中新增字段列上输入完数据后，再将新增加的字段设置为非空约束。

（8）删除现有字段：删除partymember字段。单击partymember字段左边选择栏，右击鼠标，在弹出的菜单中选择“删除列”命令即可。

按（2）～（8）要求修改后的“student”表结构如图4－14所示。

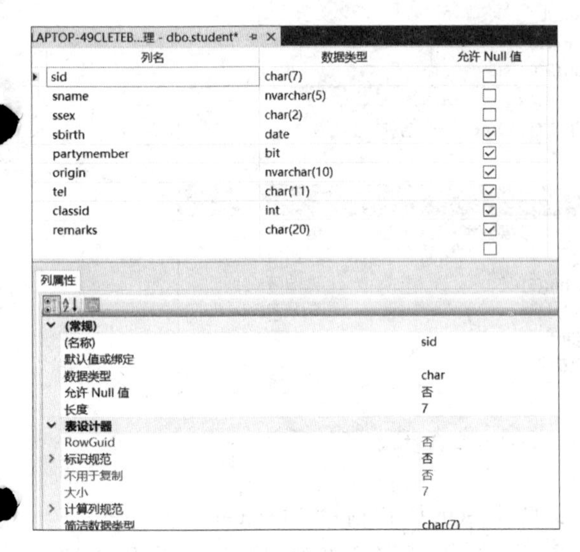

图4－13 “student”的“表设计器”窗口

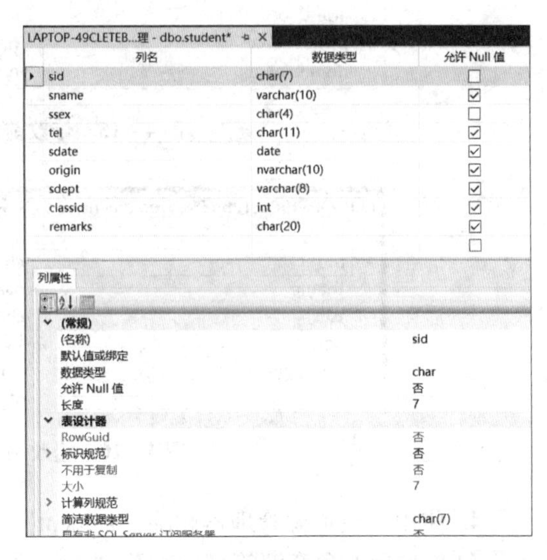

图4－14 修改后的“student”表结构

3. 使用SQL语句对复制的教师表进行如下管理。

（1）重命名表：将复制的教师表重命名为“teacher”。

```
exec sp_rename 教师表1, teacher
```

（2）修改表中字段名：将tid字段名改为tno，字段类型不变。

```
exec sp_rename 'teacher.tid','tno'
```

（3）修改表中字段数据类型：将 age 字段的数据类型改为 smallint。

```
alter table teacher alter column age smallint
```

（4）修改字段长度：将 tsex 字段长度改为 char(4)。

```
alter table teacher alter column tsex char(4)
```

（5）修改 NULL 值：将 tname 字段修改为“允许 Null 值”。

```
alter table teacher alter column tname nvarchar(5) NULL
```

（6）添加新字段：在表后添加一个新字段，字段名为 intro，数据类型为 ntext。

```
alter table teacher add intro ntext
```

（7）删除现有字段：删除 professional 字段。

```
alter table teacher drop column professional
```

修改前的“teacher”表结构如图 4－15 所示，按（2）~（7）要求使用 SQL 命令修改后的“teacher”表结构如图 4－16 所示。

LAPTOP-49CLETEB...理 - dbo.teacher*

列名	数据类型	允许 Null 值
tid	char(7)	☐
tname	nvarchar(5)	☐
tsex	char(2)	☐
age	smallint	☑
professional	nchar(10)	☑
department	nchar(20)	☑

图 4－15　修改前的“teacher”表结构

LAPTOP-49CLETEB...理 - dbo.teacher

列名	数据类型	允许 Null 值
tno	char(7)	☐
tname	nvarchar(5)	☑
tsex	char(4)	☑
age	smallint	☑
department	nchar(20)	☑
intro	ntext	☑

图 4－16　修改后的“teacher”表结构

4. 使用对象资源管理器删除“student”表，使用 SQL 语句删除“teacher”表。

（1）使用对象资源管理器删除“student”表。在“对象资源管理器”窗口展开“教学管理”系统数据库，单击表节点前的⊞，展开表节点。在显示的所有表中，选中要删除的“student”表，右击鼠标，在弹出的菜单中选择“删除”命令，弹出“删除对象”对话框，在对话框中显示了要删除表对象的信息，单击“确定”按钮，完成表的删除。

（2）使用 SQL 语句删除“teacher”表。在查询分析器中，输入以下 SQL 语句：drop table teacher，执行后即可删除“teacher”表。

任务4.3 “教学管理”系统数据表记录操作

【任务工单】

任务工单4-3：“教学管理”系统数据表记录操作

任务名称	“教学管理”系统数据表记录操作				
组别		成员		小组成绩	
学生姓名				个人成绩	
任务情境	在本项目的任务4.1和任务4.2中已完成了“教学管理”系统数据表的创建及表结构的修改工作，现在应该向表中添加记录并完成记录的更新、删除操作。现请你以数据库管理员身份完成“教学管理”系统数据表中记录的添加、更新和删除操作				
任务目标	使用SSMS和SQL命令两种方法向“教学管理”系统数据表中添加、更新、删除记录				
任务要求	按本任务后面列出的具体任务内容，对“教学管理”系统数据表进行记录管理操作				
知识链接					
计划决策					
任务实施	1. 使用SQL Server Management Studio向学生表、班级表、教师表、课程表、开课表、任课表、成绩表七个表中添加记录的步骤 2. 使用SQL命令的insert语句向“学生表”中添加记录的代码 3. 使用SQL命令的update语句修改“学生表”中记录的代码 4. 使用SQL命令delete和truncate table语句删除“学生表”记录的代码				

续表

检查	1. insert 语句使用；2. update 语句使用；3. delete 和 truncate table 语句使用
实施总结	
小组评价	
任务点评	

【前导知识】

一、使用 SQL Server Management Studio 添加、修改、删除记录

使用 SSMS 添加、修改、删除记录

记录的添加、修改、删除可通过 SQL Server Management Studio 直接操作，也可通过 SQL 命令成批完成。以下先介绍使用 SQL Server Management Studio 可视化完成记录的添加、修改、删除操作。

1. 添加记录

①启动 SQL Server Management Studio，在对象资源管理器中展开希望添加记录的表所在的数据库节点，然后选中该数据库节点的“表”节点。

②展开“表”节点后，在需要添加记录的表上单击鼠标右键，在弹出的菜单上选择“编辑前 200 行”命令，如图 4－17 所示。

③此时会打开一个表数据窗口，如图 4－18 所示，在窗口中直接输入与表结构中列数据类型一致的数据或相兼容的数据。

图 4－17　添加记录命令

LAPTOP-49CLET...学管理 - dbo.教师表

	tid	tname	tsex	age	professi...	department
▶	3650100	张刚强	男	32	讲师	基础部
	3650101	李丽	女	28	讲师	汽车系
	3650102	张梅丽	女	27	助教	汽车系
	3650103	李倩	女	26	助教	信息系
	3650104	邹梦林	女	32	讲师	信息系
	3650105	边俊明	男	33	副教授	信息系
	3650106	蒋朋刚	男	39	副教授	汽车系
	3650107	黄涛	男	29	讲师	信息系
	3650108	张力	男	42	副教授	基础部
	3650109	刘升农	男	50	教授	汽车系
	3650110	陈梓怡	女	25	助教	路桥系
	3650111	欧丽芳	女	46	教授	路桥系
*	NULL	NULL	NULL	NULL	NULL	NULL

图 4－18　向表中添加记录

在添加记录时，需注意以下三点：

第一，每个字段下输入的数据类型、数据长度必须与表结构中设置好的字段数据类型及长度一致，否则记录将无法添加成功。

第二，如果有使用限制的字段，如主键列和非空约束列，必须添加数据，不能为 NULL 值。

第三，如果创建了表间的关联，有外键列，必须保证输入的外键值是另一主表主键的有效值或取 NULL 值。

2. 修改记录

如果要修改表中的记录，可在图 4－18 打开的表数据窗口中单击表格中某个要修改的值，输入新的值，确认即可。

3. 删除记录

如需要删除表中已存在的记录，可按如下步骤进行：

①在图 4－18 中选择要删除的行，如要删除一行，单击最左边的选择框；如要删除多行，可按住 Ctrl 键或 Shift 键选择多行。

②在选定的行上单击鼠标右键，弹出图 4－19 所示的快捷菜单。在弹出的菜单上选择"删除"命令，系统将弹出如图 4－20 所示的提示对话框。

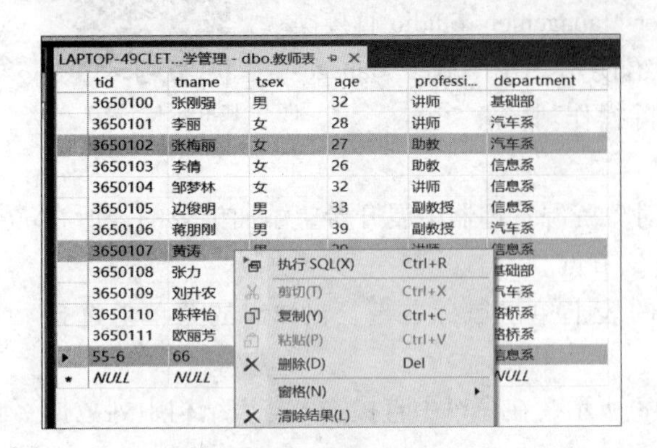

图 4－19　删除记录命令

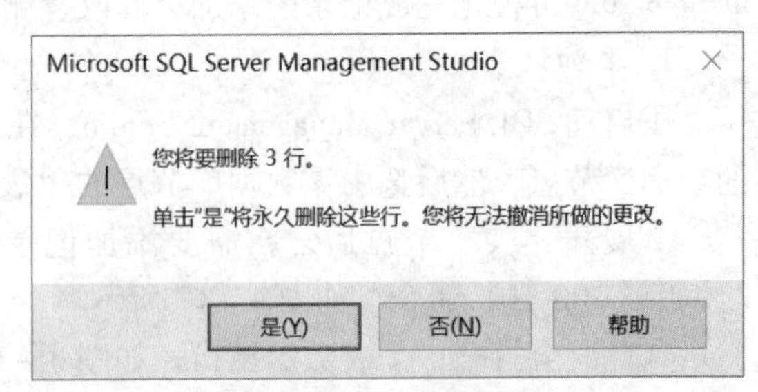

图 4－20　删除提示框

③在提示对话框中单击"是"按钮即可删除，单击"否"按钮将取消删除。

注意：如果删除记录的表是主表，与另外一个外表存在关联，则要根据创建外键约束时设定的"删除规则"而定，如"删除规则"取默认值，则当在主键表中删除对应记录时，首先检查该记录是否有对应外键，如果有，则不允许删除。另外，在删除记录前需仔细考虑，因为在没有进行数据备份的情况下，一旦将记录删除，便无法找回。

二、使用 SQL 语句添加、修改、删除记录

1. 添加记录

使用 SQL 语句添加、修改、删除记录

在向表中添加记录时，应该注意两点：第一是用户权限，只有 sysadmin 角色成员、数据库和数据库对象所有者及其授权用户才有权限向表中添加数据；第二是数据格式，对于不同的数据类型，插入数据的格式也不一样，应严格遵守它们各自的格式要求，具体可参照本项目任务 4.1 中介绍的各种数据类型特点及使用方法。

Transact－SQL 语言中使用 insert 语句向表或视图中插入新的数据行。insert 语句的语法格式为：

```
insert [into] 表名 [(列名表)] values (值列表)
```

主要参数说明：

①into：是可选的，可省略不写。

②表名：是必选的，表示要向哪个表中添加记录。

③列名表：表的列名是可选的，可以省略。如果省略，表示向表中插入一条完成记录，此时后面值列表的顺序必须与数据表中字段的顺序保持一致；如果不省略，表示向表中部分列插入记录，这时需在列名表中列出每个列的名称（设置为主键、唯一值、NOT NULL 值的列必须列出，否则插入记录将失败），多个字段名间用逗号隔开。

④值列表：是必选的。列出列名表中每个字段的值，值列表必须与列名表相对应，多个值间用逗号隔开。如果列名表省略，需与数据表中字段的顺序一一对应。

提示：添加数据的时候，除了数值类型，全部要加单引号。小数的数据精度要和列所定义的类型匹配。

2. 修改记录

Transact - SQL 语言中用 update 语句修改表中的记录。update 语句的语法格式为：

```
update 表名 set 列名1 = 更新值1[set 列名2 = 更新值2…] [where 更新条件]
```

其功能是对满足条件的记录按 set 子句要求修改指定列的数据。

主要参数说明：

①表名：指出要更新记录的表名称。

②set：指出要更新的字段名，将要更新的值赋给字段名，更新的值可以是一个常量或表达式。记录的更新并不限于一个列，如要更新多个列的值，set 后面可以紧随多个数据列的更新值。

③where：是可选的，用来限制条件。如果不限制，整个表中的所有数据行都将被更新。

3. 删除记录

Transact - SQL 中，delete 和 truncate table 语句均可以删除表中的数据。

（1）使用 delete 语句删除表中的数据

```
delete 语句语法格式为:delete [from] 表名 [where 删除条件]
```

其中，from 和 where 是可选项，可省略。如果省略 where 条件，将删除表中所有记录。

注意：delete 语句用于删除整条记录，不会只删除单个字段，所以在 delete 后面不能出现字段名。

（2）使用 truncate table 语句删除表中的数据

truncate table 语句用来删除表中所有行，功能上类似于没有 where 子句的 delete 语句，其语法格式为：

```
truncate table 表名
```

truncate table 语句与 delete 语句的区别如下：

①truncate table 语句不带 where，只能将整个表数据清空，而 delete 语句可以按照条件删除部分记录。

②truncate table 语句不记录事务日志，删除后无法通过事务日志恢复；而 delete 语句每删除一行记录，都会记录一条事务日志，其操作可回滚，能够恢复原来数据。

③使用 delete 语句删除时，设置了自动编号的列数据不恢复到初始值；使用 truncate table 语句删除时，设置了自动编号的列会恢复到初始值。

④使用 truncate table 删除速度更快，但要确保数据可以删除，否则无法恢复。

无论是 delete 语句还是 truncate table 语句，两者都只能删除表中的数据，不能将表本身删除。如果要将删除表本身，即将表中数据与表结构全部删除，需使用本项目任务 4.2 中介绍的 drop table 语句。

【任务内容】

1. 使用 SQL Server Management Studio 向学生表、班级表、教师表、课程表、开课表、任课表、成绩表七个表中添加记录。

2. 使用 SQL 命令的 insert 语句向“学生表”中添加记录，具体要求如下：

（1）将数据插入指定字段：学号 sid、姓名 sname、性别 ssex 三个字段添加值。

（2）向“日期时间”型字段添加数据：出生日期 sbirth 字段添加个日期值。

（3）向“位”类型字段添加数据：是否党员 partymember 字段添加一个逻辑值。

（4）添加空值和 NULL 值：籍贯 origin 字段添加空值，为“允许为空”的班级编号 classid 字段取 NULL 值。

（5）插入一行完整记录：学生表中所有字段（包括允许空值的字段）都添加值。

3. 使用 SQL 命令的 update 语句修改“学生表”中的记录，具体要求如下：

（1）更新单个字段的数据：将学号 sid 为 2021001 的学生的姓名 sname 改为罗莉。

（2）更新多个字段的数据：将学号 sid 为 2021002 的学生的出生日期 sbirth 改为 2002－1－19、班级编号 classid 改为 5。

（3）更新一行数据：将姓名 sname 为王玲的学生的电话号码 tel 改为 181 **** 3296。

（4）更新多行数据：将性别 ssex 为男的学生的备注 remarks 填充为“阳光男孩”。

（5）删除指定字段的数据：将性别 ssex 为女的学生电话号码 tel 删除。

4. 使用 SQL 命令 delete 和 truncate table 语句删除“学生表”记录，具体要求如下：

（1）使用 delete 语句删除指定条件的记录：复制学生表，将其命名为 student1，删除 student1 表中性别 ssex 为男的学生信息。

（2）使用 delete 语句删除所有记录：删除 student1 表中所有学生信息。

（3）使用 truncate table 语句删除所有记录：复制学生表，将其命名为 student2，删除 student2 学生表中所有学生信息。

【任务实施】

1. 使用 SQL Server Management Studio 向学生表、班级表、教师表、课程表、开课表、任课表、成绩表七个表中添加记录。

（1）向“学生表”中添加记录。在对象资源管理器中展开“教学管理”系统数据库节点，单击“表”节点，展开“表”节点后，找到“学生表”后右击鼠标，在弹出的菜单中选择“编辑前 200 行”命令，此时会打开“学生表”数据窗口，在该窗口中直接输入。注意，输入的数据需与表结构设计中列的数据类型一致或相兼容。

这里重点关注下列数据的输入：

①出生日期 sbirth 列：该列为 date 类型，只能输入日期。年月日用横线或斜杠隔开。

②是否党员 partymember 列：该列为 bit 位类型，只能输入 0 或 1，或直接输入 true 或 false。当输入 0 时，显示 false 值；当输入 1 时，显示 true 值。

③班级编号 classid 列：该列是“班级表”中“班级编号”的外键，需按照外键的约束来输入，这里需确保输入的班级编号是主表“班级表”中存在的班级编号或者取 NULL 值，如输入的班级编号在主表中不存在，将拒绝输入。

④学号 sid 列：该列为主键列，按照实体完整性原则，主键列不能为空，这里必须输入学号且不能输入相同的学号值。

⑤姓名 sname、性别 ssex：这两列为非空列，必须输入值，不能取 NULL 值。

⑥所有列的数据类型及长度必须与表结构设计时列的数据类型及长度一致。

（2）向“班级表”中添加记录。打开“班级表”数据窗口，在该窗口中直接输入数据。注意，输入的数据同样需与表结构设计中列的数据类型一致或相兼容。

这里重点关注班级编号 classid 列，因该列为主键列，且为自动编号列，由系统按照标识种子和标识增量自动生成编号，无须手工输入。

（3）按照上述同样的方法及注意事项，分别向教师表、课程表、开课表、任课表、成绩表添加记录。

2. 使用SQL命令的insert语句向“学生表”中添加记录。

注意：以下代码需新建查询窗口，在查询窗口中输入后，单击工具栏上的“执行”按钮即可直接执行。另外，以下所有代码需在当前数据库下执行，应先使用“use 教学管理”命令，打开“教学管理”系统数据库。如果最后要查看当前插入记录结果，可通过执行“select * from 学生表”命令来查看最终结果。

（1）将数据插入指定字段：为学号sid、姓名sname，性别ssex三个字段添加值。

```
insert into 学生表(sid,sname,ssex) values('2021021','刘丽萍','女')
```

向学生表插入一条学号为“2021021”，姓名为“刘丽萍”，性别为“女”的新记录。以上代码执行后的结果如图4－21所示。

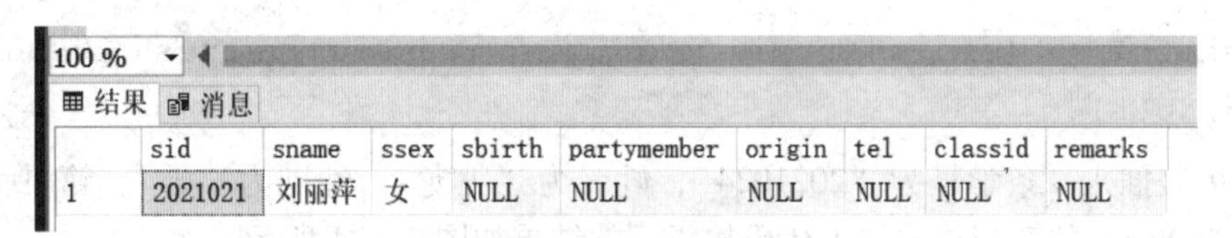

	sid	sname	ssex	sbirth	partymember	origin	tel	classid	remarks
1	2021021	刘丽萍	女	NULL	NULL	NULL	NULL	NULL	NULL

图4－21　将数据插入指定字段

提示：在“列名表”中指定字段名，“值列表”中列出与字段名的对应值，而未指定的字段将以NULL值填充，这里未指定值的字段要求允许为空，否则插入数据将报错。另外，需注意字段类型及长度，这里三个字段全是字符型，字符型数据值需加上单引号（英文状态下）。

（2）向“日期时间”型字段添加数据：为出生日期sbirth字段添加日期值。

```
insert into 学生表(sid,sname,ssex,sbirth) values('2021022','张华',
'男','2002-11-26')
```

向学生表插入一条学号为“2021022”，姓名为“张华”，性别为“男”，出生日期为“2002－11－26”的新记录。以上代码执行后的结果如图4－22所示。

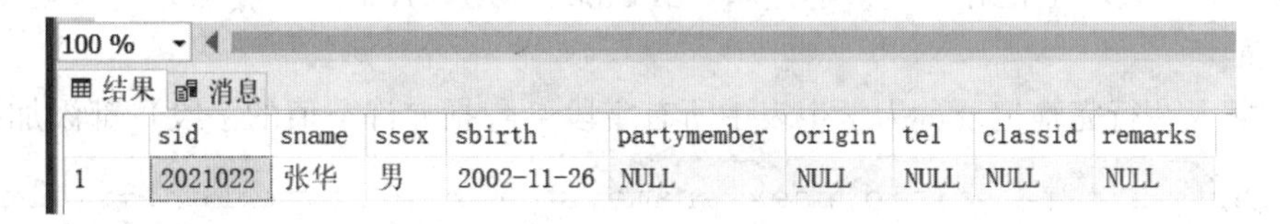

	sid	sname	ssex	sbirth	partymember	origin	tel	classid	remarks
1	2021022	张华	男	2002-11-26	NULL	NULL	NULL	NULL	NULL

图4－22　sbirth字段添加日期值

（3）向“位”类型字段添加数据：为是否党员partymember字段添加“位”类型值。

```
insert into 学生表(sid,sname,ssex,partymember) values('2021023','
王亚晴','女','true')
```

或者

```
insert into 学生表(sid,sname,ssex,partymember) values('2021023','
王亚晴','女','1')
```

向学生表中插入一条学号为“2021023”，姓名为“王亚晴”，性别为“女”，“是”党员的新记录。以上代码执行后的结果如图 4－23 所示。

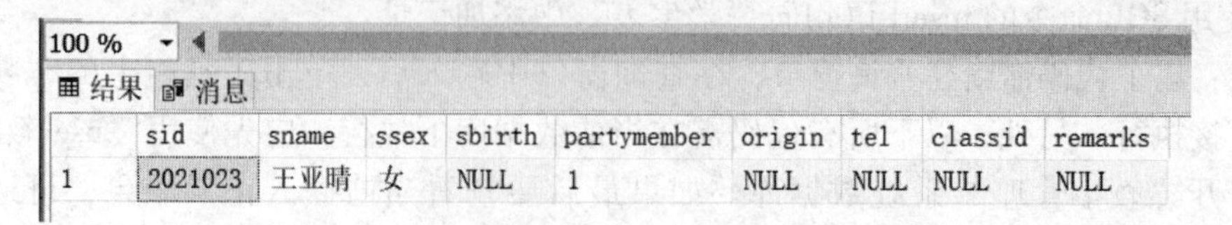

	sid	sname	ssex	sbirth	partymember	origin	tel	classid	remarks
1	2021023	王亚晴	女	NULL	1	NULL	NULL	NULL	NULL

图 4－23　partymember 字段添加“位”类型值

提示：向“位”类型字段添加值时，只能取 0 和 1，可加单引号，也可不加。取 0 时为 false 值，取 1 时为 true 值，也可直接取 true 和 false，但必须加单引号，否则会出错。

（4）添加空值和 NULL 值：为籍贯 origin 字段添加空值，为“允许为空”的班级编号 classid 字段取 NULL 值。

```
insert 学生表(sid,sname,ssex,origin, classid) values('2021024 ','王龙','男','',NULL)
```

向学生表插入一条学号为“2021024”，姓名为“王龙”，性别为“男”，籍贯为“空”，班级编号为 NULL 的新记录。以上代码执行后的结果如图 4－24 所示。

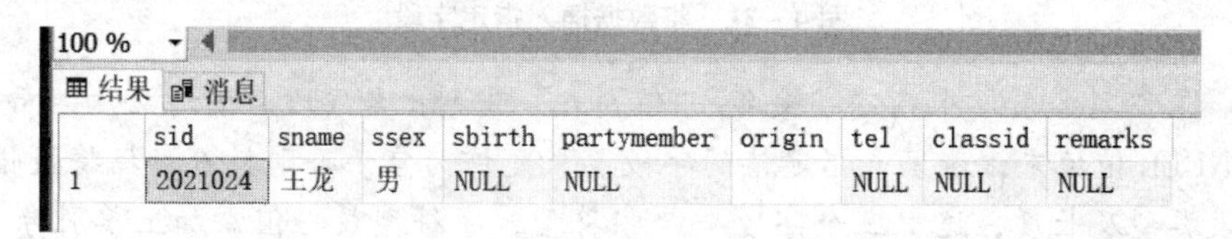

	sid	sname	ssex	sbirth	partymember	origin	tel	classid	remarks
1	2021024	王龙	男	NULL	NULL		NULL	NULL	NULL

图 4－24　添加空值和 NULL 值的字段

提示：当某个列没有值时，可以添加空值和 NULL 值。SQL Server 中的空值和 NULL 值是两个不同的概念。图 4－24 中籍贯 origin 字段为空值，表现为空白，班级编号 classid 字段为 NULL 值。对于空值，不能直接用逗号，需要加上单引号，对于数值型，会自动填 0，对于字符型，表现为空白。取 NULL 值时，直接写 NULL，无须加单引号（如果加了单引号，NULL 将会被作为字符串处理），这时无论是字符型或数值型或其他类型，都会用 NULL 填充。当没有为字段指定值时，默认也是取 NULL 值。SQL Server 中一般说的“为空”指的就是 NULL 值。

（5）插入一行完整记录：为学生表中所有字段（包括允许空值的字段）都添加值。

```
insert into 学生表(sid,ssex,sname,sbirth,partymember,origin,tel,remarks,classid) values('2021025 ','女','王芳','2002 -1 -28 ','true ','江西九江','136 ****3489 ',NULL,6)
```

或者

```
insert into 学生表 values('2021025 ','王芳','女','2002 -1 -28 ','true ','江西九江','136 ****3489 ',6,NULL)
```

以上代码执行后的结果如图 4－25 所示。

提示：插入一条完整记录时，字段名表可以省略，但在 values 子句中必须列出所有字段的值，而且必须按表中字段顺序排列。

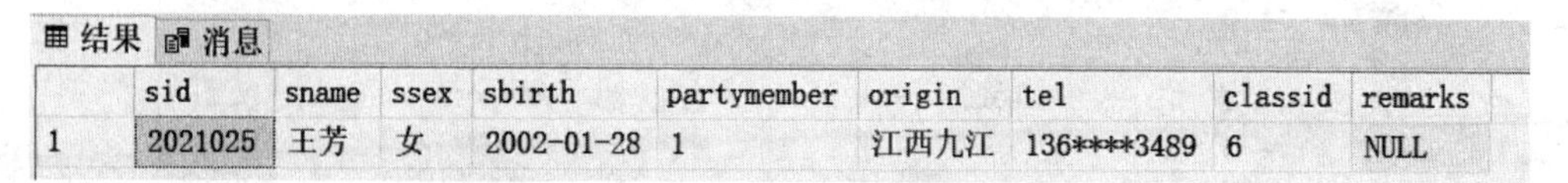

结果 消息

	sid	sname	ssex	sbirth	partymember	origin	tel	classid	remarks
1	2021025	王芳	女	2002-01-28	1	江西九江	136****3489	6	NULL

图 4－25　插入一条完整记录

3. 使用 SQL 命令的 update 语句修改“学生表”中的记录。

（1）更新单个字段的数据：将学号 sid 为 2021001 的学生的姓名 sname 改为罗莉。

```
update 学生表 set sname ='罗莉' where sid ='2021001'
```

执行以上代码后的结果如图 4－26 所示。

结果 消息

	sid	sname	ssex	sbirth	partymember	origin	tel	classid	remarks
1	2021001	罗莉	女	2002-10-01	0	河北保定	138****2234	1	NULL

图 4－26　更新单个字段的值

（2）更新多个字段的数据：将学号 sid 为 2021002 的学生的出生日期 sbirth 改为 2002－1－19，班级编号 classid 改为 5。

```
update 学生表 set sbirth ='2002 -1 -19', classid =5 where sid ='
2021002'
```

执行以上代码后的结果如图 4－27 所示。

结果 消息

	sid	sname	ssex	sbirth	partymember	origin	tel	classid	remarks
1	2021002	李平	男	2002-01-19	0	河北张家口	156****0267	5	NULL

图 4－27　更新多个字段的值

提示：当要更新多个字段时，set 后面指定多个要更新的字段的表达式。注意，表达式间要用逗号隔开。另外，这里班级编号 classid 为整型类型，值可以不加单引号。

（3）更新一行数据：将姓名 sname 为王玲的学生的电话号码 tel 改为 181 ****3296。

```
update 学生表 set tel ='18170743296' where sname ='王玲'
```

执行以上代码后的结果如图 4－28 所示。

	sid	sname	ssex	sbirth	partymember	origin	tel	classid	remarks
1	2021014	王玲	女	2004-01-09	0	江苏南京	181****3296	3	NULL

图 4－28　更新一行数据

（4）更新多行数据：将性别 ssex 为男的学生的备注 remarks 填充为“阳光男孩”。

```
update 学生表 set remarks ='阳光男孩' where ssex ='男'
```

执行以上代码后的结果如图 4－29 所示。

	sid	sname	ssex	sbirth	partymember	origin	tel	classid	remarks
1	2021002	李平	男	2002-01-19	0	河北张家口	156****0267	5	阳光男孩
2	2021004	冷玉林	男	2001-12-22	0	山东济南	156****9922	1	阳光男孩
3	2021005	周志鹏	男	2001-08-22	1	山东青岛	18****78932	1	阳光男孩
4	2021006	陈斌	男	2003-08-29	1	江西樟树	176****3287	1	阳光男孩
5	2021007	谢平	男	2001-08-06	1	安徽合肥	156****9872	3	阳光男孩
6	2021008	刘佳明	男	2003-09-02	0	吉林长春	165****6754	3	阳光男孩
7	2021015	陈建军	男	2002-09-12	1	江西赣州	176****7823	3	阳光男孩
8	2021016	李强	男	2003-08-06	1	江西新余	189****4534	3	阳光男孩
9	2021017	吴行建	男	2002-11-06	1	江西赣州	165****7656	4	阳光男孩
10	2021018	左奇	男	2002-12-08	0	江西南昌	178****6745	4	阳光男孩
11	2021019	聂锋	男	2003-10-08	1	江西南昌	17****4323	4	阳光男孩
12	2021020	贺珉	男	2004-05-01	1	江西九江	198****9327	4	阳光男孩
13	2021022	张华	男	2002-11-26	NULL	NULL	NULL	NULL	阳光男孩
14	2021024	王龙	男	NULL	NULL		NULL	NULL	阳光男孩

图 4-29　更新多行数据

（5）删除指定字段的数据：将性别 ssex 为女的学生电话号码 tel 删除。

```
update 学生表 set tel ='' where ssex ='女'
```

执行以上代码后的结果如图 4-30 所示。

	sid	sname	ssex	sbirth	partymember	origin	tel	classid	remarks
1	2021001	罗莉	女	2002-10-01	0	河北保定		1	NULL
2	2021003	杨婷	女	2003-05-02	0	江西南昌		1	NULL
3	2021009	黄欣杰	女	2004-01-05	0	湖南长沙		3	NULL
4	2021010	邹文娇	女	2004-06-02	0	江西南昌		3	NULL
5	2021011	陈思敏	女	2002-12-01	1	江西九江		3	NULL
6	2021012	陈靖	女	2002-12-08	1	江西鹰潭		3	NULL
7	2021013	际婷	女	2003-03-12	1	江西樟树		3	NULL
8	2021014	王玲	女	2004-01-09	0	江苏南京		3	NULL
9	2021021	刘丽萍	女	NULL	NULL	NULL		NULL	NULL
10	2021023	王亚晴	女	NULL	1	NULL		NULL	NULL
11	2021025	王芳	女	2002-01-28	1	江西九江		6	NULL

图 4-30　更新多行数据

提示：update 删除指定字段的数据的功能，其实是将该字段设置为空值或 NULL 值，使用空值或 NULL 值替换原有的字段值而已。如此处取空值，使用一个单引号表示；如要取 NULL 值，以上语句改为"update 学生表 set tel = NULL where ssex = '女'"。注意：用 NULL 值替换字段值时，首先必须保证该字段可以为空，否则会出现错误。

4. 使用 SQL 命令 delete 和 truncate table 语句删除"学生表"记录。

（1）使用 delete 语句删除指定条件的记录：复制学生表，将其命名为 student1，删除 student1 表中性别 ssex 为男的学生信息。

```
select * into student1 from 学生表; /* 复制学生表,并命名为 student1 * /
delete from student1 where ssex ='男' /* 删除 student1 表中性别 ssex 为男的学生信息* /
```

执行以上两行代码后，通过执行“select * from student1”语句可查看 student1 表中的数据，如图 4－31 所示，表中只剩下性别为女的记录。

	sid	sname	ssex	sbirth	partymember	origin	tel	classid	remarks
1	2021001	罗莉	女	2002-10-01	0	河北保定	138****2234	1	NULL
2	2021003	杨婷	女	2003-05-02	0	江西南昌	192****7892	1	NULL
3	2021009	黄欣杰	女	2004-01-05	0	湖南长沙	156****0987	3	NULL
4	2021010	邹文娇	女	2004-06-02	0	江西南昌	156****2345	3	NULL
5	2021011	陈思敏	女	2002-12-01	1	江西九江	145****6543	3	NULL
6	2021012	陈靖	女	2002-12-08	1	江西鹰潭	189****0932	3	NULL
7	2021013	际婷	女	2003-03-12	1	江西樟树	168****6789	3	NULL
8	2021014	王玲	女	2004-01-09	0	江苏南京	181****3296	3	NULL
9	2021021	刘丽萍	女	NULL	NULL	NULL	NULL	NULL	NULL
10	2021023	王亚晴	女	NULL	1	NULL	NULL	NULL	NULL
11	2021025	王芳	女	2002-01-28	1	江西九江	136****3489	6	NULL

图 4－31　查看 student1 表中数据

提示：要删除的表的主键的值不能是另一个表外键的有效值，否则将无法删除记录。此处如果要删除的“学生表”与另外一个表“成绩表”有关联，即“学生表”中的学号是“成绩”表中相关联的主键值，则在“学生表”中将无法删除该记录。解决方法是：可先删除外表中的记录，再删除主表中的记录，或取消两个表的关联。

（2）使用 delete 语句删除所有记录：删除 student1 表中所有学生信息。

```
delete from student1
```

执行以上代码后，执行“select * from student1”语句，再次查看 student1 表中的数据，如图 4－32 所示，发现 student1 表中已无记录。

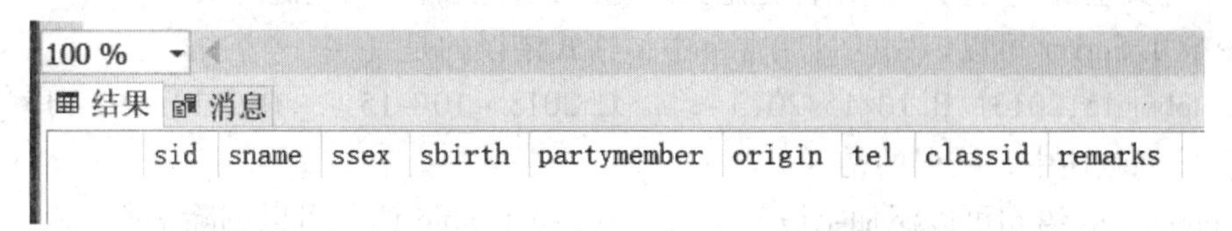

图 4－32　删除 student1 表中全部记录

（3）使用 truncate table 语句删除所有记录：复制学生表，将其命名为 student2，删除 student2 学生表中所有学生信息。

```
select *  into student2 from 学生表;    /* 复制学生表,并命名为 student2 * /
truncate table student2    /* 删除 student2 表中所有学生信息* /
```

执行以上代码后，再执行“select * from student2”语句，查看 student2 表中的数据，如图 4－33 所示，发现 student2 表中已无记录。

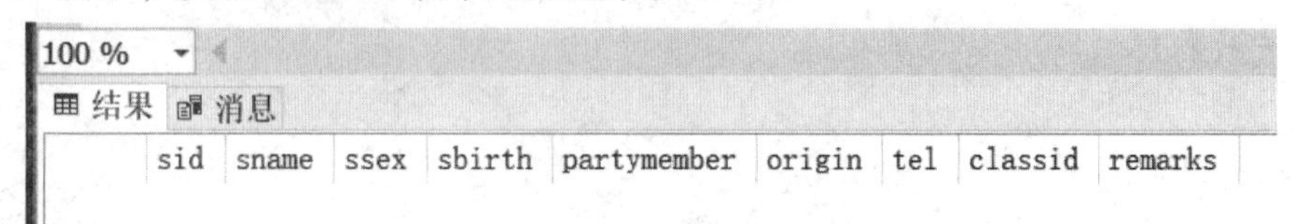

图 4－33　student2 表中已无记录

【知识考核】

1. 填空题

（1）整数数据类型包括________、________、________和________。

（2）Transact - SQL 语言中的________语句可用来创建表。

（3）如果需将某列设置为自动编号列，需使用________指定。

（4）Transact - SQL 语言中的________语句可用来修改表结构。

2. 选择题

（1）下面（　　）数据类型用来存储二进制数据。

A. datetime　　B. binary　　C. smallmoney　　D. real

（2）日期时间型数据（datetime）的长度是（　　）。

A. 2　　B. 4　　C. 8　　D. 16

（3）利用 T - SQL 语言删除记录的语句是（　　）。

A. delete　　B. update　　C. insert　　D. drop table

（4）表设计器的“允许空”单元格用于设置该字段是否可输入空值，实际上就是创建该字段的（　　）约束。

A. 主键　　B. 外键　　C. NULL　　D. Check

（5）下面是有关主键和外键之间关系的描述，正确的是（　　）。

A. 一个表中最多只能有一个主键约束，多个外键约束

B. 一个表中最多只能有一个外键约束，一个主键约束

C. 在定义主键外键时，应该首先定义主键约束，然后定义外键约束

D. 在定义主键外键时，应该首先定义外键约束，然后定义主键约束

（6）SQL Server 可以识别的日期常量中，格式错误的是（　　）。

A. October 15,2013　　B. 10/15/2013　　C. 2013 - 10 - 15　　D. 2013 - 10 - 15

（7）下列叙述中，错误的是（　　）。

A. alter table 语句可以添加字段　　B. alter table 语句可以删除字段

C. Alter table 语句可以修改字段名称　　D. Alter table 语句可以修改字段数据类型

（8）假设表中没有数据，下列语句可以正确执行的是（　　）。

A. Alter table student drop age　　B. Alter table student add column tel

C. Alter table student drop column tel　　D. Alter table student add tel

3. 简答题

（1）简述 delete、truncate table、drop table 三者间的区别。

（2）对 insert 语句的语法格式及主要参数进行说明。

项目5 “教学管理”系统约束的创建与管理

【项目导读】

SQL Server 2019 提供了多种约束来实现数据完整性，如主键约束、外键约束、非空约束、唯一约束、默认值约束、检查约束等。每种约束具有不同的功能和使用方法，本项目将重点介绍以上六类约束的创建和管理。

本项目要完成的任务有“教学管理”系统主键与外键约束的创建与管理、非空与唯一约束的创建与管理、默认值与检查约束的创建与管理三个任务。

【项目目标】

- 使用 SSMS 管理器和 SQL 语句创建管理主键与外键约束；
- 使用 SSMS 管理器和 SQL 语句创建管理非空和唯一约束；
- 使用 SSMS 管理器和 SQL 语句创建管理默认值和检查约束。

【项目地图】

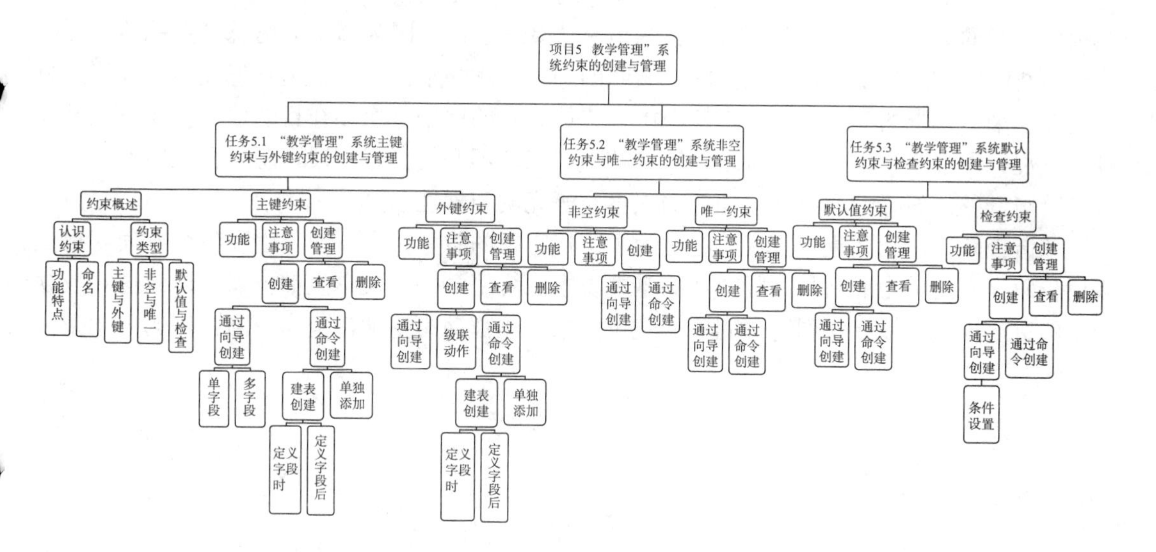

【思政小课堂】

遵守校纪校规，做合格大学生

俗话说“不以规矩，不能成方圆”，国有国法，家有家规，一个学校也有自己的各项规定，大学生应主动接受学校各种纪律，增强自身纪律意识。

那么什么是纪律呢？纪律就是一种规则，意指要求人们都遵守已经确定好了的秩序，并且执行命令和履行自己职责的一种社会行为规范，它是用来约束人们行为的规章制度和守则的总称。

现代的大学生都向往自由，但是纪律又是以约束和服从为前提的，所以有些学生就对纪律产生了误解，认为遵守纪律和个人自由是对立的，如果遵守了纪律，就没有了个人自由；如果要个人自由，就不应该有纪律的约束。

从表面来看，纪律和自由是不相容的，但实际上是分不开的，只有遵守纪律，才能使人获得真正意义上的自由；如果不遵守纪律，那么人们就会失去真正的自由。

虽然学生的首要任务是学习，但是每一位大学生在学校期间都必须按时参加学校的教学计划和学校统一安排的所有教学活动。大学对纪律的教育是不可或缺的教育内容，如果没有严格的学校纪律，那么一定会影响学生各种习惯的养成，从而导致学习态度松散，甚至会违纪。

“一个人真正的精神价值，是看他在没有人注意的情况下会做些什么。”我们要用坚持与理性孜孜不倦地培养良好的习惯，自觉遵守校纪校规是创造文明校园的保证。遵守校纪校规并不是意味着我们失去自由，而是扔掉了枷锁，获得了更广阔的空间。

要自觉遵守校纪校规，做文明学生，就要从小事做起，从身边事做起。关上自来水的水龙头，拾起地上的垃圾，不小心撞到对方说声对不起，见到老师问声好，凡此种种，我们要为铸造我们的高尚情操而有意识有、目的地、认真地去做。因为高楼大厦总是由一砖一瓦砌成的，浩瀚的大海皆是由百川汇集的。文明的细节，犹如水中之沙，不管怎样随波逐流，总归会沉下来，其中的一些还会落进蚌肉中，饱饮日月的精华，变成夺目的珍珠。要自觉遵守校纪校规，做文明学生，要有持之以恒的精神，保持不变的良好习惯。恶习会让你的人生陷入黑暗与低谷，而好的习惯则会让你的人生充满光明与理性。

和谐校园，你我共建。校规校纪是为了维持正常的教学秩序，使学生在各个方面获得健康成长而提出的行为准则和人际交往的基本要求。希望每一位大学生都可以意识到遵守校规校纪的重要性，积极参与到管理制度的建设中来，化被动为主动，争当一名合格的大学生。

任务5.1 “教学管理”系统主键约束与外键约束的创建与管理

【任务工单】

任务工单5-1：“教学管理”系统主键约束与外键约束的创建与管理

<table>
<tr><td>任务名称</td><td colspan="5">“教学管理”系统主键约束与外键约束的创建与管理</td></tr>
<tr><td>组别</td><td></td><td>成员</td><td></td><td>小组成绩</td><td></td></tr>
<tr><td>学生姓名</td><td colspan="3"></td><td>个人成绩</td><td></td></tr>
<tr><td>任务情境</td><td colspan="5">数据库管理员已按照客户需求在项目1中完成了对“教学管理”系统数据库的完整性设计，并在项目4中创建好了数据表，为保证表中数据准确性和可靠性，现请你以数据库管理员身份帮助用户在“教学管理”系统数据表中创建主键与外键约束，以实现对象的实体完整性和参照完整性。使用SQL Server Management Studio和SQL命令两种方法完成</td></tr>
<tr><td>任务目标</td><td colspan="5">使用SSMS和SQL命令两种方法完成“教学管理”系统数据表主键约束与外键约束的创建和管理</td></tr>
<tr><td>任务要求</td><td colspan="5">按本任务后面列出的具体任务内容，完成“教学管理”系统相关数据表约束的创建与管理</td></tr>
<tr><td>知识链接</td><td colspan="5"></td></tr>
<tr><td>计划决策</td><td colspan="5"></td></tr>
<tr><td>任务实施</td><td colspan="5">1. 使用SQL Server Management Studio设置主键的操作步骤

2. 使用SQL Server Management Studio设置外键操作步骤，并设置“级联更新”和“级联删除”规则

3. 使用SQL命令设置主键的代码

4. 使用SQL命令设置外键的代码，并设置“级联更新”和“级联删除”规则</td></tr>
</table>

续表

检查	1. 主键的设置方法；2. 外键的设置方法；3. 级联更新和删除的设置
实施总结	
小组评价	
任务点评	

【前导知识】

一、约束概述

约束概述

1. 认识约束

在数据库管理系统中，保证数据库中的数据完整性是非常重要的。所谓数据完整性，就是指存储在数据库中的数据的一致性和正确性。约束定义关于列中允许值的规则，是强制完整性的标准机制。使用约束优先于使用触发器、规则和默认值。查询优化器也使用约束定义生成高性能的查询执行计划。

2. 约束类型

约束是一种强制性的规定，在 SQL Server 中提供的约束是通过定义字段的取值规则来维护数据完整性的。严格说来，在 SQL Server 2019 中支持以下六类约束：primary key（主键）约束、foreign key（外键）约束、not NULL（非空）约束、unique（唯一）约束、default（默认）约束和 check（检查）约束。下面将分别进行介绍。

3. 约束命名

对于未指定名称约束，SQL Server 会自动生成默认的约束名，例如 PK_学生表_145A0A3C，其中，“PK”代表主键（primary key），“学生表”代表在“学生表”表中，“145A0A3C”是为了保证名称唯一性由系统随机生成的后缀。只有通过脚本创建才会生成系统后缀，如果通过 SQL Server Management Studio 创建，那么就是“PK_学生表”。

系统命名的约束，尤其是通过 SQL 命令创建的未命名约束，并不方便人们使用。为了增加名称的规范性，在创建约束时，应用一个简单短语来命名。如 DF_teacher_age，这样一眼上去就知道约束的具体用途，表示是为教师表年龄字段创建的一个默认值约束。总之，给约束命名，就是在其名字具有一致性和通俗易懂的情况下，尽量使其名称简化。

二、使用 SQL Server Management Studio 创建主键约束与外键约束

使用 SSMS 创建主键与外键约束

所有类型的约束都可以在定义表时创建或在定义表后创建。使用 SQL Server Management Studio 可帮用户简单、快速地创建各种类型的约束。

1. 主键约束

（1）主键约束的功能

主键具有唯一标识表中每一行数据的功能，从而强制实施表的实体完整性。

（2）主键约束创建前注意事项

①一个表只能有一个 primary key（主键）约束。

②定义为 primary key（主键）约束的列，不允许为 NULL 值。

③定义为 primary key（主键）约束的列，列中的值必须是唯一的，即不能有两行含有相同的主键值。如果主键是包含多列的“多字段主键”，则一个列中可以出现重复值，但是主键约束定义中的所有列的组合值必须是唯一的。

④原则上，为保证实体完整性，每个表都应有一个主键。

（3）主键约束的创建

使用 SQL Server Management Studio 创建主键约束的步骤如下：

①在“对象资源管理器”窗格中展开“数据库”下的“表”节点。如果是在定义表时创建主键，在“表”节点上右击鼠标，选择“新建”菜单下的“表”命令；如果是在定义

表后创建主键，则展开“表”节点，在需要创建主键的表上右击，选择“设计”命令，两者都将打开“表设计器”窗口。

②在“表设计器”窗口中，选择需要设为主键的字段，如果要设置多字段主键，可按住 Ctrl 键再选择其他列。

③在选择好的字段上右击鼠标，从弹出的快捷菜单中选择“设置主键”命令，或单击上方工具栏上的“主键”按钮，即可创建主键。如再次单击，可取消主键的创建。

（4）主键约束的查看

在“对象资源管理器”中，展开当前设置好主键的表，在当前表的“键”节点下可以看到创建好的主键。

（5）主键约束的删除

在“对象资源管理器”中，展开要删除主键所在表节点，再单击其下的“键”节点，在主键对象上右击鼠标，选择“删除”命令，在打开的“删除对象”窗口中单击“确定”按钮。

提示：当主键约束由另一张表的外键约束引用时，不能删除主键；要删除它，则必须先删除外键约束，通过删除外键约束，取消了表间的关联后，才可删除主键。

2. 外键约束

（1）外键约束的功能

外键是用来建立和强制实施两个表间相互关联的列，可以是一个列，也可以是多个列的组合。通过外键可以强制实施表的参照完整性。

（2）外键约束创建前的注意事项

①在创建外键约束前，必须先创建好原表的主键约束。

②外键约束可以是单列的，也可以是多列的，要求原表和引用表中列的数目及列的数据类型必须一致。

③外键约束可以引用同一个表中的主键列。

④外键约束不能用于临时表。

⑤如果要修改外键约束所在表的数据，用户必须拥有该约束引用表的 select 或 references 权限。

提示：一个表只能有一个主键约束，但可以有多个外键约束。另外，定义为外键约束的列，可以允许为 NULL 值。

（3）外键约束的创建

使用 SQL Server Management Studio 创建外键约束的步骤如下：

①在“对象资源管理器”窗格中展开“数据库”下的“表”节点。如果是在定义表时创建外键，在“表”节点上右击鼠标，选择“新建”菜下的“表”命令；如果是在定义表后创建外键，则展开“表”节点，在需要创建外键的表上右击，选择“设计”命令，两者都将打开“表设计器”窗口。

②选择需要创建外键约束的字段，单击工具栏中的“关系”按钮，或右击该字段，在弹出的快捷菜单中选择“关系”命令，打开“外键关系”对话框，如图 5-1 所示。

③ 单击对话框左侧窗格中的“添加”按钮，在左窗格将新增一个外键约束，如图 5-2 所示。

④单击右侧窗格中“表和列规范”文本框右侧的按钮，打开“表和列”对话框，如图

5-3所示。在“关系名”框中给外键约束设置一个名称。在“主键表”下拉列表中选择“class”作为主表的原表，在“外键表”框中系统自动出现作为外表的引用表。在下一行中，继续设置主键表下的主键列和外键表下的外键列。

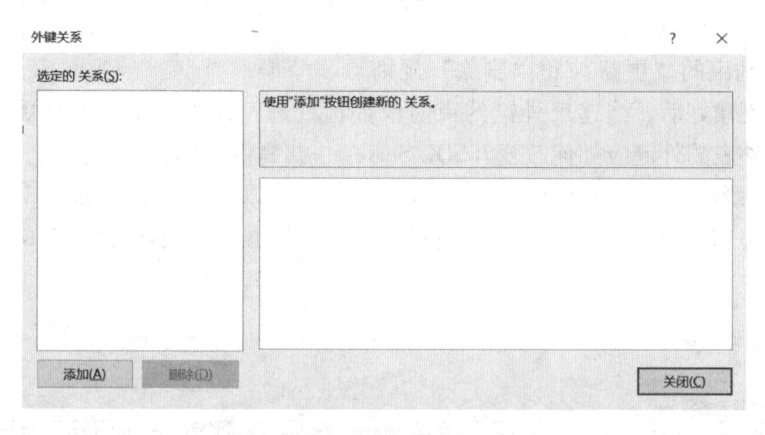

图5-1 “外键关系”对话框

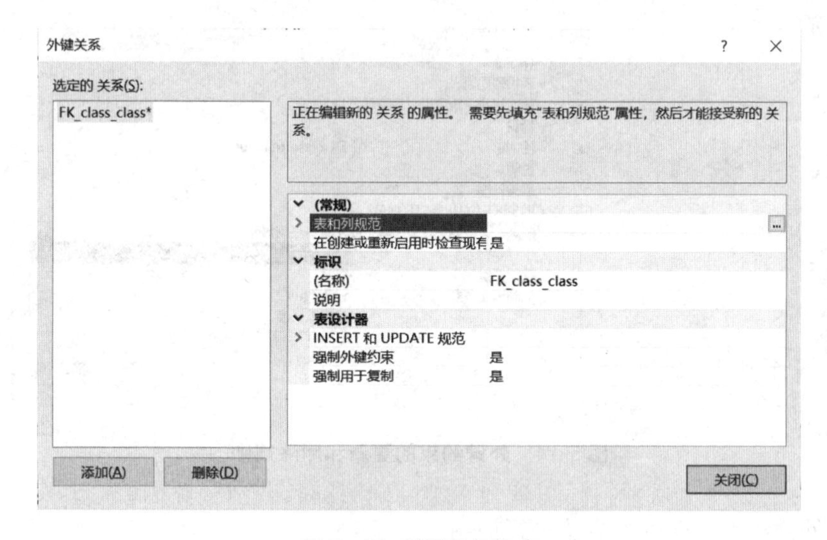

图5-2 新增外键约束

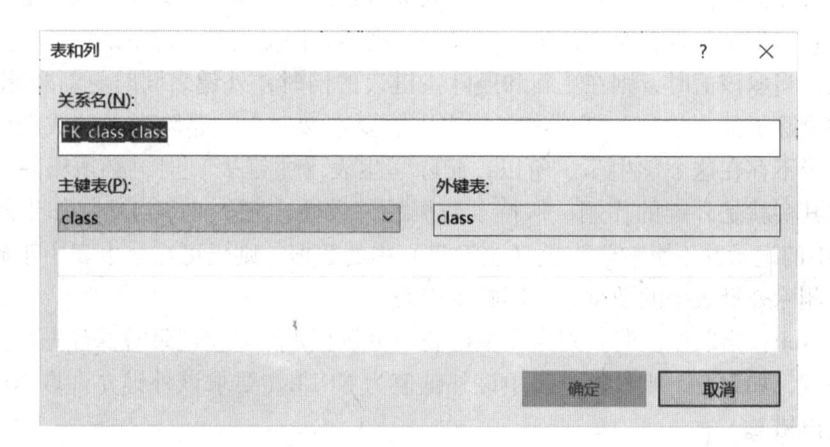

图5-3 “表和列”对话框

提示：在“表和列”对话框中，设置主键表下的主键列和外键表下的外键列时，必须保证主表的主键列与外表的外键列个数及数据类型完全一致，否则将无法创建成功。

⑤设置好后，单击“确定”按钮，返回上一级“外键关系”对话框，关闭后，保存对外键的创建操作，完成外键约束的创建。

（4）外键约束的“更新”和“删除”规则

外键约束创建好后，当违反外键约束时应如何处理？即当对主表进行更新和删除操作时，与之关联外表的外键应如何改变？SQL Server 一共提供了四种处理方法，分别是“不执行任何操作”“级联”“设置 Null”“设置默认值”。可以在“外键关系”对话框右侧窗格“INSERT和 UPDATE 规范”下的“更新规则”和“删除规则”中选择对应的处理方法，如图5－4所示。

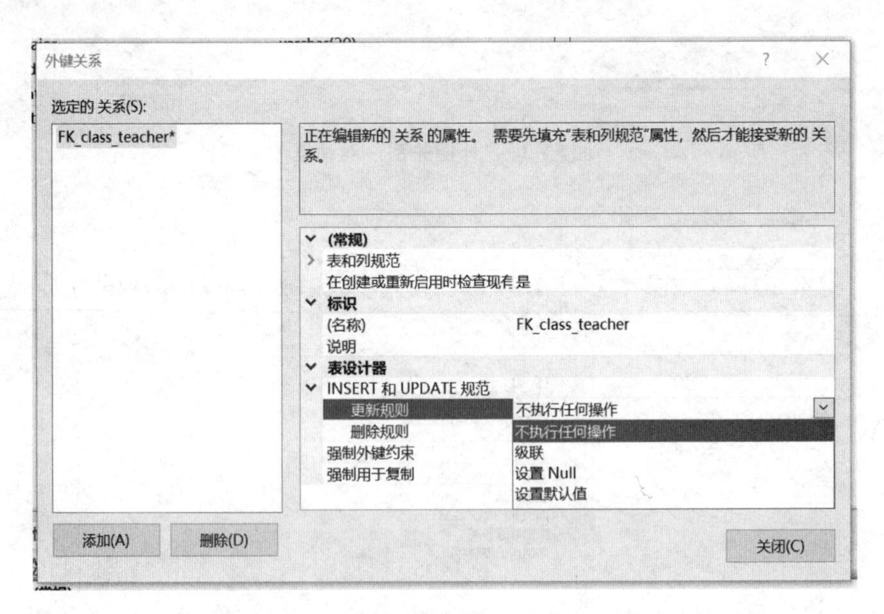

图 5－4　外键约束的更新和删除规则

下面对外键约束的四种处方法进行说明。

①不执行任何操作：系统默认取值。当取该值时，则当在主键表中更新和删除对应记录时，首先检查该记录是否有对应外键，如果有，则不允许更新和删除。

②级联：当取该值时，则在更新和删除主键表的同时，外键表同时更新和删除。例如，在学生表中删除了某个学生，那么在成绩表中想要查询这个被删除学生的成绩时，就会报错，因为已经不存在这个学生了。所以，删除学生表（主键表）时，必须删除其他与之关联的表，这其实就是外键的作用，保持了数据的一致性、完整性。当然，如果删除成绩表（外键表）中的记录并不影响学生表（主键表）中的数据，则仍可在学生表中正确查询学生信息。所以删除外键表中的数据并不影响主键表。

③设置 Null：当取该值时，则当在主键表中更新和删除对应记录时，首先检查该记录是否有对应外键，如果有，则设置外表中该外键值为 NULL（要求该外键允许取 NULL 值，否则保存时会出错）。

④设置默认值：当取该值时，则当在主键表中更新和删除对应记录时，首先检查该记录

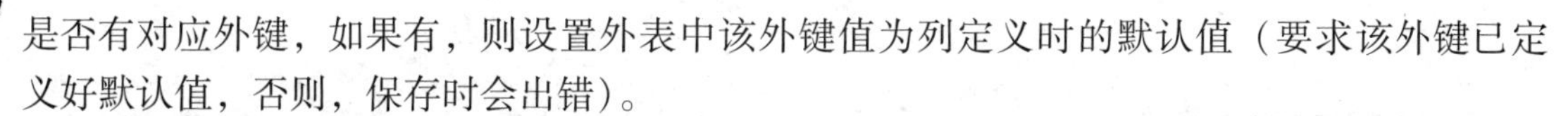

是否有对应外键，如果有，则设置外表中该外键值为列定义时的默认值（要求该外键已定义好默认值，否则，保存时会出错）。

（5）外键约束的查看

在“对象资源管理器”中，展开当前设置好外键的表，在当前表的“键”节点下，可以看到创建好的外键约束。

（6）外键约束的删除

删除外键约束可以使用以下两种方法：

方法1：在“对象资源管理器”中，展开要删除外键所在表的节点，单击其下的“键”节点，在外键对象上右击鼠标，选择“删除”命令，在打开的“删除对象”窗口中单击“确定”按钮。

方法2：在图5-2所示的“外键关系”对话框中，在左侧窗格中选择要删除的外键约束，单击下方的“删除”按钮，即可将选定的外键约束删除。

三、使用 SQL 语句创建主键与外键约束

使用 SQL 语句创建主键与外键约束

1. 主键约束的创建

使用 SQL 语句创建主键，可以用 create table 命令在创建表的同时完成，也可以用 alter table 命令为已经存在的表创建主键约束。以下分别介绍相应的语法格式。

（1）在创建表的同时创建主键约束

①定义表字段时设置主键约束。

语法：

```
create table 表名
(列名 数据类型 [constraint 约束名] primary key [clustered |nonclus-
tered])
```

参数说明：

constraint：约束名，可以省略，省略时由系统随机生成后缀名。

clustered | nonclustered：可以省略。其中，clustered 表示在该列上建立聚集索引；nonclustered 表示在该列上建立非聚集索引。

primary key：直接写在当前字段的后面，表示将当前列指定为主键。

提示：该方法只能创建单字段主键，当要创建多字段主键时，不能使用该方法。

②定义所有字段后设置主键约束。

语法：

```
create table 表名
(列名 数据类型…,
[constraint 约束名] primary key [clustered |nonclustered] (列名[,…n])
)
```

功能：在 primary key 括号中可指定1～n个列名，表示将当前1～n个列名指定为主键。为1个列名时，创建单字段主键；为多个列名时，创建多字段（组合）主键。

（2）在已存在的表上创建主键约束

语法：

```
alter table 表名
add [constraint 约束名]
primary key [clustered |nonclustered] (列名[,…n])
```

功能：使用 alter table 语句的 add 方法在当前表中添加主键约束。

提示：在已存在的表上创建主键约束时，要求为其创建主键的这个字段事先不能设置为"允许 Null 值"，否则将会报错。

2. 外键约束的创建

使用 SQL 语句创建外键，可以用 create table 命令在创建表的同时完成，也可以用 alter table 命令为已经存在的表上创建外键约束。以下分别介绍相应的语法格式。

（1）在创建表的同时创建外键约束

①定义表字段时设置外键约束。

语法：

```
create table 外表名
( 列名 数据类型 [constraint 约束名] references 主表名(主键) )
```

提示：该方法只能创建单个字段外键，无法创建多个组合列的外键。

②定义所有字段后设置外键约束。

语法：

```
create table 外表名
( 列名 数据类型 …,
[constraint 约束名] foreign key(列名[,…n])references 主表名(主键)
)
```

说明：将 foreign key 括号中的 1 ~ n 个列名指定为外键。

提示：定义为外键的列数量及数据类型需和主表主键的列数量及数据类型一致。

（2）在已存在的表上创建外键约束

语法：

```
alter table 外表名
add [constraint 约束名]
foreign key(列名[,…n]) references 主表名(主键)
```

（3）"级联更新"和"级联删除"

默认的外键触发是"不执行任何操作"，如要创建具有"级联更新"和"级联删除"的外键，需在以上基础上添加 cascade 关键字。例如，foreign key(列名[,…n]) references 主表名（主键）on delete cascade on update cascade，表示外表会跟随主表的删除而删除、更新而更新，即随着主表的改变而改变。

3. 查看所有约束

语法：exec sp_help 约束名称

功能：使用存储过程 sp_help 可查看约束的名称、创建者、类型和创建时间，所有类型

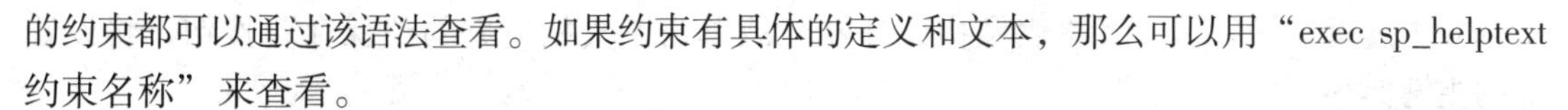

的约束都可以通过该语法查看。如果约束有具体的定义和文本，那么可以用“exec sp_helptext 约束名称”来查看。

4. 删除所有约束

利用 SQL 语句可以很方便地删除一个或多个不同类型的约束。其语法格式如下：

```
alter table 表名
drop constraint 约束名[,…n]
```

功能：删除 1 ~ n 个指定名的约束，所有类型的约束都可通过该语句来删除。

【任务内容】

1. 分别使用 SQL Server Management Studio 和 SQL 命令两种方法修改“教学管理”系统数据库的“课程表”，将“课程表”中的课程编号“courseid”设置为主键。

2. 使用 SQL Server Management Studio 方法修改“学生表”，将“学生表”中的班级编号“classid”设置为与“班级表”相关联的外键，并检验该外键约束的功能。

3. 使用 SQL Server Management Studio 方法修改“成绩表”，将“成绩表”中的学号“sid”设置为与“学生表”相关联的外键，课程号“courseid”设置为与“课程表”相关联的外键，并设置两个外键约束条件为“级联更新”和“级联删除”规则，检验该外键约束的功能。

4. 使用 SQL 命令修改“班级表”，将“班级表”中的教师编号“tid”设置为与“教师表”相关联的外键，并设置“级联更新”和“级联删除”规则。

5. 使用 SQL 命令修改“开课表”，将“开课表”中的班级编号“classid”设置为与“班级表”相关联的外键，课程号“courseid”设置为与“课程表”相关联的外键。

6. 使用 SQL 命令修改“任课表”，将“任课表”中的课程编号“courseid”设置为与“课程表”相关联的外键，教师编号“tid”设置为与“教师表”相关联的外键。

【任务实施】

1. 分别使用 SQL Server Management Studio 和 SQL 命令两种方法修改“教学管理”系统数据库的“课程表”，将“课程表”中的课程编号“courseid”设置为主键。

（1）使用 SQL Server Management Studio 将“课程表”中的课程编号“courseid”设置为主键。

①在“对象资源管理器”窗格中展开“教学管理”系统数据库下的“表”节点，在“课程表”上右击鼠标，选择“设计”命令，打开课程表的“表设计器”窗口。

②在“表设计器”窗口中，选择要设为主键的“courseid”字段，右击鼠标，从弹出的快捷菜单中选择“设置主键”命令，或单击上方工具栏上的“主键”按钮，设置好的主键字段左边会出现一把黄色小钥匙标记。如图 5－5 所示为“courseid”字段设置好主键的效果。

LAPTOP-49CLET...学管理 - dbo.课程表

列名	数据类型	允许 Null 值
courseid	char(5)	☐
coursename	nvarchar(10)	☐
hours	tinyint	☑
credit	tinyint	☑
type	varchar(20)	☑

图 5－5 将“courseid”字段设置为主键

③主键设置好后，关闭“表结构设计器”或单击工具栏上方的“保存”按钮，将设置好的主键保存。

（2）使用 SQL 命令将“课程表”中的课程编号“courseid”设置为主键。

①在 SQL Server Management Studio 环境下，单击工具栏上的 新建查询(N) 按钮。

②在“查询区域”窗口中输入以下 SQL 命令：

```
use 教学管理   /* 打开"教学管理"系统数据库,在当前数据库下完成下列操作* /
alter table 课程表     /* 修改课程表,将课程表中的课程编号设置为主键 * /
add constraint PK_courseid     /* 添加主键约束,并设置约束名 * /
primary key clustered (courseid)     /* 指定主键名称,并创建聚集索引 * /
```

③单击工具栏上的 ▷ 执行(X) 按钮，执行以上 SQL 命令，在查询窗口下方显示命令已成功完成，完成主键的创建。

提示：在将“courseid”设置为主键前，该字段不能设置为“允许 Null 值”属性，如果已为课程表录入了记录，要求不能在“courseid”列上有 NULL 值，也不能有相同的课程号，否则以上创建主键的操作都会报错。

2. 使用 SQL Server Management Studio 方法修改“学生表”，将“学生表”中的班级编号“classid”设置为与“班级表”相关联的外键，并检验该外键约束的作用。

（1）在“对象资源管理器”窗格中展开“教学管理”系统数据库下的“表”节点，在“学生表”上右击鼠标，在弹出的菜单中选择“设计”命令，打开学生表的“表设计器”窗口。

（2）选择需要创建外键约束的“classid”字段，单击工具栏中的“关系”按钮，或右击该字段，在弹出的快捷菜单中选择“关系”命令，打开“外键关系”对话框。

（3）单击对话框左侧窗格“添加”按钮，在左窗口将新增一个外键约束，如图 5－6 所示。

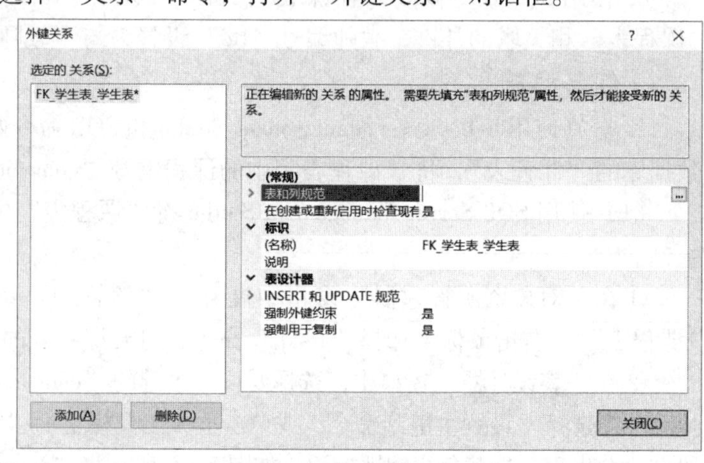

图 5－6 新增外键约束

（4）单击右侧窗格中“表和列规范”文本框右侧的按钮，打开“表和列”对话框，如图 5－7 所示。在“关系名”框中，设置该外键约束的名称。在“主键表”下拉列表中选择“班级表”，“外键表”为“学生表”。设置主键表下的主键列为“班级表”中的“classid”，外键表下的外键列为“学生表”中的“classid”，设置好的效果如图 5－8 所示。

（5）设置好后，单击“确定”按钮，返回上一级“外键关系”对话框，如图 5－9 所示，显示创建好的外键约束。关闭对话框后，返回“表结构设计器”，关闭后保存对外键的创建。

（6）验证外键约束的功能。

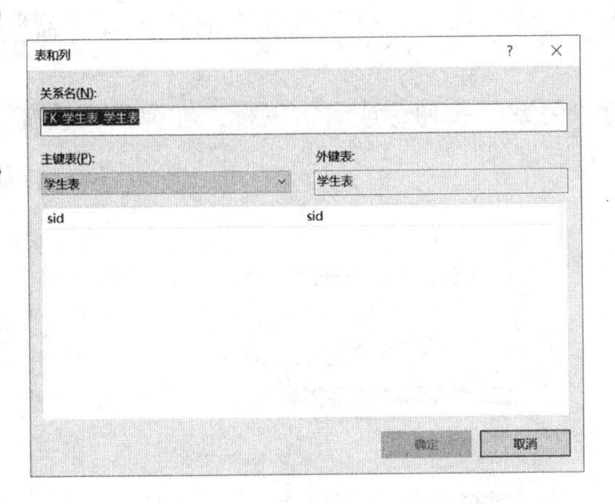

图5-7 “表和列”对话框

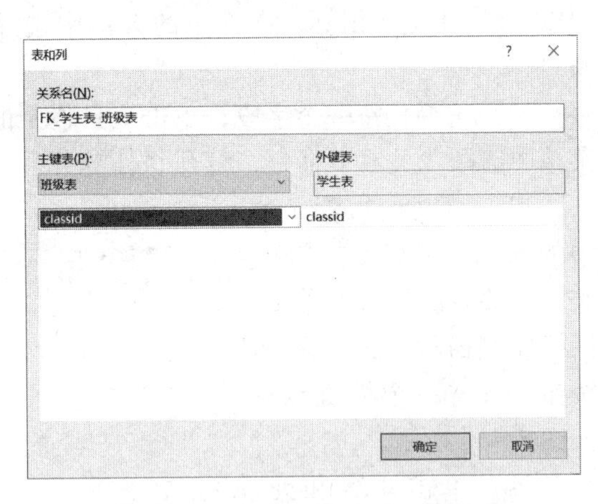

图5-8 主表主键与外表外键设置

①主表对外表的约束：打开“学生表”，在“学生表”中输入“班级表”中没有的班级编号，系统将弹出违反外键约束的消息框，拒绝添加记录。同理，在“学生表”中更改“班级表”中没有的班级编号，系统也会拒绝更改记录。为什么会出现这种情况呢？主要是因为在创建外键约束时，如图5-9所示，在“强制外键约束”列表中选择了“是”，那么外键约束就起了作用，即主表对外表的约束作用。

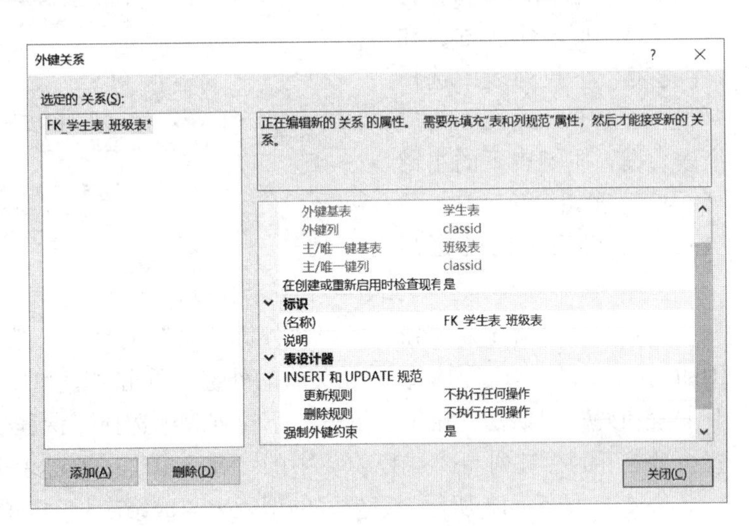

图5-9 创建好的外键约束

②外表对主表的约束：打开“班级表”，在“班级表”中删除一条在“学生表”中存在的班级编号记录，系统将弹出违反外键约束的消息框，拒绝删除记录。同理，在“班级表”中更新一条在“学生表”中存在的班级编号记录，系统也会拒绝更新记录。这里为什么也出现这种情况呢？同样是因为在创建外键约束时，如图5-9所示，在“更新规则”和“删除规则”下，采用的是系统默认的“不执行任何操作”，当取该值时，则当在主键表中更新和删除对应记录时，首先检查该记录是否有对应外键，如果有，则不允许更新和删除，这就体现了外表对主表的约束作用。

3. 使用SQL Server Management Studio方法修改“成绩表”，将“成绩表”中的学号“sid”设置为与“学生表”相关联的外键，课程号“courseid”设置为与“课程表”相关联的外键，并设置两个外键约束条件为“级联更新”和“级联删除”规则，检验该外键约束的功能。

（1）在“对象资源管理器”窗格中展开“教学管理”系统数据库下的“表”节点，在

“成绩表”上右击鼠标，在弹出的菜单中选择“设计”命令，打开成绩表的“表设计器”窗口。

（2）选择任意一个字段，单击工具栏中的“关系”按钮，或右击鼠标，在弹出的快捷菜单中选择“关系”命令，打开“外键关系”对话框。

（3）添加“成绩表”中的学号“sid”与“学生表”相关联的外键。单击对话框左侧窗格中的“添加”按钮，新增一个外键约束，如图 5－10 所示。

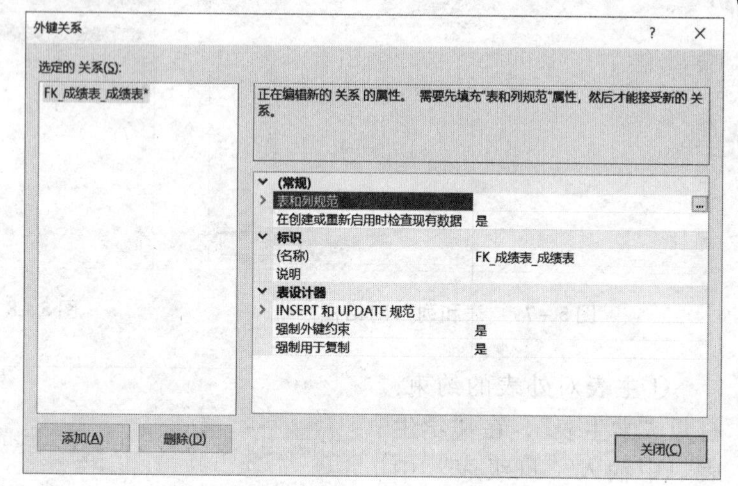

图 5－10　新增外键约束

（4）单击“表和列规范”文本框右侧的按钮，打开“表和列”对话框。在“主键表”下拉列表中选择“学生表”，“外键表”为成绩表。设置主键表下的主键列为“学生表”中的“sid”，外键表下的外键列为“成绩表”中的“sid”。图 5－11 所示为设置好的学生表与成绩表相关联的字段。

（5）单击“确定”按钮，返回“外键关系”对话框。按照同样的方法添加“成绩表”中的“courseid”与“课程表”相关联的外键。单击“表和列规范”文本框右侧的按钮，打开“表和列”对话框。在“主键表”下拉列表中选择“课程表”，“外键表”为成绩表。设置主键表下的主键列为“课程表”中的“courseid”，外键表下的外键列为“成绩表”中的“courseid”。图 5－12 所示为设置好的课程表与成绩表相关联的字段。

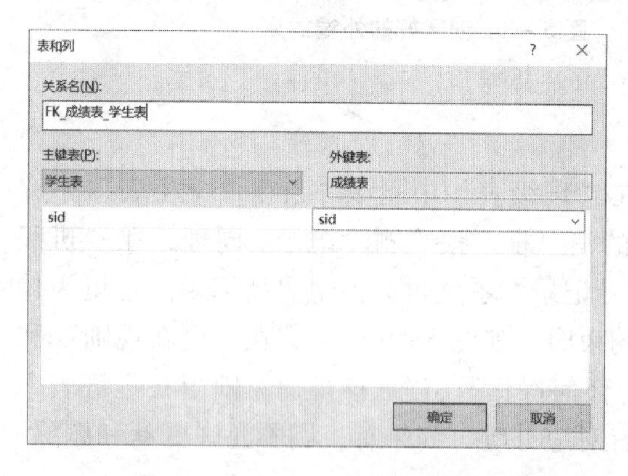

图 5－11　学生表与成绩表关联字段设置

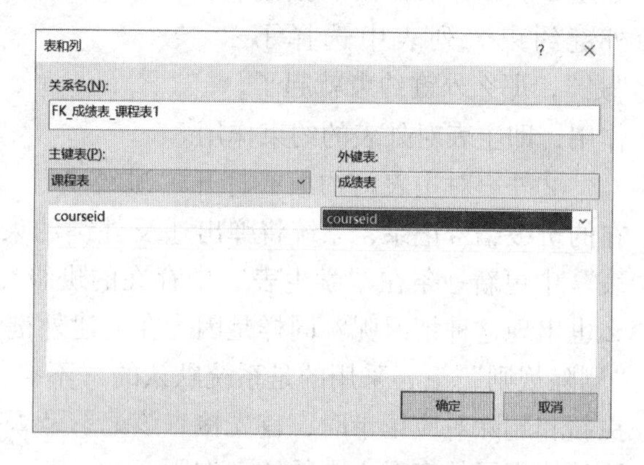

图 5－12　课程表与成绩表关联字段设置

（6）设置好后，单击“确定”按钮，返回上一级“外键关系”对话框，显示刚创建好的两个外键约束，如图 5－13 所示。

（7）设置“级联动作”。在图 5－13 中，选择创建好的外键约束，在右侧窗格中的“更新规则”和“删除规则”两个下拉列表中都选择“级联”，如图 5－14 所示。

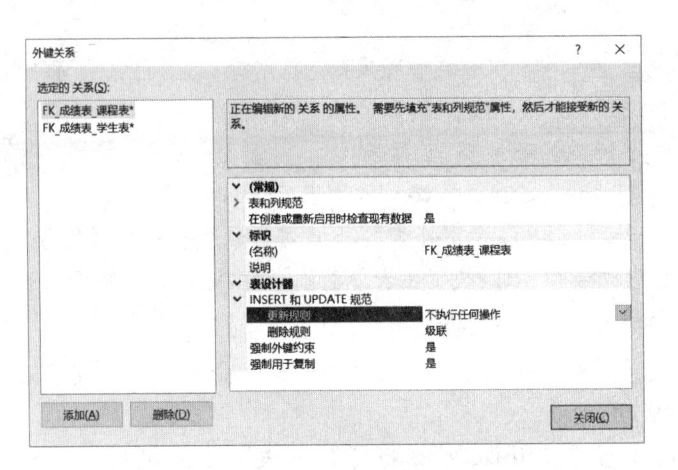

图5－13　创建好的外键约束

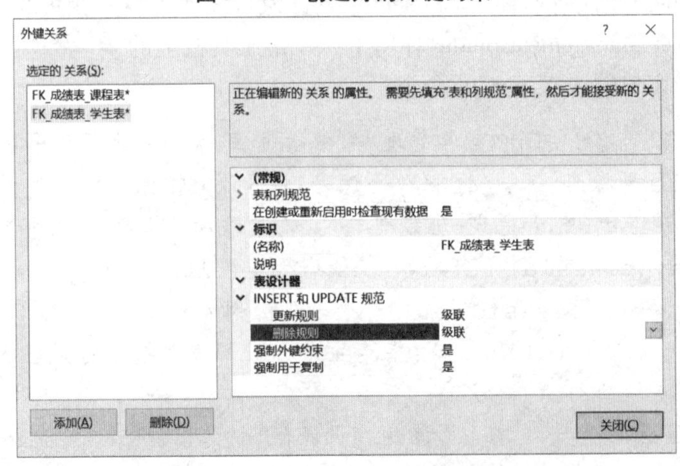

图5－14　设置“级联”更新和删除

（8）关闭对话框，返回“表结构设计器”，关闭后保存对“成绩表”两个外键的创建。

（9）验证外键约束的功能：打开主表“学生表”和“课程表”，分别更新两个主表中主键的值，刷新一下数据库，再打开外表“成绩表”，发现“成绩表”及与之对应记录的外键值都更新了。如将“学生表”中学号“2021001”改为“2021101”，会发现成绩表中所有为“2021001”的学号自动更新为“2021101”。同理，删除“学生表”和“课程表”中的一些记录，刷新数据库后，会发现“成绩表”中与之对应的记录也被删除了。例如，删除“学生表”中学号为“2021002”的学生信息，则“成绩表”中所有学号为“2021002”的学生成绩全部被删除了；相反，在外表“成绩表”中删除记录，并不会影响到“学生表”和“课程表”。为什么会出现这种情况呢？因为在创建外键约束时，如图5－14所示，在“更新规则”和“删除规则”下，设置的是“级联”，当取该值时，则当更新和删除主键表时，外键表同时更新和删除。

4. 使用SQL命令修改“班级”表，将“班级表”中的教师编号“tid”设置为与“教师表”相关联的外键，并设置“级联更新”和“级联删除”规则。

①在SQL Server Management Studio环境下，单击工具栏上的 新建查询(N) 按钮。

②在查询区域窗口输入以下SQL命令：

```
use 教学管理   /* 打开"教学管理"系统数据库,在当前数据库下完成下列操作* /
alter table 班级表     /* 修改班级表,将班级表中的教师编号设置为外键 * /
add constraint FK_班级表_教师表      /* 添加外键约束,并指定约束名称 * /
foreign key(tid) references 教师表(tid)
/* foreign key(tid):指定外表的外键列为班级表的教师编号 tid,
references 教师表(tid):指定主表为教师表,主键列为教师表的教师编号 tid * /
on delete cascade on update cascade      /* 设置级联更新和级联删除规则 * /
```

③单击工具栏上的 ▷ 执行(X) 按钮，执行以上 SQL 命令，在查询窗口下方显示命令已成功完成，外键创建成功。

5. 使用 SQL 命令修改“开课表”，将“开课表”中的班级编号“classid”设置为与“班级表”相关联的外键，课程号“courseid”设置为与“课程表”相关联的外键。

①在 SQL Server Management Studio 环境下，单击工具栏上的 新建查询(N) 按钮。

②在查询区域窗口输入以下 SQL 命令：

```
use 教学管理   /* 打开"教学管理"系统数据库,在当前数据库下完成下列操作* /
alter table 开课表     /* 修改开课表,将开课表中的班级编号设置为外键 * /
add constraint FK_开课表_班级表      /* 添加外键约束,并指定约束名称 * /
foreign key(classid) references 班级表(classid)
/* foreign key(classid):指定外表的外键列为开课表的班级编号 classid,
references 班级表(classid):指定主表为班级表,主键列为班级表的班级编号
classid。* /
alter table 开课表  /* 修改开课表,将开课表中的课程编号 courseid 设置为外键 * /
add constraint FK_开课表_课程表      /* 添加外键约束,并指定约束名称 * /
foreign key(courseid) references 课程表(courseid)
/* foreign key (courseid):指定外表的外键列为开课表的课程编号
courseid ,
references 课程表(courseid):指定主表为课程表,主键列为课程表课程编号
courseid。* /
```

③单击工具栏上的 ▷ 执行(X) 按钮，执行以上 SQL 命令，在查询窗口下方显示命令已成功完成，开课表中的两个外键约束创建成功。

6. 使用 SQL 命令修改“任课表”，将“任课表”中的课程编号“courseid”设置为与“课程表”相关联的外键，教师编号“tid”设置为与“教师表”相关联的外键。

在查询区域窗口输入以下 SQL 命令并执行：

```
alter table 任课表     /* 修改任课表,将任课表中的课程编号设置为外键 * /
add constraint FK_任课表_课程表
foreign key(courseid) references 课程表(courseid)
alter table 任课表     /* 修改任课表,将任课表中的教师编号 tid 设置为外键 * /
add constraint FK_任课表_教师表
foreign key(tid) references 教师表(tid)
```

任务 5.2 “教学管理”系统非空约束与唯一约束的创建与管理

【任务工单】

任务工单 5－2：“教学管理”系统非空约束与唯一约束的创建与管理

<table>
<tr><td>任务名称</td><td colspan="5">“教学管理”系统非空约束与唯一约束的创建与管理</td></tr>
<tr><td>组别</td><td></td><td>成员</td><td></td><td>小组成绩</td><td></td></tr>
<tr><td>学生姓名</td><td colspan="3"></td><td>个人成绩</td><td></td></tr>
<tr><td>任务情境</td><td colspan="5">数据库管理员已按照客户需求在项目 1 中完成了对“教学管理”系统数据库的完整性设计，并在项目 4 中创建好了数据表，为进一步保证表中数据准确性和可靠性，现请你以数据库管理员身份帮助用户在“教学管理”系统数据表中创建非空与唯一约束。使用 SQL Server Management Studio 和 SQL 命令两种方法完成</td></tr>
<tr><td>任务目标</td><td colspan="5">使用 SSMS 和 SQL 命令两种方法完成“教学管理”系统数据表非空约束与唯一约束的创建和管理</td></tr>
<tr><td>任务要求</td><td colspan="5">按本任务列出的具体任务内容，完成“教学管理”系统相关数据表约束的创建与管理</td></tr>
<tr><td>知识链接</td><td colspan="5"></td></tr>
<tr><td>计划决策</td><td colspan="5"></td></tr>
<tr><td>任务实施</td><td colspan="5">1. 使用 SQL Server Management Studio 设置非空约束的操作

2. 使用 SQL Server Management Studio 设置唯一约束的操作

3. 使用 SQL 设置非空约束的代码

4. 使用 SQL 设置唯一约束的代码</td></tr>
</table>

续表

检查	1. 非空约束设置；2. 唯一约束设置
实施总结	
小组评价	
任务点评	

【前导知识】

一、使用 SQL Server Management Studio 创建非空约束与唯一约束

使用 SSMS 创建
非空约束与唯一约束

1. 非空约束

（1）非空约束的功能

在定义数据表的时候，默认情况下所有字段都是允许为空值的，如果需要禁止字段为空值，可以设置非空约束。非空约束（Not Null Constraint）用于指定字段的值不能为空。对于使用了非空约束的字段，如果用户在添加数据时没有指定值，数据库系统就会报错。

（2）非空约束创建前的注意事项

①在数据库中，“空值”是个特殊值，既不是空白，也不是0，而是 NULL 值。

②“空值” NULL 区分大小写，只有全部大写的 NULL 才是空值，小写字母 null 或大小写混合的都不是“空值”，它们将都会和普通字符一样作为“非空值”处理。

③不能对主键字段创建非空约束。

④在创建非空约束时，如果需指定非空约束的字段在表中已有 NULL 值，则不能创建，必须将 NULL 值删除后创建。

（3）非空约束的创建

非空约束可以在建表时指定，也可在建表后再指定。使用 SQL Server Management Studio 创建非空约束的方法如下：

①在“对象资源管理器”窗格中展开“数据库”下的“表”节点。如果是在定义表时创建非空约束，在“表”节点上右击鼠标，选择“新建”菜单下的“表”命令，如果是在定义表后创建非空约束，则展开“表”节点，在需要创建非空约束的表上右击，选择“设计”命令，两者都将打开“表设计器”窗口。

②在表设计器中，将最后一列“允许 Null 值”中的对勾打上，则表示该列可以是空值，去掉对勾，将设置非空约束，表示该列不允许空值。

③设置好后关闭并保存表设计器。

（4）非空约束的查看

在“对象资源管理器”窗口中，在“表”节点下展开已创建好非空约束的表，单击下方“列”节点前的加号，展开“列”节点，将会显示表中的所有字段，其中设置了非空约束的字段后会有 NOT NULL 标记。

（5）非空约束的删除

在“表设计器”窗口中，勾选“允许 Null 值”复选框，即可删除非空约束。

2. 唯一约束

（1）唯一约束的功能

在一张数据表中，有时除主键需要具有唯一性外，还有其他列也需要具有唯一性。例如，在“班级表”中，主键为“班级编号”，但是另一个字段“班级名称”虽然不是主键，但是也需保证它的唯一性，这时就需要创建表中的唯一约束。

唯一约束用于确定这个字段值在该列上必须唯一。对于使用了唯一约束的字段，如果用户在为该列添加数据时指定了相同的值，则数据库系统就会报错。

（2）唯一约束创建前的注意事项

①一个表中可以创建多个唯一约束。

②设置为唯一约束的字段可以取 NULL 值，但是只能出现一次 NULL 值。

③在创建唯一约束前，如果需指定唯一约束的字段在表中已有重复值，则不能创建唯一约束，必须将重复值删除后再创建。

（3）主键约束与唯一约束的区别

主键约束与唯一约束都要求表中指定的列（或者列的组合）上有唯一值，但两者也有很大区别，具体表现在以下几点：

①一个表中只能有一个主键约束，但可以有多个唯一约束。

②主键约束不能取 NULL 值，唯一约束可以取 NULL 值，但只能取一次 NULL 值。

③主键约束优先于唯一约束。

（4）唯一约束的创建

唯一约束可以在建表时指定，也可在建表后再指定。使用 SQL Server Management Studio 创建唯一约束的方法如下：

①在“对象资源管理器”窗格中展开“数据库”下的“表”节点。如果是在定义表时创建唯一约束，在“表”节点上右击鼠标，选择“新建”菜单下的“表”命令；如果是在定义表后创建唯一约束，则展开“表”节点，在需要创建唯一约束的表上右击，选择“设计”命令，两者都将打开“表设计器”窗口。

②在“表设计器”窗口中，右击需要设置为唯一约束的字段，在弹出的快捷菜单中选择“索引/键”命令；也可以单击工具栏中的“管理索引和键”按钮，打开“索引/键”对话框。

③在打开的“索引/键”对话框中，单击“添加”按钮。再单击“列”后面的按钮，打开“索引列”对话框。

④单击“索引列”对话框下的“列名”框，选择用于创建索引的列名，单击“排序顺序”，可以选择按“升序”或者“降序”排序。按照同样的方法，可以设置多个字段的组合索引。设置好后，单击“确定”按钮，返回上一级“索引/键”对话框。

⑤在“索引/键”对话框中，再设置好“是唯一的”项为“是”，“名称”项加上名称，如图 5－15 所示。

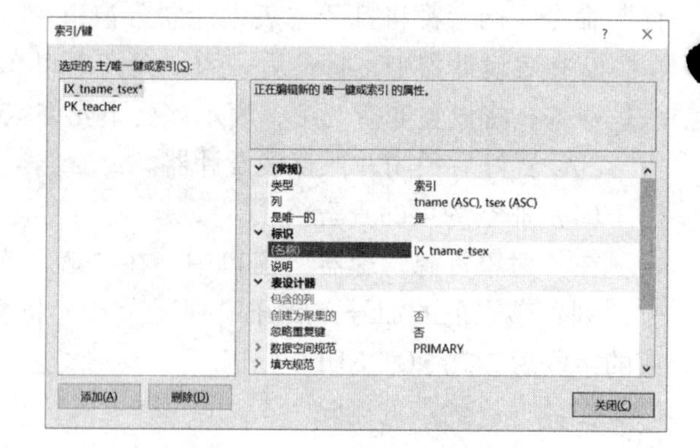

图 5－15 设置好的索引效果

⑥设置好后，单击“关闭”按钮，返回“表设计器”窗口，保存后完成唯一约束的创建。这时不只是该表的主键必须唯一，被设置为唯一约束的字段同样也必须唯一。

（5）唯一约束的查看

在“对象资源管理器”窗口中，在“表”节点下展开已创建好唯一约束的表，单击下方“索引”节点前的加号，展开“索引”节点，在“索引”下会显示当前表中创建好的所有索引。如果为当前表创建了主键，主键将以聚集索引的方式一同存放在“索引”节点下。表中的聚集索引指的是表中数据物理存储顺序，聚集索引只能有一个，其他的都为非聚集索引。

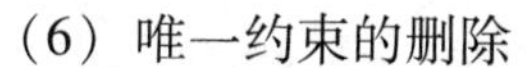

（6）唯一约束的删除

删除唯一约束的方法有两种，分别为：

方法1：选定需删除的唯一约束，右击鼠标，选择“删除”命令，在弹出的“删除对象”对话框中，单击“确定”按钮即可。

提示：不能使用此方法删除与另外一个表相关联的主键索引。

方法2：在“索引/键”对话框中，选定需删除的索引，单击下方的“删除”按钮，同样可以删除索引。

提示：使用该方法可以删除与另外一个表相关联的主键索引，但是当前表的主键及表间相互关联的外表外键也会被同时删除。

二、使用SQL语句创建非空约束与唯一约束

使用SQL语句创建非空约束与唯一约束

1. 非空约束的创建

（1）创建表的同时设置非空约束

语法：

```
create table 表名
(列名 数据类型 NULL |NOT NULL)
```

功能：在字段定义后加上NOT NULL指定非空约束。取NULL时，取消非空约束。

（2）在已存在的表上创建非空约束

语法：

```
alter table 表名
alter column 列名 数据类型 NULL |NOT NULL
```

功能：使用alter table语句的alter column方法为当前列指定非空约束，取NULL时，取消非空约束。

2. 唯一约束的创建

（1）定义表字段时设置唯一约束

语法：

```
create table 表名
(列名 数据类型 [constraint 约束名] unique [clustered |nonclustered])
```

参数说明：

constraint：约束名，可以省略，省略时由系统随机生成后缀名。

clustered | nonclustered：可以省略。其中，clustered表示在该列上建立聚集索引；nonclustered表示在该列上建立非聚集索引。

提示：一个表只能有一个聚集索引，如果表已创建主键，则不能再创建聚集索引。

（2）定义所有字段后设置唯一约束

语法：

```
create table 表名
(列名 数据类型…,
[constraint 约束名] unique [clustered |nonclustered] (列名[,…n])
)
```

功能：在 unique 括号中指定 1 ~ n 个列名的唯一约束。

（3）在已存在的表上设置唯一约束

语法：

```
alter table 表名
add [constraint 约束名]
unique [clustered|nonclustered] (列名[,…n])
```

功能：使用 alter table 语句的 add 方法在当前表中设置唯一约束。

【任务内容】

1. 使用 SQL Server Management Studio 方法修改“教学管理”系统数据库的“教师表”，将教师姓名“tname”设置为非空。设置好后，打开“教师表”，向表中“tname”字段添加一行 NULL 值数据，对非空约束进行验证，观察其效果。

2. 使用 SQL Server Management Studio 方法修改“教学管理”系统数据库的“班级表”，将班级名称“classname”设置为唯一非聚集约束。设置好后，打开“班级班”，向表中的“classname”字段添加两行相同数据，对唯一约束进行验证，观察其效果。

3. 使用 SQL 命令修改“教学管理”系统数据库的“教师表”，将“教师表”中的性别“tsex”字段设置为非空。

4. 使用 SQL 命令修改“教学管理”系统数据库的“课程表”，将“课程表”中的课程名称“coursename”设置为唯一非聚集约束。

【任务实施】

1. 使用 SQL Server Management Studio 方法修改“教学管理”系统数据库的“教师表”，将教师姓名“tname”设置为非空。设置好后，打开“教师表”，向表中“tname”字段添加一行 NULL 值数据，对非空约束进行验证，观察其效果。

（1）在“对象资源管理器”窗格中展开“教学管理”系统数据库下的“表”节点，在“教师表”上右击鼠标，选择“设计”命令，打开“教师表”的“表设计器”窗口，如图 5 – 16 所示。

LAPTOP-49CLET...学管理 - dbo.教师表

列名	数据类型	允许 Null 值
tid	char(7)	☐
tname	nvarchar(5)	☐
tsex	char(2)	☐
age	tinyint	☑
professional	nchar(10)	☑
department	nchar(20)	☑
		☐

图 5 – 16 “教师表”的“表设计器”窗口

（2）在“表设计器”窗口中，将“tname”字段最右侧的“允许 Null 值”中的对勾去掉。

（3）设置好后，关闭并保存表设计器。

（4）验证非空约束。右击“教师表”，在弹出的快捷菜单中选择“编辑前 200 行”，打开“教师表”数据窗口，在最下方输入一行新记录，其中向“tname”列输入 NULL 值，确认后，系统自动弹出如图 5－17 所示的警告框，拒绝向“tname”列输入 NULL 值，数据添加失败。原因是设置为非空约束的列不允许有 NULL 值。

提示：此处可以向“tname”列输入 0、空白、非大写的任意 NULL 值，数据均可正常添加。原因是 NULL 值不是空白也不是 0，并且 SQL Server 中的 NULL 值是区分大小写的。

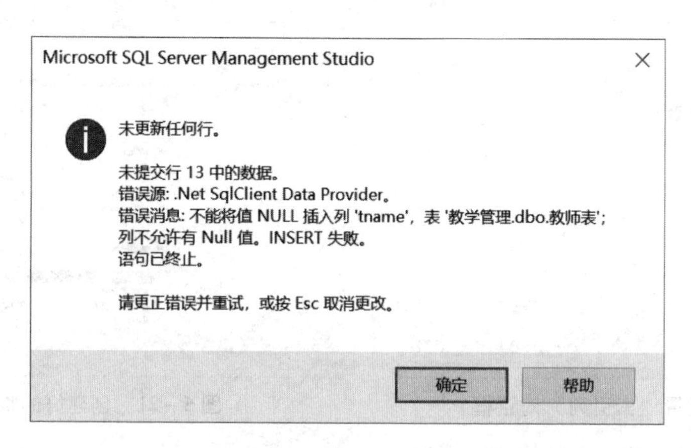

图 5－17　NULL 值警告框

2. 使用 SQL Server Management Studio 方法修改“教学管理”系统数据库的“班级表”，将班级名称“classname”设置为唯一非聚集约束。设置好后，打开“班级表”，向表中的“classname”字段添加两行相同数据，对唯一约束进行验证，观察其效果。

（1）在“对象资源管理器”窗格中展开“教学管理”系统数据库下的“表”节点，找到“班级表”，在“班级表”上右击鼠标，选择“设计”命令，打开班级表的“表设计器”窗口。

（2）在“表设计器”窗口中，右击需要设置为唯一约束的字段，在弹出的快捷菜单中选择“索引/键”命令或单击上方工具栏右侧的“管理索引和键”按钮，打开“索引/键”对话框，如图 5－18 所示。

（3）在打开的“索引/键”对话框中，单击“添加”按钮，在左侧窗口中添加一个新的索引，如图 5－19 所示。单击右侧窗格中“列”后面的按钮，打开“索引列”对话框。

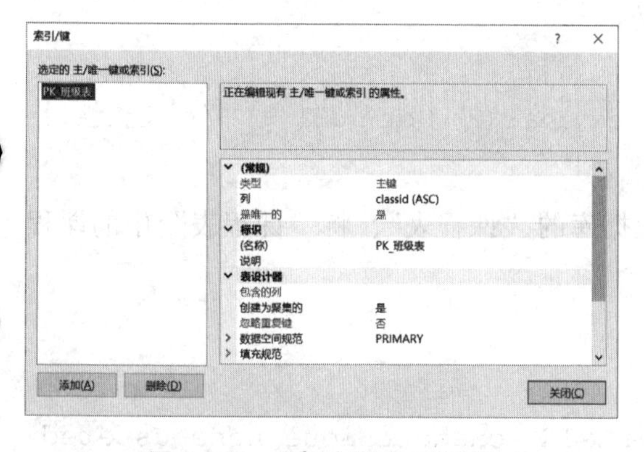

图 5－18　“索引/键”对话框

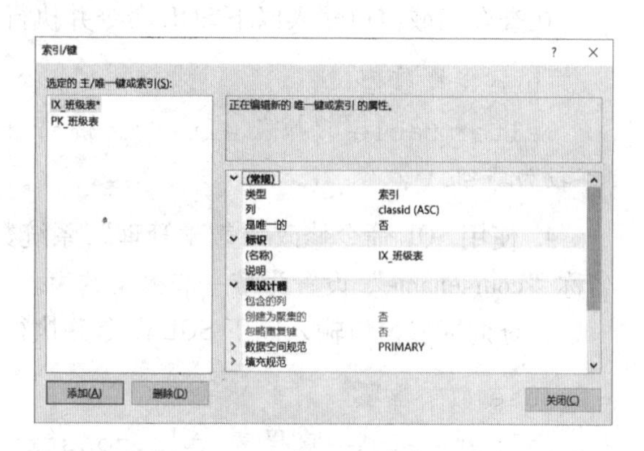

图 5－19　添加一个新的索引

（4）在“列名”框中选择用于创建索引的列名“classname”，在“排序顺序”框中选择“升序”或“降序”都可以，如图 5－20 所示。设置好后，单击“确定”按钮，返回上一级“索引/键”对话框。

（5）在“索引/键”对话框中，设置好“是唯一的”项为“是”，“名称”项加上名称，如图 5－21 所示，则为“班级表”的“classname”字段创建了唯一约束，并进行了命名。

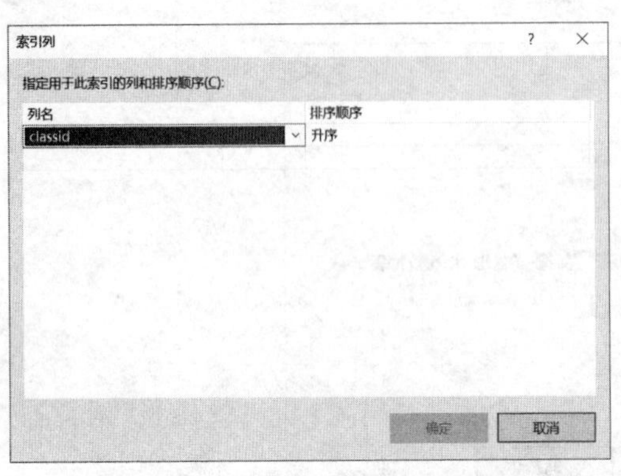

图 5－20　设置“索引列”对话框

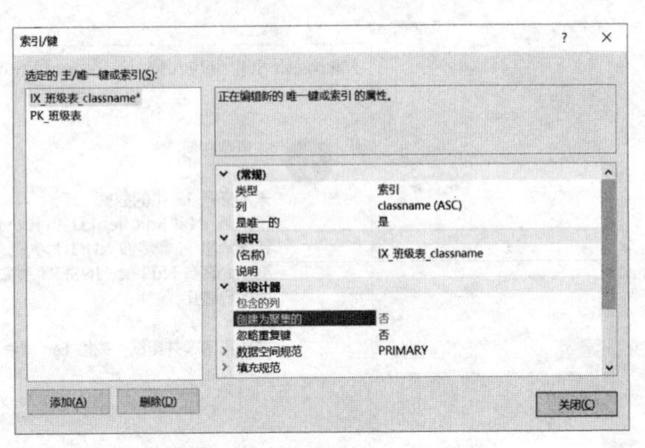

图 5－21　创建好的唯一索引

（6）设置好后，单击“关闭”按钮，返回“表设计器”窗口，保存后完成唯一约束的创建。

（7）验证唯一约束。右击“班级表”，在弹出的菜单中选择“编辑前 200 行”，打开“班级表”数据窗口，在“classname”列输入两个相同的班级名称，例如“21 级财会 2”，在输入第二个相同的班级名称时，系统将弹出如图 5－22 所示的警告框，数据添加失败，原因是设置为唯一约束的列不允许有两行相同的值。

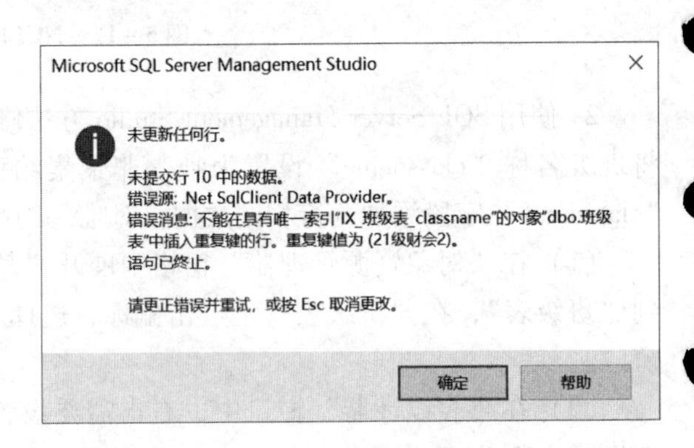

图 5－22　重复行警告框

3. 使用 SQL 命令修改“教学管理”系统数据库的“教师表”，将“教师表”中的性别“tsex”字段设置为非空。

在查询区域窗口输入以下 SQL 命令并执行：

```
use 教学管理
alter table 教师表 alter column tsex char(2) not null    /* 设置性别字段为非空 */
```

4. 使用 SQL 命令修改“教学管理”系统数据库的“课程表”，将“课程表”中的课程名称“coursename”设置为唯一非聚集约束。

在查询区域窗口输入以下 SQL 命令并执行：

```
use 教学管理
alter table 课程表 add constraint IX_cname unique nonclustered (coursename)
```

任务 5.3 “教学管理”系统默认约束与检查约束的创建与管理

【任务工单】

任务工单 5-3：“教学管理”系统默认约束与检查约束的创建与管理

<table>
<tr><td>任务名称</td><td colspan="4">“教学管理”系统默认约束与检查约束的创建与管理</td></tr>
<tr><td>组别</td><td></td><td>成员</td><td></td><td>小组成绩</td><td></td></tr>
<tr><td>学生姓名</td><td colspan="3"></td><td>个人成绩</td><td></td></tr>
<tr><td>任务情境</td><td colspan="5">数据库管理员已按照客户需求在项目 1 中完成了对“教学管理”系统数据库的完整性设计，并在项目 4 中创建好了数据表，现请你以数据库管理员身份帮助用户在“教学管理”系统数据表中创建默认约束与检查约束。使用 SQL Server Management Studio 和 SQL 命令两种方法完成</td></tr>
<tr><td>任务目标</td><td colspan="5">使用 SSMS 和 SQL 两种方法完成“教学管理”系统数据表默认约束与检查约束创建和管理</td></tr>
<tr><td>任务要求</td><td colspan="5">按本任务后面列出的具体任务内容，完成“教学管理”系统相关数据表约束的创建与管理</td></tr>
<tr><td>知识链接</td><td colspan="5"></td></tr>
<tr><td>计划决策</td><td colspan="5"></td></tr>
<tr><td>任务实施</td><td colspan="5">1. 使用 SQL Server Management Studio 设置默认约束的操作
2. 使用 SQL Server Management Studio 设置检查约束的操作
3. 使用 SQL 设置默认约束的代码
4. 使用 SQL 设置检查约束的代码</td></tr>
</table>

续表

检查	1. 默认约束设置；2. 检查约束设置；3. check 条件的定义
实施总结	
小组评价	
任务点评	

【前导知识】

一、使用 SQL Server Management Studio 创建默认约束与检查约束

使用 SSMS 创建默认约束与检查约束

1. 默认约束

(1) 默认约束的功能

当用户输入某些数据时，会希望一些数据在没有特例的情况下被自动输入，例如，学生的注册日期应该是数据录入的当天日期、学生性别默认是“男”等，这些情况可以为字段创建默认（default）约束，提供默认值。default 约束用于向列中插入默认值，如果设置默认值的列没有规定其他的值，在添加记录时，会将默认值自动添加到该列所的记录上。

(2) 默认约束创建前的注意事项

①default 约束只在 insert 语句中使用，在 update 语句和 delete 语句中被忽略。

②只有当某一列没有提供值时，才会自动填充默认值。如果提供了值，就不会使用默认值，而是会优先使用用户提供的值。

③每个列只能有一个 default 约束。

④自动标识列由系统自动生成编号，因此，在自动标识列上不能创建默认约束。

⑤给定的默认值可以是常量、函数、空值等。

(3) 默认约束的创建

在 SQL Server Management Studio 中可以快速创建默认约束。

在如图 5-23 所示的表设计器中，单击选定要创建默认约束的列，在“列属性”窗格中找到“默认值或绑定”项，在其后的文本框中输入要设置的默认值，保存表设计器即可。

(4) 默认约束的查看

在“对象资源管理器”窗口中，在“表”节点下展开已创建好 default 约束的表，单击下方“约束”节点前的加号，展开“约束”节点，在“约束”下会显示当前表中创建好的所有 default 约束，如图 5-24 所示。

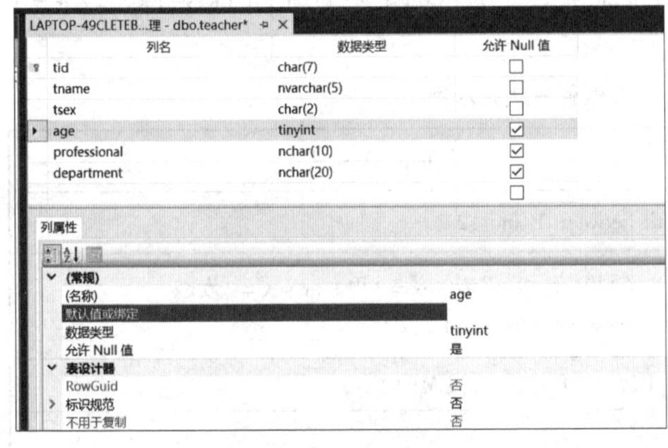

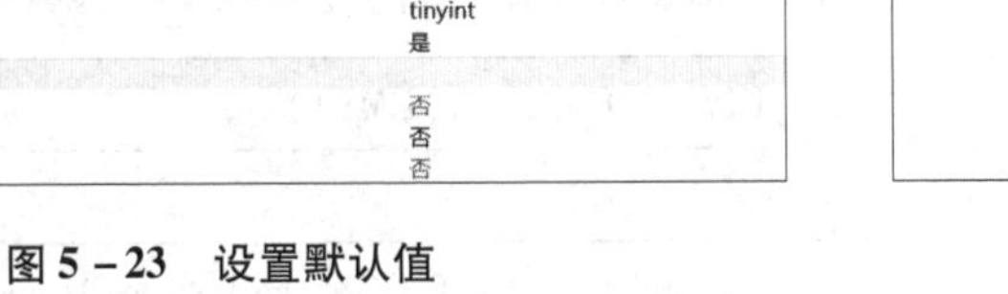

图 5-23　设置默认值

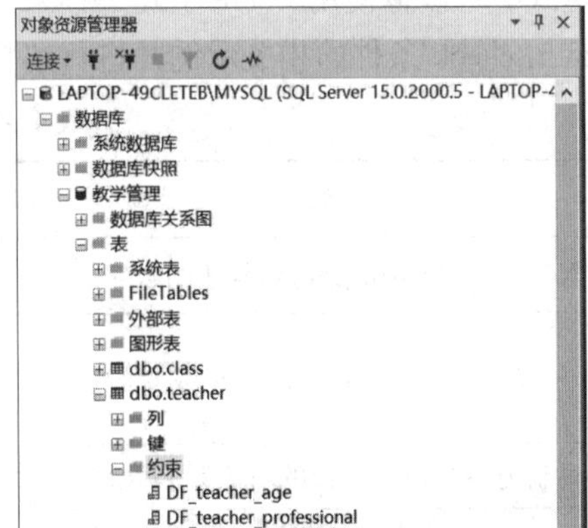

图 5-24　查看默认约束

提示：使用 SSMS 创建的默认约束名是由系统自动生成的。系统命名格式为“DF_表名_字段名”，其中，“DF”是 default 默认约束的简称，“表名”为当前表的名字，“字段名”为之前创建默认约束的字段名字。

(5) 默认约束的删除

删除 default 约束的方法主要有以下两种：

方法1：在图5-24 中设置默认值的“表设计器”窗口中，选定需删除的默认约束字段，在下方“列属性”窗格中，将“默认值或绑定”右侧文本框内容清空。保存表结构后，即可删除 default 约束。刷新“对象资源管理器”，发现 default 约束已被删除。

方法2：在图5-25 所示的“对象资源管理器”窗口中，在“约束”下选定需删除的 default 约束，右击鼠标，选择“删除”命令，在弹出的“删除对象”对话框中单击“确定”按钮后，也可快速将 default 约束删除。

2. 检查约束

(1) 检查约束的功能

检查（check）约束可以用于约束表中的某个字段或者一些字段必须满足某个条件。它可用于限制字段可接收的数据。例如，姓名取值必须为男或女，成绩必须大于等于0等。可设置数据格式。例如，姓名不能包含数字值，电话号码必须全是11位数字等。在字段中添加和更新数据时，要求输入内容必须满足 check 约束的条件，否则将无法正确输入。

(2) 检查约束创建前的注意事项

①check 约束在每次执行 insert 和 update 语句时，都对数据进行验证，执行 delete 语句时不验证 check 约束。

②check 约束可以应用于一个列的检查，也可以应用于多个列的检查。

③单个列可以有多个 check 约束。

④要创建 check 约束，必须定义一个能够返回 true 或 false 的逻辑表达式。

⑤check 约束不可以包含子查询。

(3) 检查约束条件的定义

check 约束使用条件表达式来验证正在插入或更新的数据。如果表达式的计算结果为 true，则接收数据并进行插入或更新；否则，将拒绝这些数据，新数据根本不会插入或更新。因此，要将 check 约束附加到表或列，必须创建 check 条件。check 条件是一个 SQL 表达式。可以像使用 where 子句一样来定义 check 条件。为帮助正确书写 check 条件，表4-1 给出 check 条件的相关示例并进行解释。

表4-1　check 条件表达式示例

目标	check 表达式
限制月份（month）列为合适的数字	month between 1 and 12
限制性别（sex）列只能取男或女的值	sex in ('男','女') 或者 sex = '男' or sex = '女' 或者 sex between '男' and '女'
限制为一个快递公司的特定列表	in('UPS','Fed Ex','EMS')
限制价格（price）必须为正数	price >= 0
限制年龄（age）列在一个范围内	age >= 0 and age <= 120 或者 age between 0 and 120
限制编号（no）只能输入5位数字	no like '[0-9][0-9][0-9][0-9][0-9]'或者 len(no) = 5
限制身份证号18位，手机号（tel）11位	len(idcard)=18,len(tel)=11

续表

目标	check 表达式
限制 varchar 字段不允许出现字符串	isnumeric([var_field]) = 1
电子邮箱要含有@符号	like '%@%' 其中,%代表任意多个字符串
C 开头共两个字母的字符串	like 'C_' 其中,_代表任意一个字符

(4) 检查约束的创建

可在 SQL Server Management Studio 表设计器中创建检查约束。在打开的“表设计器”窗口中，右击所要设置的列名，在弹出的菜单中选择“CHECK 约束”命令，打开“检查约束”对话框，如图 5-25 所示。单击“添加”按钮，新建一个 check 约束，如图 5-26 所示。在右侧表达式文本框中输入 check 表达式。设置好后关闭，保存即可。

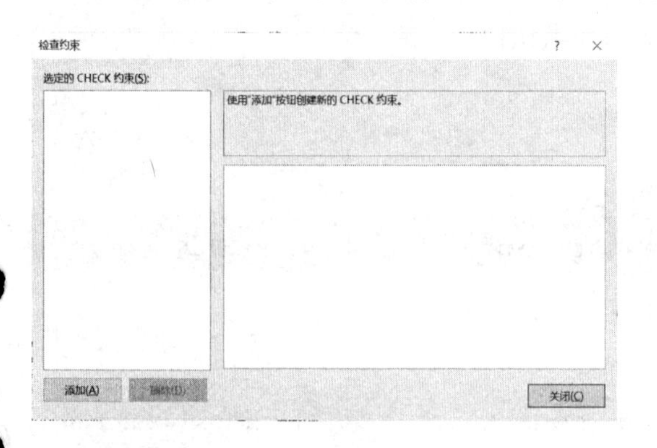

图 5-25 “检查约束”对话框

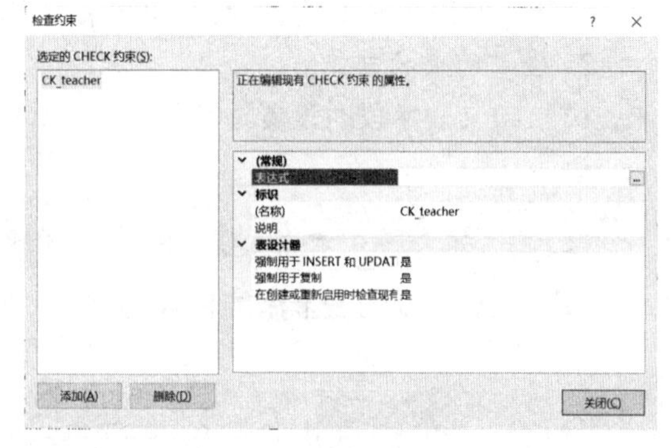

图 5-26 添加检查约束

(5) 检查约束的查看

创建好的 check 约束同 default 约束一样，都是放在表的“约束”节点下。在“对象资源管理器”窗口中，在“表”节点下展开创建约束的表，单击下方“约束”节点前的加号，展开“约束”节点，即可看到所有创建了的 check 和 default 约束。

(6) 检查约束的删除

删除 check 约束的方法主要有以下两种：

方法 1：在图 5-26 所示的“检查约束”窗口中，选定要删除的 check 约束，单击“删除”按钮。

方法 2：在“对象资源管理器”窗口中，在“约束”下选定需删除的 check 约束，右击鼠标，选择“删除”命令，在弹出的“删除对象”对话框中单击“确定”按钮。

二、使用 SQL 语句创建默认约束与检查约束

使用 SQL 语句创建默认约束与检查约束

1. 默认约束的创建

(1) 定义表字段时设置默认约束

语法：

```
create table 表名
(列名 数据类型 [constraint 约束名] default 默认值)
```

功能：在定义字段后面，通过 default 关键字设置一个默认值。

(2) 添加表字段时设置默认约束

语法：

```
alter table 表名
add 列名 数据类型 [constraint 约束名] default 默认值
```

功能：使用 alter table 语句添加字段的方式添加默认值。

（3）在已存在的表上添加默认约束

语法：

```
alter table 表名
add [constraint 约束名]
default 默认值 for 字段名
```

功能：使用 alter table 语句添加约束的方法添加默认值。

2. 检查约束的创建

（1）定义表字段时设置检查约束

语法：

```
create table 表名(列名 数据类型 [constraint 约束名] check(表达式))
```

（2）在已存在的表上添加检查约束

语法：

```
alter table 表名 [with nocheck] add [constraint 约束名] check(表达式)
```

其中，“with nocheck”表示禁用检查约束；“表达式”用于指定需要检查的限定条件。

3. 检查约束的禁用

如果要在创建检查约束时，忽略检查之前的不满足数据，可在添加检查约束时启用 with nocheck 语句。如果要临时禁用已存在的检查约束，可使用以下命令：

语法：

```
alter table 表名 nocheck |check 约束名
```

其中，约束名为要禁用的检查约束名；nocheck 表示禁用；check 表示启用。

【任务内容】

1. 使用 SQL Server Management Studio 为“学生表”中的性别“ssex”字段设置默认值为“男”的默认约束。

2. 使用 SQL Server Management Studio 为“学生表”的性别“ssex”字段创建检查约束，要求性别只能取“男”或“女”的值。

3. 使用 SQL 命令为“班级表”中的入学时间“entry”字段设置默认值为当前日期。

4. 使用 SQL 命令为“课程表”中的课时“hours”和学分“credit”字段创建检查约束，要求课时大于 0，学分“credit”在 1 ~ 7 之间。

【任务实施】

1. 使用 SQL Server Management Studio 为“学生表”中的性别“ssex”字段设置默认值为“男”的默认约束。

（1）在“对象资源管理器”窗格中展开“教学管理”系统数据库下的“表”节点，找到“学生表”，在“学生表”上右击鼠标，选择“设计”命令，打开学生表的“表设计器”窗口。

（2）在“表设计器”窗口中，选定 ssex 字段，在下方“列属性”的“默认值或绑定”文本框中输入“男”，如图5－27所示。

提示：单引号可以不用手工输入，因 ssex 字段为字符型，系统会自动加上单引号。在表保存后，在单引号外还会自动生成一对小括号。

（3）设置好后，关闭“表设计器”窗口，保存默认约束的设置。

2. 使用 SQL Server Management Studio 为“学生表”的性别“ssex”字段设置检查约束，要求性别只能取“男”或“女”的值。

（1）打开学生表表设计器，在“表设计器”窗口中，右击要设置检查约束的“ssex”字段，在弹出的菜单中选择“CHECK 约束”命令，如图5－28所示，打开“检查约束”对话框，如图5－29所示。

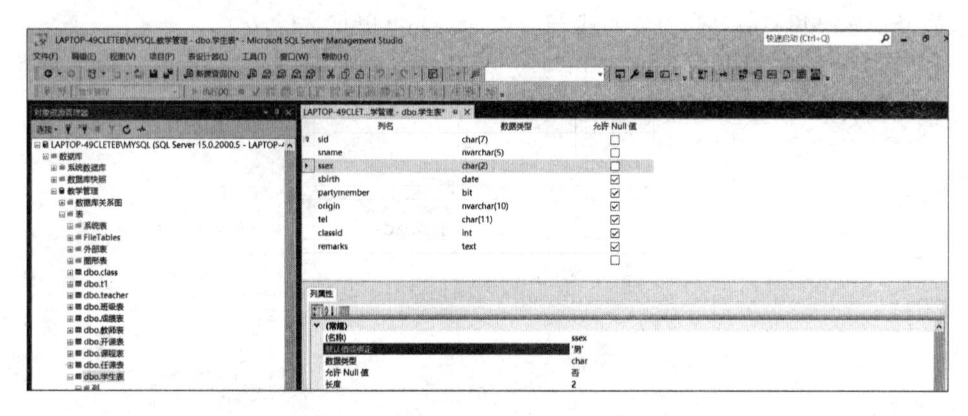

图5－27 设置性别字段的默认值

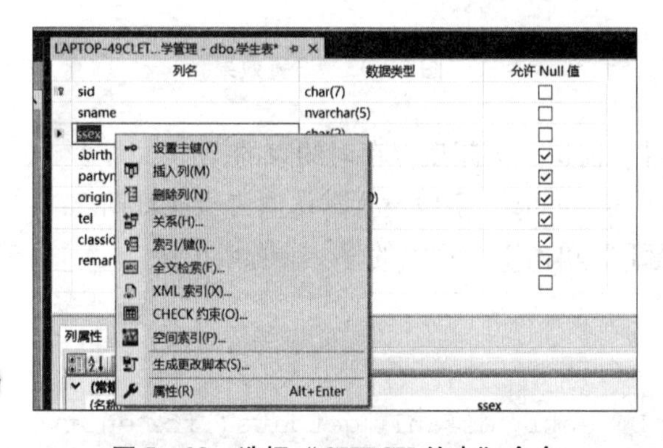

图5－28 选择“CHECK 约束”命令

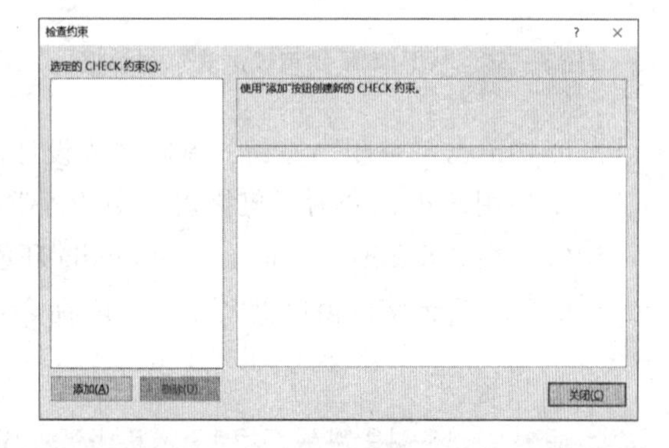

图5－29 “检查约束”对话框

（2）单击图5－29所示的“添加”按钮，新建一个 check 约束，如图5－30所示。在右侧“表达式”文本框旁的按钮上单击，打开“CHECK 约束表达式”对话框，如图5－31所示。

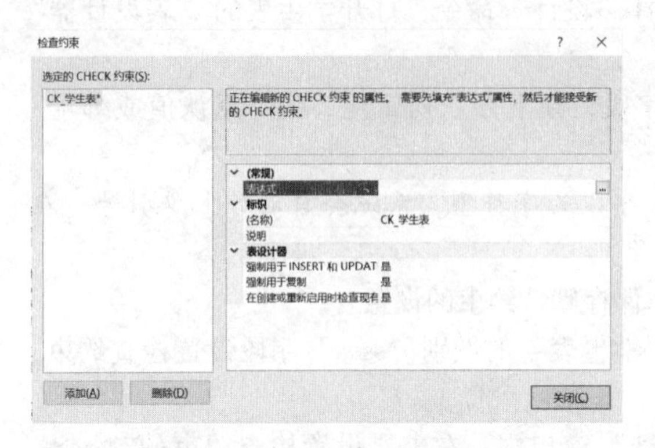

图 5-30 “检查约束”对话框

图 5-31 “CHECK 约束表达式”对话框

（3）在“表达式”中输入下列三个条件中的任意一个，如图 5-32 所示。sex in ('男','女') 或者 sex = '男' or sex = '女' 或者 sex between '男' and '女'。

（4）单击“确定”按钮，返回上一级“检查约束”对话框，在“名称”框中输入 check 约束的名称，设置好的效果如图 5-33 所示。

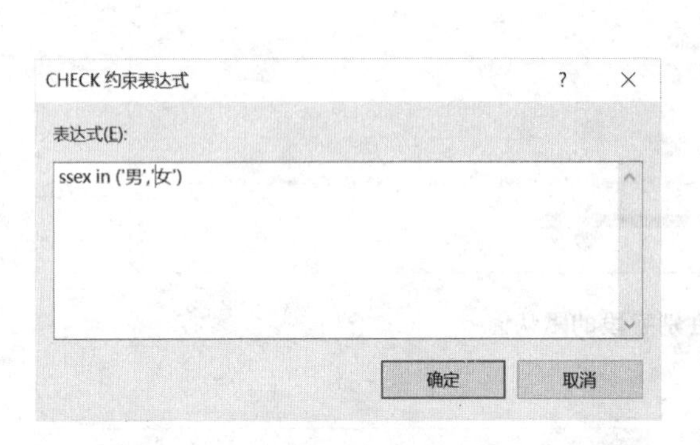

图 5-32 “CHECK 约束表达式”对话框

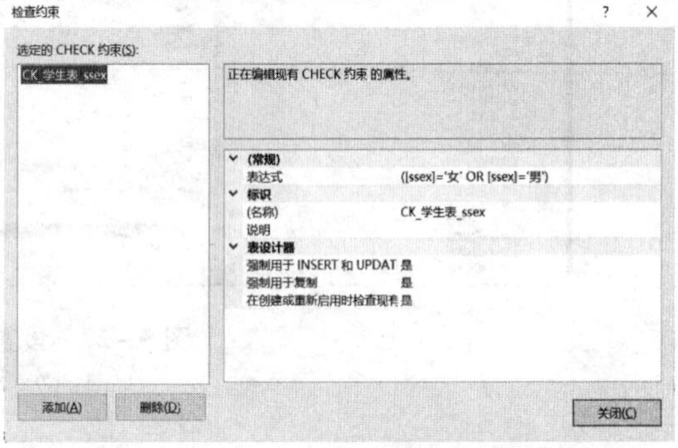

图 5-33 设置效果

（5）单击“关闭”按钮，返回“表设计器”窗口，关闭后保存对约束的操作。

3. 使用 SQL 命令为“班级表”中的入学时间“entry”字段设置默认值为当前日期。

（1）在 SQL Server Management Studio 环境下，单击工具栏上的 新建查询(N) 按钮。

（2）在查询区域窗口输入以下 SQL 命令：

```
use 教学管理
alter table 班级表 add constraint DF_entry default getdate() for entry
/* 定义约束名为 DF_entry,为班级表入学日期 entry 字段指定默认值为当前日期,其中 getdate() 为获取当前日期时间的函数 */
```

（3）单击工具栏上的 ▷ 执行(X) 按钮，执行以上 SQL 命令，在查询窗口下方显示命令已成功完成，完成默认约束的创建。

4. 使用 SQL 命令为“课程表”中的课时“hours”和学分“credit”字段创建检查约束，要求课时大于 0，学分“credit”在 1 ~ 7 之间。

(1) 在SQL Server Management Studio环境下，单击工具栏上的 新建查询(N) 按钮。

(2) 在查询区域窗口输入以下SQL命令。

```
alter table 课程表 add constraint CK_hours check(hours >0)
/* 定义约束名为CK_hours,为课程表课时hours字段创建检查约束,要求学分大于0。注意:check后面的表达式必须加括号 * /
alter table 课程表 add constraint CK_credit check(credit >0 and credit <7 )
/* 定义约束名为CK_credit,为课程表学分credit字段创建检查约束,要求学分大于0,小于7。注意:此处也可用between...and,,但是between...and会包括临界值 * /
```

(3) 单击工具栏上的 执行(X) 按钮，执行以上SQL命令，在查询窗口下方显示命令已成功完成，完成检查约束的创建。

【知识考核】

1. 选择题

(1) 定义表的主键使用（　　）关键字。

A. primary key　　B. foreign key　　C. unique　　D. default

(2) 主表的主键与外表的外键数据类型及数量（　　）。

A. 两者必须相同　　B. 没有要求

C. 两者可以不一　　D. 数据类型要相同，数量可不同

(3) 利用T－SQL语言删除约束的语句是（　　）。

A. add constraint　　B. add column　　C. drop constraint　　D. drop table

(4) 以下check表达式错误的是（　　）。

A. sex in('男','女')　　B. sex = '男' or sex = '女'

C. sex between '男' and '女'　　D. sex in('男','女')

(5) 在SQL中，以下可以代表任意多个字符串的字符是（　　）。

A. ?　　B. _　　C. %　　D. #

(6) 关于SQL Server中的非空约束，以下说法正确的是（　　）。

A. 空指的是0　　B. 空指的是空白

C. 空指的是NULL值　　D. 主键可以取NULL值

(7) 关于SQL Server中的唯一约束，以下说法错误的是（　　）。

A. 一个表中可以创建多个唯一约束

B. 设置为唯一约束的字段可以取1个NULL值

C. 唯一约束可以出现多次NULL值

D. 一个表可以有多个唯一约束

(8) 关于SQL Server中的默认约束，以下说法正确的是（　　）。

A. default约束只在insert语句中使用　　B. default约束在update语句中使用

C. default约束在delete语句中使用　　D. 每个列可以有多个default约束

2. 判断题

(1) 可以在自动标识列上创建默认约束。（　　）

（2）给定的默认值只能是常量，不能是函数、空值。（　　）

（3）单个列可以有多个 check 约束。（　　）

（4）check 约束可以被禁用。（　　）

（5）非空约束用于指定字段的值不能为空。（　　）

3. 简答题

（1）什么是约束？常用的约束有哪些？

（2）简述主键约束与唯一约束的区别。

（3）简述“级联更新”和“级联删除”的处理方法。

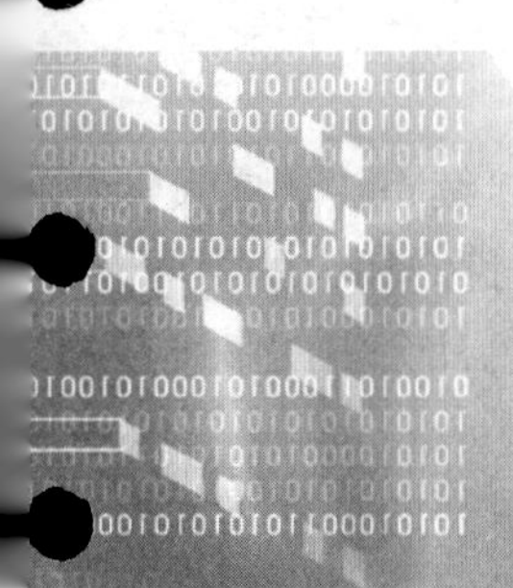

项目6

“教学管理”系统数据的查询

【项目导读】

SQL（Structured Query Language）是一种特殊目的的编程语言，是一种数据库查询和程序设计语言，用于存取数据及查询、更新和管理关系数据库系统。

结构化查询语言是高级的非过程化编程语言，允许用户在高层数据结构上工作。它不要求用户指定对数据的存放方法，也不需要用户了解具体的数据存放方式，所以具有完全不同底层结构的不同数据库系统，可以使用相同的结构化查询语言作为数据输入与管理的接口。

SQL 语句按其功能可分为 5 类，即数据查询语句、数据操纵语句、数据定义语句、事务控制语句和数据控制语句。数据查询是数据库中最基本、最常用的一类数据操作，数据查询可以由用户，也可以由应用程序来完成。SQL 提供了强大的数据查询功能，包括对查询结果进行再处理、单张表的查询及多张表的查询。

通过本项目的学习，读者将学到如何使用查询语句，以及使用这些语句的场合。综上所述，本项目要完成的任务有常见数据查询语句的使用、单表查询语句的使用、多表查询语句的使用。

【项目目标】

- 掌握数据查询语句的基本语法；
- 了解常见运算符、单行函数、top、查询结果保存到新表、空值函数、逻辑判断语句及分组函数；
- 了解条件查询、子查询的定义及基本语法；
- 掌握单表查询语句的使用；
- 了解外链接、内连接和交叉连接的定义及基本语法；
- 掌握多表查询语句的使用。

【项目地图】

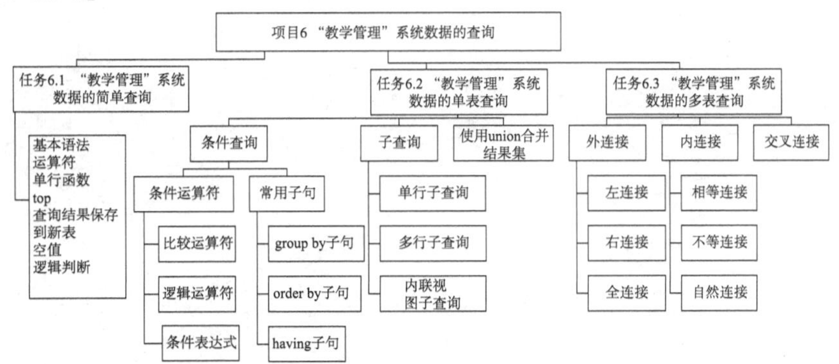

【思政小课堂】

用青年的责任担当，扛起民族复兴的大旗

中国特色社会主义事业是面向未来的事业，需要一代又一代有志青年接续奋斗。广大青年要积极响应党的号召，树立正确的世界观、人生观、价值观，永远热爱我们伟大的祖国，永远热爱我们伟大的人民，永远热爱我们伟大的中华民族，在投身中国特色社会主义伟大事业中，让青春焕发出绚丽的光彩。

一代人有一代人的青春，一代人有一代人的使命。中国改革开放以来取得的举世瞩目的成就，离不开代代人的接力奋斗，时代在前进，使命在升华。新时代中国青年既面临着建功立业的人生际遇，也面临着“天将降大任于斯人”的时代使命。站在中国特色社会主义新的历史方位，中国青年应该厚植家国情怀，担负起时代使命，为实现中华民族伟大复兴贡献青春力量。

“天下难事，必作于易；天下大事，必作于细。”时代是思想之母，实践是时代之源。当前我们比任何时期都更接近中华民族伟大复兴，中国梦是民族的梦，也是每一个人的梦，更是每一个青年最应为之拼搏的梦。青年更应积极投身于中国梦的伟大实践中去，在实践中激扬青春梦，让青春绽放出最绚丽的色彩。

青春不止，奋斗不息。青年，应当在回首往事的时候，不因虚度年华而悔恨，也不因碌碌无为而羞愧。我们比任何时候都更加接近全面建成小康社会，站在社会主义新时代，时代呼唤青年，青年既是中国梦的圆梦人，也是见证者。当今青年的奋斗内容就是要将自身的理想融入国家的复兴中，为国家发展做出贡献。

勇于担当时代责任和历史使命意味着时代新人应自觉抓住大有可为的历史机遇，要以奋进者的姿态披荆斩棘，不断开拓进取，开辟新的局面。

任务6.1 “教学管理”系统数据的简单查询

【任务工单】

任务工单6-1：“教学管理”系统数据的简单查询

任务名称	“教学管理”系统数据的简单查询				
组别		成员		小组成绩	
学生姓名				个人成绩	
任务情境	数据库管理员已按照客户需求在前面项目中完成了对“教学管理”系统表结构的设计，创建好数据库，并且创建好“教学管理”系统数据表。现请你以数据库管理员身份根据任务帮助用户完成“教学管理”系统中数据表的简单查询工作				
任务目标	掌握“教学管理”系统中运算符、单行函数、top关键字、查询结果保存到新表、空值、逻辑判断表达式查询语句				
任务要求	按本任务后面列出的具体任务内容，完成“教学管理”系统数据的查询				
知识链接					
计划决策					
任务实施	1. 使用运算符进行查询的步骤 2. 使用单行函数进行查询的步骤 3. 使用top进行查询的步骤				

续表

<table>
<tr><td rowspan="3">任务实施</td><td>4. 将查询结果保存到新表进行查询的步骤</td></tr>
<tr><td>5. 使用空值进行查询的步骤</td></tr>
<tr><td>6. 使用逻辑判断进行查询的步骤</td></tr>
<tr><td>检查</td><td>1. 基本查询语句语法格式；2. 在 SSMS 结果展示区得到正确的数据展示</td></tr>
<tr><td>实施总结</td><td></td></tr>
<tr><td>小组评价</td><td></td></tr>
<tr><td>任务点评</td><td></td></tr>
</table>

【前导知识】

一、查询语句的基本语法

如果需要检索数据库中的数据，就需要使用到 select 语句。在使用 select 语句时，必须有相应的 from 字句。当需要复杂查询时可以使用 where 子句，这在本项目都会进行详细介绍。SQL 查询语句基本语法如下：

```
select [all |distinct]〈* |字段列表 |表达式〉
from〈数据源表或视图〉
[where〈条件表达式〉]
[group by〈列名 1〉[having〈条件表达式〉]]
[order by〈列名 2〉[asc |desc]]
```

主要参数说明：

①all | distinct：all 用于查询全部结果，一般默认不写。distinct 用于使查询的结果没有重复内容。

②* | 字段列表 | 表达式：使用“*”查询表中所有字段列表。表达式可以是函数表达式、运算符表达式等有效表达式。

③数据源表或视图：用于指定操作表或视图的名称，对数据源表或视图进行数据查询。

④where〈条件表达式〉：可选项，指定查询条件。where 后可以使用各种条件，如比较关系运算符、逻辑运算符和测试运算符。

⑤group by〈列名 1〉：可选项，按列进行分组。如果没有手动的 group by，默认整个表当作一组，然后对组进行统计。

⑥having〈条件表达式〉：可选项，指定查询条件。having 后可以使用各种条件，如比较关系运算符、逻辑运算符和测试运算符。

⑦order by〈列名 2〉：可选项，按指定列进行查询结果排序。

⑧asc | desc：可选项，使用 desc 关键字进行降序排序，使用 asc 关键字进行升序排序。如不书写关键字，默认按照升序对记录进行排序。

二、运算符

通常情况下，SQL 语句中多配合使用运算符来实现预期的查询，如算术运算符、连接运算符等。

1. 算术运算符

算术运算符，即加、减、乘、除 4 种运算：+、-、*、/。算术运算符遵循一定的优先顺序，即“乘除”优先于“加减”，而“乘除”具有同等优先权，“加减”也具有相等优先级。同等优先权的运算符按照从左到右的顺序计算。

2. 连接运算符

连接运算符把列与其他列连接起来，也可以把列与字符串连接起来。连接符是加号“+”。在连接字符串时，使用单引号‘’。

提示：连接在一起的列的数据类型必须相同，并且不能为数值型。

3. 别名

通过使用［as 字段列表 | 表名］，可以为表名称或列名称指定另一个标题名。一般创建别名是为了让列名称的可读性更强。列和表的 SQL 别名分别跟在相应的列名和表名后面，

中间可以加或不加一个“as”关键字。也可以用双引号的方式来表示别名。

三、单行函数的使用

为了方便数据库的操作，SQL Server 2019 提供各种函数操作，单行函数分为字符型单行函数、数字型单行函数和日期型单行函数。

1. 字符型单行函数

常见的单行字符型函数如下。

（1）lower 函数

函数格式：lower（列名 | 表达式）。函数的功能是将查询的字符串大写转换为小写。

（2）upper 函数

函数格式：upper（列名 | 表达式）。函数的功能是将查询的字符串小写转换为大写。

（3）concat 函数

函数格式：concat（列名 1 | 表达式 1，列名 2 | 表达式 2，…）。该函数用于连接两个以上字符串，或者连接两个以上列中的数据。

（4）substring 函数

函数格式：substring（列名 | 表达式，m，n）。该函数从一个字符串中获取一个子串，该子串从表达式的第 m 个字符开始，取 n 个字符结束。

（5）len 函数

函数格式：len（列名 | 表达式）。该函数用于计算字符串中的字符个数。

（6）replace 函数

函数格式：replace（列名 | 表达式，字符串 1，字符串 2）。该函数用于把列名 | 表达式中某个字符串 1 替换为另一个字符串 2。

2. 数字型单行函数

SQL 中用于数字计算的数字函数有：

（1）abs 函数

函数格式：abs（列名 | 表达式）。该函数用于输出数据的绝对值。

（2）round 函数

函数格式：round（列名 | 表达式，n）。该函数用于输出用户指定的 n 个小数位，处理数字时，使用四舍五入的规则。

（3）power 函数

函数格式：power（列名 | 表达式，n）。该函数用于输出数据的 n 次幂。

（4）sqrt 函数

函数格式：sqrt（列名 | 表达式）。该函数用于输出数据的开方数。

3. 日期型单行函数

日期在数据库中的内部存储格式：世纪、年、月、日、时、分、秒。SQL Server 2019 提供了用于操作和显示日期的函数，如 getdate、dateadd、datepart、datediff 函数等。

（1）getdate 函数

该函数返回系统当前时间，该日期受操作系统限制。getdate 函数也可以进行算数运算，日期函数和一个数字相加减，可以得到一个日期值，这个数字代表一个天数。

（2）dateadd 函数

函数格式：dateadd（年 | 月 | 日，n，日期）。该函数用于对时间的加减运算。

（3） datepart 函数

函数格式：datepart（年 | 月 | 日 | 时 | 分 | 秒，日期）。该函数用于获取时间的年 | 月 | 日 | 时 | 分 | 秒，返回数字类型。

（4） datename 函数

函数格式：datename（年 | 月 | 日 | 时 | 分 | 秒，日期）。该函数用返回指定日期的日期部分的字符串（返回字符串）。

（5） datediff 函数

函数格式：datediff（年 | 月 | 日 | 时 | 分 | 秒，日期，日期）。该函数用于计算两日期相差的年 | 月 | 日 | 时 | 分 | 秒。

四、top 的使用

有时候只希望输出结果集中的前几行数据，而不是全部数据，这时就可以使用 top 限制结果集。

top 的语法格式：select [distinct] top n [percent] [with ties] 字段列表。

主要参数说明：

①n 为正整数，top n 表示取查询结果集的前 n 行；top n percent 表示取查询结果集的前 n% 行。

②with ties 表示包括并列结果。

提示：使用 top 时，需要与 order by 子句一起使用，否则前几名就没有任何意义。当使用 with ties 时，就必须使用 order by 子句。

五、把查询结果保存到新表

当需要把查询结果保存至一个表中时，可以通过 into 子句实现。

语法格式：

```
select〈* |字段列表 |表达式〉into〈新表名〉from〈数据源表或视图〉
```

主要参数说明：

①* | 字段列表 | 表达式：使用“*”查询表中所有字段列表。表达式可以是函数表达式、运算符表达式等有效表达式。

②新表名：创建的新表可以是永久表，也可以是临时表。临时表又分为全局临时表和局部临时表。全局临时表用“##”进行标识，对当前连接和其他访问过它的连接均有效，断开时都自动删除。局部临时表用“#”进行标识，只对当前连接有效，当前连接断开时，则自动删除。

③数据源表或视图：用于指定操作表或视图的名称，对数据源表或视图进行数据查询。

六、空值的使用

空值是一类没有定义、具有不确定性的值。在数据表中，这类值无法表示，更无法显示。空值（NULL）不是某个值，可以用 NULL 表示它。常用的处理空值函数如下：

1. isnull 函数

空值转换函数格式：isnull（表达式 1，表达式 2）。该函数规则是：如果表达式 1 为空值（NULL），则返回表达式 2 的值；否则返回表达式 1 的值。

提示：表达式 1 和表达式 2 的数据类型必须相同。

2. nullif 函数

函数格式：nullif（表达式1，表达式2）。nullif 函数用于比较两个表达式，如果两者相等，则返回空值 NULL；如果两者不等，则返回表达式1的值。

提示：表达式1的值不为 NULL。

3. coalesce 函数

函数格式：coalesce（表达式1，表达式2，…，表达式n）。该函数用于返回函数中第一个不为 null 的表达式的值。

七、逻辑判断的使用

SQL Server 2019 提供一个表达式和两个函数来逻辑判断的功能，分别是 case 表达式、choose 函数和 iif 函数。

1. case 表达式

可以用来分情况显示不同结果。case 表达式基本格式如下：

```
case 表达式 when 表达式1 then 值1
            when 表达式2 then 值2
            …
            when 表达式n then 值n
            else 默认值
end
```

case 表达式首先比较表达式和表达式1，如果二者相等，则返回值1；否则，比较表达式和表达式2，如果二者相等，则返回值2；否则，继续依次进行判断，如果都不满足，最后返回 else 后的默认值。

提示：在 case 表达式中，表达式、值和默认值必须是相同的数据类型。

2. choose 函数

该函数基本格式：choose（索引值，值1，值2，值3，…，值n）。SQL Server 2012 中新增了 choose 函数，该函数可以从值列表返回指定索引处的项。

索引值必须为整数表达式。值1，值2，值3，…，值n 需具有同样的数据类型。值类型中指定索引出的值，值1对应索引值为1、值2对应索引值为2，依此类推。

3. iif 函数

该函数基本格式：iif（判断表达式，参数值1，参数值2）。根据判断表达式计算，如果计算结果为真，返回参数值1；否则，返回参数值2。

【任务内容】

1. 使用运算符，具体要求如下：

（1）使用算术运算符查询成绩表中学号“sid”、平时成绩“score”、考试成绩“score_test”和综合成绩（在成绩表中，平时成绩*40%和考试成绩*60%相加进行综合成绩计算）。

（2）使用连接运算符查询学生表中的家乡“origin”，输出格式：×××的家乡是××。

（3）使用别名查询成绩表中学号“sid”、课程编号“courseid”、平时成绩“score”、考试成绩“score_test”和综合成绩。

2. 使用单行函数，具体要求如下：

（1）使用字符型单行函数。

（2）使用数字型单行函数。

（3）使用日期型单行函数。

3. 使用 top 关键字，具体要求如下：

（1）使用 top n 查询成绩表中平时成绩“score”前 3 名。

（2）使用 top n percent 查询成绩表中平时成绩“score”前 30% 名。

4. 将查询结果保存到新表，具体要求如下：

（1）将学生表中学生信息保存到全局临时表 stu。

（2）将成绩表中成绩信息保存到局部临时表 temp。

5. 使用空值，具体要求如下：

（1）使用 isnull 函数。

（2）使用 nullif 函数。

（3）使用 coalesce 函数。

6. 使用逻辑判断，具体要求如下：

（1）使用 case 表达式将学生表中各个同学的班级编号“classid”更改为班级，classid 为 1，则显示“一班”；classid 为 2，则显示“二班”；classid 为 3，则显示“三班”；classid 为 4，则显示“四班”；其他情况，显示“ ”。

（2）使用 choose 函数。

（3）使用 iif 函数。

【任务实施】

1. 使用运算符。

（1）使用算术运算符查询成绩表中学号“sid”、课程编号“courseid”、平时成绩“score”、考试成绩“score_test”和综合成绩。执行语句如下：select sid, courseid, score, score_test, score * 0.4 + score_test * 0.6 from dbo.成绩表，执行结果共有 30 条记录，部分查询结果如图 6－1 所示。

（2）使用连接运算符查询学生的家乡并输出格式：×××的家乡是××，执行语句如下：select sname + '的家乡是' + origin from dbo. 学生表，执行结果共有 20 条记录，部分查询结果如图 6－2 所示。

100 %

结果 消息

	sid	courseid	score	score_test	(无列名)
1	2021001	1001	88	85	86.2
2	2021002	1001	89	63	73.4
3	2021003	1001	69	96	85.2

图 6－1　使用运算符

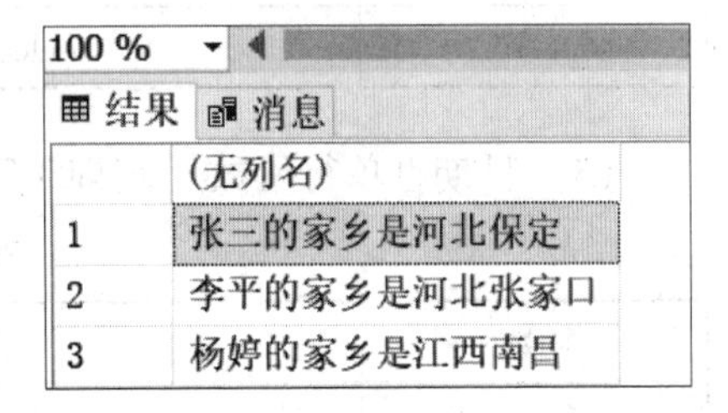

100 %

结果 消息

	(无列名)
1	张三的家乡是河北保定
2	李平的家乡是河北张家口
3	杨婷的家乡是江西南昌

图 6－2　使用连接符

（3）使用别名查询成绩表中学号“sid”、课程编号“courseid”、平时成绩“score”、考试成绩“score_test”和综合成绩。执行语句如下：select sid 学号, courseid 课程编号, score 平时成绩, score_test 考试成绩, score * 0.4 + score_test * 0.6 综合成绩 from dbo. 成绩表，执行结果共有 30 条记录，部分查询结果如图 6－3 所示。这里与图 6－1 进行比较，可以看到字段列表全部更改为中文显示。

100 %

结果 消息

	学号	课程编号	平时成绩	考试成绩	综合成绩
1	2021001	1001	88	85	86.2
2	2021002	1001	89	63	73.4
3	2021003	1001	69	96	85.2

图 6-3 使用别名

2. 单行函数。

(1) 字符型单行函数（表 6-1）。

表 6-1 字符型单行函数

函数	查询语句	查询返回结果
lower 函数	select lower('SQL Server');	SQL Server
upper 函数	select upper('SQL Server');	SQL Server
concat 函数	select concat(SQL Server','2019');	SQL Server2019
substring 函数	select substring('SQL Server',1,3);	SQL
len 函数	select len('SQL Server');	9
replace 函数	select replace('SQL Server','e','*');	SQL Server

(2) 数字型单行函数（表 6-2）。

表 6-2 数字型单行函数

函数	查询语句	查询返回结果
abs 函数	select abs(-1);	1
round 函数	select round(3.1415926,3);	3.142
power 函数	select power(2,2);	4
sqrt 函数	select sqrt(4);	2

(3) 日期型单行函数（查询时间为 2020-02-10）（表 6-3）。

表 6-3 日期型单行函数

函数	查询语句	查询返回结果
getdate 函数	select getdate();	系统时间
dateadd 函数	select dateadd(day,1,getdate());	系统时间 +1 天
datepart 函数	select datepart(month,getdate());	2
datename 函数	select datename(month,getdate());	02
datediff 函数	select datediff(day,'2021-2-1','2021-2-10');	9

3. 使用 top 关键字。

（1）使用 top n 查询成绩表中平时成绩“score”前 3 名。执行语句如下：select top 3* from dbo. 成绩表 order by score desc，执行结果共有 3 条记录，查询结果如图 6－4 所示。

（2）使用 top n percent 查询成绩表中平时成绩“score”前 30% 名。执行语句如下：select top 30 percent * from dbo. 成绩表 order by score desc，执行结果共有 9 条记录，成绩表中有 30 条记录，查询结果为 30% *30 =9 条，部分查询结果如图 6－5 所示。

100 %
结果 消息

	cid	sid	courseid	score	score_test
1	30	2021012	1012	98	76
2	24	2021010	1012	94	84
3	26	2021011	1006	93	85

图 6－4　使用 top n

100 %
结果 消息

	cid	sid	courseid	score	score_test
1	30	2021012	1012	98	76
2	24	2021010	1012	94	84
3	26	2021011	1006	93	85
4	29	2021012	1010	93	69
5	23	2021010	1006	92	65
6	18	2021008	1011	92	54
7	17	2021008	1006	91	87
8	2	2021002	1001	89	63
9	9	2021005	1003	88	70

图 6－5　使用 top n percent

4. 将查询结果保存到新表。

（1）将学生表中学生信息保存到全局临时表 stu，执行语句如下：select * into ##stu from dbo. 学生表。使用下面语句进行验证：select * from ##stu，可以查看到学生表所有信息。

（2）将成绩表中成绩信息保存到局部临时表 temp，执行语句如下：select * into #temp from dbo. 成绩表。使用下面语句进行验证：select * from #temp，可以查看到成绩表所有信息。

5. 使用空值（表 6－4）。

表 6－4　使用空值

函数	查询语句	查询返回结果
isnull 函数	select isnull(null,'p'); select isnull('8','p');	p 8
nullif 函数	select nullif(1,1); select nullif(1,2);	null 1
coalesce 函数	select coalesce('a',null,'1','2'); select coalesce(null,null,'1','2');	a 1

6. 使用逻辑判断。

（1）使用 case 表达式，可以分情况显示不同类型的数据。查询语句中的 case 表达式一般出现在查询列表中。将学生表中各个同学的班级编号“classid”更改为班级，执行语句：select sid,sname,case classid when '1' then '一班' when '2' then '二班' when '3' then'三班' when '4' then '四班' else '' end from dbo. 学生表。执行结果如图 6-6 所示，结果为部分展示。

（2）使用 choose 函数，执行语句如下：select choose(2,'a','b','c','d')，返回结果“b”。第一个参数为 2，在 a，b，c，d 中返回第 2 项 b。

（3）使用 iif 函数，执行语句如下：select iif(1 >2,'表达式为真','表达式为假')，返回结果“表达式为假”。判断第一个参数“1 >2”为假，返回“表达式为假”。若第一个参数为真，返回“表达式为真”。

	SID	SNAME	(无列名)
1	2021001	张三	一班
2	2021002	李平	一班
3	2021003	杨婷	一班
4	2021004	冷玉林	一班
5	2021005	周志鹏	一班
6	2021006	陈斌	一班
7	2021007	谢平	三班
8	2021008	刘佳明	三班
9	2021009	黄欣杰	三班
10	2021010	邹文娇	三班

图 6-6　使用 case 表达式

任务6.2 “教学管理”系统数据的单表查询

【任务工单】

任务工单6-2：“教学管理”系统数据的单表查询

<table>
<tr><td>任务名称</td><td colspan="4">“教学管理”系统数据的单表查询</td></tr>
<tr><td>组别</td><td></td><td>成员</td><td></td><td>小组成绩</td><td></td></tr>
<tr><td>学生姓名</td><td colspan="3"></td><td>个人成绩</td><td></td></tr>
<tr><td>任务情境</td><td colspan="5">数据库管理员已按照客户需求完成了对“教学管理”系统中数据表的简单查询工作。学校老师此时需要对数据表中某些数据进行精确查询。现请你以数据库管理员身份继续根据任务使用合适的查询语句完成“教学管理”系统中数据表的单表查询工作</td></tr>
<tr><td>任务目标</td><td colspan="5">掌握条件查询、子查询以及union合并结果集在“教学管理”系统数据中的使用</td></tr>
<tr><td>任务要求</td><td colspan="5">按本任务后面列出的具体任务内容，完成“教学管理”系统数据的单表查询</td></tr>
<tr><td>知识链接</td><td colspan="5"></td></tr>
<tr><td>计划决策</td><td colspan="5"></td></tr>
<tr><td>任务实施</td><td colspan="5">1. 使用条件查询进行“教学管理”系统数据的查询

2. 使用子查询进行“教学管理”系统数据的查询

3. 使用union合并“教学管理”系统查询结果集</td></tr>
</table>

续表

检查	1. 条件运算符、常用子句的基本格式；2. 单行子查询、多行子查询、内联视图子查询的基本语法
实施总结	
小组评价	
任务点评	

【前导知识】

一、条件查询

在 select 语句中，可以通过设置条件来达到更精确的查询。条件由表达式与操作符共同指定。查询条件可以应用于 where 子句、having 子句。在条件查询中，where | having 后可以跟各种条件，如比较关系运算符、逻辑运算符和测试运算符。

1. 条件运算符

比较关系运算符包括 >（大于）、<（小于）、>=（大于等于）、<=（小于等于）、=（等于）、!= 或 < >（不等于）、= any（相当于 in）、> any（大于最小的）、< any（小于最大的）、> all（大于最大的）、< all（小于最小的）。

逻辑运算符包括 and（满足所有条件）、or（满足任意一个条件）和 not（否），运算优先级顺序为 not > and > or。

条件表达式可以指定范围查询条件。包括［not］in（元素［不］在指定集合中）、［not］exists（［不］存在符合条件的元素）、between…and…（在两者之间，例如 between a and b 表示某个值大于等于 a 且小于等于 b）、is［not］null（值［不］等于 null）、［not］like（字符串模糊［不］匹配）等。

2. 常用子句

（1）group by 子句

group by 子句与分组函数一起用于对表进行分组，但不保证结果集的顺序。

常用子句

基本格式：group by［column_name,］［，...］。

group by 子句中的表达式可以包含 from 子句中表、视图的任何列，无论这些列是否出现在 select 列表中。group by 后的表达式可以使用括号，如 group by expr1,expr2 或者 group by (expr1),(expr2)。但不支持 group by(expr1,expr2) 格式。

提示：常见分组函数见表 6-5。

表 6-5 常见分组函数

函数名称	作用
avg()	统计平均值
sum()	统计总和
max()	统计最大值
min()	统计最小值
count()	统计行数

（2）order by 子句

使用 order by 子句对查询语句返回的行根据指定的某一列（或多列）属性进行排序。如果没有 order by 子句，则多次执行的同一查询将不一定以相同的顺序进行行的检索。

基本格式：order by［column_name | number | expression］［asc | desc］。

主要参数说明：

①column_name | number | expression 表示 order by 后面可以跟列名、数字、表达式。例如 order by 1 表示根据查询选择列中第一个字段排序、order by（column1 + column2）表示根据 column1 与 column2 的和的大小来排序。

②［asc | desc］：order by 语句默认按照升序对记录进行排序。如果希望按照降序对记录进行排序，请使用 desc 关键字。使用 asc 关键字进行升序。

（3）having 子句

与 group by 子句配合用来选择特殊的组。having 子句将组的一些属性与一个常数值比较，只有满足 having 子句中的条件的组才会被提取出来。

基本格式：having condition［，...］。

二、子查询

子查询

子查询，或称之为嵌套查询，是一个 select 语句的查询结果能够作为另一个语句的输入值。子查询不但能够出现在 where 子句中，也能够出现在 from 子句中。子查询分为单行子查询、多行子查询、内联视图子查询，这里的单行和多行的意思是子查询中返回结果涉及的行数。

1. 子查询嵌套在 where 子句的格式

● 通过运算符 in 和 not in，将 expression 的值与子查询返回的结果集进行比较。格式如下：

```
where expression [not]in(子查询)
```

● 通过比较运算符（>、=、<、<>、!=、>=、<=）将 expression 的值与子查询返回的单属性值进行比较。格式如下：

```
where expression 比较运算符(子查询)
```

● 通过运算符 exists 和 not exists 判断子查询中是否有记录，如果有一条或多条记录存在，返回 true，否则返回 false。格式如下：

```
where expression [not]exists(子查询)
```

2. 内联视图子查询

通常指在 from 子句中使用的子查询。子查询嵌套在 from 子句中，格式为：

```
select * |字段列表 |表达式 from (子查询) [as] name …
```

主要参数说明：

①* | 字段列表 | 表达式：必须来源于子查询的结果集。

②子查询：此子查询一般返回多行多列，将其当作一张数据表。

③［as］name：为子查询生成的数据表命名，方便使用。

三、使用 union 合并结果集

union

除子查询外，还可以使用集合运算符 union 处理多个查询的结果集。union 操作符用于合并两个或多个 select 语句的结果集。union 内部的 select 语句必须拥有相同数量的列。列也必须拥有相似的数据类型。同时，每条 select 语句中的列的顺序必须相同。

union 使用语法格式：select 语句 1 union［all］select 语句 2 union［all］… select 语句 n。其中，select 语句 1，select 语句 2，…，select 语句 n 均表示一条完整的查询语句。再使用 union［all］把多个查询的结果集进行合并。

union 运算符通过组合两个或多个结果集并消去表中任何重复行而派生出一个结果表。

当 all 随 union 一起使用时（即 union all），不消除重复行。

提示：合并结果集后，结果集中的列标题采用第一个查询语句的列标题。如果要对查询结果进行排序，应该把 order by 子句放在最后一个查询语句的后面。

【任务内容】

1. 使用条件查询语句，具体要求如下：

（1）使用 and 和比较操作符查询成绩表中课程编号“courseid”为 1001 并且平时分数“score”大于 80 的成绩信息。

（2）使用 in/or 操作符查询成绩表中课程编号“courseid”为 1001 或 1002 的成绩信息。

（3）使用 like 操作符的模糊条件查询学生表中“sname”姓陈的学生信息。

（4）使用 group by 子句查询成绩表中课程编号“courseid”的平均分和总分，即按课程编号“courseid”进行分组。

（5）使用 order by 子句对（4）中的查询结果按平均分进行排序。

（6）使用 having 子句查询成绩表中平均分大于 80 的课程编号“courseid”及平均分。

2. 使用子查询语句，具体要求如下：

（1）在 where 子句中使用单行子查询来查询学生表中学号“sid”为 2021001 的同班同学的学生信息。

（2）使用 in 操作符的多行子查询来查询成绩表中班级编号“classid”为 1 的学生的选修课程编号“courseid”为 1001 的全部成绩信息。

（3）使用比较运算符的多行子查询来查询成绩表中课程编号“courseid”为 1001 并且平时分数“score”大于课程编号“courseid”为 1003 中最低成绩的成绩信息。

（4）使用 exists 操作符的多行子查询来查询学生表中选修了课程编号“courseid”为 1001 的学生信息。

（5）使用 from 子句查询来查询成绩表中课程编号“courseid”为 1001 的学号“sid”和平时分数“score”信息。

3. 使用 union [all] 合并结果集，具体要求如下：

（1）使用 union 查询成绩表中课程编号“courseid”为 1001 或 1003 的学号“sid”、课程编号“courseid”和平时分数“score”。

（2）使用 union all 查询成绩表中课程编号“courseid”为 1001 或 1003 的学号“sid”、课程编号“courseid”和平时分数“score”。

【任务实施】

1. 使用条件查询语句。

（1）使用 and 和比较操作符查询成绩表中课程编号“courseid”为 1001 并且平时分数“score”大于 80 的成绩信息。执行语句如下：select * from dbo.成绩表 where courseid = 1001 and score > 80，执行结果共有 3 条记录，如图 6-7 所示。

	cid	sid	courseid	score	score_test
1	1	2021001	1001	88	85
2	2	2021002	1001	89	63
3	5	2021004	1001	88	55

图 6-7 使用 and 和比较操作符

（2）使用 in/or 操作符查询成绩表中课程编号“courseid”为 1001 或 1002 的成绩信息。执行语句如下：select * from dbo. 成绩表 where courseid in(1001,1002)，其执行结果等同于 select * from dbo. 成绩表 where courseid = 1001 or courseid = 1002，执行结果共有 7 条记录，如图 6-8 所示。

	cid	sid	courseid	score	score_test
1	1	2021001	1001	88	85
2	2	2021002	1001	89	63
3	3	2021003	1001	69	96
4	4	2021004	1002	62	52
5	5	2021004	1001	88	55
6	7	2021005	1001	76	26
7	8	2021005	1002	66	90

图 6-8 使用 in/or 操作符

（3）使用 like 操作符的模糊条件查询学生表中“sname”姓陈的学生信息。第 1 个执行语句如下：select * from dbo. 学生表 where sname like'陈%'，执行结果共有 4 条记录，查询结果为陈斌、陈思敏、陈靖、陈建军 4 人的学生信息，如图 6-9（a）所示；第 2 个执行语句如下：select * from dbo. 学生表 where sname like'陈_'，执行结果共有 2 条记录，查询结果为陈斌、陈靖 2 人的学生信息，如图 6-9（b）所示。可以观察到“%”表示 0 个或更多字符的任意字符串，“_”表示任何单个字符。

100 %

结果 消息

	sid	sname	ssex	sbirth	partymember	origin	tel	classid	remarks
1	2021006	陈斌	男	2003-08-29	1	江西樟树	17637893287	1	
2	2021011	陈思敏	女	2002-12-01	1	江西九江	14523456543	3	
3	2021012	陈靖	女	2002-12-08	1	江西鹰潭	18914560932	3	
4	2021015	陈建军	男	2002-09-12	1	江西赣州	17612567823	3	

（a）

	sid	sname	ssex	sbirth	partymember	origin	tel	classid	remarks
1	2021006	陈斌	男	2003-08-29	1	江西樟树	17637893287	1	
2	2021012	陈靖	女	2002-12-08	1	江西鹰潭	18914560932	3	

（b）

图 6-9 使用 like 运算符

提示：like 通过与四大类通配符（%、_、[]、[^]）配合使用进行模糊查询功能。

（4）使用 group by 子句查询成绩表中每个课程编号“courseid”的平均分和总分，即按课程编号进行分组。执行语句如下：select courseid "课程编号", avg(score) "平均分", sum(score) "总分" from dbo. 成绩表 group by courseid，执行结果共有 13 条记录，即在成绩表中有 13 门功课，并同时出现各门功课的平均分总分，如图 6-10 所示。

（5）使用 order by 子句对（4）中的查询结果按平均分进行排序。执行语句如下：select courseid "课程编号", avg(score) "平均分", sum(score) "总分" from dbo. 成绩表 group by coursed order by avg(score)，执行结果和（4）相同，共有13条记录。不过在此处按照平均分进行了升序排序（即从低到高），如图6-11所示。

（6）使用having子句查询成绩表中平均分大于80的课程编号“courseid”及平均分。执行语句如下：select courseid,avg(score)from dbo.成绩表 group by courseid having avg(score)>80，执行结果共有6条记录，如图6-12所示。

2. 使用子查询语句。

（1）在where子句中使用单行子查询来查询学生表中学号“sid”为2021001的同班同学的学生信息，执行语句如下：select * from dbo.学生表 where classid=(select classid from dbo.学生表 where sid=2021001)。其查询过程是：首先执行子查询，找到学号“sid”为2021001学生的班级编号“classid”，该值只有一个查询结果，即1，然后执行主查询select * from dbo.学生表 where classid=1，如图6-13所示。

100 % 结果 消息

	课程编号	平均分	总分
1	1001	82	410
2	1002	64	128
3	1003	85	170
4	1004	63	63
5	1005	80	322
6	1006	90	363
7	1007	62	62
8	1008	72	145
9	1009	77	155
10	1010	93	93
11	1011	92	92
12	1012	91	275
13	1013	78	157

图6-10 使用group by子句

100 % 结果 消息

	课程编号	平均分	总分
1	1007	62	62
2	1004	63	63
3	1002	64	128
4	1008	72	145
5	1009	77	155
6	1013	78	157
7	1005	80	322
8	1001	82	410
9	1003	85	170
10	1006	90	363
11	1012	91	275
12	1011	92	92
13	1010	93	93

图6-11 使用order by子句

	COURSEID	(无列名)
1	1001	82
2	1003	85
3	1006	90
4	1010	93
5	1011	92
6	1012	91

图6-12 使用having子句

	sid	sname	ssex	sbirth	partymember	origin	tel	classid	remarks
1	2021001	张三	女	2002-10-01	0	河北保定	13870892234	1	
2	2021002	李平	男	2002-11-06	0	河北张家口	15612780267	1	
3	2021003	杨婷	女	2003-05-02	0	江西南昌	19267267892	1	
4	2021004	冷玉林	男	2001-12-22	0	山东济南	15626789922	1	
5	2021005	周志鹏	男	2001-08-22	1	山东青岛	18625678932	1	
6	2021006	陈斌	男	2003-08-29	1	江西樟树	17637893287	1	

图6-13 在where子句中使用单行子查询

（2）使用 in 操作符的多行子查询来查询成绩表中班级编号“classid”为 1 的学生的选修课程编号“courseid”为 1001 的全部成绩信息。执行语句如下：select * from dbo. 成绩表 where sid in(select sid from dbo.学生表 where classid = 1) and courseid = 1001。执行结果如图 6 – 14 所示。

	cid	sid	courseid	score	score_test
1	1	2021001	1001	88	85
2	2	2021002	1001	89	63
3	3	2021003	1001	69	96
4	5	2021004	1001	88	55
5	7	2021005	1001	76	26

图 6 – 14　使用 in 操作符的多行子查询

（3）使用比较运算符的多行子查询来查询成绩表中课程编号“courseid”为 1001 并且平时分数“score”大于课程编号“courseid”为 1003 中最低成绩的成绩信息。执行语句如下：select * from dbo. 成绩表 where courseid = 1001 and score > any(select score from dbo. 成绩表 where courseid = 1003)。执行结果如图 6 – 15 所示。

	cid	sid	courseid	score	score_test
1	1	2021001	1001	88	85
2	2	2021002	1001	89	63
3	5	2021004	1001	88	55

图 6 – 15　使用比较运算符的多行子查询

（4）使用 exists 操作符的多行子查询来查询学生表中选修了课程编号“courseid”为 1001 的学生信息。执行语句如下：select * from dbo. 学生表 where exists(select * from dbo. 成绩表 where sid = dbo. 学生表 . sid and courseid = 1001)。执行结果如图 6 – 16 所示。

提示：带 exists 的查询首先执行外层查询，然后执行内层查询。由外层查询的值决定内层查询的结果；内层查询的执行次数由外层查询的结果数决定。

	sid	sname	ssex	sbirth	partymember	origin	tel	classid	remarks
1	2021001	张三	女	2002-10-01	0	河北保定	13870892234	1	
2	2021002	李平	男	2002-11-06	0	河北张家口	15612780267	1	
3	2021003	杨婷	女	2003-05-02	0	江西南昌	19267267892	1	
4	2021004	冷玉林	男	2001-12-22	0	山东济南	15626789922	1	
5	2021005	周志鹏	男	2001-08-22	1	山东青岛	18625678932	1	

图 6 – 16　使用 exists 操作符的多行子查询

（5）使用 from 子句查询来查询成绩表中课程编号“courseid”为 1001 的学号“sid”和平时分数“score”信息。执行语句如下：select sid，score from (select sid，score from dbo. 成绩表 where courseid = 1001)b，查询结果等同于 select sid,score from dbo. 成绩表 where courseid = 1001。虽然也可以用简单条件查询进行查询，但其执行过程并不相同。from 子句“（select sid，score from dbo. 成绩表 where courseid = 1001）b” 表示从 dbo. 成绩表中派生一张表 b，表 b 中只有两个属性：sid、score。

3. 使用 union[all] 合并结果集。

（1）使用 union 查询成绩表中课程编号“courseid”为 1001 或 1003 的学号“sid”、课程编号“courseid”和平时分数“score”。执行语句如下：select sid, courseid, score from dbo. 成绩表 where courseid = 1001 union select sid, courseid, score from dbo. 成绩表 where courseid = 1001 or courseid = 1003。执行结果如图 6 – 17 所示。

（2）使用 union all 查询成绩表中课程编号“courseid”为 1001 或 1003 的学号“sid”、课程编号“courseid”和平时分数“score”。执行语句如下：select sid, courseid, score from dbo. 成绩表 where courseid = 1001 union all select sid, courseid, score from dbo. 成绩表 where courseid = 1001 or courseid = 1003。执行结果如图 6 – 18 所示。

100 %

结果 消息

	sid	courseid	score
1	2021001	1001	88
2	2021002	1001	89
3	2021003	1001	69
4	2021004	1001	88
5	2021004	1003	82
6	2021005	1001	76
7	2021005	1003	88

图 6 – 17　使用 union

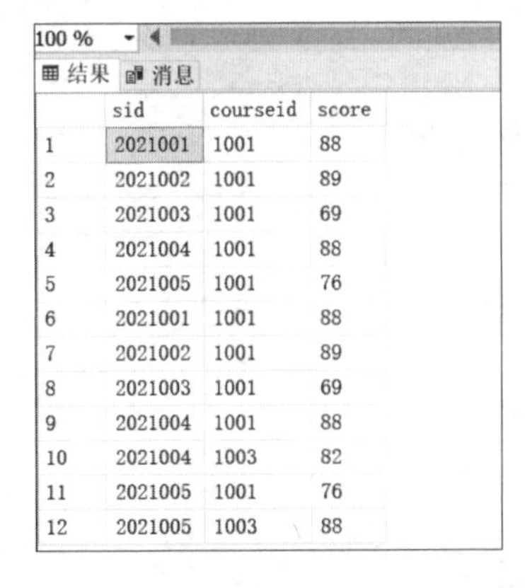

100 %

结果 消息

	sid	courseid	score
1	2021001	1001	88
2	2021002	1001	89
3	2021003	1001	69
4	2021004	1001	88
5	2021005	1001	76
6	2021001	1001	88
7	2021002	1001	89
8	2021003	1001	69
9	2021004	1001	88
10	2021004	1003	82
11	2021005	1001	76
12	2021005	1003	88

图 6 – 18　使用 union all

由上述两个执行语句可验证：union 运算符组合两个或多个结果集并消去表中任何重复行，而 union all 则保留重复行。

任务6.3 “教学管理”系统数据的多表查询

【任务工单】

任务工单6-3：“教学管理”系统数据的多表查询

<table>
<tr><td>任务名称</td><td colspan="5">“教学管理”系统数据的多表查询</td></tr>
<tr><td>组别</td><td></td><td>成员</td><td></td><td>小组成绩</td><td></td></tr>
<tr><td>学生姓名</td><td colspan="3"></td><td>个人成绩</td><td></td></tr>
<tr><td>任务情境</td><td colspan="5">数据库管理员已按照客户需求在前面项目中完成了数据的简单查询和单表查询工作，现请你以数据库管理员身份根据任务帮助用户完成“教学管理”系统中数据表的多表查询工作</td></tr>
<tr><td>任务目标</td><td colspan="5">使用外连接、内连接、交叉连接进行多表查询</td></tr>
<tr><td>任务要求</td><td colspan="5">按本任务后面列出的具体任务内容，完成“教学管理”系统数据的多表查询</td></tr>
<tr><td>知识链接</td><td colspan="5"></td></tr>
<tr><td>计划决策</td><td colspan="5"></td></tr>
<tr><td>任务实施</td><td colspan="5">1. 使用外连接进行查询的操作步骤
2. 使用内连接进行查询的操作步骤
3. 使用交叉连接进行查询的操作步骤</td></tr>
</table>

续表

检查	1. 连接查询的语法格式；2. 连接的属性语义、数据类型是否相同
实施总结	
小组评价	
任务点评	

【前导知识】

在关系数据库中，数据库表一般是经过规范化的，因此，人们所需要的信息往往来自多张表。若一个查询涉及两个或两个以上的表，此时就需要使用到多表查询，或称之为连接查询。

一、外连接

外连接以一张数据表为基础，将另一张表与之进行条件匹配。外连接又分为左连接、右连接和全连接。

```
select 列名1 [,列名2,列名3,…] from 表1
left |right |full [outer] join 表2 on〈连接条件〉
```

主要参数说明：

①列名1［，列名2，列名3，…］：查询表中相关列。

②left | right | full［outer］join：left［outer］join 表示左连接，right［outer］join 表示右连接，full［outer］join 表示全连接。

③〈连接条件〉:［〈表1.〉］〈列名1〉=［〈表2.〉］〈列名2〉。两表连接的属性值需要语义、数据类型相同。

1. 左连接、右连接

左连接是以左表为基准，将两张表的数据基于条件进行连接，若左表的某行在右表中没有匹配行，则在相关联的结果集行中，右表的所有选择列表列均为null。

右连接是以右表为基准，将两张表的数据基于条件进行连接，若右表的某行在左表中没有匹配行，则在相关联的结果集行中，左表的所有选择列表列均为null。

2. 全连接

全连接返回左表和右表中的所有行。当某行在另一个表中没有匹配行时，则另一个表的选择列表列包含空值。如果表之间有匹配行，则整个结果集行包含基表的数据值。全连接是左连接和右连接的结合，即先执行一个左连接，然后执行一个右连接，最后将两个结果集执行union操作（union会消除重复记录）。

二、内连接

内连接是一种常用的连接类型，使用内连接时，如果两个表的相关字段满足连接条件，则可以从两个表中提取数据并组合成新的记录。在内连接中，只有满足连接条件的元组才能作为结果输出，即内连接操作的结果全部都是满足连接的数据。使用内连接，连接执行顺序必然遵循语句中所写的表的顺序。内连接所连接的数据表处于相同的地位。

内连接的语法格式：

```
select 列名1 [,列名2, 列名3…] from 表1
[inner] join 表2 on〈连接条件〉
```

主要参数说明：

①列名1［，列名2，列名3…］：查询表中相关列。

②［inner］join：内连接。

③〈连接条件〉：［〈表1.〉］〈列名1〉=［〈表2.〉］〈列名2〉。两表连接的属性值需要语义、数据类型相同。

内连接分为三种：相等连接、不等连接、自然连接。

1. 相等连接

在连接条件中，使用等于（=）运算符比较被连接列的列值，其查询结果中列出被连接表中的所有列，包括其中的重复列。

相等连接的语法格式：

```
select 列名1 [,列名2, 列名3…] from 表1
[inner] join 表2 on〈相等连接条件〉
```

2. 不等连接

在连接条件使用除等于运算符以外的其他比较运算符比较被连接的列的列值。这些运算符包括 >、>=、<=、<、!>、!<和<>。

不等连接的语法格式：

```
select 列名1 [,列名2, 列名3,…] from 表1
[inner]join 表2 on〈不等连接条件〉
```

3. 自然连接

在数据库关系中，自然连接是一个重要的连接运算。有两个表做自然连接，一般这两个表至少有一个相同属性的值。自然连接是按照等值连接，并且展示的结果中不包含重复的属性列（删除重复列），保留了所有不重复的属性列。由于使用自然连接需要知道两个表的属性信息，使用起来没有相等连接方便，所以很少在数据库维护中使用，一般会使用相等连接代替。

自然连接的语法格式：

```
select 表1.列名1 [,列名2, 列名3,…] , 表2.列名1 [,列名2, 列名3,…]
from 表1[inner] join 表2 on〈相等连接条件〉
```

三、交叉连接

交叉连接（也称作笛卡尔积）返回左表中的所有行，左表中的每一行与右表中的所有行组合。如果表1有n行，而表2有m行，则交叉连接的结果有n*m行。交叉连接的结果一般没有实际意义。

交叉连接的语法格式：

```
select 列名1 [,列名2, 列名3,…] from 表1 cross join 表2
```

主要参数说明：

①列名1 [,列名2, 列名3,…]：查询表中相关列。

②cross join：交叉连接。

提示1：如果某两个或某几个表正好有一些共同的列名，推荐使用表名限定列名（即表名.列名）。不限定列名可以得到查询结果，但使用完全限定的表和列名称，可以减少数据库内部的处理工作量，提高查询速度。

提示2：连接查询中的表中可以是普通表、视图、子查询。

【任务内容】

1. 使用SQL命令进行外连接查询，具体要求如下：

（1）使用左连接查询每个学生的每门课程平时成绩。

（2）使用右连接查询每个学生的每门课程平时成绩。

（3）使用全连接查询每个学生的每门课程平时成绩。

2. 使用SQL命令进行内连接查询，具体要求如下：

（1）使用相等连接查询每个学生的每门课程平时成绩。

（2）使用不等连接查询成绩表中学生的课程编号1001的成绩大于课程编号1002的成绩的成绩信息。

（3）使用自然连接查询每个学生的每门课程平时成绩。

3. 使用SQL命令进行交叉连接查询。

【任务实施】

1. 使用SQL命令的进行外连接查询，具体要求如下：

（1）使用左连接查询每个学生的每门课程平时成绩，执行语句如下：select * from dbo.学生表 s1 left join dbo.成绩表 s2 on s1.sid = s2.sid，结果如图6－19所示。可以观察到以学生表为基准，将学生表和成绩表的数据基于学号“sid”进行连接，若学生表的某行在成绩表中没有匹配行，则在相关联的结果集行中，成绩表的所有选择列表列均为null。

100 %

结果 消息

	sid	sname	ssex	sbirth	partymember	origin	tel	classid	remarks	cid	sid	courseid	score	score_test
16	2021008	刘佳明	男	2003-09-02	0	吉林长春	16523456754	3		16	2021008	1005	88	60
17	2021008	刘佳明	男	2003-09-02	0	吉林长春	16523456754	3		17	2021008	1006	91	87
18	2021008	刘佳明	男	2003-09-02	0	吉林长春	16523456754	3		18	2021008	1011	92	54
19	2021009	黄欣杰	女	2004-01-05	0	湖南长沙	15632450987	3		19	2021009	1006	87	63
20	2021009	黄欣杰	女	2004-01-05	0	湖南长沙	15632450987	3		20	2021009	1008	69	97
21	2021009	黄欣杰	女	2004-01-05	0	湖南长沙	15632450987	3		21	2021009	1009	83	88
22	2021010	邹文娇	女	2004-06-02	0	江西南昌	15678952345	3		22	2021010	1005	77	74
23	2021010	邹文娇	女	2004-06-02	0	江西南昌	15678952345	3		23	2021010	1006	92	65
24	2021010	邹文娇	女	2004-06-02	0	江西南昌	15678952345	3		24	2021010	1012	94	84
25	2021011	陈思敏	女	2002-12-01	1	江西九江	14523456543	3		25	2021011	1005	83	77
26	2021011	陈思敏	女	2002-12-01	1	江西九江	14523456543	3		26	2021011	1006	93	85
27	2021011	陈思敏	女	2002-12-01	1	江西九江	14523456543	3		27	2021011	1013	72	62
28	2021012	陈靖	女	2002-12-08	1	江西鹰潭	18914560932	3		28	2021012	1008	76	78
29	2021012	陈靖	女	2002-12-08	1	江西鹰潭	18914560932	3		29	2021012	1010	93	69
30	2021012	陈靖	女	2002-12-08	1	江西鹰潭	18914560932	3		30	2021012	1012	98	76
31	2021013	际婷	女	2003-03-12	1	江西樟树	16812456789	3		NULL	NULL	NULL	NULL	NULL
32	2021014	王玲	女	2004-01-09	0	江苏南京	17825671267	3		NULL	NULL	NULL	NULL	NULL
33	2021015	陈建军	男	2002-09-12	1	江西赣州	17612567823	3		NULL	NULL	NULL	NULL	NULL
34	2021016	李强	男	2003-08-06	1	江西新余	18916764534	3		NULL	NULL	NULL	NULL	NULL
35	2021017	吴行建	男	2002-11-06	1	江西赣州	16524567656	4		NULL	NULL	NULL	NULL	NULL
36	2021018	左奇	男	2002-12-08	0	江西南昌	17883256745	4		NULL	NULL	NULL	NULL	NULL
37	2021019	聂锋	男	2003-10-08	1	江西南昌	17267564323	4		NULL	NULL	NULL	NULL	NULL
38	2021020	贺珉	男	2004-05-01	0	江西九江	19826789327	4		NULL	NULL	NULL	NULL	NULL

图6－19　使用左连接查询每个学生的每门课程平时成绩

（2）使用右连接查询每个学生的每门课程平时成绩，执行语句如下：select * from dbo.学生表 s1 right join dbo.成绩表 s2 on s1.sid = s2.sid，结果如图6－20所示。可以观察到以成绩表为基准，将学生表和成绩表的数据基于学号“sid”进行连接，若成绩表的某行在学生表中没有匹配行，则在相关联的结果集行中，学生表的所有选择列表列均为null。在此处成绩表中的学号“sid”在学生表中都有匹配，没有出现null。

（3）使用全连接查询每个学生的每门课程平时成绩，执行语句如下：select * from dbo.学生表 s1 full join dbo.成绩表 s2 on s1.sid = s2.sid。结果如图6－21所示。可以观察到此条语句返回左连接与右连接的所有行。

	sid	sname	ssex	sbirth	partymember	origin	tel	classid	remarks	cid	sid	courseid	score	score_test
8	2021005	周志鹏	男	2001-08-22	1	山东青岛	18625678932	1		8	2021005	1002	66	90
9	2021005	周志鹏	男	2001-08-22	1	山东青岛	18625678932	1		9	2021005	1003	88	70
10	2021006	陈斌	男	2003-08-29	1	江西樟树	17637893287	1		10	2021006	1007	62	63
11	2021006	陈斌	男	2003-08-29	1	江西樟树	17637893287	1		11	2021006	1009	72	69
12	2021007	谢平	男	2001-08-06	1	安徽合肥	15623459872	3		12	2021007	1004	63	96
13	2021007	谢平	男	2001-08-06	1	安徽合肥	15623459872	3		13	2021007	1005	74	65
14	2021007	谢平	男	2001-08-06	1	安徽合肥	15623459872	3		14	2021007	1012	83	82
15	2021007	谢平	男	2001-08-06	1	安徽合肥	15623459872	3		15	2021007	1013	85	63
16	2021008	刘佳明	男	2003-09-02	0	吉林长春	16523456754	3		16	2021008	1005	88	60
17	2021008	刘佳明	男	2003-09-02	0	吉林长春	16523456754	3		17	2021008	1006	91	87
18	2021008	刘佳明	男	2003-09-02	0	吉林长春	16523456754	3		18	2021008	1011	92	54
19	2021009	黄欣杰	女	2004-01-05	0	湖南长沙	15632450987	3		19	2021009	1006	87	63
20	2021009	黄欣杰	女	2004-01-05	0	湖南长沙	15632450987	3		20	2021009	1008	69	97
21	2021009	黄欣杰	女	2004-01-05	0	湖南长沙	15632450987	3		21	2021009	1009	83	88
22	2021010	邹文娇	女	2004-06-02	0	江西南昌	15678952345	3		22	2021010	1005	77	74
23	2021010	邹文娇	女	2004-06-02	0	江西南昌	15678952345	3		23	2021010	1006	92	65
24	2021010	邹文娇	女	2004-06-02	0	江西南昌	15678952345	3		24	2021010	1012	94	84
25	2021011	陈思敏	女	2002-12-01	1	江西九江	14523456543	3		25	2021011	1005	83	77
26	2021011	陈思敏	女	2002-12-01	1	江西九江	14523456543	3		26	2021011	1006	93	85
27	2021011	陈思敏	女	2002-12-01	1	江西九江	14523456543	3		27	2021011	1013	72	62
28	2021012	陈靖	女	2002-12-08	1	江西鹰潭	18914560932	3		28	2021012	1008	76	78
29	2021012	陈靖	女	2002-12-08	1	江西鹰潭	18914560932	3		29	2021012	1010	93	69
30	2021012	陈靖	女	2002-12-08	1	江西鹰潭	18914560932	3		30	2021012	1012	98	76

图 6－20　使用右连接查询

	sid	sname	ssex	sbirth	partymember	origin	tel	classid	remarks	cid	sid	courseid	score	score_test
16	2021008	刘佳明	男	2003-09-02	0	吉林长春	16523456754	3		16	2021008	1005	88	60
17	2021008	刘佳明	男	2003-09-02	0	吉林长春	16523456754	3		17	2021008	1006	91	87
18	2021008	刘佳明	男	2003-09-02	0	吉林长春	16523456754	3		18	2021008	1011	92	54
19	2021009	黄欣杰	女	2004-01-05	0	湖南长沙	15632450987	3		19	2021009	1006	87	63
20	2021009	黄欣杰	女	2004-01-05	0	湖南长沙	15632450987	3		20	2021009	1008	69	97
21	2021009	黄欣杰	女	2004-01-05	0	湖南长沙	15632450987	3		21	2021009	1009	83	88
22	2021010	邹文娇	女	2004-06-02	0	江西南昌	15678952345	3		22	2021010	1005	77	74
23	2021010	邹文娇	女	2004-06-02	0	江西南昌	15678952345	3		23	2021010	1006	92	65
24	2021010	邹文娇	女	2004-06-02	0	江西南昌	15678952345	3		24	2021010	1012	94	84
25	2021011	陈思敏	女	2002-12-01	1	江西九江	14523456543	3		25	2021011	1005	83	77
26	2021011	陈思敏	女	2002-12-01	1	江西九江	14523456543	3		26	2021011	1006	93	85
27	2021011	陈思敏	女	2002-12-01	1	江西九江	14523456543	3		27	2021011	1013	72	62
28	2021012	陈靖	女	2002-12-08	1	江西鹰潭	18914560932	3		28	2021012	1008	76	78
29	2021012	陈靖	女	2002-12-08	1	江西鹰潭	18914560932	3		29	2021012	1010	93	69
30	2021012	陈靖	女	2002-12-08	1	江西鹰潭	18914560932	3		30	2021012	1012	98	76
31	2021013	际婷	女	2003-03-12	1	江西樟树	16812456789	3		N...	NULL	NULL	NULL	NULL
32	2021014	王玲	女	2004-01-09	0	江苏南京	17825671267	3		N...	NULL	NULL	NULL	NULL
33	2021015	陈建军	男	2002-09-12	1	江西赣州	17612567823	3		N...	NULL	NULL	NULL	NULL
34	2021016	李强	男	2003-08-06	1	江西新余	18916764534	3		N...	NULL	NULL	NULL	NULL
35	2021017	吴行建	男	2002-11-06	1	江西赣州	16524567656	4		N...	NULL	NULL	NULL	NULL
36	2021018	左奇	男	2002-12-08	0	江西南昌	17883256745	4		N...	NULL	NULL	NULL	NULL
37	2021019	聂锋	男	2003-10-08	1	江西南昌	17267564323	4		N...	NULL	NULL	NULL	NULL
38	2021020	贺琨	男	2004-05-01	0	江西九江	19826789327	4		N...	NULL	NULL	NULL	NULL

图 6－21　使用全连接查询

2. 使用 SQL 命令进行内连接查询，具体要求如下：

（1）使用相等连接查询每个学生的每门课程平时成绩，执行语句如下：select ＊ from dbo. 学生表 s1 inner join dbo. 成绩表 s2 on s1. sid = s2. sid。其效果等同于 select ＊ from dbo. 学生表 s1，dbo. 成绩表 s2 where s1. sid = s2. sid。使用相等连接将学生表和成绩表的数据基于学号“sid”进行连接，其查询结果共有 30 条记录，列出成绩表和成绩表中的所有列，包括其中的重复列学号“sid”，可以看到学号“sid”有两列，如图 6－22 所示。

（2）使用不等连接查询成绩表中学生的课程编号 1001 的成绩大于课程编号 1002 的成绩的成绩信息，执行语句如下：select s1. ＊ ,s2. ＊ from（select ＊ from dbo. 成绩表 where courseid = 1001）s1 join（select ＊ from dbo. 成绩表 where courseid = 1002）s2 on s1. score > s2. score and s1. sid = s2. sid。其效果等同于 select s1. ＊ ,s2. ＊ from（select ＊ from dbo. 成绩表 where courseid = 1001）s1,（select ＊ from dbo. 成绩表 where courseid = 1002）s2 where s1. score >

s2. score and s1. sid = s2. sid。使用平时分数“score”（不等连接）和学号“sid”（相等连接）进行两表连接，结果如图 6－23 所示。

	sid	sname	ssex	sbirth	partymember	origin	tel	classid	remarks	cid	sid	courseid	score	score_test
8	2021005	周...	男	2001-08-22	1	山东青岛	18625678932	1		8	2021005	1002	66	90
9	2021005	周...	男	2001-08-22	1	山东青岛	18625678932	1		9	2021005	1003	88	70
10	2021006	陈斌	男	2003-08-29	1	江西樟树	17637893287	1		10	2021006	1007	62	63
11	2021006	陈斌	男	2003-08-29	1	江西樟树	17637893287	1		11	2021006	1009	72	69
12	2021007	谢平	男	2001-08-06	1	安徽合肥	15623459872	3		12	2021007	1004	63	96
13	2021007	谢平	男	2001-08-06	1	安徽合肥	15623459872	3		13	2021007	1005	74	65
14	2021007	谢平	男	2001-08-06	1	安徽合肥	15623459872	3		14	2021007	1012	83	82
15	2021007	谢平	男	2001-08-06	1	安徽合肥	15623459872	3		15	2021007	1013	85	63
16	2021008	刘...	男	2003-09-02	0	吉林长春	16523456754	3		16	2021008	1005	88	60
17	2021008	刘...	男	2003-09-02	0	吉林长春	16523456754	3		17	2021008	1006	91	87
18	2021008	刘...	男	2003-09-02	0	吉林长春	16523456754	3		18	2021008	1011	92	54
19	2021009	黄...	女	2004-01-05	0	湖南长沙	15632450987	3		19	2021009	1006	87	63
20	2021009	黄...	女	2004-01-05	0	湖南长沙	15632450987	3		20	2021009	1008	69	97
21	2021009	黄...	女	2004-01-05	0	湖南长沙	15632450987	3		21	2021009	1009	83	88
22	2021010	邹...	女	2004-06-02	0	江西南昌	15678952345	3		22	2021010	1005	77	74
23	2021010	邹...	女	2004-06-02	0	江西南昌	15678952345	3		23	2021010	1006	92	65
24	2021010	邹...	女	2004-06-02	0	江西南昌	15678952345	3		24	2021010	1012	94	84
25	2021011	陈...	女	2002-12-01	1	江西九江	14523456543	3		25	2021011	1005	83	77
26	2021011	陈...	女	2002-12-01	1	江西九江	14523456543	3		26	2021011	1006	93	85
27	2021011	陈...	女	2002-12-01	1	江西九江	14523456543	3		27	2021011	1013	72	62
28	2021012	陈靖	女	2002-12-08	1	江西鹰潭	18914560932	3		28	2021012	1008	76	78
29	2021012	陈靖	女	2002-12-08	1	江西鹰潭	18914560932	3		29	2021012	1010	93	69
30	2021012	陈靖	女	2002-12-08	1	江西鹰潭	18914560932	3		30	2021012	1012	98	76

图 6－22 使用相等连接查询

	cid	sid	courseid	score	score_test	cid	sid	courseid	score	score_test
1	5	2021004	1001	88	55	4	2021004	1002	62	52
2	7	2021005	1001	76	26	8	2021005	1002	66	90

图 6－23 使用不等连接

（3）使用自然连接查询每个学生的每门课程平时成绩，执行语句如下：select s.sname，s2.sid，s2.courseid，s2.score from dbo. 学生表 s1 join dbo. 成绩表 s2 on s1.sid = s2.sid。其效果等同于 select s1.sname，s2.sid，s2.courseid，s2. score from dbo. 学生表 s1，dbo. 成绩表 s2 where s1.sid = s2.sid。学生表和成绩表基于相同属性的值“sid”做等值连接，并且展示的结果中保留了所有不重复的属性列。由于使用自然连接需要知道两个表的属性信息，使用起来没有相等连接便捷，所以很少在数据库维护中使用，一般会使用相等连接代替。执行结果如图 6－24 所示。

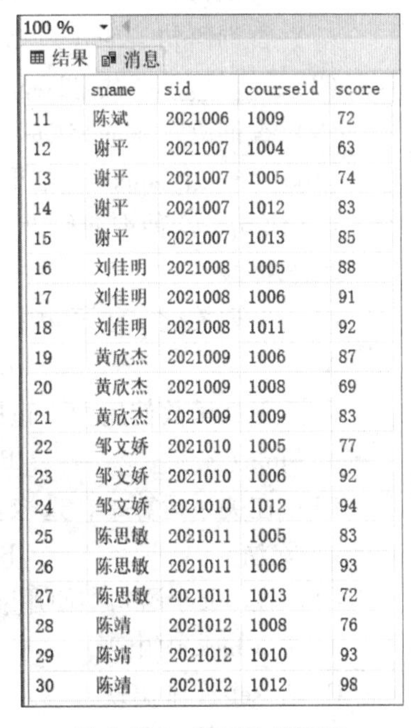

	sname	sid	courseid	score
11	陈斌	2021006	1009	72
12	谢平	2021007	1004	63
13	谢平	2021007	1005	74
14	谢平	2021007	1012	83
15	谢平	2021007	1013	85
16	刘佳明	2021008	1005	88
17	刘佳明	2021008	1006	91
18	刘佳明	2021008	1011	92
19	黄欣杰	2021009	1006	87
20	黄欣杰	2021009	1008	69
21	黄欣杰	2021009	1009	83
22	邹文娇	2021010	1005	77
23	邹文娇	2021010	1006	92
24	邹文娇	2021010	1012	94
25	陈思敏	2021011	1005	83
26	陈思敏	2021011	1006	93
27	陈思敏	2021011	1013	72
28	陈靖	2021012	1008	76
29	陈靖	2021012	1010	93
30	陈靖	2021012	1012	98

图 6－24 使用自然连接

3. 使用 SQL 命令的进行交叉连接查询，执行语句如下：select * from dbo. 学生表 s1 cross join dbo. 成绩表 s2。成绩表记录 30 行记录，学生表记录 20 行记录，查询结果返回 600 行。部分数据截图如图 6－25 所示。交叉连接的结果一般没有实际意义。

100 %

结果 消息

	sid	sname	ssex	sbirth	partymember	origin	tel	classid	cid	sid	courseid	score	score_test
1	2021001	张三	女	2002-10-01	0	河北保定	13870892234	1	1	2021001	1001	88	85
2	2021001	张三	女	2002-10-01	0	河北保定	13870892234	1	2	2021002	1001	89	63
3	2021001	张三	女	2002-10-01	0	河北保定	13870892234	1	3	2021003	1001	69	96
4	2021001	张三	女	2002-10-01	0	河北保定	13870892234	1	4	2021004	1002	62	52
5	2021001	张三	女	2002-10-01	0	河北保定	13870892234	1	5	2021004	1001	88	55
6	2021001	张三	女	2002-10-01	0	河北保定	13870892234	1	6	2021004	1003	82	40
7	2021001	张三	女	2002-10-01	0	河北保定	13870892234	1	7	2021005	1001	76	26
8	2021001	张三	女	2002-10-01	0	河北保定	13870892234	1	8	2021005	1002	66	90
9	2021001	张三	女	2002-10-01	0	河北保定	13870892234	1	9	2021005	1003	88	70
10	2021001	张三	女	2002-10-01	0	河北保定	13870892234	1	10	2021006	1007	62	63
11	2021001	张三	女	2002-10-01	0	河北保定	13870892234	1	11	2021006	1009	72	69
12	2021001	张三	女	2002-10-01	0	河北保定	13870892234	1	12	2021007	1004	63	96
13	2021001	张三	女	2002-10-01	0	河北保定	13870892234	1	13	2021007	1005	74	65
14	2021001	张三	女	2002-10-01	0	河北保定	13870892234	1	14	2021007	1012	83	82
15	2021001	张三	女	2002-10-01	0	河北保定	13870892234	1	15	2021007	1013	85	63
16	2021001	张三	女	2002-10-01	0	河北保定	13870892234	1	16	[illegible]	[illegible]	[illegible]	[illegible]

图 6－25　使用交叉连接

【知识考核】

1. 填空题

（1）SQL 语言中，用于排序的是________子句，用于分组的是________子句。

（2）用统计函数________可以计算平均值，用统计函数________可以计算某一列的最小值。

（3）________函数可以计算出满足约束条件的行数。

（4）在 select 查询中，若要消除重复行，应使用关键字________。

（5）查询语句 select substring('HelloWorld',6,12）的结果为________。

（6）查询语句 select lower('HelloWorld'）的结果为________。

（7）查询语句 select(7＋3)*4－16/(8－6）＋99%4 的结果为________。

（8）________函数是四舍五入函数。

（9）查询语句 select dateadd(month,5,'2021－2－10'）的结果为________。

（10）当一个 select 的结果作为查询条件，即在一个 select 语句的 where 子句中出现另一个 select 语句，这种查询称为________查询。

2. 选择题

（1）下列关键字在语句中表示所有的列的是（　　）。

A. *　　B. all　　C. desc　　D. distinct

（2）下列函数使用中，正确的是（　　）。

A. sum（*）　　B. max（*）　　C. count（*）　　D. avg（*）

（3）在关系运算中，选取符合条件的元组是（　　）运算。

A. 除法　　B. 投影　　C. 连接　　D. 选择

（4）在 select 语句中使用 group by sno 时，sno 必须（　　）。

A. 在 where 中出现　　B. 在 from 中出现

C. 在 select 中出现　　D. 在 having 中出现

（5）要想使关系 R 和 S 进行等值连接，结果集不仅包含符合连接条件的匹配元组，也包括S和R中的所有元组，应使用（ ）。

A. join B. left join C. right join D. full join

（6）在SQL语言中，下面关于谓词exists的说法错误的是（ ）。

A. 谓词exists后面可以跟相关子查询

B. 谓词exists后面可以跟不相关子查询

C. 谓词exists后面的子查询返回一个记录的集合

D. 谓词exists可以用于where子句

（7）在SQL语言中，不可以和any谓词一起使用的运算符是（ ）。

A. and B. > C. < > D. =

（8）SQL中，下列涉及空值的操作，不正确的是（ ）。

A. age IS NULL B. age IS NOT NULL

C. age = NULL D. NOT（age IS NULL）

（9）查询员工工资信息时，结果按工资降序排列，正确的是（ ）。

A. ORDER BY 工资 B. ORDER BY 工资 desc

C. ORDER BY 工资 asc D. ORDER BY 工资 dictinct

（10）列值为空值（null），则说明这一列（ ）。

A. 数值为0 B. 数值为空格 C. 数值是未知的 D. 不存在

（11）having子句中后应跟（ ）。

A. 行条件表达式 B. 组条件表达式

C. 视图序列 D. 列名系列

（12）用于求系统日期的函数是（ ）

A. year() B. getdate() C. count() D. date()

（13）现有商品表business，包含字段商品类别item(char)、价格price(float)，现在查询各个商品的商品类别、平均价格，以下语句正确的是（ ）。

A. select item,avg(price)from business group by item

B. select item,count(price)from business group by price

C. select item,avg(price)from business group by price

D. select item,count(price)from business group by item

（14）假如有两个表的连接：table1 inner join table2。其中，table1和table2是两个具有公共属性的表，这种连接会生成的结果是（ ）。

A. 包括table1中的所有行，不包括table2的不匹配行

B. 包括table2中的所有行，不包括table1的不匹配行

C. 两个表的所有行

D. 只包括table1和table2满足条件的行

（15）在SQL语言中，子查询是（ ）。

A. 返回单表中数据子集的查询语言

B. 选取多表中字段子集的查询语句

C. 选取单表中字段子集的查询语句

D. 嵌入另一个查询语句中的查询语句

3. 判断题

（1）在 select 语句中，当使用 order by 子句时，一定要使用 group by 子句。(　　)。

（2）两个空值比较结果是未知的。(　　)。

（3）函数 sum( ) 和 avg( ) 可以用来操作任何类型的数据。(　　)。

（4）在查询语句中，如果要将记录进行降序排列，应该使用 order by 字段名 desc。(　　)。

（5）如果使用别名来代表一个表，那么在定义别名后的所有查询语句中，都必须使用别名来代表表的全名，否则系统会出错。(　　)。

（6）having 语句可以放在 WHERE 语句后面作为附加条件进一步筛选元组。(　　)。

（7）数据查询语句 select 的语法中，必不可少的子句是 select 和 from。(　　)。

（8）空值是一类没有定义、具有不确定性的值。(　　)

（9）getdate 函数返回系统当前时间，该日期不受操作系统限制。(　　)

（10）交叉连接的结果一般没有实际意义。(　　)

4. 简答题

（1）having 子句与 where 子句很相似，简述其区别。

（2）简述左连接、右连接、全连接三者间的区别。

（3）简述 isnull 函数和 nullif 函数的区别。

（4）对查询语句的语法格式及主要参数进行说明。

（5）简述单行子查询、多行子查询的含义及其两者区别。

项目7 “教学管理”系统索引的创建与管理

【项目导读】

在数据库中，使用最频繁的操作应是使用 SELECT 语句进行查询操作。当需要在数据库中搜索一条记录时，若数据表中存在大量记录，此时如果采用对整个数据表的数据进行逐一查询比对的方法，搜索花费的时间将会很长，这也大大降低了服务器的使用效率。

为了提高搜索数据的能力，可以为数据表里的一个或多个字段创建索引。索引类似于每本书前面的目录，当我们查看感兴趣的内容时，不再需要从书的第一页开始查找，而是根据目录中的页码快速找到所需的内容。在数据库的查询过程中，对于设置了索引的数据表，系统会先使用索引查找到数据的存储位置，找到后再到数据表中找出对应数据记录的详细信息，当满足查找条件的记录后面出现了不满足条件的记录时，系统将不再继续查找，这样无须扫描全表，从而提高了查询效率。

综上所述，本项目要完成的任务有“教学管理”系统索引的创建、禁用与启用、查看与删除。

【项目目标】

- 了解 SQL Server 2019 中索引的含义及作用；
- 了解索引的分类；
- 掌握使用 SQL Server Management Studio 管理器和 T－SQL 命令创建索引的操作；
- 掌握使用 SQL Server Management Studio 管理器和 T－SQL 命令禁用、启用索引的操作；
- 掌握使用 SQL Server Management Studio 管理器和 T－SQL 命令删除索引的操作。

【项目地图】

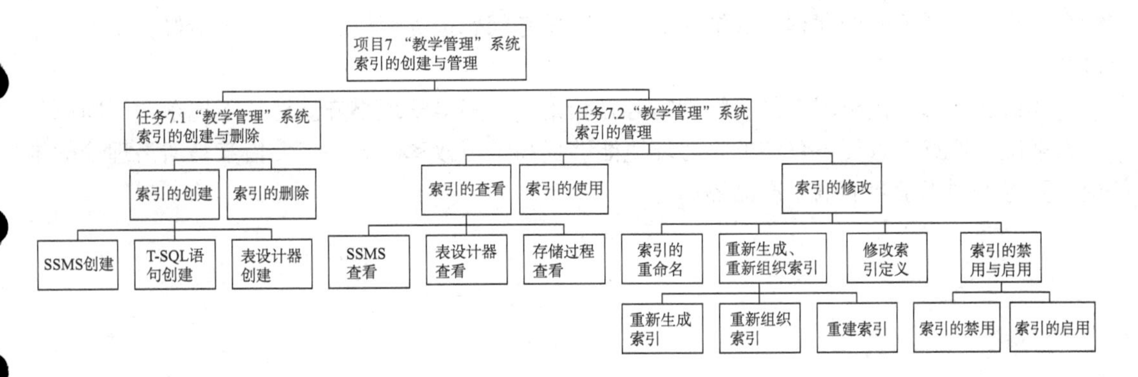

【思政小课堂】

多措并举 助力大学生提高学习效率

高效的学习者能够利用最少的时间取得理想的学习成绩。当然，提高学习效率不仅能够提高学习成绩，更能为自己的课余生活、兴趣爱好争取时间，从而达到时间效率最大化的功效。

一、大学生提高学习效率的方法

①加强情绪调节，以提高学习效率。

②利用体内生物钟进行自我控制。在大学中，个人作息时间虽然不尽相同，但在正式学习、三餐和宿舍活动方面有着共同的要求。心理学家指出：若大学生能按照固定的时间安排学习生活，与固定时差小于40分钟，就可以在生活程序中建立稳定的阶梯关系了。

③防止疲劳产生，减少消极休息。大学生学习疲劳产生的普遍原因是单调重复同一工作，而使条件反射速度减慢。因此，生活必须有规律，交替学习和兴趣种类的切换能够起着积极的作用，使得大脑一部分兴奋，一部分抑制，以此避免消极休息——睡觉。常有的切换包括文理切换、大小切换和色彩切换等。

④加强时间管理，以提高学习效率。心理学家指出，一天最有效的时间有三段，分别为8—15时、16—19时和20—24时。通常，每天自学3小时，先学中难度课程，再学最难的，而后是较易的。当学习达到7小时后，效能开始下降。最后，在学习工作结束前又会出现短暂的高潮。

⑤采用有效的学习策略和方法。对于需要记忆的知识，要掌握遗忘规律和记忆原理。遗忘的进程是先快后慢的，所以为取得良好的记忆效果，我们必须要及时复习。根据记忆原理，我们可以将不重要的、容易记忆的内容放在中间学习。在睡前和醒后这两个记忆的黄金时段，学习难度较大、更为重要的内容。适度的过度学习有助于提高学习效率，例如学习4小时可以完全掌握学习内容，在此基础上再学习2小时，则学习效果最佳，即过度学习50%的效果最佳。

二、适宜的环境可以提高学习效率

①图书馆。图书馆能使创造出一个学习气氛浓厚、清洁且安静舒适的学习环境，让人感觉读书是高尚的，可以充分地抑制惰性。此外，学生在图书馆学习时，受社会强化理论的影响，往往当被别人盯着看时，自己的情绪越高涨，表现越好。

②教室。在教室上课要靠前座才能听清老师的声音。此外，长期坐在左侧位不得不把头和眼睛向右侧望的学生，在注重语言和分析能力的课程，学习成绩出色；相反，在右侧，对综合、整体的形象化的课程，成绩显好。人脑思考问题最为敏捷，精神状态最好，学习效率最高。

③宿舍。每天抽出固定的时间把宿舍打扫干净，书桌整理整齐。对从不把东西回归原位的人来说，这点很重要。整洁的学习环境能够提高学习效率。另外，要借鉴马斯洛理论的推论，要将不利于学习的电子产品隔离开。

任务 7.1 “教学管理”系统索引的创建与删除

【任务工单】

任务工单 7－1：“教学管理”系统索引的创建与删除

任务名称	“教学管理”系统索引的创建与删除				
组别		成员		小组成绩	
学生姓名				个人成绩	
任务情境	假定数据库表中存在大量数据，为了更加高效地访问表中的记录，我们要对“教学管理”系统数据库创建索引。现请你以数据库管理员身份完成“教学管理”系统中索引的创建工作				
任务目标	熟练掌握聚集索引和非聚集索引的创建、删除				
任务要求	按本任务后面列出的具体任务内容，完成“教学管理”系统相关索引的创建与删除				
知识链接					
计划决策					
任务实施	1. 使用 SSMS 管理器创建索引的操作步骤 2. 使用 T－SQL 语句创建索引的操作步骤 3. 使用两种方法删除索引的操作步骤				

续表

检查	1. 索引关键字；2. 聚集索引创建条件；3. 索引的删除的语句
实施总结	
小组评价	
任务点评	

【前导知识】

一、索引概述

索引概述

用户向数据表中插入的数据，在默认情况下是没有经过组织的，而是按照先输入先存储的原则进行插入。当需要从数据库中查询数据时，系统必须从头到尾对每条记录进行对照，以寻找到所需数据。如果数据表中的数据量十分庞大，将严重影响数据库的性能和查询效率，就好比从一本没有目录的书籍中查看指定内容一样效率低下。通过使用索引，可以对数据表中的记录进行合理组织存储，其作用就好比是书籍的目录、页码，可以帮助用户快速查询到所需要的数据。

假设“教学管理”系统中的“学生表”有1 000条记录，学号由1～1 000组成，若没有索引，要找学号为1 000的学生，则要从第1行开始匹配，若不是1 000，则转到下一行进行匹配，一直到第1 000行的时候，才能找到该学号所在的行，此时服务器进行了1 000次的比较运算。如果在学号列上创建一个索引，则可以先在索引值中找到编号为1 000的记录的位置，然后找到1 000所指向的记录，在速度上比之前至少快了100倍。当执行涉及多个表的连接查询时，索引将更有价值。

1. 索引的定义

索引是定义在数据表基础之上，有助于无须检查所有记录而快速定位所需记录的一种辅助存储结构，由一系列存储在磁盘上的索引项（index entries）组成，每一个索引项又由索引字段和行指针两部分构成。

索引字段由数据表中某些列（通常是一列）中的值串接而成。索引中通常存储了索引字段的每一个值。索引字段相当于书籍的目录。行指针是指向数据表中包含索引字段值的记录在磁盘上的存储位置，类似于书籍的页码。我们把存储索引项的文件称为索引文件，相对应地，把数据表称为主文件。

2. 索引的特点

①索引文件是一种辅助存储结构，它的存在与否不改变存储表的物理存储结构。然而它的存在可以明显提高存储表的访问速度。

②在一个表上可以针对不同的属性或属性组合建立不同的索引文件，可建立多个索引文件。索引字段的值可以是数据表中的任何一个属性的值或任何多个属性值的组合值。

③索引文件比主文件小很多。通过检索一个小的索引文件（可全部装载进内存）并快速定位后，再有针对性地读取非常大的主文件中的有关记录。

④有索引时，更新操作必须同步更新索引文件和主文件。

3. 索引的优点与缺点

虽然创建索引可以提高搜索的效率，但同时也会给我们带来许多不利之处。

索引的优点：

①通过创建唯一索引，可以保证数据记录的唯一性。

②可以大大加快数据检索速度。

③可以加速表与表之间的连接，这一点在实现数据的参照完整性方面有特别的意义。

④在使用GROUP BY和ORDER BY子句中进行检索数据时，可以显著减少查询中分组和排序的时间。

⑤使用索引可以在检索数据的过程中使用优化隐藏，提高系统性能。

索引的缺点：

①创建索引和维护索引要耗费时间，并且随着数据量的增加，所耗费的时间也会增加。

②索引需要占磁盘空间，除了数据表占数据空间之外，每一个索引还要占一定的物理空间，如果有大量的索引，索引文件可能比数据文件更快达到最大文件尺寸。

③当对表中的数据进行增加、删除和修改的时候，索引也要动态地维护，这样就降低了数据的维护速度。

4. 索引设计的原则

为数据库及其工作负荷选择正确的索引，是一项需要在查询速度与更新所需开销之间取得平衡的复杂任务。如果索引设计不合理或者缺少索引，都会对数据库和应用程序的性能造成影响。高效的索引对于获得良好的性能非常重要。设计索引时，应该考虑以下准则。

①索引并非越多越好，一张表中如果有大量的索引，不仅占用大量的磁盘空间，而且会影响 INSERT、DELETE、UPDATE 等语句的性能。

②避免对经常更新的表进行过多的索引，并且索引中的列应尽可能少。而对经常用于查询的字段，应该创建索引，但要避免添加不必要的字段。

③数据量小的表最好不要使用索引，由于数据较少，查询花费的时间可能比遍历索引的时间还要短，索引可能不会产生优化效果。

④在条件表达式中经常用到的、不同值较多的列上建立索引，在不同值少的列上最好不要建立索引。例如，“教学管理”系统数据库“学生表”的“性别”字段上只有“男”与“女”两个不同值，若在该字段上建立索引，不但不会提高查询效率，反而会降低更新速度。

⑤当唯一性是某种数据本身的特征时，指定唯一索引。使用唯一索引能够确保定义的列的数据完整性，提高查询速度。

⑥可以在频繁进行排序或分组（即进行 GROUP BY 或 ORDER BY 操作）的列上建立索引。如果待排序的列有多个，可以在这些列上建立组合索引。

5. 索引的分类

SQL Server 中按照存储结构的不同，将索引分为聚集索引和非聚集索引两类。此外，还有唯一索引、包含性列索引、索引视图、全文索引、XML 索引和筛选索引等。其中，聚集索引和非聚集索引是数据库引擎最基本的索引，是正确理解其他类型索引的基础。

聚集索引是一种数据表的物理顺序与索引顺序相同的索引。聚集索引确定了数据存储的顺序，表内的数据存储按照聚集索引键值在表内排序。由于数据只能按一种顺序进行排序，因此每个表只能有一个聚集索引。如果表具有聚集索引，则该表称为聚集表；如果表没有聚集索引，则其数据行存储在一个称为堆的结构中。聚集索引就像按照字母顺序查字典，一本字典中汉字的排列方式只有一种。只要任意翻开一页，就能根据该页的汉字判断出要查找的汉字是在此页的前面还是后面。

非聚集索引具有独立于数据行的结构。非聚集索引包含非聚集索引键值，并且每个键值项都有指向包含该键值的数据行的指针。从非聚集索引中的索引行指向数据行的指针称为行定位器。行定位器的结构取决于数据页是存储在堆中还是聚集表中。对于堆，行定位器是指向行的指针。对于聚集表，行定位器是聚集索引键。非聚集索引就像按照“偏旁部首”等方法查字典。先根据“偏旁部首”找到该字，然后根据这个字后面的页码翻到该字所在页。

提示：非聚集索引的数据表称为堆表。堆表里的数据是按照输入的先后顺序进行排序的。

唯一索引用来确定索引键不包含重复值。聚集索引和非聚集索引都可以是唯一索引。从某种意义上说，主键约束等于唯一性的聚集索引。

包含列索引是一种包含键列和非键列的非聚集索引。

全文索引由 Microsoft SQL Server 全文引擎生成和维护的索引，用于在字符串数据中搜索复杂的词。

XML 索引是一种与 XML 数据关联的索引形式。XML 索引又可分为主索引和辅助索引。

筛选索引是一种优化的非聚集索引，通过筛选对表中的部分进行索引。

二、索引的创建

为表或视图创建相关索引，也称为行存储索引。行存储索引既可以在表中有数据时创建，也可以在表中不存在数据时创建。使用行存储索引提高查询性能，尤其是在查询从特定列中进行选择或需要按特定的顺序对值进行排序时。

索引的创建

创建索引时应注意：

- 必须是表的拥有者才能执行 CREATE INDEX 语句。
- 当在某列创建 PRIMARY KEY 或 UNIQUE 约束时，SQL Server 会自动为此列创建索引。
- 为表创建聚集索引时，所有现存的非聚集索引都会被重建。

1. 使用 SQL Server Management Studio 创建索引

①启动 SQL Server Management Studio，并连接到 SQL Server 2019 数据库。

②在“对象资源管理器”窗口中，展开要创建索引的表，右击“索引”节点，在弹出的快捷菜单中指向“新建索引”，然后选择“非聚集索引…”，如图 7－1 所示。

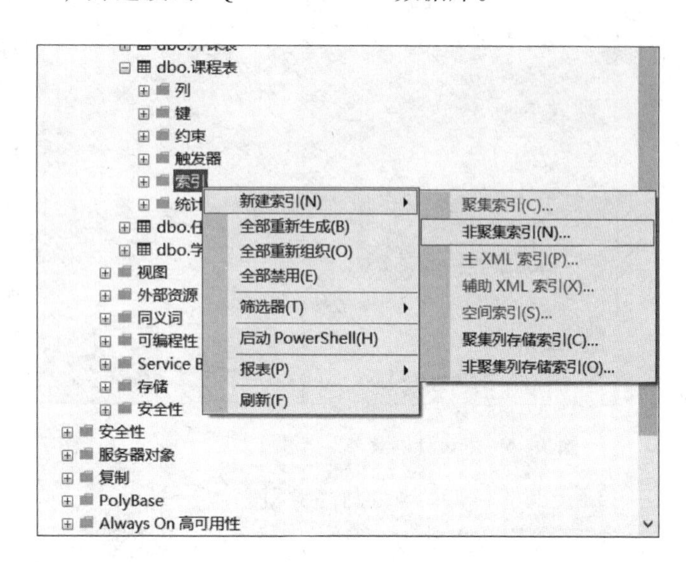

图 7－1 设置索引

③在“新建索引”对话框的“常规”页中，在“索引名称”框中输入新索引的名称。若添加的是唯一索引，则需要勾选“唯一”复选框，如图 7－2 所示。

④在“索引键 列”下，单击“添加…”按钮，在“从‘表名称’中选择列”对话框中选择要添加索引的列名称，如图 7－3 所示。单击“确定”按钮。

⑤在“新建索引”对话框中，单击“确定”按钮，完成索引的新建。

2. 使用 SQL Server Management Studio 表设计器创建索引

创建索引可以在创建表时一起进行创建，具体操作步骤如下：

①启动 SQL Server Management Studio，并连接到 SQL Server 2019 数据库。

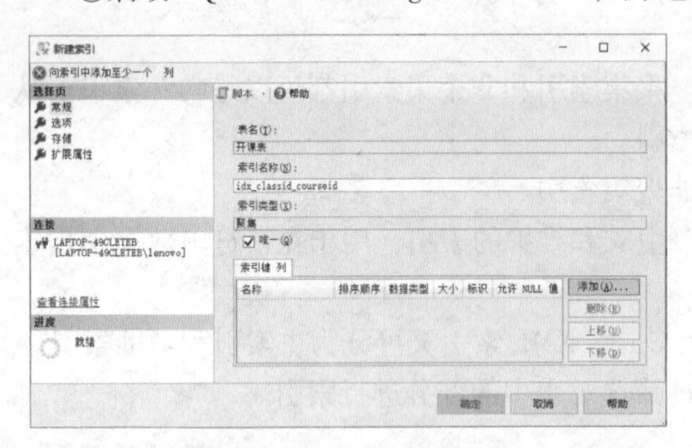

图 7－2　新建索引

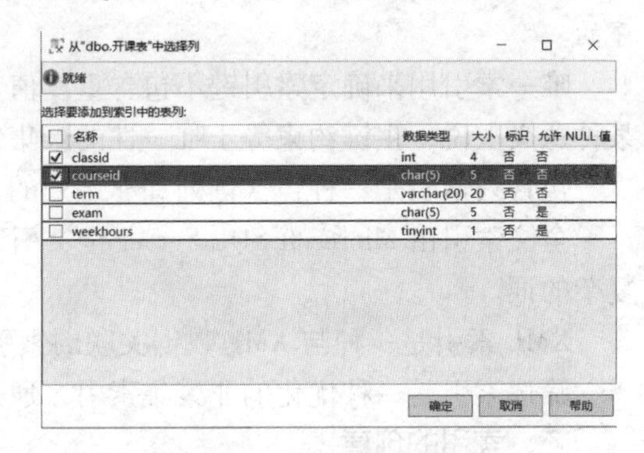

图 7－3　添加索引列

②在“对象资源管理器”中，展开要使用的数据库，右击“表”节点，在弹出的快捷菜单中单击“新建表…”命令，并按常规方式创建新表。

③单击“表设计器”菜单（图 7－4），在弹出的下拉菜单中选择“索引/键”命令，或右击“表结构设计”窗体，在弹出的快捷菜单中选择“索引/键”命令。

④在弹出的“索引/键”对话框中，单击“添加”按钮，在“选定的主/唯一键或索引”列表框中选择新索引，如图 7－5 所示。

⑤在右侧设置索引的相关属性后，单击“关闭”按钮。

⑥在“文件”菜单中单击“保存”按钮。

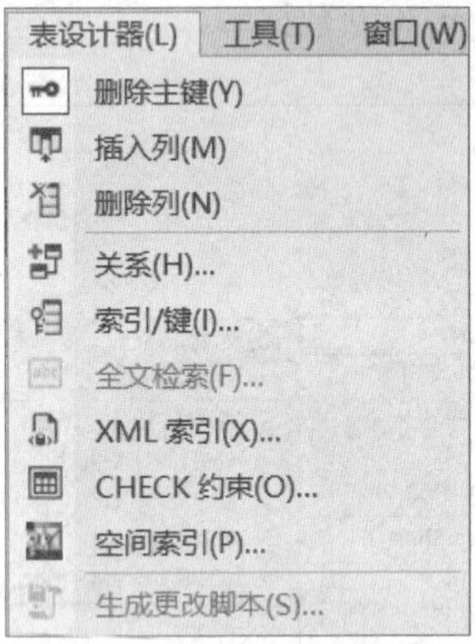

表设计器(L)　工具(T)　窗口(W)
删除主键(Y)
插入列(M)
删除列(N)
关系(H)...
索引/键(I)...
全文检索(F)...
XML 索引(X)...
CHECK 约束(O)...
空间索引(P)...
生成更改脚本(S)...

图 7－4　表设计器菜单

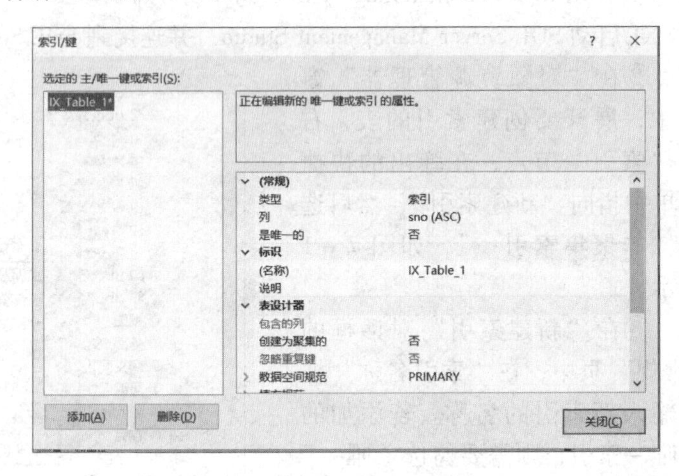

图 7－5　“索引/键”对话框

3. 使用 T－SQL 语句创建索引

除了使用 SQL Server Management Studio 创建索引外，还可以使用 T－SQL 语言中的 create index 语句来创建索引。在创建索引的语法中，包括创建聚集索引和非聚集索引两种方式，创建索引的基本语法格式如下：

```
create [ unique ]     /* 唯一索引* /
[ clustered | nonclustered ]     /* 聚集或非聚集索引* /
index index_name     /* 索引名称* /
on {table | view }     /* 表或视图名* /
```

```
( column [ asc |desc ]     [ ,...n ] )/* 索引字段* /
[ include ( column_name     [ ,...n ] ) ]/* 包含性列字段* /
[ where〈filter_predicate〉]        /* 筛选索引* /
[ with
{pad_index = { on |off }     /* 索引填充* /
|fillfactor = fillfactor     /* 填充因子大小* /
]
```

主要参数说明：

①unique：在表或视图上创建唯一索引。唯一索引不允许存在索引值相同的两行。

②clustered：创建聚集索引。创建聚集索引时，会重新生成表中现有的非聚集索引。创建索引时，键值的逻辑顺序决定表中对应行的物理顺序。一个表或视图只允许同时有一个聚集索引。如果没有指定 clustered，则创建非聚集索引。

③nonclustered：创建非聚集索引。对于非聚集索引，数据行的物理排序独立于索引排序。无论是使用 primary key 和 unique 约束隐式创建索引，还是使用 create index 显式创建索引，每个表都最多可包含 999 个非聚集索引。如果未另行指定，create index 语句的默认索引类型为 nonclustered。

④index_name：索引的名称，必须符合标识符的规则。索引名称在表或视图中必须唯一，但在数据库中不必唯一。

⑤on{table|view}：指定索引所属的表或视图。

⑥[asc|desc]：确定特定索引列的升序或降序排序方向。默认值为 asc。

⑦include(column[,... n])：指定要添加到非聚集索引的叶级别的非键列。非聚集索引可以唯一，也可以不唯一。

⑧pad_index：设置创建索引期间中间页中可用空间的百分比。默认为 off。pad_index 选项只有在指定了 fillfactor 时才有用，因为 pad_index 使用由 fillfactor 指定的百分比。

⑨fillfactor：指定在创建索引时，每个索引页的数据占索引页大小的百分比，其值是 1 ~ 100 之间的整数。如果 fillfactor 为 100，数据库引擎会创建完全填充叶级页的索引。fillfactor 设置仅在创建或重新生成索引时应用。数据库引擎并不会在页中动态保持指定的可用空间百分比。使用 sys. indexes 目录视图可以查看填充因子的设置。

提示：由于数据库引擎在创建聚集索引时会重新分布数据，因此使用低于 100 的 fillfactor 值创建聚集索引会影响数据占用的存储空间量。

⑩drop_existing = {on|off}：用于删除并重新生成已命名的现有聚集或非聚集索引，同时为该索引设置相同的名称。默认为 off。on：指定删除并重新生成现有索引，该索引必须与 index_name 参数具有相同名称。off：指定不删除和重新生成现有索引。如果指定的索引名称已存在，SQL Server 将显示错误。

提示：使用 drop_existing 可将非聚集行存储索引更改为聚集行存储索引。

三、删除索引

由 PRIMARY KEY 或 UNIQUE 约束的结果而创建的索引，不能直接进行删除，必须要先删除相关约束才行。

删除索引

1. 使用 SQL Server Management Studio 删除索引

①启动 SQL Server Management Studio，并连接到 SQL Server 2019 数据库。

②在“对象资源管理器”中，展开要删除索引的表所在的数据库下的“表”节点。

③找到要删除的索引所在的表，单击“索引”节点前的加号，右击要删除的索引，在弹出的快捷菜单中选择“删除”命令。

④在“删除对象”对话框中，确认正确的索引位于“要重删除的对象”网格中，然后单击“确定”按钮。

2. 使用表设计器删除索引

①启动 SQL Server Management Studio，并连接到 SQL Server 2019 数据库。

②在“对象资源管理器”中，展开要删除索引的表所在的数据库下的“表”节点，右击要删除的索引所在的表，然后单击“设计”按钮。

③在“表设计器”菜单上，单击“索引/键”按钮。

④在“索引/键”对话框中，选择要删除的索引，依次单击“删除”和“关闭”按钮。

⑤在“文件”菜单上，单击“保存”按钮，保存 table_name。

3. 使用 T-SQL 语句删除索引

使用 DROP INDEX 语句，可以从当前数据库中删除一个或多个索引。删除索引的基本语法格式如下：

```
drop index index_name
on
{ database_name.schema_name.table_or_view_name
|schema_name.table_or_view_name
|table_or_view_name }
[;]
```

主要参数说明：

index_name：索引名称。

database_name：数据库名称。

schema_name：该表或视图所属的架构名称。

table_or_view_name：与该索引关联的表或视图名称。

【任务内容】

1. 使用 SSMS 管理器创建索引。

（1）使用 SSMS 管理器为“教学管理”系统数据库“班级表”中的 classname 列创建唯一非聚集索引 ix_cname。

（2）使用 SSMS 管理器为“教学管理”系统数据库“开课表”中的 classid、courseid 列创建唯一聚集索引 idx_classid_courseid。

（3）使用表设计器为“教学管理”系统数据库“教师表”中的 tname 列创建非聚集索引 idx_tname，降序排列，填充因子为 80%。

2. 使用 T-SQL 语句创建索引。

（1）使用 T-SQL 语句为“教学管理”系统数据库“学生表”中的 sname 列创建非聚

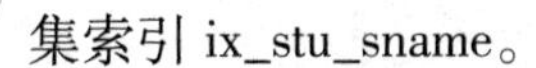

集索引 ix_stu_sname。

（2）使用 T-SQL 语句为“教学管理”系统数据库“任课表”中的 courseid、tid 创建聚集索引 courseid_tid，设置 courseid 升序、tid 降序。

（3）使用 T-SQL 语句为“教学管理”系统数据库“班级表”中的 major 列创建非聚集索引 ix_class_major，并将预留空间设置为 10。

（4）使用 T-SQL 语句为“教学管理”系统数据库“成绩表”的 sid、courseid 列创建非聚集唯一索引 uqix_class，若该索引已存在，则删除后重建。

3. 使用两种方法删除索引。

（1）使用 SSMS 管理器删除“教学管理”系统数据库“班级表”中的索引 ix_cname。

（2）使用 T-SQL 语句，删除“教学管理”系统数据库“学生表”中的非聚集索引 ix_stu_sname。

【任务实施】

1. 使用 SSMS 管理器创建索引。

（1）使用 SSMS 管理器为“教学管理”系统数据库班级表中的 classname 列创建唯一非聚集索引 ix_cname。具体操作步骤如下：

①启动 SSMS 并连接到数据库，在“对象资源管理器”中展开“教学管理”系统数据库下的“表”节点，找到“班级表”下的“索引”节点并右击，在弹出的快捷菜单中指向“新建索引”，选择“非聚集索引…”。

②在“新建索引”对话框的“常规”页中，输入索引名称“ix_cname”，勾选“唯一”选项，如图 7-6 所示。

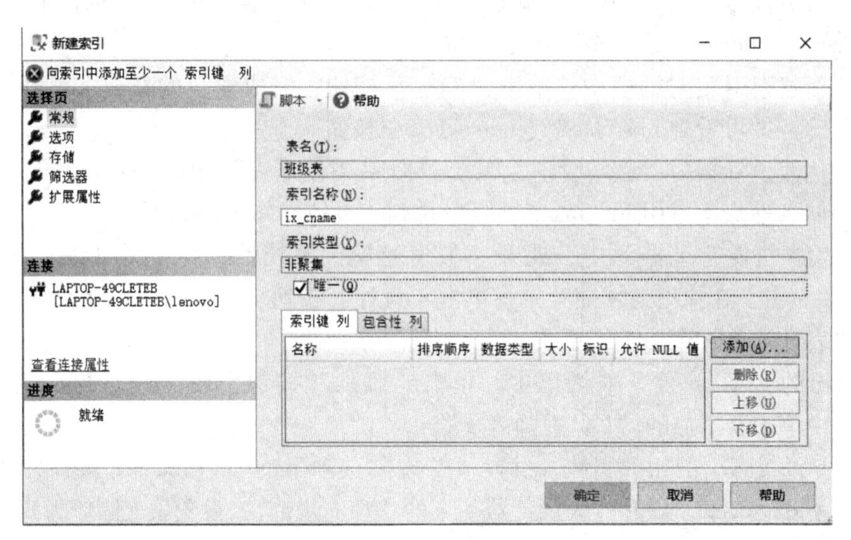

图 7-6　创建非聚集索引

③在“索引键 列”选项卡下，单击“添加”按钮。在“从‘表名称’中选择列”对话框中，勾选“classname”，单击“确定”按钮。

④在“新建索引”对话框中，单击“确定”按钮，完成索引的新建。展开“课程表”的“索引”节点即可看到 ix_cname 索引。

（2）使用 SSMS 管理器为“教学管理”系统数据库开课表中的 classid、courseid 列创建唯一聚集索引 idx_classid_courseid。

①启动 SSMS 并连接到数据库，展开“教学管理”系统数据库下的“表”节点，找到“开课表”下的“索引”节点并右击，在弹出的快捷菜单中指向“新建索引”，选择“聚集索引”。

②在“新建索引”对话框的“常规”页中，输入索引名称“idx_classid_courseid”，勾选“唯一”选项，如图 7－7 所示。

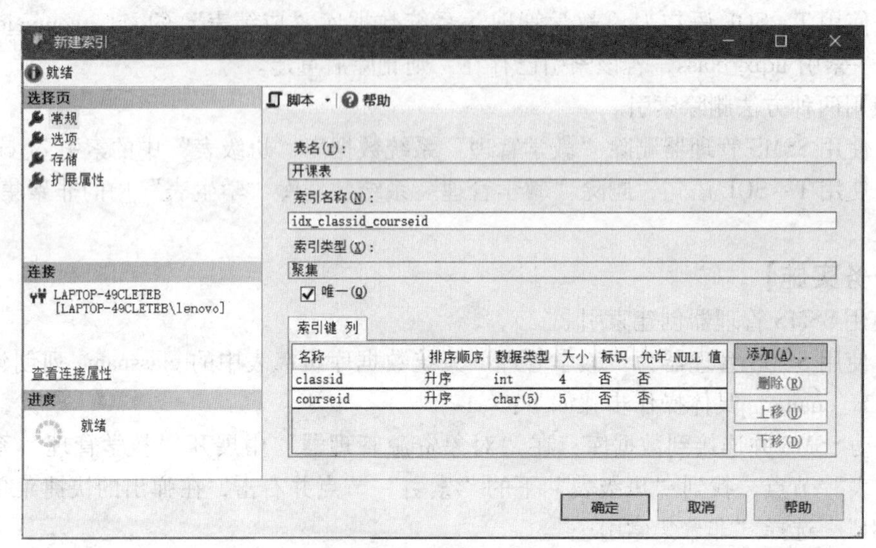

图 7－7　创建聚集索引

③在“索引键 列”下，单击“添加”按钮。在“从‘表名称’中选择列”对话框中，勾选“classid”“courseid”，单击“确定”按钮。

④在“新建索引”对话框中，单击“确定”按钮，完成索引的新建。展开“开课表”的“索引”节点即可看到 idx_classid_courseid 索引按钮。

（3）使用表设计器为“教学管理”系统数据库“教师表”中的 tname 列创建填充因子为 80% 的不唯一非聚集索引 idx_tname，降序排列。具体操作步骤如下：

①在“对象资源管理器”中，展开“教学管理”系统数据库下的“表”节点，找到“教师表”并右击，在弹出的快捷菜单中单击“设计”按钮。

②在“表设计器”菜单上，单击“索引/键”按钮。

③在弹出的“索引/键”对话框中，单击“添加”按钮，在“选定的主/唯一键或索引”列表框中单击新添加的“PK_教师表＊”。

④在右侧设置索引的相关属性，设置“常规”选项下的列为 tname，降序，“标识”选项下的名称为 idx_tname，展开“表设计器”下的“填充规范”，设置填充因子为 80，如图 7－8 所示，单击“关闭”按钮。

⑤在“文件”菜单上单击“保存教师表”按钮，刷新“教师表”下的“索引”节点，即可看到创建的 idx_tname 索引，如图 7－9 所示。

2. 使用 T－SQL 语句创建索引。

（1）使用 T－SQL 语句为“教学管理”系统数据库“学生表”中的 sname 列创建非聚集索引 ix_stu_sname。

①在查询编辑器中输入如下程序代码并执行：

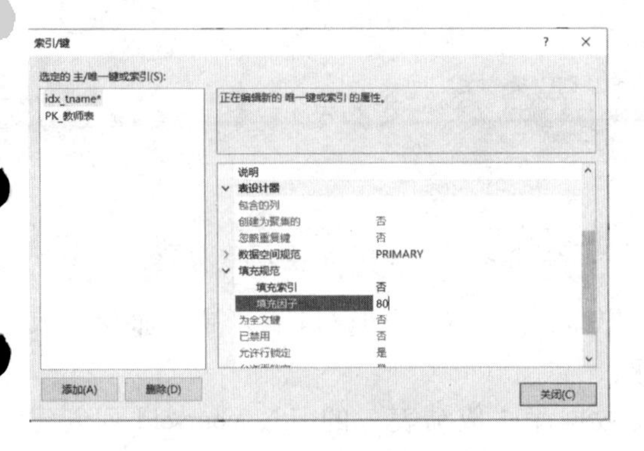

图7-8 “索引/键”对话框

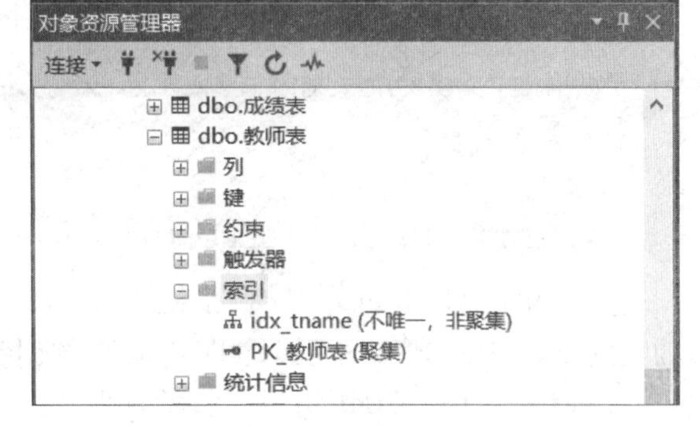

图7-9 已创建的索引

```
USE 教学管理
GO
CREATE NONCLUSTERED INDEX ix_stu_sname    /* 创建名为 ix_stu_sname
的非聚集索引* /
ON 学生表(sname)     /* 按 sname 升序排列* /
```

②单击工具栏上的 ▷ 执行(X) 按钮，执行以上 SQL 命令，在查询窗口下方显示命令已成功完成，即完成非聚集索引 ix_stu_sname 的创建。

（2）使用 T-SQL 语句为“教学管理”系统数据库“任课表”中的 courseid、tid 创建聚集索引 courseid_tid，设置 courseid 升序、tid 降序。

①在查询编辑器中输入如下程序代码并执行：

```
CREATE CLUSTERED INDEX courseid_tid  /* 创建 courseid_tid 聚集索引* /
ON 任课表( courseid ASC, tid DESC)  /* 先按 courseid 升序，再按 tid 降
序* /
```

提示：ASC/DESC 选项可以在创建索引时设置索引的排序方式。

②单击工具栏上的 ▷ 执行(X) 按钮，执行以上 SQL 命令，在查询窗口下方显示命令已成功完成，即完成聚集索引 courseid_tid 的创建。创建聚集索引前后，数据表的数据排序变化如图7-10所示。

LAPTOP-49CLET...学管理 - dbo.任课表　SQLQuery3.sql

tid	courseid	classtime	classroom
3650104	1001	星期二第34...	4教201
3650101	1010	星期一第56...	1教106
3650103	1002	星期三第12...	5教402
3650105	1007	星期四第34...	5教303
3650107	1009	星期五第56...	2教206
3650110	1004	星期二第12...	4教208
3650111	1008	星期二第12...	5教205
3650107	1011	星期三第34...	4教506
3650100	1012	星期五第34...	2教306

LAPTOP-49CLET...学管理 - dbo.任课表　SQLQuery3.sql

tid	courseid	classtime	classroom
3650104	1001	星期二第34...	4教201
3650103	1002	星期三第12...	5教402
3650110	1004	星期二第12...	4教208
3650105	1007	星期四第34...	5教303
3650111	1008	星期二第12...	5教205
3650107	1009	星期五第56...	2教206
3650101	1010	星期一第56...	1教106
3650107	1011	星期三第34...	4教506
3650100	1012	星期五第34...	2教306

图7-10 创建聚集索引前后的数据排序

（3）使用 T-SQL 语句，为“教学管理”系统数据库班级表中的 major 列创建 ix_class_major 非聚集索引，并将预留空间设置为10。

①在查询编辑器中输入如下程序代码并执行：

```
CREATE NONCLUSTERED INDEX ix_class_major /* 创建名为 ix_class_major 的非聚集索引* /
ON 班级表(major)
WITH PAD_INDEX,FILLFACTOR =10 /* 设置索引中间页的可用空间百分比* /
```

②单击工具栏上的 ▶执行(X) 按钮，执行以上 SQL 命令，在查询窗口下方显示命令已成功完成，即完成非聚集索引 ix_class_major 的创建。

（4）使用 T - SQL 语句为“教学管理”系统数据库“成绩表”的 sid、courseid 列创建非聚集唯一索引 uqix_class，若该索引已存在，删除后重建。具体操作步骤如下：

①在查询编辑器中输入如下程序代码并执行：

```
IF EXISTS(SELECT name FROM sysindexes WHERE name ='uqix_class')
DROP INDEX 成绩表.uqix_class     /* 若存在 uqix_class 索引,则删除* /
CREATE UNIQUE INDEX uqix_class ON 成绩表(sid,courseid)
```

②单击工具栏上的 ▶执行(X) 按钮，执行以上 SQL 命令，在查询窗口下方显示命令已成功完成，即完成非聚集唯一索引的创建。

③若执行如下插入语句：

```
INSERT INTO 成绩表(sid,courseid,score,score_test)
VALUES(2021001,1001,73,85)
```

系统会显示如下错误提示信息：

```
消息 2601,级别 14,状态 1,第 1 行
不能在具有唯一索引"uqix_class"的对象"dbo.成绩表"中插入重复键的行。重复键值为 (2021001, 1001)。
```

提示：该错误是由于唯一性约束能够确保索引列不包含重复的值。

3. 使用两种方法删除索引。

（1）使用 SSMS 管理器删除“教学管理”系统数据库班级表中的索引 ix_cname 的具体操作步骤如下：

①启动 SQL Server Management Studio，并连接到 SQL Server 2019 数据库。

②在“对象资源管理器”中，展开“教学管理”系统数据库下的“表”节点，找到“班级表”下的“索引”节点并展开。

③右击 ix_cname 索引，然后选择“删除”命令。

④在“删除对象”对话框中，确认删除的索引是 ix_cname，然后单击“确定”按钮。

（2）使用 T - SQL 语句删除索引学生表中的非聚集索引 ix_stu_sname。

①在查询区域窗口输入以下 SQL 命令：

```
DROP INDEX ix_stu_sname ON 学生表 /* 删除索引 * /
```

②单击工具栏上的 ▶执行(X) 按钮，执行以上 SQL 命令，在查询窗口下方显示命令已成功完成，即完成视图 ix_stu_sname 的删除。

提示：还可以使用如下命令进行删除：drop index 学生表 . ix_stu_sname。

任务7.2 “教学管理”系统索引的管理

【任务工单】

任务工单7-2：“教学管理”系统索引的管理

任务名称	“教学管理”系统索引的管理				
组别		成员		小组成绩	
学生姓名				个人成绩	
任务情境	数据库管理员已按照客户需求在任务7.1中完成了对“教学管理”系统索引的创建，为优化索引的查询，现请你以数据库管理员身份对“教学管理”系统中的索引进行管理				
任务目标	完成“教学管理”系统的索引的重命名、重新生成、禁用等管理任务				
任务要求	按本任务后面列出的具体任务内容，完成“教学管理”系统相关数据表的创建				
知识链接					
计划决策					
任务实施	1. 查看“教学管理”系统数据库索引的操作步骤 2. 重命名“教学管理”系统数据库索引的操作步骤 3. 重新组织、重新生成及重建“教学管理”系统数据库索引的操作步骤 4. 禁用和启用“教学管理”系统数据库索引的操作步骤				

续表

检查	1. 索引属性设置；2. 索引的重建；3. 聚集索引的禁用
实施总结	
小组评价	
任务点评	

【前导知识】

在数据表中进行增加、删除或者更新操作，会使索引页出现碎块，为了提高系统的性能，创建索引之后，必须对数据库中的索引进行管理。管理索引包括对索引的重命名、重新生成、重新组织、禁用和启用索引等。

一、查看索引信息

索引创建成功后，用户可以使用以下方法查询数据表中创建的索引信息。

查看索引信息

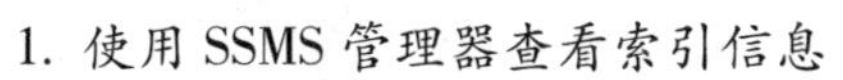

1. 使用SSMS管理器查看索引信息

①启动SQL Server Management Studio，并连接到SQL Server 2019数据库。

②在“对象资源管理器”中，展开“教学管理”系统数据库下的“表”节点，展开“索引”节点，右击需要查看的索引，然后单击“属性”命令，打开“索引属性”对话框，即可查看索引信息，如图7-11所示。在该窗口中既可以查看建立索引的相关信息，也可以修改索引的信息。

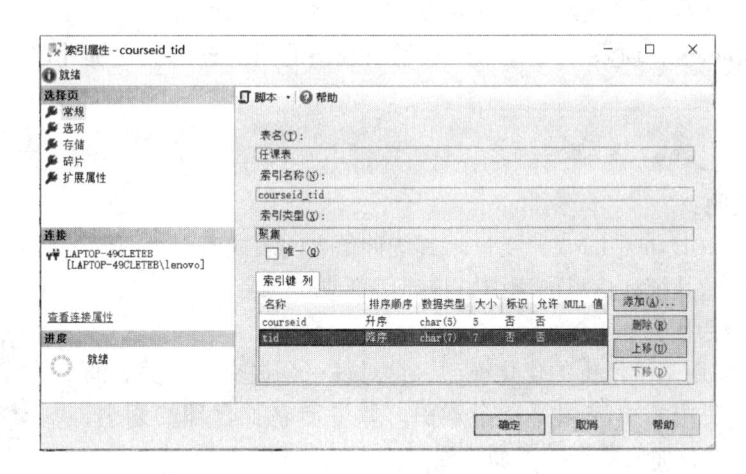

图7-11 “索引属性”对话框

2. 使用表设计器查看索引信息

①启动SQL Server Management Studio，并连接到SQL Server 2019数据库。

②在“对象资源管理器”中，展开索引所在的数据库下的“表”节点，找到索引所在的表并右击，在弹出的快捷菜单中选择“设计”命令。

③在弹出的菜单中选择“索引/键”命令。

④打开“索引/键”对话框，如图7-12所示。在对话框的左侧选中某个索引，在对话框的右侧就可以查看此索引的信息，并可以修改相关的信息。

3. 使用系统存储过程查询索引

在数据库下，使用系统存储过程sp_helpindex可以查看数据表或视图中的索引信息，语法格式如下：

```
sp_helpindex [@ objname = ]'name'
```

主要参数说明：

[@objname =] 'name'：表或视图的限定或非限定名称。

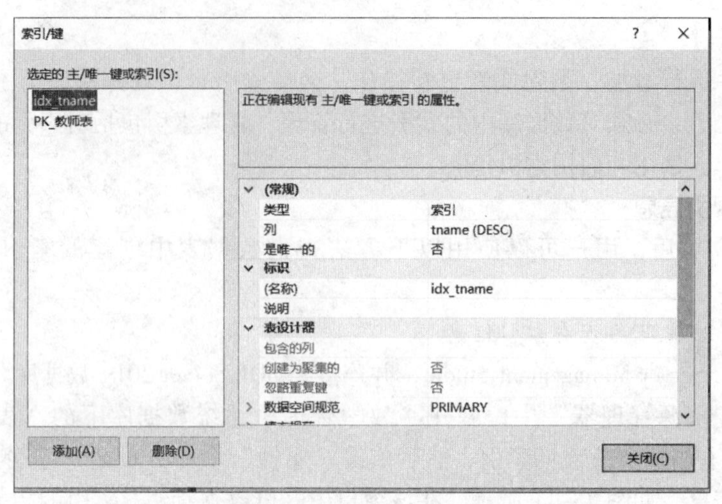

图 7-12　使用“索引/键”对话框查看索引属性

4. 使用数据库控制台命令 dbcc show_statistics 查看索引统计信息

使用 dbcc show_statistics 命令显示表或索引视图的当前查询优化统计信息。基本语法格式如下：

```
dbcc show_statistics ( table_or_indexed_view_name , target )
```

主要参数说明：

table_or_indexed_view_name：要显示其统计信息的表或索引视图的名称。

target：要显示其统计信息的索引、统计信息或列的名称。

二、索引的使用

索引的使用

SQL Server 采用基于代价的优化模型，它对每一个提交的有关表的查询，决定是否使用索引或用哪一个索引。如果建立了合理的索引，优化器就能利用索引加速数据的查询过程。

当实例中所涉及的表最多只有几十行的数据时，则有没有建立索引对查询速度的影响不大，但是当一个表有成千上万行数据的时候，差异就非常明显了。合理的索引设计是建立在对各种查询的分析和预测上的，我们一般通过分析数据库的执行计划来查看是否合理地使用了索引。启动“包括实际的执行计划”窗口的方法如下：

方法 1：打开“新建查询”窗体后，单击“查询”菜单栏下的“包括实际的执行计划”命令，如图 7-13 所示。

方法 2：单击工具栏上的按钮。

方法 3：按快捷键 Ctrl + M。

在执行 select 查询后，可以在结果中查看到执行的计划，如图 7-14 所示。

提示：在 select 语句中通过 with(index(索引名称)) 可以强制使用指定索引进行查询。

三、索引的修改

索引创建完成后，如果不能满足需要，就可以对其进行修改，但是并不能修改索引中的全部内容。可以通过使用 SSMS 管理器或 T-SQL 语句两种方法进行修改。

1. 使用 SSMS 管理器修改索引

①启动 SQL Server Management Studio，并连接到 SQL Server 2019 数据库。

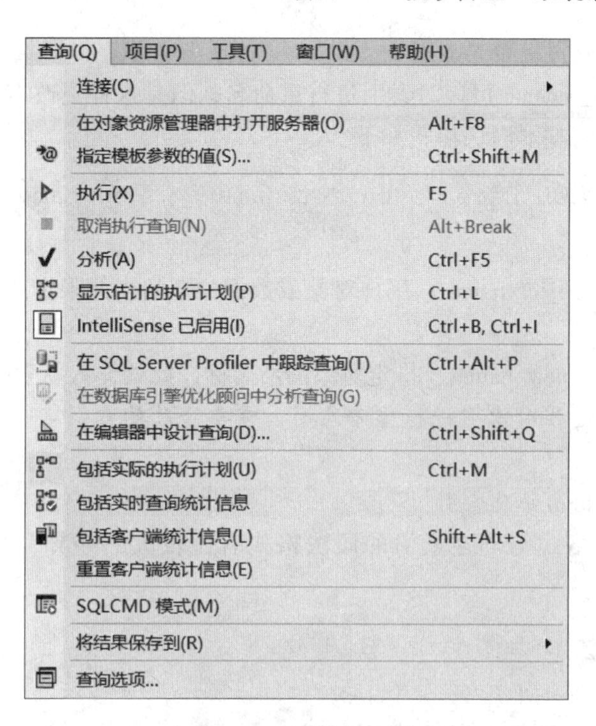

图 7－13 “查询”菜单

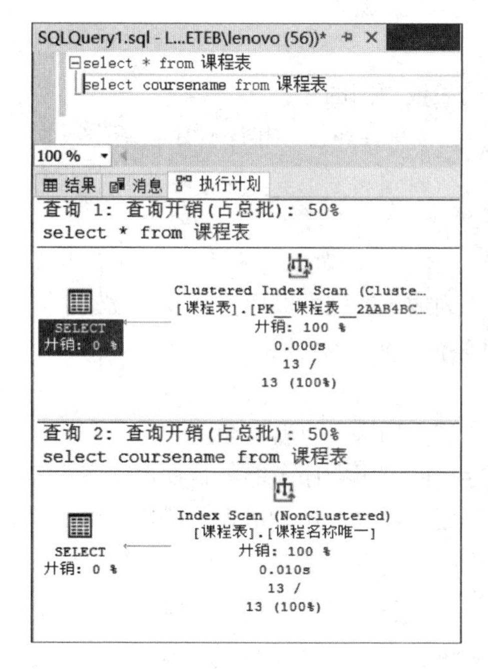

Clustered Index Scan (Clustered)

整体扫描聚集索引或只扫描一定范围。

物理运算	Clustered Index Scan
逻辑操作	Clustered Index Scan
实际执行模式	Row
估计的执行模式	Row
存储	RowStore
读取的行数	13
所有执行的实际行数	13
Actual Number of Batches	0
估计运算符开销	0.0032963 (100%)
估计 I/O 开销	0.003125
估计 CPU 开销	0.0001713
估计子树大小	0.0032963
Number of Executions	1
估计执行次数	1
要读取的预计行数	13
每个执行的估计行数	13
估计行大小	40 字节
Actual Rebinds	0
Actual Rewinds	0
Ordered	False
节点 ID	0

对象

[教学管理].[dbo].[课程表].[PK__课程表__2AAB4BC908383A7E]

输出列表

[教学管理].[dbo].[课程表].courseid, [教学管理].[dbo].[课程表].coursename, [教学管理].[dbo].[课程表].hours, [教学管理].[dbo].[课程表].credit, [教学管理].[dbo].[课程表].type

图 7－14 执行计划

②在“对象资源管理器”中，展开索引所在的数据库下的“表”节点，找到“索引”节点。右击需要修改的索引，在弹出的快捷菜单中选择相应的命令，例如重新生成、重新组织、禁用、重命名等。

2. 使用 T－SQL 语句重命名索引

利用存储过程 sp_rename 可以对索引进行重命名，但是这样更改有可能会破坏脚本和存储过程。重命名索引的基本语法格式如下：

```
sp_rename [ @ objname = ] 'object_name', [ @ newname = ] 'new_name'
```

主要参数说明：

[@ objname =] 'object_name'：用户对象或数据类型的当前限定或非限定名称。此处应在索引名前加上表名。

[@ newname =] 'new_name'：指定对象的新名称，此处输入新索引名称。

提示：使用存储过程对索引进行重命名时，需要修改的索引名“object_name”的格式应为“表名.索引名”。

3. 使用 T－SQL 语句修改索引

修改索引的语法格式与创建索引的语法格式有比较大的差异，修改索引的语法格式如下：

```
alter index { index_name | ALL}
on〈table_or_view_name〉
{rebuild |disable |reorganize}
```

主要参数说明：

①index_name：要修改索引的名称。

②table_or_view_name：与该索引关联的表或视图的名称。

③rebuild：将使用相同的列、索引类型、唯一性属性和排序顺序重新生成索引。

④disable：禁用索引。

⑤reorganize：重新组织索引。

从修改索引的语法规则可以看出，修改索引只是对原有索引进行重新生成、禁用等操作，不能用于修改索引定义，如添加或删除列或更改列的顺序。若要修改索引定义，需要删除原有索引，然后重新使用 CREATE INDEX 命令创建索引。

四、索引的重新生成与重新组织

在创建一个聚集索引后，频繁地对数据进行插入、更新和删除操作，会使数据的索引页不能在磁盘上连续存储，最终导致数据页存储的逻辑顺序不能与其物理顺序相匹配，从而产生索引碎片。为了减少索引碎片，在索引创建时可以使用 FILLFACTOR 选项，但是数据库在运行过程中仍会产生碎片。当索引碎片较少时，可以重新组织索引来进行索引的维护，若索引碎片非常多，重新生成索引可以获得更好的效果。

（1）重新生成索引

重新生成索引使用的是修改索引语法中的 REBUILD 关键字实现的。重建索引的过程实际上是先删除原有索引，再创建一个新的索引。这将根据指定的或现有的填充因子，设置压缩页来删除碎片、回收磁盘空间，然后对连续页中的索引行重新排序。这样可以减少获取所请求数据所需的页读取数，从而提高磁盘性能。

（2）重新组织索引

重新组织索引使用的是修改索引语法中的 reorganize 关键字来实现的。重新组织索引是通过对叶页进行物理重新排序，使其与叶节点的逻辑顺序（从左到右）相匹配，从而对表或视图的聚集索引和非聚集索引的叶级别进行碎片整理。重新组织索引在分配给它的现有页内重新组织，不会分配新页。

（3）索引的禁用与启用

索引可以帮助用户提高查询数据的速度，但有时一张数据表中创建了多个索引，会造成对空间的浪费，因此，有时需要将一些暂时不用的索引禁用掉，当再次需要时，再启用该索引。

禁用索引使用的是修改索引语法中的 DISABLE 关键字来实现的。例如，禁用表中的某个索引的 T-SQL 语句为：

```
ALTER INDEX 索引名 ON 表名 DISABLE
```

禁用表中的所有索引的 T-SQL 语句为：

```
ALTER INDEX ALL ON 表名 DISABLE
```

禁用表的聚集索引时，会导致无法访问基本表，并且该表上的所有非聚集索引也被禁用。

当用户希望使用该索引时，使用启用的语句启用该索引即可，启用索引可通过“重新生成”命令来完成，也可以通过 ALTER INDEX REBUILD 语句来实现。

那么如何才能知道一个数据表中哪些索引处于禁用状态，哪些索引处于启用状态呢？用户可以通过系统视图 sys. indexes 来查询。使用系统视图查询索引状态的语法格式如下：

```
select name,is_disabled     /* name:索引名称列;is_disabled:索引是否禁用列* /
from sys.indexes      /* sys.indexes:系统视图* /
```

提示：is_disabled 的值为 1，表示该索引为禁用状态；is_disabled 的值为 0，表示该索引为启用状态。

【任务内容】

1. 查看“教学管理”系统数据库的索引。

（1）使用 SSMS 管理器查看“教学管理”系统数据库“任课表”中的 courseid_tid 索引属性。

（2）使用存储过程 sp_helpindex 查看“教学管理”系统数据库班级表的索引信息。

（3）使用 SSMS 管理器查看“教学管理”系统数据库“任课表”中的 courseid_tid 索引被查询优化器使用的情况。

2. 重命名“教学管理”系统数据库的索引。

（1）使用 SSMS 管理器将“教学管理”系统数据库开课表中的索引 idx_classid_courseid 重命名为 classcourse_index。

（2）使用 T-SQL 语句将“教学管理”系统数据库任课表中的索引 courseid_tid 重命名为 cou_ti_index。

3. 重新组织、重新生成及重建“教学管理”系统数据库的索引。

（1）使用 SSMS 管理器重新组织“教学管理”系统数据库班级表中的索引 ix_class_major。

（2）使用 T-SQL 语句重新生成“教学管理”系统数据库班级表中的索引 ix_class_major。

（3）使用T-SQL语句删除并重建“教学管理”系统数据库教师表中的索引 idx_tname。

4. 禁用和启用“教学管理”系统数据库索引。

（1）使用SSMS管理器禁用“教学管理”系统数据库班级表中的索引 ix_class_major。

（2）使用T-SQL语句启用“教学管理”系统数据库班级表中的索引 ix_class_major。

【任务实施】

1. 查看“教学管理”系统数据库的索引。

（1）使用SSMS管理器查看“教学管理”系统数据库“任课表”中的courseid_tid索引属性。操作步骤如下：

①启动SQL Server Management Studio，并连接到SQL Server 2019数据库。

②在“对象资源管理器”中，展开“教学管理”系统数据库下的“表”节点，找到“任课表”下的“索引”节点，展开“索引”节点。右击索引“courseid_tid”，选择“属性”，打开“索引属性”窗口，即可查看索引信息，如图7-15所示。

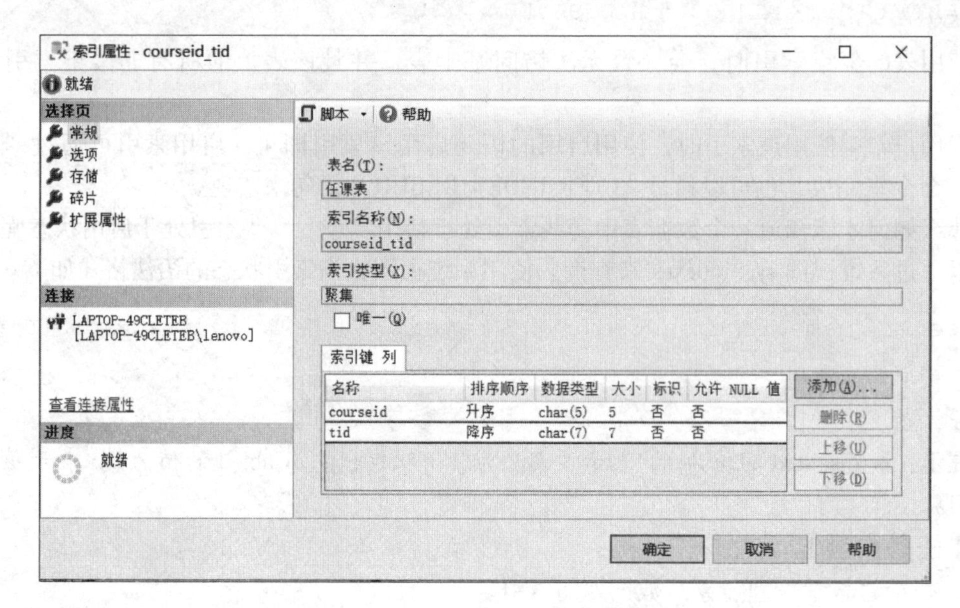

图7-15 courseid_tid索引属性

提示：通过选择索引属性的其他页（如“选项”“存储”等），查看索引的更多属性。

（2）使用存储过程 sp_helpindex 查看“教学管理”系统数据库“班级表”的索引信息。

①在查询编辑器中输入如下程序代码并执行：

```
Use 教学管理
Go
EXEC sp_helpindex '班级表'
```

②单击工具栏上的 ▶ 执行(X) 按钮，执行以上SQL命令，在查询窗口下方将显示查询结果，如图7-16所示。

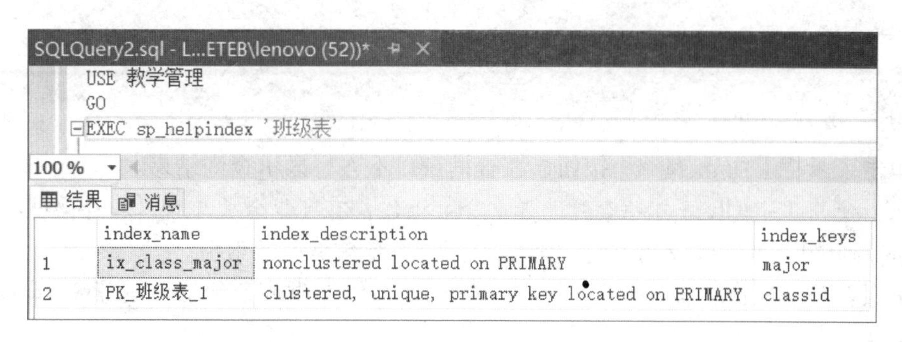

图7－16　班级表的索引信息

（3）使用SSMS管理器查看“教学管理”系统数据库“任课表”中的courseid_tid索引被查询优化器使用的情况。操作步骤如下：

①在查询编辑器中输入如下代码：

```
use 教学管理
select *  from 任课表
where classtime like'星期二%'    /* 查询开课时间为星期二的所有记录* /
select *  from 任课表
where courseid ='1012'     /* 查询任课课程为1012 的信息* /
```

②单击工具栏上的“包括实际的执行计划”按钮，即可查看创建的索引被查询优化器使用的情况，如图7－17所示。

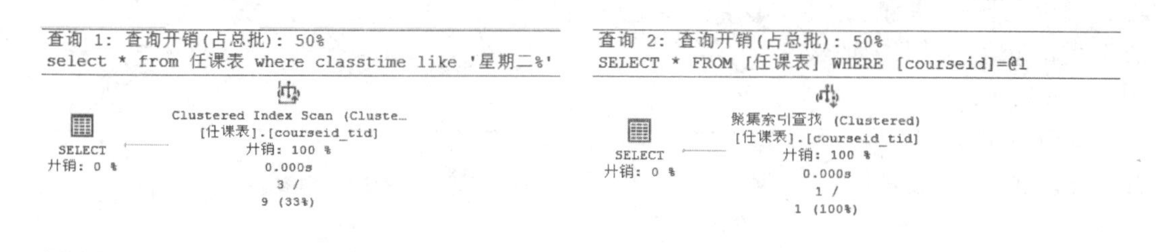

图7－17　索引被查询优化器使用的情况

2. 重命名“教学管理”系统数据库的索引。

（1）使用SSMS管理器将“教学管理”系统数据库开课表中的索引idx_classid_courseid重命名为classcourse_index。操作步骤如下：

①启动SQL Server Management Studio，并连接到SQL Server 2019数据库。

②在“对象资源管理器”中，展开“教学管理”系统数据库下的“表”节点前的加号，找到“开课表”下的“索引”节点，右击索引“idx_classid_courseid”，在弹出的快捷菜单中选择“重命名”，输入新索引名称“classcourse_index”，单击“确定”按钮即完成索引的重命名。

（2）使用T－SQL语句将“教学管理”系统数据库任课表中的索引courseid_tid重命名为cou_ti_index。

①在查询编辑器中输入如下程序代码并执行：

```
Use 教学管理
Go
EXEC sp_rename '任课表.courseid_tid','cou_ti_index'
```

②单击工具栏上的 ▶ 执行(X) 按钮，在查询窗口下方将显示查询结果。

提示：使用 T-SQL 语句对索引进行重命名操作，有可能会破坏脚本和存储过程。

3. 重新组织、重新生成及重建“教学管理”系统数据库的索引。

（1）使用 SSMS 管理器重新组织“教学管理”系统数据库班级表中的索引 ix_class_major。具体操作步骤如下：

①启动 SQL Server Management Studio，并连接到 SQL Server 2019 数据库。

②在“对象资源管理器”中，展开“教学管理”系统数据库下的“表”节点，找到“班级表”下的“索引”节点。右击索引 ix_class_major，在弹出的快捷菜单中选择“重新组织”命令，在“重新组织索引”对话框中确定要重新组织的索引为 ix_class_major，单击“确定”按钮即完成索引的重新组织，如图 7-18 所示。

提示：若索引的碎片总计为 0，则无须进行重新组织索引。

图 7-18　重新组织索引

（2）使用 T-SQL 语句重新生成“教学管理”系统数据库班级表中的索引 ix_class_major。

①在查询编辑器中输入如下程序代码并执行：

```
Use 教学管理
Go
ALTER INDEX ix_class_major     /* 修改索引 ix_class_major */
ON 班级表 rebuild     /* 重新生成 */
```

②单击工具栏上的 ▶ 执行(X) 按钮，执行以上 SQL 命令，查询窗口显示命令已成功完成，表示该索引已经重新生成。

（3）使用 T-SQL 语句删除并重建“教学管理”系统数据库教师表中的索引 idx_tname。

①在查询编辑器中输入如下程序代码并执行：

```
    Use 教学管理
    Go
    CREATE UNIQUE NONCLUSTERED INDEX idx_tname    /* 新建唯一非聚集索引
idx_tname * /
    ON 教师表 (tname ASC)
    WITH DROP_EXISTING      /* 若存在,先删除 * /
```

②单击工具栏上的 ▶ 执行(X) 按钮，执行以上 SQL 命令，查询窗口显示命令已成功完成。索引重建前后的属性如图 7－19 所示。

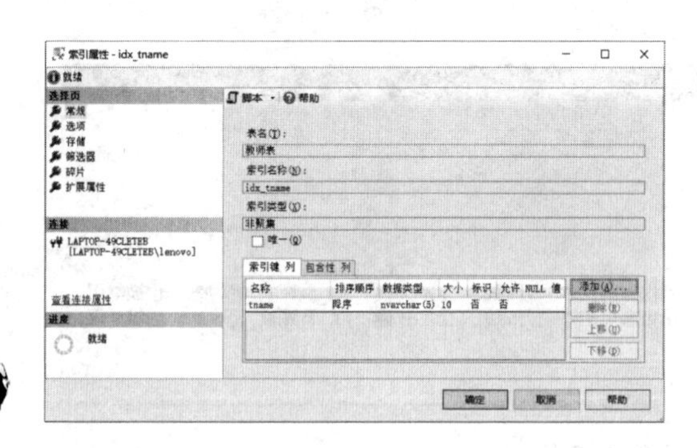
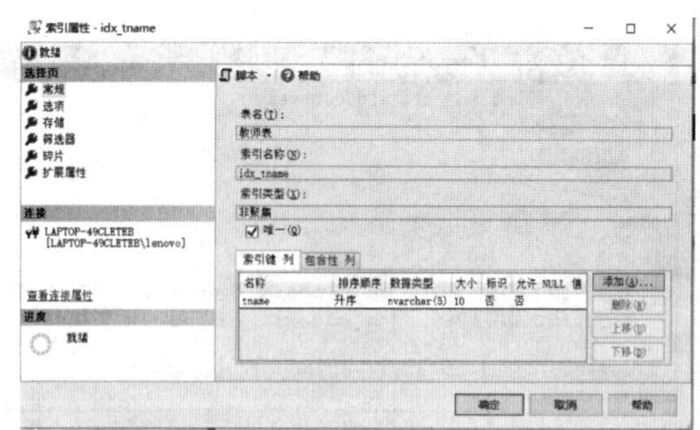

图 7－19　索引重建前后属性对比

提示：最好的索引维护方式是通过维护计划来重建索引，在业务系统空闲时将需要的索引重建，避免由于长时间修改数据造成的索引不连续。

4. 禁用和启用“教学管理”系统数据库索引。

（1）使用 SSMS 管理器禁用“教学管理”系统数据库班级表中的索引 ix_class_major。具体的操作步骤如下：

①启动 SQL Server Management Studio，并连接到 SQL Server 2019 数据库。

②在“对象资源管理器”中，展开“教学管理”系统数据库下的“表”节点，找到“班级表”下的索引节点，右击索引 ix_class_major，在弹出的快捷菜单中单击“禁用”，在“禁用”对话框中确定要禁用的索引为 ix_class_major，单击“确定”按钮。

③在查询编辑器中输入如下程序代码并执行：

```
    select name,is_disabled /* name:索引名称;isdisabled:索引是否禁用* /
    from sys.indexes /*  sys.indexes:系统视图* /
    where name ='ix_class_major'
```

④单击工具栏上的 ▶ 执行(X) 按钮，执行以上 SQL 命令，在查询窗口下方将显示查询结果，如图 7－20 所示。

提示：若禁用的是表中的聚集索引，将会导致该表的所有数据无法访问，与其相关联的其他表的数据也将被禁用。例如，禁用“教学管理”系统数据库“开课表”中的聚集索引 idx_classid_courseid，会导致开课表的所有数据无法访问，如图 7－21 所示。

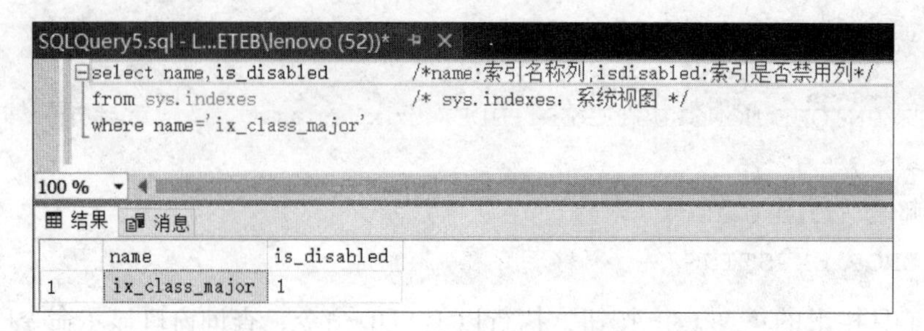

图 7－20　索引的禁用信息

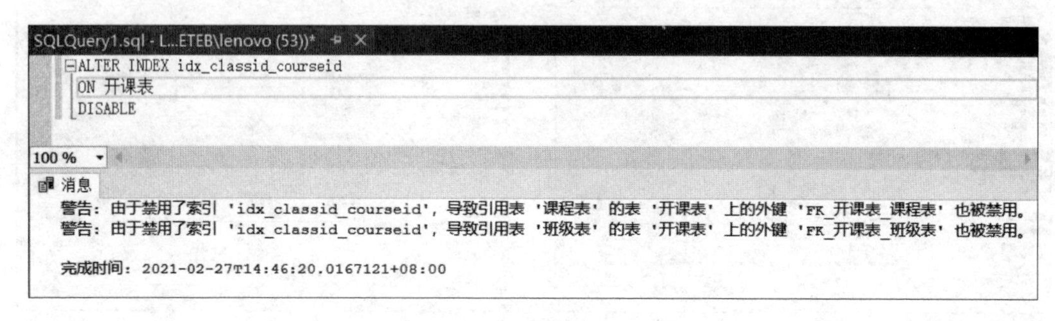

图 7－21　禁用聚集索引

（2）使用 T－SQL 语句启用“教学管理”系统数据库班级表中的索引 ix_class_major。

①在查询编辑器中输入如下程序代码并执行：

```
Use 教学管理
Go
ALTER INDEX ix_class_major /* 修改索引 ix_class_major * /
ON 班级表 rebuild /* 重启索引 * /
```

②单击工具栏上的 ▶ 执行(X) 按钮，执行以上 SQL 命令，完成索引的启用。

提示：还可以使用以下命令来完成索引的启用：

```
DBCC DBREINDEX (班级表, ix_class_major)
```

【知识检测题】

1. 选择题

（1）在 SQL Server 2019 中，与数据表的物理顺序相同的索引是（　　）。

A. 聚集索引　　B. 非聚集索引　　C. 主键索引　　D. 唯一索引

（2）为了加快公司某表查询的速度，应对此表建立（　　）。

A. 约束　　B. 存储过程　　C. 规则　　D. 索引

（3）命令“Create Unique Index AAA on student（sno）”是指在 student 表的 sno 列上建立一个名为“AAA”的（　　）。

A. 聚集索引　　B. 复合索引　　C. 唯一聚集索引　　D. 唯一索引

（4）要删除 mytable 表中的 myindex 索引，可以使用（　　）语句。

A. DROP myindex　　B. DROP mytable. myindex

C. DROP INDEX myindex
D. DROP INDEX mytable. myindex

(5) 能实现 UNIQUE 约束功能的索引是（　　）。

A. 普通索引　B. 聚簇索引　C. 唯一索引　D. 复合索引

(6) 在存有数据的表上建立聚集索引，可以引起表中数据的（　　）发生变化。

A. 逻辑关系　B. 记录结构　C. 物理位置　D. 列值

(7) 在存有数据的表上建立非聚集索引，可以引起表中数据的（　　）发生变化。

A. 逻辑关系　B. 记录结构　C. 物理位置　D. 列值

(8) 为数据表创建索引的目的是（　　）。

A. 提高查询的检索性能
B. 归类
C. 创建主键
D. 准备创建视图

(9) 对数据表创建索引的缺点有（　　）。

A. 降低了检索速度
B. 降低了数据修改速度
C. 强制实施行的唯一性
D. 节省了存储空间

2. 填空题

(1) 索引按照存储结构不同，可分为________和________。

(2) 在一张表上最多可以创建________个聚集索引。

(3) 使用关键字 nonclustered 表示将建立的是________索引。

(4) 使用关键字 clustered 表示将建立的是________索引。

3. 简答题

(1) 是不是索引建立得越多越好?

(2) 若查询语句中使用了带有索引的字段，在哪几种情况下，索引不会起作用?

项目8

"教学管理"系统视图的创建与管理

【项目导读】

在数据表设计过程中，由于考虑到数据的冗余度低、数据一致性、减少数据增删改异常等问题，通常数据表的设计要满足范式的要求，因此会将一个实体的所有信息保存在多个表中。当检索数据时，在一个表中一般不能得到想要的所有信息，往往会涉及多个表的连接操作。为了简化用户对数据的理解及相关查询操作，SQL Server 2019 提供了视图机制，将那些被经常使用的查询定义为视图，从而使用户不必每次为相同的操作指定全部的条件。

综上所述，本项目要完成的任务有"教学管理"系统视图的创建、视图的查看、视图的删除、视图的使用、视图的修改和视图更新等。

【项目目标】

- 了解 SQL Server 2019 中视图的含义及作用；
- 熟悉视图的分类；
- 掌握使用 SQL Server Management Studio 管理器和 T－SQL 命令创建、查看及删除视图的操作；
- 掌握使用视图操作数据的方法；
- 能够熟练掌握利用视图向表中插入、删除和修改数据。

【项目地图】

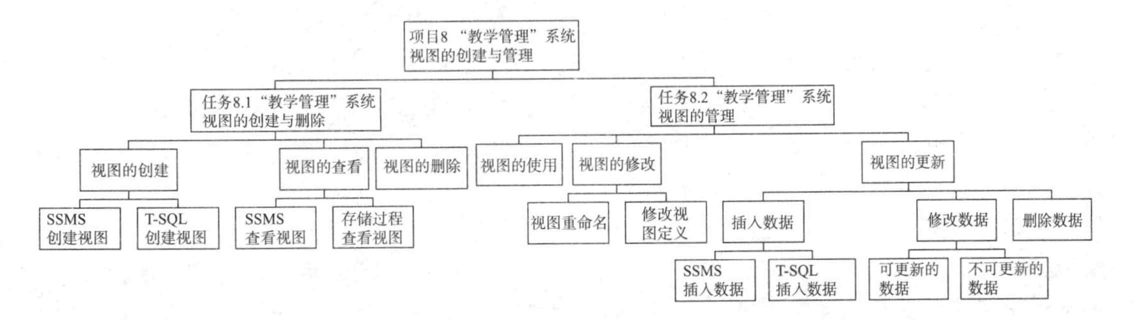

【思政小课堂】

提升沟通能力　构建大学生的和谐人际关系

马克思指出：“一个人的发展取决于和他直接或间接进行交往的其他一切人的发展。”当代大学生提升沟通能力、构建和谐的人际关系，是促进大学生健康发展的重要途径，是高校贯彻落实“以人为本”教育理念的必然要求。

沟通能力是职业核心能力的重要组成部分，既是高素质技能型人才培养的关键要素之一，也是现代企业衡量人才质量的关键要素之一。在这个经济全球化、文化多元化和行业需求多样化的时代，如何培养良好的人际沟通能力，构建和谐的人际关系是青年学生在大学阶段很重要的学习过程。

社会活动需要良好的沟通能力。人们在生产或生活过程中所建立的社会关系，是人基本的社会要求，是自我了解的一面镜子。校园是一个小小的社会，大学生必须在大学校园里利用这个平台随时锻炼自己。此外，作为当代的大学生，需要承担社会的责任和应尽的义务，为社会做贡献，社会才会赋予我们权利和自由，我们才能得到很好的生存和发展。

自我发展需要良好的沟通能力。大学生应在社会交往过程中主动获取新知识，首先做到学习的永续性。其次，通过人与人之间的交流，相互作用、相互认知，充分认识自我，完善自我；通过人与人的交流，避免狂妄自大，摆脱自卑感，树立良好的自我形象

和谐人际关系需要良好的沟通能力。在处理人际关系过程中，不可避免地会遇到各种各样的压力，这就需要一个人在复杂的社会活动中与人为善，处理和解决好各种各样的关系，良好的沟通能力才能造就和谐的人际关系。校园不仅是传授知识与文明、传授科学与真理的场所，也是由教师与学生、学生与学生之间的人际关系构成的场所。只有提升沟通能力，才能获得校园内方方面面的和谐共事新局面。

提升沟通能力的途径主要有以下几个方面。

第一，应提高自身知识水平。我们应该不断提高自身的知识水平，培养更多的兴趣，塑造良好的自己，让别人喜欢与自己交流。要学会从日常生活中发掘学习对象，学习对方的说话方式，分析言语背后的思维痕迹，养成先思考后言语的习惯。

第二，应提高自身的道德素质。一个具有良好的道德素质、品格修养的人往往在人际交往中更受欢迎，更容易得到别人的青睐。在与他人的交往中，应该做到真诚待人，要拿真心换真心，而不能将彼此的关系物质化、功利化；要言行一致，信守承诺，言而有信。

第三，应提高自身的心理素质。我们应该学会管控自己的情绪，减少自身情绪的波动，不随意宣泄不满的情绪。在与他人发生矛盾时，学会理性、冷静地思考问题，减少对他人的依赖，学会自己分析问题、解决矛盾，增强自身的心理承受力。

第四，应提高人际交往的技巧。良好的沟通离不开礼貌的言语、得体的礼仪和严谨的逻辑思维，我们要使用文明语言和平易近人的礼仪，让自己的人际关系得到更好的发展。习近平和彭丽媛的外交话语和礼仪已经得到了世界的赞许，我们应该以习近平主席为榜样，努力培养自己的人际交流能力。

时代在变，提升沟通能力的方法也会变得多种多样，我们应该积极主动地获取相应技能和知识，努力提升沟通能力，构建横向、纵向、多层次、全方位的和谐人际交往空间。

任务 8.1 “教学管理”系统视图的创建与删除

【任务工单】

任务工单 8－1：“教学管理”系统视图的创建与删除

任务名称	“教学管理”系统视图的创建与删除				
组别		成员		小组成绩	
学生姓名				个人成绩	
任务情境	在数据表的设计过程中，为了满足范式的要求，会将一个实体的所有信息保存在多个表中，当用户需要查询所有信息时，往往需要进行多个表的连接操作，为减轻用户编写查询代码的工作压力，现请你以数据库管理员身份帮助用户完成“教学管理”系统中相关视图的创建工作				
任务目标	掌握使用 SSMS 管理器和 T－SQL 命令两种方法对“教学管理”系统进行视图的创建和删除				
任务要求	按本任务后面列出的具体任务内容，完成“教学管理”系统相关视图的创建与删除				
知识链接					
计划决策					
任务实施	1. “教学管理”系统数据库中，使用 SSMS 创建和删除视图的操作步骤 2. “教学管理”系统数据库中，使用 T－SQL 语句创建和删除视图的操作步骤 3. “教学管理”系统数据库中，使用 SSMS 管理器和 T－SQL 语句查看视图信息的操作步骤				

续表

检查	1. 视图名称；2. 字段别名的使用；3. 加密选项
实施总结	
小组评价	
任务点评	

【前导知识】

视图概述

一、视图概述

视图是一个虚拟表，其内容是由查询来定义的。与数据表一样，视图也包含一系列带有名称的列和行数据。行和列数据来自由定义视图的查询所引用的数据表，并且在引用视图时动态生成。

除索引视图外，视图在数据库中只存储它的定义（主要由 select 语句组成），其数据仍存放在原来的数据表（即基本表）中。当用户对视图进行操作时，SQL Server 2019 数据库引擎根据视图的定义去操作与视图相关联的基本表，所以视图依赖于基本表，不能独立存在。另外，视图一旦定义好，就可以像操作基本表一样进行查询、修改（有一定的限制）、删除和更新数据等操作。当对通过视图看到的数据进行修改时，相应的基本表的数据也会发生变化。

1. 使用视图的优点

①隐蔽数据库复杂性，方便程序的维护。

视图隐蔽了数据库设计的复杂性，使开发者在不影响用户使用数据库的情况下可以修改数据库表。即使基本表发生改变或重新组合，用户也只需要更改视图存储的查询语句，就能获得相应的数据。

②简化查询操作，为用户集中提取数据提供便利。

在大多数情况下，用户查询的数据可能存储在多个表中，查询起来比较烦琐。此时可以将多个表中用户需要的数据集中在一个视图中，通过查询视图查看多个表中的数据，从而简化数据的查询操作，为用户集中提取数据提供便利。这是视图的主要优点。

③简化用户权限管理，增强数据的安全性和保密性。

视图可以让特定的用户只能看到表中指定的数据行或列。设计数据库应用系统时，对不同权限的用户定义不同权限的视图，每种类型用户只能看到其相应权限的视图，从而简化用户权限的管理。此时的用户只能查看和修改其所能看到的视图中的数据，而基本表的数据是不可访问的，这样可以保护基本表的数据安全。

由此可见，视图在我们的数据操作中是必不可少的，它对我们的工作质量、效率、安全等方面起到了重要的作用。但是视图也存在如下缺点：视图的大量使用会降低性能，并且如果基本表的数据发生变化，例如在基本表中增加一列数据，这种变化并不能自动地反映到视图中。

2. 视图分类

视图为用户提供了多样的数据表现形式，SQL Server 2019 提供了下列类型的视图，这些视图在数据库中起着特殊的作用。

标准视图：即通常意义上理解的视图，它是保存在数据库中的 SELECT 查询语句。标准视图组合了一个或多个表的数据，可以获得使用视图的大多数好处。

系统视图：系统视图公开目录元数据。可以使用系统视图返回与 SQL Server 实例或在该实例中定义的对象有关的信息。查询 sys. databases 目录视图可以返回与实例中提供的用户定义数据库有关的信息。

分区视图：分区视图在一台或多台服务器间水平连接一组成员表中的分区数据，这样数据看上去如同来自一个表。连接同一个 SQL Server 实例中的成员表的视图是一个本地分区视图。

索引视图：索引视图是被具体化了的视图。这意味着已经对视图定义进行了计算并且生成的数据像表一样存储。可以为视图创建索引，即对视图创建唯一的聚集索引。索引视图可以显著提高某些类型查询的性能。索引视图尤其适用于聚合许多行的查询，但它们不太适用于经常更新的基本数据集。

3. 创建视图应注意的事项

①只有在当前数据库中才能创建视图。

②视图的命名必须遵循标识符命名规则，不能与表同名，并且对于每个用户，视图名必须是唯一的，即对不同用户，即使定义相同的视图，也必须使用不同的名字。

③不能把规则、默认值或触发器与视图相关联。

④使用视图查询时，若其关联的基本表中添加了新字段，则必须重新创建视图才能查询到新字段。

⑤如果与视图相关联的表或视图被删除，则该视图将不能再使用。

使用 SQL Server Management Studio 创建视图时，会使用到查询和视图设计器工具，其由“关系图”“条件”“SQL”和“结果”四个窗格组成，如图 8－1 所示。

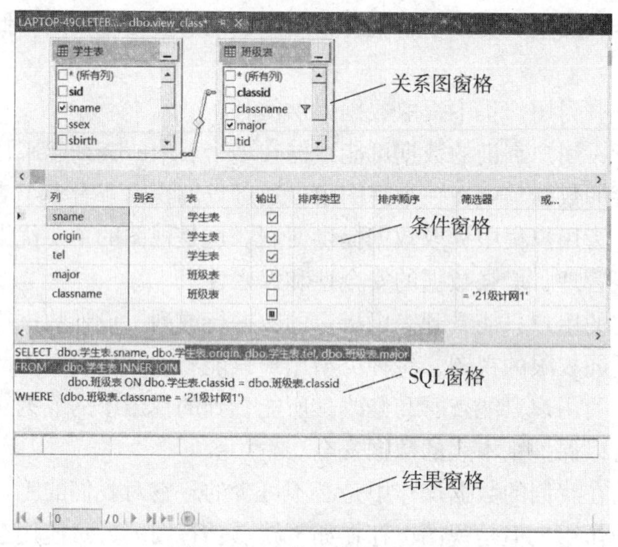

图 8－1　查询和视图设计器

“关系图”窗格用来添加或删除表，以及显示各个表之间的关系。“条件”窗格显示要输出的列，在该窗格中，用户可以根据自己的习惯调整列的排列类型和顺序等。“SQL”窗格显示视图定义的查询语句，可在“SQL”窗格任意位置右击，在弹出的快捷菜单中选择“执行 SQL”命令，或单击工具栏上的 按钮，即可在“结果”窗格中看到视图运行的结果。

二、视图的创建

视图的创建

1. 使用 SQL Server Management Studio 创建视图

①启动 SQL Server Management Studio，并连接到 SQL Server 2019 数据库。

②在“对象资源管理器”中，展开要创建新视图的数据库，找到“视图”节点并右击，选择“新建视图”命令。

③在“添加表”对话框中，从“表”“视图”“函数”和“同义词”选项卡中选择要在新视图中包含的元素后，单击“添加”按钮，再单击“关闭”按钮。

④在“关系图窗格”中，选择要在新视图中包含的列或其他元素。

⑤在“条件窗格”中，选择列的其他排序或筛选条件。

⑥在“文件”菜单上单击“保存”按钮，在弹出的“选择名称”对话框中，输入新视图的名称并单击“确定”按钮。

2. 使用 T-SQL 创建视图

除了可以使用 SSMS 管理器创建视图外，还可以使用 T-SQL 语句中的 create view 来创建视图。视图是属于数据库的，因此，在创建视图前，需使用“use 数据库名”命令打开当前数据库，或者指定在当前数据库下。创建视图的基本语法格式如下：

```
create view [ schema_name . ] view_name [ (column [ ,…n ] ) ]
[with { encryption |schemabinding | view_metadata }]
as select_statement
[ with check option ]
```

主要参数说明：

①schema_name：视图所属架构的名称。

②view_name：视图的名称。视图名称必须符合有关标识符的规则。

③column：视图中的列名。如果未指定 column，视图列将获得与 select 语句中的列相同的名称。通常通过 select 语句指定视图列名，不单独重新指定列名。

提示：只有在下列情况下，才必须命名 create view 中的列：列是从算术表达式、函数或常量派生的；两个或更多的列可能会具有相同的名称；视图中的某列被赋予了不同于派生来源列的名称；在 select 语句中指派列名。

④select_statement：子查询语句。

⑤with check option：保证对视图进行插入和更新操作时的数据满足子查询的条件。对于插入操作，with check option 要保证数据插入后仍能被视图查询出来；对于更新操作，with check option 要保证更新后数据能被视图查询出来。

提示：with check option 约束是建立在子查询条件基础上的，若无 where 子句的视图，使用 with check option 是多余的。

从创建视图的基本语法中可以看出，创建视图的关键在于 select 语句。因此，可以尝试先写好 select 语句，检查正确后，再将其添加至 create view 命令中，即可生成相应的视图。

三、视图的查看

视图定义好之后，用户可以通过 SSMS 管理器或 T-SQL 语句随时查看视图的定义或属性信息。

1. 使用 SSMS 管理器的查询编辑窗口查看视图信息

①启动 SQL Server Management Studio，并连接到 SQL Server 2019 数据库。

②在“对象资源管理器”中，展开视图所在的数据库，展开“视图”节点，右击需要查看的视图，然后选择“属性”命令，打开“视图属性”窗口，即可查看视图的定义信息。

2. 使用系统存储过程查看视图信息

在视图所在的数据库下，使用存储过程 sp_help 来查看视图的结构信息，包括字段、主键、外键、索引等；使用存储过程 sp_helptext 来查看视图的定义信息。sp_help 命令的语法格式为：

```
sp_help [ [ @ objname = ] 'name' ]
```

sp_helptext 命令的语法格式为：

```
sp_helptext [ @ objname = ] 'name' [ , [ @ columnname = ] computed_col-
umn_name ]
```

四、视图的删除

1. 使用 SQL Server Management Studio 删除视图

视图的删除

删除视图时，将从系统目录中删除视图的定义和有关视图的其他信息，同时还将删除视图的所有权限。操作步骤如下：

①启动 SQL Server Management Studio，并连接到 SQL Server 2019 数据库。

②在“对象资源管理器”中，展开包含要删除的视图的数据库，然后展开“视图”节点。

③右击要删除的视图，然后选择“删除”命令。

④在“删除对象”对话框中，单击“确定”按钮。

2. 使用 T－SQL 删除视图

使用 drop view 语句可以从当前数据库中删除一个或多个视图。删除视图的基本语法格式如下：

```
drop view [ if exists ] [ schema_name . ] view_name [ ... ,n ] [ ; ]
```

主要参数说明：

if exists：只有在视图存在时才对其进行有条件的删除。

schema_name：视图所属架构的名称，可省略。

view_name：要删除的视图的名称。

提示：视图删除后，与该视图相关的基本表的数据不会受到任何影响，由该视图创建的其他视图也仍然存在，但却没有意义，因此可以一并删除。

【任务内容】

1. 在“教学管理”系统数据库中，使用 SSMS 创建和删除视图。

（1）在“教学管理”系统数据库中，使用 SSMS 管理器创建视图 stud，显示所有女同学的姓名和出生日期。

（2）在“教学管理”系统数据库中，使用 SSMS 管理器创建视图 view_age，查询年龄在 18 周岁以上学生的学号（sid）、姓名（sname）、性别（ssex）、出生日期（sbirth）和班级名称（classname）。

（3）在“教学管理”系统数据库中，使用 SSMS 管理器删除视图 stud。

2. 在“教学管理”系统数据库中，使用 T－SQL 语句创建和删除视图。

（1）在“教学管理”系统数据库中，使用 T－SQL 语句创建 21 级计网 1 班（classname = '21 级计网 1 '）学生信息视图 view_class，包含 sname、origin、tel、major 四个属性。

（2）在“教学管理”系统数据库中，使用 T－SQL 语句删除视图 view_class。

（3）在“教学管理”系统数据库中，使用 T－SQL 语句创建视图 view_score，查询成绩表中学生学号、平时成绩、考试成绩和综合成绩（平时成绩 * 0.4 + 考试成绩 * 0.6）。若该

视图已存在，则删除后重建。

（4）在“教学管理”系统数据库中，使用T-SQL语句创建加密视图view_teacher_course，查询信息系教师的编号（tid）、姓名（tname）、职称（professional）、任课课程（coursename）、授课时间（classtime）、教室（classroom）。

3. 在“教学管理”系统数据库中，使用SSMS管理器和T-SQL语句查看视图信息。

（1）使用SSMS管理器查看“教学管理”系统数据库中的view_score信息。

（2）使用存储过程查看“教学管理”系统数据库中的view_score信息。

【任务实施】

1. 在“教学管理”系统数据库中，使用SSMS创建和删除视图。

（1）在“教学管理”系统数据库中，使用SSMS管理器创建视图stud，显示所有女同学的姓名和出生日期。创建视图stud的具体操作步骤如下：

①在“对象资源管理器”中，找到“教学管理”系统数据库下的“视图”节点，右击，在弹出的快捷菜单中选择“新建视图”命令。

②在“添加表”对话框中，从“表”选项卡中选择“学生表”，如图8-2所示，单击“添加”按钮，再单击“关闭”按钮。

③在“关系图窗格”中，选择sname、ssex、sbirth三列，并为ssex列添加筛选器条件“='女'”，如图8-3所示。

④保存视图，名称为“stud”，即完成stud视图的创建。

（2）在“教学管理”系统数据库中，使用SSMS管理器创建视图view_age，查询年龄在18周岁以上学生的学号（sid）、姓名（sname）、性别（ssex）、出生日期（sbirth）和班级名称（classname）。创建视图view_age的具体操作步骤如下：

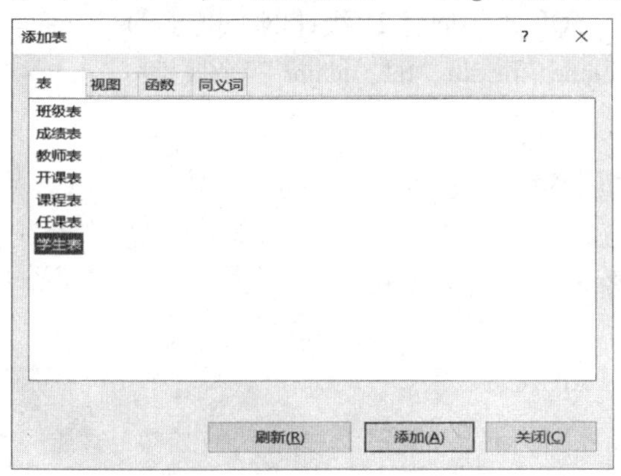

图8-2 添加表

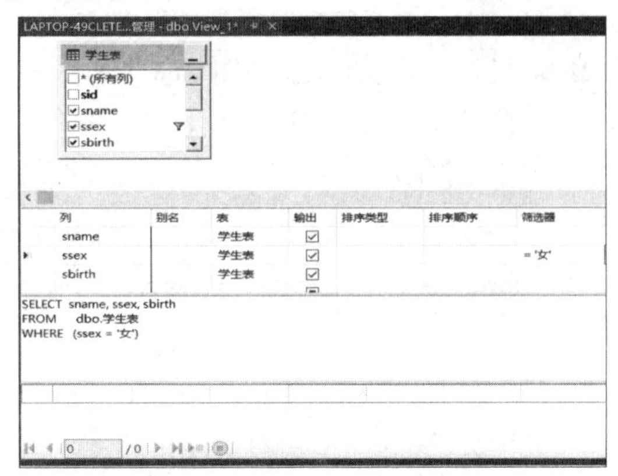

图8-3 添加筛选条件

①在“对象资源管理器”中，找到“教学管理”系统数据库下的“视图”节点，右击，在弹出的快捷菜单中选择“新建视图”命令。

②在“添加表”对话框的“表”选项卡中，同时选中“学生表”和“班级表”后，依次单击“添加”和“关闭”按钮。

③在“关系图窗格”中，从“学生表”中选择sid、sname、ssex、sbirth四列，从“班级表”中选择“classname”列，作为输出列。

④在列中输入表达式“YEAR(GETDATE())-YEAR(SBIRTH)”，在筛选器中输入查询

条件“>18”，同时将“输出”复选框设置为未选中状态，如图 8-4 所示。

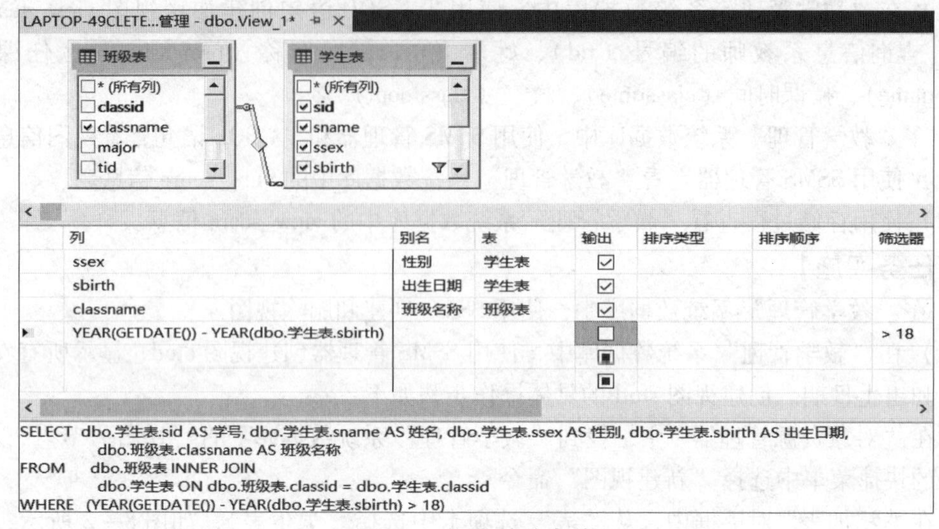

图 8-4 添加查询条件

⑤保存视图，名称为“view_age”，即完成 view_age 视图的创建。

(3) 在“教学管理”数据库中，使用 SSMS 管理器删除视图 stud。具体操作步骤如下：

①在“对象资源管理器”中，展开“教学管理”系统数据库中的“视图”节点。

②右击视图 dbo. stud，选择“删除”命令。

③在“删除对象”对话框中，单击“确定”按钮。

2. 在“教学管理”系统数据库中，使用 T-SQL 语句创建和删除视图。

(1) 在“教学管理”系统数据库中，使用 T-SQL 语句创建 21 级计网 1 班（classname = '21 级计网 1'）学生信息视图 view_class，包含 sname、origin、tel、major 四个属性。

①在查询区域窗口输入以下 SQL 命令：

```
use 教学管理      /* 打开"教学管理"系统数据库,在当前数据库下创建视图* /
go
create view view_class      /* 创建 view_class 视图* /
as
select sname,origin,tel,major
from 学生表,班级表
where 学生表.classid=班级表.classid and classname='21 级计网 1'
```

②单击工具栏上的 执行(X) 按钮，执行以上 SQL 命令，在查询窗口下方显示命令已成功完成，即完成视图 view_class 的创建。

(2) 在“教学管理”系统数据库中，使用 T-SQL 语句删除视图 view_class。

单击 新建查询(N) 按钮，在查询区域窗口输入以下 SQL 命令：

```
USE 教学管理
GO
```

```
if EXISTS(SELECT NAME FROM sysobjects   /* 从 sysobjects 系统表里查询相关信息* /
WHERE NAME ='view_class'AND XTYPE ='V')  /* xtype ='v'表示对象类型为视图* /
DROP VIEW view_class    /* 删除视图* /
GO
```

直接输入命令“drop view view_class”，也可对指定视图进行删除操作。

（3）在“教学管理”系统数据库中，使用 T－SQL 语句创建视图 view_score，查询成绩表中学生学号、平时成绩、考试成绩和综合成绩（平时成绩＊0.4＋考试成绩＊0.6）。若该视图已存在，则删除后重建。

①在查询区域窗口输入以下 SQL 命令：

```
USE 教学管理
if EXISTS (SELECT NAME FROM sysobjects     /* 从 sysobjects 系统表里查询相关信息* /
WHERE NAME ='view_score'AND XTYPE ='V')     /* XTYPE ='V'表示为视图类型* /
DROP VIEW view_score     /* 若存在 view_score,则删除视图* /
GO
CREATE VIEW view_score (学号,平时成绩,考试成绩,综合成绩)     /* 创建视图并指定列名* /
AS
SELECT sid,score ,score_test,score* 0.4 +score_test* 0.6 from 成绩表
```

②单击工具栏上的 ▶ 执行(X) 按钮，执行以上 SQL 命令，在查询窗口下方显示命令已成功完成，即完成视图 view_score 的创建。

（4）在“教学管理”系统数据库中，使用 T－SQL 语句创建加密视图 view_teacher_course，查询信息系教师的编号（tid）、姓名（tname）、职称（professional）、任课课程（coursename）、授课时间（classtime）、教室（classroom）。

①在查询区域窗口输入以下 SQL 命令：

```
USE 教学管理
GO
CREATE VIEW view_teacher_course     /* 创建 view_teacher_course 视图* /
WITH ENCRYPTION     /* 对视图进行加密* /
AS
SELECT 教师表 .tid, tname, professional, coursename, classtime, classroom
FROM dbo. 教师表 join dbo. 任课表 on dbo. 教师表 .tid =dbo. 任课表 .tid
join dbo. 课程表 on dbo. 任课表 .courseid =dbo. 课程表 .courseid
WHERE department ='信息系'
```

②单击工具栏上的 ▶ 执行(X) 按钮，执行以上 SQL 命令，在查询窗口下方显示命令已成功完成，即完成视图 view_score 的创建。

提示：使用 WITH ENCRYPTION 命令加密视图后，可永久隐藏视图定义的文本。因为无法再看到视图定义，因此无法再对它进行修改，此操作不可逆。如果需要修改加密视图，则必须删除它并重新创建另一个视图。

3. 在“教学管理”系统数据库中，使用 SSMS 管理器和 T－SQL 语句查看视图信息。

（1）使用 SSMS 管理器查看“教学管理”系统数据库中的 view_score 信息。

①启动 SQL Server Management Studio，并连接到 SQL Server 2019 数据库。

②在“对象资源管理器”中，展开“教学管理”系统数据库下的“视图”节点，找到视图 view_score 并右击，在弹出的快捷菜单中单击“属性”命令，打开“视图属性”窗口，即可查看视图的常规、权限、安全谓词和扩展属性等信息。

（2）使用存储过程查看“教学管理”系统数据库中的 view_score 信息。

①使用 sp_help 查询视图的属性信息，在查询区域窗口输入以下 SQL 命令：

```
USE 教学管理
GO
EXEC sp_help view_score /* 使用 sp_help 存储过程查询视图信息* /
```

查询结果如图 8－5 所示。

结果 消息

	Name	Owner	Type	Created_datetime
1	view_score	dbo	view	2021-03-17 17:23:29.193

	Column_name	Type	Computed	Length	Prec	Scale	Nullable	TrimTrailingBlanks	FixedLenNullInSource	Collation
1	学号	char	no	7			no	no	no	Chinese_PRC_CI_AS
2	平时成绩	smallint	no	2	5	0	yes	(n/a)	(n/a)	NULL
3	考试成绩	smallint	no	2	5	0	yes	(n/a)	(n/a)	NULL
4	综合成绩	numeric	no	5	8	1	yes	(n/a)	(n/a)	NULL

	Identity	Seed	Increment	Not For Replication
1	No identity column defined.	NULL	NULL	NULL

	RowGuidCol
1	No rowguidcol column defined.

图 8－5　查看视图的属性信息

②使用 sp_helptext 查询视图的定义信息，在查询区域窗口输入以下 SQL 命令：

```
USE 教学管理
GO
EXEC sp_helptext view_score      /* 使用 sp_helptext 存储过程查询视图
定义信息* /
```

查询结果如图 8－6 所示。

结果 消息

	Text
1	CREATE VIEW view_score（学号,平时成绩,考试成绩,综合成绩）/*创建视图并指定列名*/
2	AS
3	SELECT sid,score ,score_test,score*0.4+score_test*0.6 from 成绩表

图 8－6　查看视图定义信息

任务8.2 “教学管理”系统视图的管理

【任务工单】

任务工单8-2：“教学管理”系统视图的管理

任务名称	“教学管理”系统视图的管理				
组别		成员		小组成绩	
学生姓名				个人成绩	
任务情境	数据库管理员已按照客户需求创建好了相关视图，现请你以数据库管理员身份帮助用户完成“教学管理”系统中视图的管理工作				
任务目标	掌握修改视图定义的方法及通过视图对数据进行修改的操作				
任务要求	按本任务后面列出的具体任务内容，完成对“教学管理”系统相关视图的管理				
知识链接					
计划决策					
任务实施	1. 利用视图查询数据的具体步骤 2. 通过视图修改表中的数据的具体步骤 3. 修改视图定义的具体步骤				

续表

检查	1. 视图重命名；2. 视图参数设置；3. 能通过视图修改数据
实施总结	
小组评价	
任务点评	

【前导知识】

一、视图的使用

视图的使用

视图一经建立，就可以像基本表一样查询数据信息。例如使用 T－SQL 语句进行查询，只需要把表名改为视图名即可。如果用户创建完视图后立即查询该视图，有可能会出现“该对象不存在”的错误信息提示，此时可以通过刷新视图列表来解决。

在视图创建完成后，若与其关联的基本表中添加了新字段，使用视图查询时将无法查询到新字段。另外，如果视图所依赖的对象被删除，那么该视图也不能使用。可通过右击视图名称，选择“查看依赖关系”命令，在弹出的对话框中查看视图依赖关系。

二、视图的重命名

尽管 SQL Server 支持视图的重命名，但在实际应用中，对视图进行重命名可能会导致依赖于该视图的代码和应用程序出错。最佳操作方法是先删除视图，然后使用新名称重新创建视图；或者在重命名之前，先获取视图的所有依赖关系并对其进行修改。

1. 利用 SSMS 管理器重命名视图

在“对象资源管理器”窗格中找到需要更名的视图，右击，选择“重命名”命令，输入视图的新名称即可。

2. 利用 T－SQL 语句重命名视图

利用存储过程 sp_rename 也可以对视图进行重命名。重命名视图的基本语法格式如下：

```
sp_rename [ @ objname = ] 'object_name', [ @ newname = ] 'new_name'
```

主要参数说明：

[@ objname =] 'object_name'：用户对象或数据类型的当前限定或非限定名称。

[@ newname =] 'new_name'：指定对象的新名称，此处输入新视图名称。

三、视图的修改

视图的修改

当视图创建完成后，如果觉得有些地方不能满足需要，就可以在不删除和重新创建视图的条件下重新定义视图的查询语句。由于视图可以被另外的视图作为数据源使用，因此修改视图时应格外小心。如果删除了某列输出，而该列恰好被其他视图使用，那么在修改视图后，其他关联的视图都将无法再使用。

1. 利用 SSMS 管理器修改视图定义

①在“对象资源管理器”中，展开视图所在的数据库，单击“视图”节点前的加号，右击要修改的视图，然后选择“设计”。

②在查询和视图设计器的关系图窗格中，通过以下方式更改视图：选中或清除要添加或删除的任何元素的复选框；在关系图窗格中右击，选择“添加表…”命令，然后从“添加表”对话框中选择要添加到视图的其他列；右击要删除的表的标题栏，然后选择“删除”命令。

③在“文件”菜单上单击“保存”按钮，以保存视图名称。

2. 利用 T－SQL 语句修改视图定义

视图的修改是由 ALTER 语句来完成的。基本语法格式如下：

```
alter view [ schema_name . ] view_name [ (column [ ,... n ] ) ]
as select_statement
```

```
[ with check option ]
```

ALTER VIEW 语句格式与 CREATE VIEW 语句格式基本相同，修改视图的过程就是先删除原有视图，然后根据查询语句再创建一个同名的视图的过程。

四、视图的更新

视图的更新是指通过视图来插入（INSERT）、修改（UPDATE）、删除（DELETE）表中的数据。因为视图是一个没有实际数据的虚拟表，因此通过视图更新的操作都是转到基本表进行的，即对视图增加或删除记录，实际上是对其所对应的基本表增加或删除记录。

由于对视图的更新不能唯一地有意义地转换成对相应基本表的更新，因此并不是所有的视图都可以更新，只有满足更新条件的视图才能进行数据更新。对视图中所有列的更新，必须遵守视图基本表中所定义的各种数据完整性约束，要符合列的空值属性、约束、标识属性、默认值等条件限制。当视图中包含如下内容时，视图将不能被更新：

①视图的字段包含表达式，则不能对视图进行 INSERT 和 UPDATE 操作，但允许执行 DELETE 操作。

②视图包含算术表达式或聚合函数的字段。

③视图中包含了 GROUP BY、HAVING 或 DISTINCT 等子句。

④视图是由两个以上基本表导出的，或引用了不可更新的视图。

提示：从单个基本表使用选择、投影操作导出，并且包含基本表主键的视图可以更新。

1. 利用 SSMS 管理器，通过视图修改表数据

①在“对象资源管理器”中，展开包含视图的数据库，然后展开“视图”节点。

②右击该视图名称，选择“编辑前 200 行”命令。

③若需要查找限定行，可以单击“显示 SQL 窗格”按钮，在 SQL 窗格中给 SELECT 语句添加相应条件，以返回要修改的行。

④在“结果”窗格中，可对数据进行插入或删除操作。

提示：如果视图引用多个基本表，则不能进行插入行、删除行的操作。修改视图中的数据时，不能同时修改两个或多个基本表，并且不能修改视图中通过计算得到的字段。

2. 使用 T-SQL 修改表数据

使用 INSERT 语句可以向由单个基本表组成的视图中添加一条或多条数据，但不能向由两个及两个以上基本表组成的视图中添加数据。由于视图引用的列并不是基本表中的所有列，一个 INSERT 语句只能插入一个基本表的数据。

使用 UPDATE 语句可以通过视图更新基本表中一个或多个列和行的值。但是当视图是建立在多个基本表之上时，每次更新操作只能更新来自一个基本表中的数据列的值。

当数据不再使用时，可以使用 DELETE 语句在视图中对其进行删除。当一个视图是建立在多张基本表之上时，则不允许删除视图中的数据。例如，若删除 view_class 视图中的数据，则会弹出如图 8-7 所示的对话框。

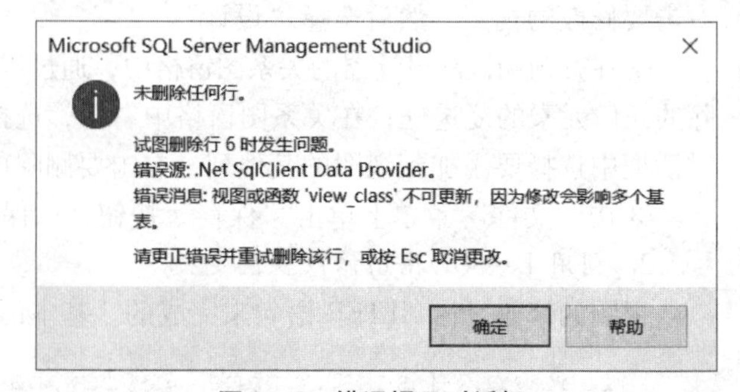

图 8-7　错误提示对话框

【任务内容】

1. 利用视图查询数据。

（1）利用SSMS管理器，通过view_age视图查询21级计网1班的同学名单。

（2）利用T-SQL语句，通过view_age视图统计21级计网1班的同学人数。

2. 通过视图修改表中的数据。

（1）使用SSMS管理器，通过view_age视图添加一条数据：sid:2021021,sname:杨婷之,ssex:女,sbirth:2005-11-22。

（2）使用T-SQL语句，通过view_age视图添加一条数据：（sid:2021022,sname:黄杰睿,ssex:男,sbirth:2002-05-22）。

（3）通过视图view_teacher_course将“边俊明”教师的职称更改为“教授”。

（4）使用T-SQL语句删除“教学管理”系统数据库视图view_score中的学号为2021012且平时成绩为76的记录。

3. 修改视图定义。

（1）使用SSMS管理器修改“教学管理”系统数据库中的视图view_score，为视图增加课程编号（cousrseid）列的信息。

（2）利用T-SQL语句修改view_age的视图定义，添加WITH CHECK OPTION选项。

【任务实施】

1. 利用视图查询数据。

（1）利用SSMS管理器，通过view_age视图查询21级计网1班的同学名单。操作步骤如下：

①在“对象资源管理器”中，展开“教学管理”系统数据库中的“视图”节点，找到view_age视图，右击，在弹出的快捷菜单中选择“编辑前200行”命令。

②在工具栏中单击“显示条件窗格”按钮，在班级名称行对应的筛选器位置输入条件“21级计网1”，如图8-8所示。

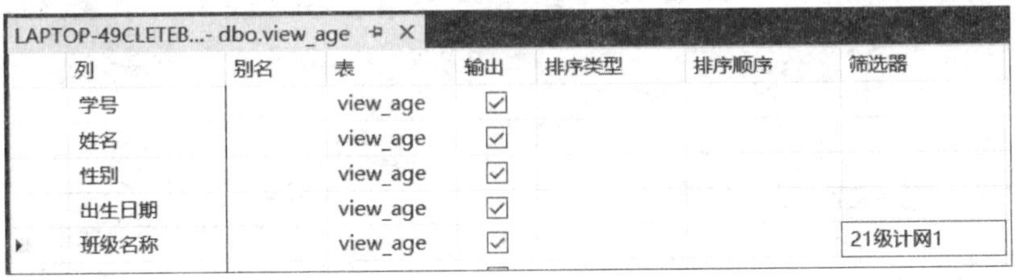

LAPTOP-49CLETEB...- dbo.view_age

列	别名	表	输出	排序类型	排序顺序	筛选器
学号		view_age	☑			
姓名		view_age	☑			
性别		view_age	☑			
出生日期		view_age	☑			
班级名称		view_age	☑			21级计网1

图8-8 设置筛选条件

③单击“执行SQL”按钮，即可筛选出符合条件的结果，如图8-9所示。

（2）利用T-SQL语句，通过view_age视图统计21级计网1班的同学人数。具体操作步骤如下：

①在查询编辑器中输入如下程序代码并执行：

```
USE 教学管理
GO
SELECT COUNT(* ) AS 人数 FROM view_age
WHERE 班级名称 ='21 级计网 1'
```

LAPTOP-49CLETEB...- dbo.view_age

列	别名	表	输出	排序类型	排序顺序	筛选器
学号		view_age	☑			
姓名		view_age	☑			
性别		view_age	☑			
出生日期		view_age	☑			
班级名称		view_age	☑			= N'21级计网1'

学号	姓名	性别	出生日期	班级名称
2021001	张三	女	2002-10-01	21级计网1
2021002	李平	男	2002-11-06	21级计网1
2021004	冷玉林	男	2001-12-22	21级计网1
2021005	周志鹏	男	2001-08-22	21级计网1
NULL	NULL	NULL	NULL	NULL

图 8－9　查询结果

②单击工具栏上的 ▷ 执行(X) 按钮，执行以上 SQL 命令，在查询窗口下方会显示查询结果，如图 8－10 所示。

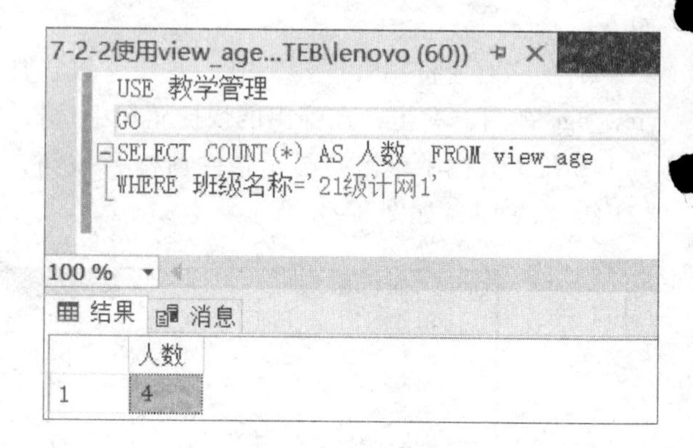

图 8－10　查询结果

2. 通过视图修改表中的数据。

（1）使用 SSMS 管理器，通过 view_age 视图添加一条数据：sid：2021021，sname：杨婷之，ssex：女，sbirth：2005－11－22。具体操作步骤如下：

在“对象资源管理器”中，展开“教学管理”系统数据库中的“视图”节点，右击 view_age 视图，在弹出的快捷菜单中选择“编辑前 200 行”命令，在数据行的末尾依序输入新值：2021021，杨婷之，女，2005－11－22，其余各列为默认空值，显示数据插入成功。

提示：由于新添加的数据并不符合视图定义的查询条件，因此查看视图 view_age 会发现新插入的记录并不在结果中，如图 8－11 所示。但是在学生表中可以查看到新插入的记录，表示通过视图向基本表中插入数据的操作成功，如图 8－12 所示。

（2）使用 T－SQL 语句，通过 view_age 视图添加一条数据：（sid：2021022，sname：黄杰睿，ssex：男，sbirth：2002－05－22）。

LAPTOP-49CLETEB...- dbo.view_age　LAPTOP-49CLET...学管理 - dbo

	sid	sname	ssex	sbirth	classname
	2021001	张三	女	2002-10-01	21级计网1
	2021002	李平	男	2002-11-06	21级计网1
	2021004	冷玉林	男	2001-12-22	21级计网1
▶	2021005	周志鹏	男	2001-08-22	21级计网1
	2021007	谢平	男	2001-08-06	21级公路1
	2021011	陈思敏	女	2002-12-01	21级公路1
	2021012	陈靖	女	2002-12-08	21级公路1
	2021015	陈建军	男	2002-09-12	21级公路1
	2021017	吴行建	男	2002-11-06	21级公路2
	2021018	左奇	男	2002-12-08	21级公路2
*	NULL	NULL	NULL	NULL	NULL

图 8-11　视图查询数据

LAPTOP-49CLET...学管理 - dbo.学生表　LAPTOP-49CLETEB...- dbo.view_age

	sid	sname	ssex	sbirth	partyme...	origin	tel	classid	remarks
	2021003	杨婷	女	2003-05-02	False	江西南昌	19267267...	1	NULL
	2021004	冷玉林	男	2001-12-22	False	山东济南	15626789...	1	NULL
	2021005	周志鹏	男	2001-08-22	True	山东青岛	18625678...	1	NULL
	2021006	陈斌	男	2003-08-29	True	江西樟树	17637893...	1	NULL
	2021007	谢平	男	2001-08-06	True	安徽合肥	15623459...	3	NULL
	2021008	刘佳明	男	2003-09-02	False	吉林长春	16523456...	3	NULL
	2021009	黄欣杰	女	2004-01-05	False	湖南长沙	15632450...	3	NULL
	2021010	邹文妍	女	2004-06-02	False	江西南昌	15678952...	3	NULL
	2021011	陈思敏	女	2002-12-01	True	江西九江	14523456...	3	NULL
	2021012	陈靖	女	2002-12-08	True	江西鹰潭	18914560...	3	NULL
	2021013	陈婷	女	2003-03-12	True	江西樟树	16812456...	3	NULL
	2021014	王玲	女	2004-01-09	False	江苏南京	17825671...	3	NULL
	2021015	陈建军	男	2002-09-12	True	江西赣州	17612567...	3	NULL
	2021016	李强	男	2003-08-06	True	江西新余	18916764...	3	NULL
	2021017	吴行建	男	2002-11-06	True	江西赣州	16524567...	4	NULL
	2021018	左奇	男	2002-12-08	False	江西南昌	17883256...	4	NULL
	2021019	聂锋	男	2003-10-08	True	江西南昌	17267564...	4	NULL
	2021020	贺琛	男	2004-05-01	False	江西九江	19826789...	4	NULL
▶	2021021	杨婷之	女	2005-11-22	False	江西南昌	NULL	NULL	NULL
*	NULL	NULL	NULL	NULL	NULL	NULL	NULL	NULL	NULL

图 8-12　基本表数据

在查询编辑器中输入如下程序代码并执行：

```
INSERT INTO view_age (sid,sname,ssex,sbirth)
VALUES('2021022','黄杰睿','男','2002-05-22')
```

执行结果显示：消息 550，级别 16，状态 1，第 1 行；试图进行的插入或更新已失败，原因是目标视图或者目标视图所跨越的某一视图指定了 WITH CHECK OPTION，而该操作的一个或多个结果行又不符合 CHECK OPTION 约束。语句已终止。

原因分析：由于 view_age 视图创建了 CHECK OPTION 条件约束，该约束要求通过视图进行的修改必须也能通过该视图看到修改后的结果。由于 view_age 视图建立在两个基本表之上，视图更新不能同时修改两个基本表的数据，因此无法插入数据。

（3）通过视图 view_teacher_course 将“边俊明”教师的职称更改为“教授”。

①在“查询编辑器”中输入如下代码并执行：

```
UPDATE view_teacher_course
SET proFESSIONAL ='教授'
WHERE TNAME ='边俊明'
```

②单击工具栏上的 ▶ 执行(X) 按钮，执行以上 SQL 命令。

提示：当视图来自多个基本表时，通常只能对非主属性进行修改操作。

（4）使用 T-SQL 语句删除“教学管理”系统数据库视图 view_score 中的学号为 2021012 且平时成绩为 76 的记录。

①在查询编辑器中输入如下程序代码并执行：

```
USE 教学管理
GO
DELETE from view_score
WHERE 学号 ='2021012'and 平时成绩 =76
```

②单击工具栏上的 ▶ 执行(X) 按钮，执行以上 SQL 命令，结果显示：1 行受影响。通过观察视图 view_score 和基本表“成绩表”中的数据信息，可以看到使用视图删除记录可以删除基本表中的记录。

提示：应该通过视图中定义过的字段来删除记录，并且当一个视图基于两个或两个以上基本表时，视图中的数据不允许被删除。

3. 修改视图的定义。

（1）使用 SSMS 管理器修改“教学管理”系统数据库中的视图 view_score，为视图增加课程编号（coursreid）列的信息。具体操作步骤如下：

①在“对象资源管理器”中，展开“教学管理”系统数据库下的“视图”节点，右击 view_score 视图，在弹出的快捷菜单中选择“设计”命令，打开 view_score 视图编辑窗格。

②在 view_score 视图编辑窗格的“关系图”窗格中找到“courseid”并勾选。

③在“条件”窗格的“别名”列中输入别名：课程编号。

④选择工具栏中的“执行 SQL”按钮，查看结果。

⑤单击工具栏中的“保存”按钮，保存所做的修改。

（2）利用 T-SQL 语句修改 view_age 的视图定义，添加 WITH CHECK OPTION 选项。具体操作步骤如下：

①在查询编辑器中输入如下程序代码并执行：

```
USE 教学管理
GO
ALTER VIEW view_age
AS
SELECT sid,sname,ssex,sbirth,classname
FROM 学生表 JOIN 班级表 ON 学生表.classid=班级表.classid
WHERE YEAR(GETDATE())-YEAR(sbirth)>18
WITH CHECK OPTION
```

②单击工具栏上的 ▶ 执行(X) 按钮，执行以上 SQL 命令。

【知识检测题】

1. 选择题

（1）下列（　　）语句是用来创建视图的。

A. CREATE TABLE　　B. ALTER VIEW　　C. DROP VIEW　　D. CREATE VIEW

（2）下列（　　）语句是用来修改视图的。

A. CREATE TABLE　　B. ALTER VIEW　　C. DROP VIEW　　D. CREATE VIEW

（3）下列（　　）语句是用来删除视图的。

A. CREATE TABLE　　B. ALTER VIEW　　C. DROP VIEW　　D. CREATE VIEW

（4）下列选项都是系统提供的存储过程，其中可以进行视图信息查询的是（　　）。

A. sp_helptext　　B. sp_helpindex　　C. sp_bindrule　　D. sp_rename

（5）数据库中只存放视图的（　　）。

A. 操作　　B. 对应的数据　　C. 定义　　D. 限制

（6）视图的优点之一是（　　）。

A. 提高数据的逻辑独立性　B. 提高查询效率　　C. 操作灵活　　D. 节省存储空间

（7）当修改基表数据时，视图（　　）。

A. 需要重建　　　　B. 可以看到修改结果

C. 无法看到修改结果　　　　D. 不许修改带视图的基表

（8）SQL Server 2019 中存在数据的视图是（　　）。

A. 标准视图　　B. 索引视图　　C. 分区视图　　D. 以上都不对

（9）WITH CHECK OPTION 属性是对视图进行（　　）。

A. 检查约束　　B. 删除监测　　C. 更新监测　　D. 插入监测

2. 简答题

（1）视图可以更新吗？会影响到实际表吗？

（2）视图和表的区别与联系是什么？

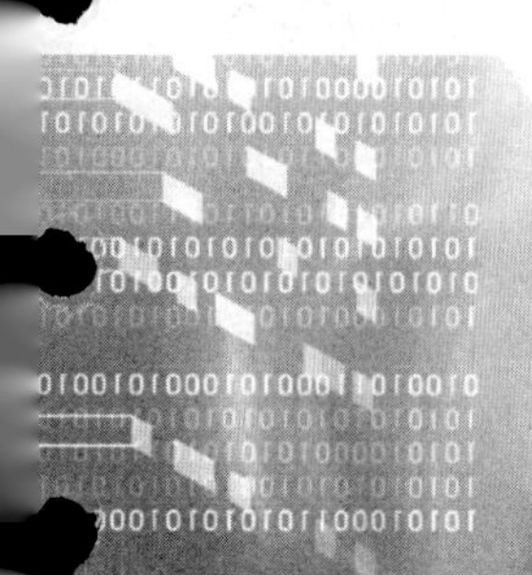

项目9 存储过程与函数的创建与管理

【项目导读】

如果说SQL语句是一个工具，那么在本项目中，我们将学习的存储过程就类似于打包好的工具包。除此之外，SQL Server 2019还提供了丰富的函数，用于将程序设计过程变得更加方便。

存储过程和函数都是数据库系统中非常重要的对象，任何一个完善的数据库系统都会使用到存储过程和函数。在本项目中，将学习如何创建和执行存储过程、创建和调用各种函数。

【项目目标】

- 了解存储过程的基本概念；
- 学习并掌握如何创建和执行存储过程；
- 学习并掌握如何管理存储过程；
- 了解函数的分类；
- 学习并掌握如何创建并调用自定义函数。

【项目地图】

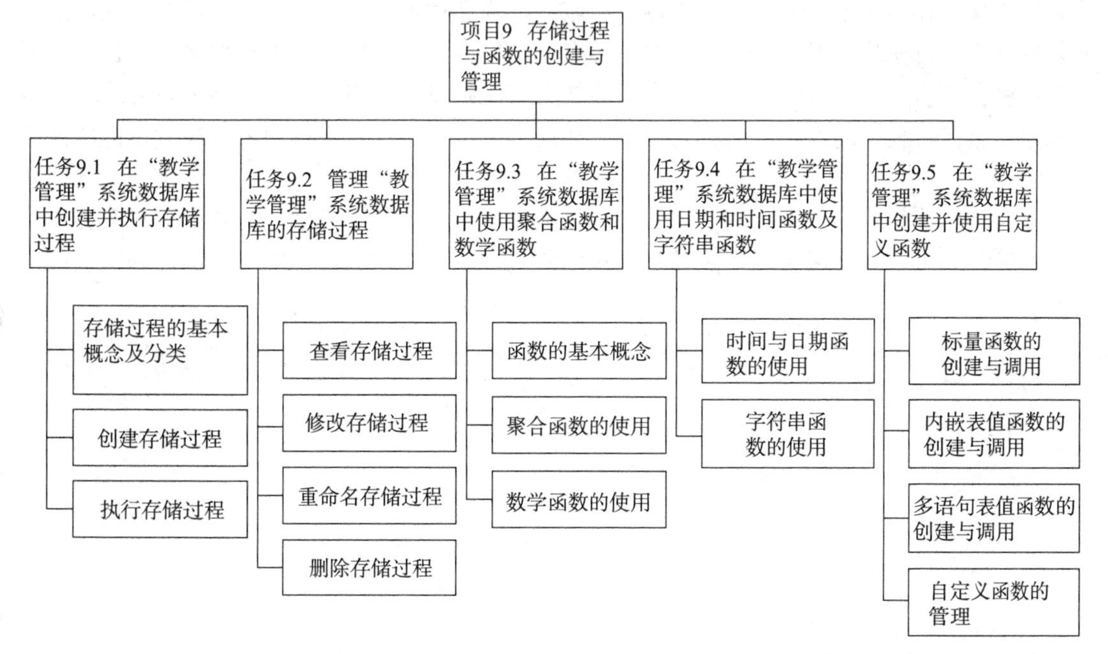

【思政小课堂】

自主学习和终身学习

在本项目中，我们将学习 SQL Server 2019 中的存储过程和函数的相关知识。

作为一名数据库管理员，合理地使用存储过程和函数来优化对数据库的操作是必备的能力之一。但在本项目的学习过程中，我们很容易就能发现，SQL Server 2019 官网操作手册列出的函数远不止书本中涉及的这些。一方面是因为课本教材的篇幅有限，只能挑出常用的、经典的函数进行分析讲解；另一方面是因为计算机科学一直都是一个处于高速发展状态下的学科，该领域内的知识一直都处在更新换代的状态，每一段时间都会有新的函数加入操作手册，在此背景下，自主学习和终身学习的思想就显得格外重要了。

学习是成长进步的阶梯，实践是提高本领的途径。青年人的素质和本领直接影响着“两个百年”目标的实现，影响着“四个全面”战略布局的实施，影响着中华民族伟大复兴中国梦的实现进程。2013 年 5 月 4 日，习近平总书记在同各界优秀青年代表座谈时指出，青年人正处于学习的黄金时期，应该把学习作为首要任务，作为一种责任、一种精神追求、一种生活方式，树立梦想从学习开始、事业靠本领成就的观念，让勤奋学习成为青春远航的动力，让增长本领成为青春搏击的能量。

除此之外，习近平总书记还在《之江新语》中引用过一段话：“学所以益才也，砺所以致刃也。”也就是说，要想增长才干，就要努力学习；要使刀刃锋利，就得勤加磨砺。总书记以此告诫领导干部要多学习。读书学习是领导干部加强党性修养、坚定理想信念、提升精神境界的重要途径。习近平总书记强调指出：“领导干部如果不加强读书学习，知识就会老化，思想就会僵化，能力就会退化，就难以做好领导工作，就会贻误党和人民的事业。”这就要求领导干部牢固树立终身学习的理念，把读书学习作为一种政治责任、一种工作要求、一种精神境界、一种自觉追求。

而在发展迅猛的计算机领域，由于“摩尔定律”的存在，即集成电路上可以容纳的晶体管数目大约每经过 18 个月便会增加 1 倍，自主学习和终身学习的重要性就显得格外突出。计算机的性能在不断地突破，计算机行业领域的模式迭代速度也比较快。所以对于我们这些未来的计算机行业从业者来说，如果想保持有一定的竞争力，就必须不断地学习，提升自身的资源整合能力，必须要时刻把握住当前的技术和模式发展脉络，这样才能更容易地获得技术和模式迭代过程中的红利。换言之，学会如何学习也是在计算机行业未来最有价值的能力之一。

作为新一代的中国青年，我们需要具有较强的自主学习和终身学习的意识，只有养成自主学习和终身学习的好习惯，才能具有在科学研究与技术应用的过程中不断学习和适应发展的能力。

任务 9.1　在“教学管理”系统数据库中创建并执行存储过程

【任务工单】

任务工单 9－1：在“教学管理”系统数据库中创建并执行存储过程

<table>
<tr><td>任务名称</td><td colspan="4">在“教学管理”系统数据库中创建并执行存储过程</td></tr>
<tr><td>组别</td><td></td><td>成员</td><td>小组成绩</td><td></td></tr>
<tr><td>学生姓名</td><td colspan="2"></td><td>个人成绩</td><td></td></tr>
<tr><td>任务情境</td><td colspan="4">数据库管理员发现在使用 SQL Server 2019 数据库的过程中，经常需要重复执行一些数据操作。现需要你协助创建存储过程，以便后续使用</td></tr>
<tr><td>任务目标</td><td colspan="4">分别使用 SQL Server Management Studio 对象资源管理器和 SQL 语句创建存储过程</td></tr>
<tr><td>任务要求</td><td colspan="4">了解存储过程的基本概念；
按本任务后面列出的具体任务内容，完成对应存储过程的创建与执行</td></tr>
<tr><td>知识链接</td><td colspan="4"></td></tr>
<tr><td>计划决策</td><td colspan="4"></td></tr>
<tr><td>任务实施</td><td colspan="4">1. 了解存储过程相关的基本概念

①存储过程的基本概念

②存储过程的优点

③存储过程的分类</td></tr>
</table>

续表

任务实施	2. 创建存储过程 3. 执行存储过程
检查	1. 创建可选取所有教师的存储过程；2. 创建可选取年龄小于 40 岁的所有教师的存储过程；3. 创建并使用需要输入参数的存储过程
实施总结	
小组评价	
任务点评	

【前导知识】

一、存储过程的基本概念

存储过程基本概念

存储过程（Stored Procedure）是在大型数据库系统中，一组预编译过的，为了完成特定功能的 SQL 语句集。需要注意的是，它是存储在数据库之中的语句集，而不是在客户机的前端代码。

二、存储过程的优点

存储过程的创建与执行

存储过程有如下优点：

①存储过程在服务器端运行，执行速度快。存储过程是预编译过的，在创建时进行编译后，每次执行存储过程都不需要重新编译。因此，它的运行速度比独立运行同样的程序要快。

②简化数据库管理。例如，如果需要修改现有查询，而查询存放在用户机器上，则要在所有的用户机器上进行修改。而如果在服务器中集中存放查询并作为存储过程，则只需要在服务器上改变一次。同时，存储过程可以重复使用，提高了可重用性，减少了数据库开发人员的工作量。

③提供安全机制，增强数据库安全性。可设定只有某用户才能对指定存储过程的使用权，并且使用存储过程进行操作比使用多条 SQL 语句更稳定，只要数据库不出现问题，基本上是不会出现什么问题的。

④减少网络通信量。如果直接使用 SQL 语句完成一个模块的功能，那么每次执行程序时，都需要通过网络传输全部 SQL。若将其组织成一个存储过程，则用户仅仅发送一个单独的语句就实现了一系列复杂的操作，需要通过网络传输的数据量将大大减少。调用一个行数不多的存储过程与直接调用 SQL 语句的网络通信量可能不会有很大的差别，但是当存储过程包含成百上千行的 SQL 语句时，其性能表现绝对比一条一条地调用 SQL 语句要高很多。

⑤分布式工作。应用程序和数据库的编码工作可以分别独立进行，并且不会相互压制。

⑥更好的版本控制。通过使用源代码控制工具（如 SVN），可以轻松恢复或引用旧版本的存储过程。

三、存储过程的分类

在 SQL Server 中，存储过程主要可以分为三类：系统存储过程、扩展存储过程和用户自定义存储过程。具体定义如下：

系统存储过程主要存储在 master 数据库中并以 sp_为前缀，在任何数据库中都可以调用；在调用时，不必在存储过程前加上数据库名。

扩展存储过程提供从 SQL Server 到外部程序的接口，以便进行各种维护活动，并以 xp_为前缀。

用户自定义存储过程是由用户根据自己的需要在 SQL Server 中通过采用 SQL 语句创建的，用来完成某项特定任务的存储过程，通常以 usp_开头。

四、存储过程的创建

简单的存储过程类似于将一组 SQL 语句打包命名，然后就可以反复调用，而复杂一些的存储过程则需要一些输入和输出的参数。创建存储过程的基本 SQL 语法如下：

```
CREATE PROCEDURE procedure_name
[@ parameter data_type [ =default] [OUTPUT]] [,…]
```

```
AS sql_statement
```

①procedure_name：存储过程的名称，并且在当前数据库结构中必须唯一。

②@ parameter：存储过程的形参名，必须以@ 开头，参数名必须符合标识符的规则。

③data_type：用于说明形参的数据类型。

④default：存储过程输入参数的默认值。如果定义了 default 值，则无须指定此参数值，即可执行存储过程。默认值必须是常量或 NULL。如果存储过程使用带 LIKE 关键字的参数，则可包含通配符:% 、_、[ ] 和 [^]。

⑤OUTPUT：指定输出参数。此选项的值可以返回给调用 EXECUTE 的语句。

⑥sql_statement：要包含存储过程中的任意数量的 T - SQL 语句。

提示：①存储过程只能定义在当前数据库中；②存储过程的名称必须遵循标识符的命名规则；③不要创建任何使用 sp_作为前缀的存储过程。

五、存储过程的执行

存储过程创建完成之后，就会被保存在数据库中。可以在对象资源管理器中执行存储过程，也可以使用 SQL 语句中的 EXECUTE 命令直接执行。

```
EXECUTE procedure_name [value |@ variable OUTPUT] [,…]
```

①EXECUTE：执行存储过程的关键字。如果此语句是批处理的第一条语句，就可以省略此关键字。

②procedure_name：指定存储过程的名称。

③value：为输入的参数提供实值。@ variable 为已定义的变量；OUTPUT 紧跟在变量之后，说明该变量用于保存输出参数返回的值。

④当有多个参数的时候，使用逗号将其隔开。

【任务内容】

1. 使用 SQL 语句创建简单的存储过程。
2. 执行简单的存储过程。
3. 创建需要输入参数的存储过程，以查看所有年龄大于输入值的教师。
4. 执行需要参数的存储过程。

【任务实施】

1. 使用 SQL 语句创建存储过程，以查看所有教师。

（1）右击数据库，选择“新建查询”命令。

（2）输入如下代码，检查无误后执行。

```
CREATE PROCEDURE teacher_info/* 创建名为"teacher_info"的存储过程* /
AS
SELECT * FROM [教学管理].[dbo].[教师表]/* 选取教师表中的所有内容* /
GO
```

（3）可以在对象资源管理器中看到新建的存储过程，如图 9 - 1 所示。

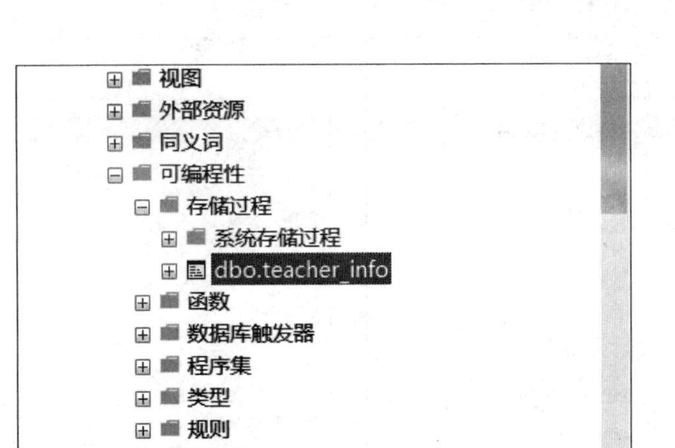

图9－1　新建存储过程

（4）输入如下代码，检查无误后执行。

```
CREATE PROCEDURE teacher_info_query_age_below40
/* 创建名为"teacher_info_age_below40"的存储过程* /
AS
SELECT *  FROM [教学管理].[dbo].[教师表]
WHERE age <40     /* 选取教师表中所有年龄小于40岁的内容* /
GO
```

（5）可以在对象资源管理器中看到两个新建的存储过程，如图9－2所示。

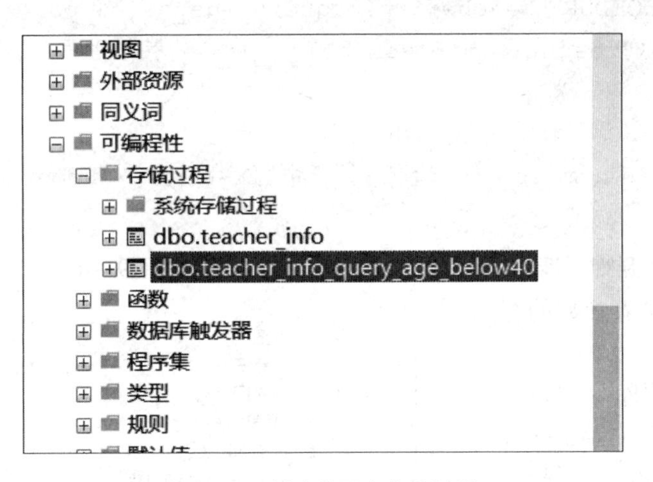

图9－2　新建的两个存储过程

2. 执行简单的存储过程。

（1）在“数据库”→“教学管理”→“可编程性”→“存储过程”中找到之前新建的两个存储过程。

（2）右击想要执行的存储过程，选择“执行存储过程”，可分别得到如图9－3所示的执行结果。可见通过执行存储过程可以得到所有教师的信息，或所有年龄小于40岁的教师信息。

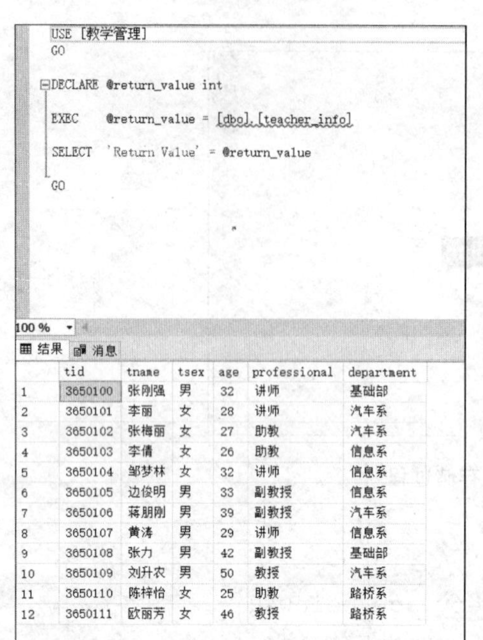

	tid	tname	tsex	age	professional	department
1	3650100	张刚强	男	32	讲师	基础部
2	3650101	李丽	女	28	讲师	汽车系
3	3650102	张梅丽	女	27	助教	汽车系
4	3650103	李倩	女	26	助教	信息系
5	3650104	邹梦林	女	32	讲师	信息系
6	3650105	边俊明	男	33	副教授	信息系
7	3650106	蒋朋刚	男	39	副教授	汽车系
8	3650107	黄涛	男	29	讲师	信息系
9	3650108	张力	男	42	副教授	基础部
10	3650109	刘升农	男	50	教授	汽车系
11	3650110	陈梓怡	女	25	助教	路桥系
12	3650111	欧丽芳	女	46	教授	路桥系

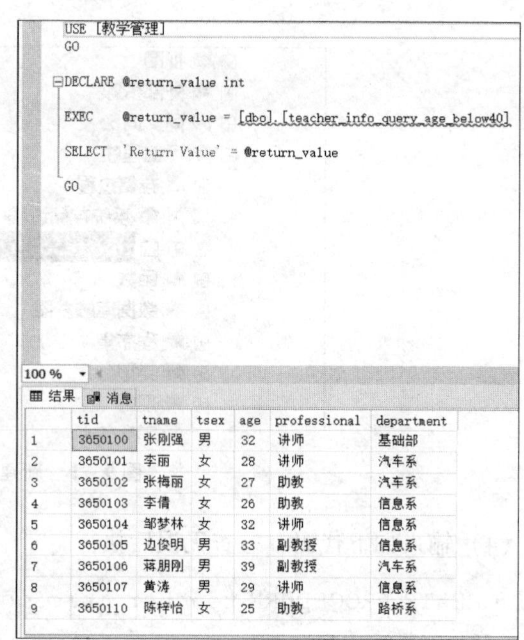

	tid	tname	tsex	age	professional	department
1	3650100	张刚强	男	32	讲师	基础部
2	3650101	李丽	女	28	讲师	汽车系
3	3650102	张梅丽	女	27	助教	汽车系
4	3650103	李倩	女	26	助教	信息系
5	3650104	邹梦林	女	32	讲师	信息系
6	3650105	边俊明	男	33	副教授	信息系
7	3650106	蒋朋刚	男	39	副教授	汽车系
8	3650107	黄涛	男	29	讲师	信息系
9	3650110	陈梓怡	女	25	助教	路桥系

图9－3　存储过程的执行结果

3. 创建需要输入参数的存储过程。

（1）右击数据库，选择“新建查询”命令。

（2）输入如下代码，检查无误后执行。

```
CREATE PROCEDURE teacher_info_query_age_below_par @ number int
/* 创建名为"teacher_info_age_below_par"的存储过程* /
AS
SELECT *  FROM [教学管理].[dbo].[教师表]
WHERE age >@ number   /* 选取教师表中所有年龄大于number岁的内容* /
GO
```

（3）在对象资源管理器中可以看到新建的存储过程，如图9－4所示。

4. 执行需要输入参数的存储过程。

（1）在“数据库”→“教学管理”→“可编程性”→“存储过程”中找到之前新建的存储过程。

（2）右击，选取“存储过程”，选择“执行存储过程”，弹出如图9－5所示窗口，在“值”的框内输入需要的“number”值，如40，单击“确定”按钮。

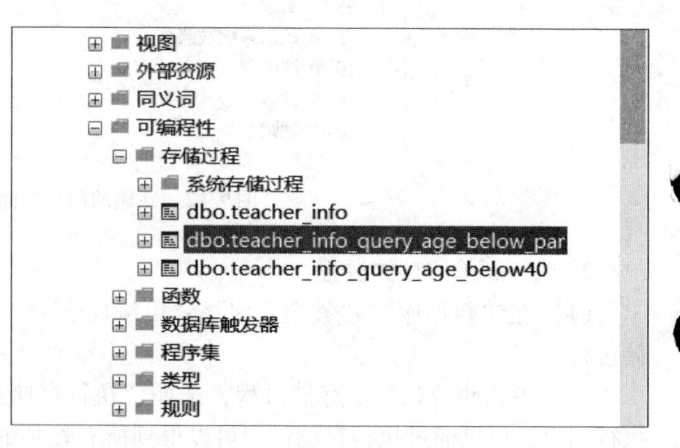

图9－4　新建的存储过程

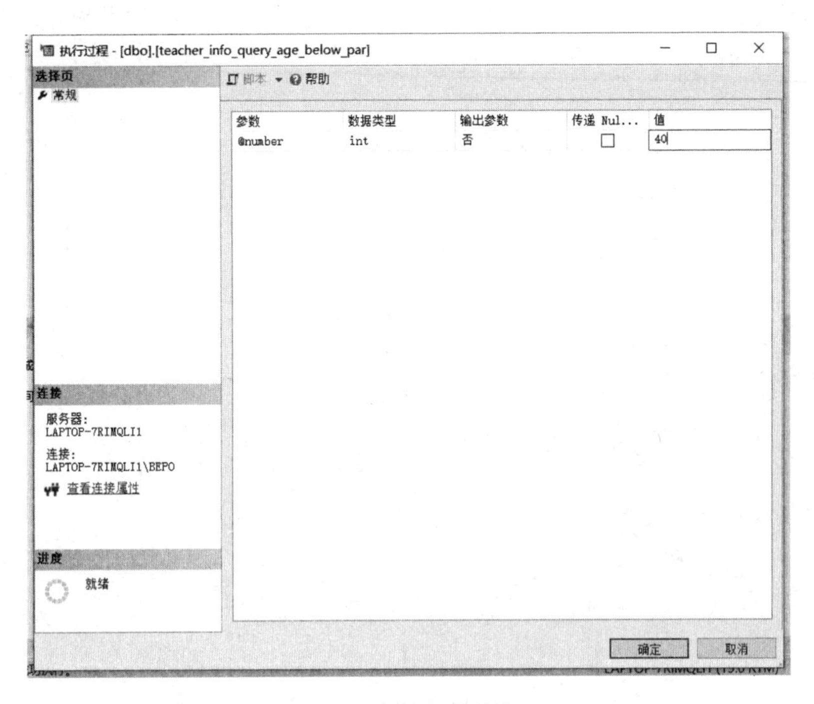

图9－5　输入参数值

（3）结果如图9－6所示，成功获得40岁以上的教师的信息。

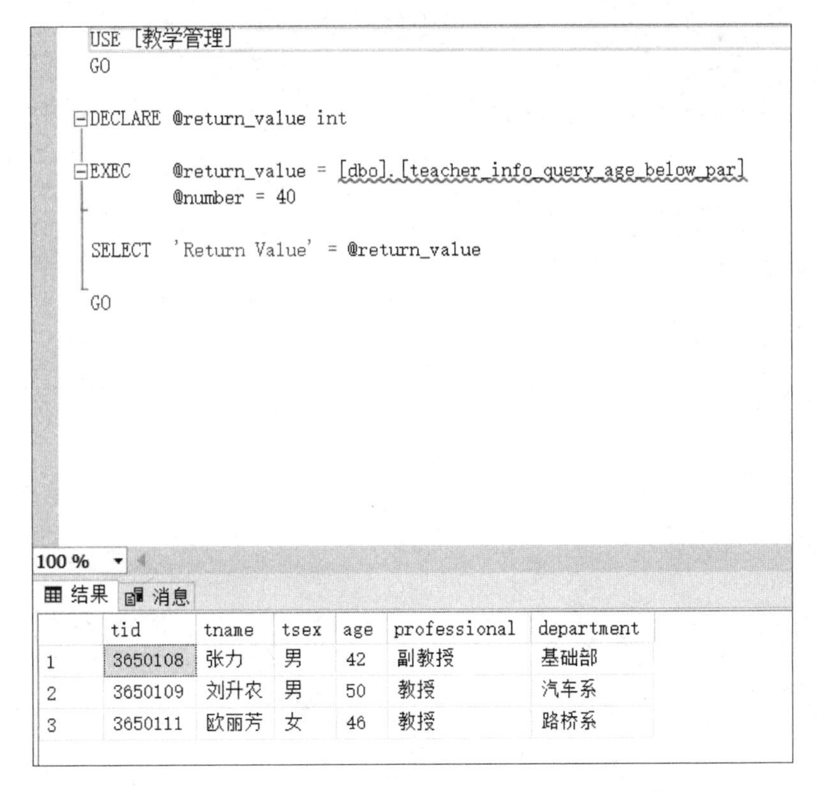

图9－6　执行结果

任务9.2　管理“教学管理”系统数据库中的存储过程

【任务工单】

任务工单9-2：管理“教学管理”系统数据库中的存储过程

<table>
<tr><td>任务名称</td><td colspan="5">管理“教学管理”系统数据库中的存储过程</td></tr>
<tr><td>组别</td><td></td><td>成员</td><td></td><td>小组成绩</td><td></td></tr>
<tr><td>学生姓名</td><td colspan="3"></td><td>个人成绩</td><td></td></tr>
<tr><td>任务情境</td><td colspan="5">数据库管理员在任务9.1中创建了若干个存储过程之后，希望能够管理好存储过程</td></tr>
<tr><td>任务目标</td><td colspan="5">使用SQL Server Management Studio对象资源管理器和SQL语句管理存储过程</td></tr>
<tr><td>任务要求</td><td colspan="5">按本任务后面列出的具体任务内容，完成“教学管理”系统数据库存储过程的查看、修改、重命名和删除</td></tr>
<tr><td>知识链接</td><td colspan="5"></td></tr>
<tr><td>计划决策</td><td colspan="5"></td></tr>
<tr><td>任务实施</td><td colspan="5">1. 查看存储过程

2. 修改存储过程

3. 重命名存储过程

4. 删除存储过程</td></tr>
</table>

续表

检查	1. 查看任务 9.1 中创建的存储过程；2. 修改存储过程的筛选条件；3. 重命名存储过程；4. 删除存储过程
实施总结	
小组评价	
任务点评	

【前导知识】

存储过程的管理

一、查看存储过程信息

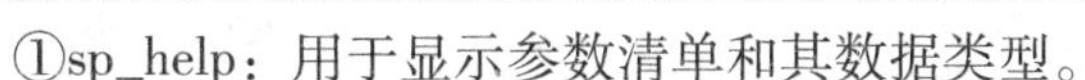

```
sp_help [ [ @ objname = ] name ]
sp_helptext [ @ objname = ] 'name'
```

①sp_help：用于显示参数清单和其数据类型。

②sp_helptext：此命令可以查看所执行的存储过程的定义文本。

③[@ objname =] 'name'：对象的名称。

二、修改存储过程

```
ALTER PROC[EDURE] procedure_name
[@ parameter data_type [ =default][OUTPUT]][,…]
AS sql_statement
```

①procedure_name：需要被修改的存储过程的名称。

②@ parameter：存储过程的形参名，必须以@ 开头，参数名必须符合标识符的规则，data_type 用于说明形参的数据类型。

③default：存储过程输入参数的默认值。如果定义了 default 值，则无须指定此参数值，即可执行存储过程。默认值必须是常量或 NULL。如果存储过程使用带 LIKE 关键字的参数，则可包含通配符% 、_、[ ] 和 [^]。

④OUTPUT：指定输出参数。此选项的值可以返回给调用 EXECUTE 的语句。

⑤sql_statement：要包含在存储过程中的任意数量的 T - SQL 语句。

三、重命名存储过程

```
EXEC sp_rename '原存储过程名','新存储过程名'
```

四、删除存储过程

使用 T - SQL 中的 DROP 命令可以将一个或多个存储过程从当前数据库中删除。

```
DROP PROC[EDURE] procedure_name
```

DROP：用于删除存储过程的命令。

procedure_name：将要被删除的存储过程名。

【任务内容】

1. 使用 SSMS 查看已有的存储过程。
2. 使用 SQL 语句查看已有的存储过程信息。
3. 使用 SSMS 修改存储过程。
4. 使用 SQL 语句修改存储过程。
5. 重命名存储过程。
6. 删除存储过程。

【任务实施】

1. 使用 SSMS 查看已有的存储过程。

（1）在对象资源管理器中，展开“数据库”节点下的“教学管理”系统数据库，在“可编程性”节点下展开“存储过程”，可以看到在上一任务中创建的 3 个存储过程，如

图 9－7 所示。

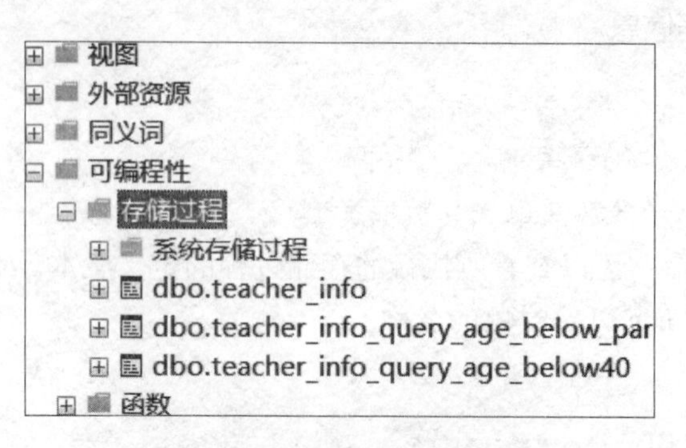

图 9－7　查看已有的存储过程

提示：如有新建存储过程，可能需要刷新才能看到。

（2）右击“dbp. teacher_info”，选择“属性”命令，弹出如图 9－8 所示的窗口。

2. 使用 SQL 语句查看存储过程。

（1）右击“数据库”，选择“新建查询”命令。

（2）输入如下代码，检查无误后执行。

```
SELECT OBJECT_DEFINITION(OBJECT_ID('dbo.teacher_info'))
/* 查询存储过程信息 * /
EXEC sp_help 'dbo.teacher_info'/* 查询存储过程的详细情况 * /
EXEC sp_helptext 'dbo.teacher_info'/* 查询存储过程的详细情况 * /
```

（3）可以看到如图 9－9 所示的返回结果。

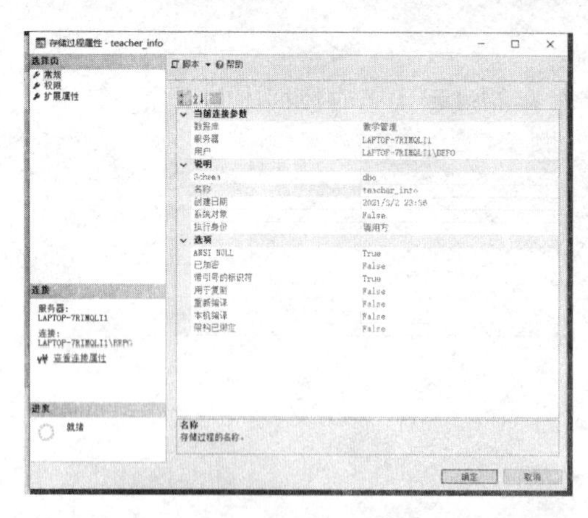

图 9－8　查看存储过程的属性

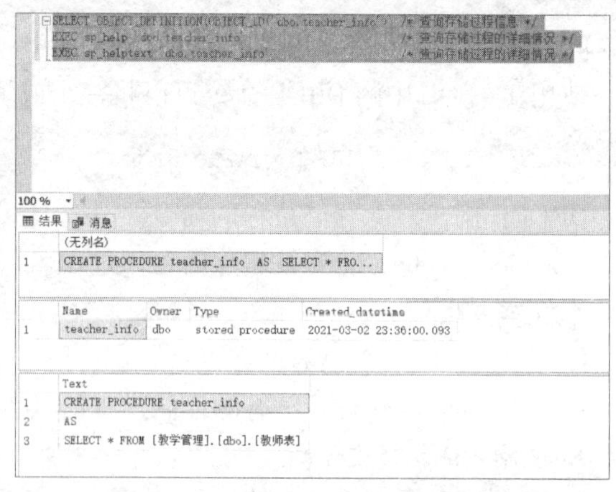

图 9－9　使用 SQL 语句查看存储过程的返回结果

3. 使用 SSMS 修改存储过程，将在任务 9.1 中建立的用于查询 40 岁以下老师信息的存储过程修改为“查询 35 岁以下”。

（1）找到想要修改的存储过程“dbo. teacher_info_query_age_below40”。

（2）右击该存储过程，选择“修改”命令。

（3）可在新的查询编辑器中看到该存储过程的代码信息，如图 9－10 所示，将“age <

40”改为“age < 35”。

```
USE [教学管理]
GO
/****** Object:  StoredProcedure [dbo].[teacher_info_query_age_below40]    Script Date: 2021/3/4 0:28:48 ******/
SET ANSI_NULLS ON
GO
SET QUOTED_IDENTIFIER ON
GO
ALTER PROCEDURE [dbo].[teacher_info_query_age_below40]
AS
SELECT * FROM [教学管理].[dbo].[教师表]
WHERE age<40
```

图9-10 修改存储过程

（4）执行修改后的指令。之后，再次尝试对该存储过程进行修改，可发现修改已经生效。

（5）在对象资源管理器中找到修改后的存储过程并执行，可以验证实验结果。

4. 使用SQL语句修改存储过程。

（1）右击“数据库”，选择“新建查询”命令。

（2）输入如下代码，检查无误后执行。

```
ALTER PROCEDURE dbo.teacher_info_query_age_below40 /* 修改存储过程
*/
AS SELECT * FROM [教学管理].[dbo].[教师表]
WHERE age <40/* 此处将之前的35改为40 */
```

（3）通过右击，选择“修改”命令或者直接执行该条存储过程来验证实验结果。

提示： 使用对象资源管理器修改存储过程与使用SQL语句进行修改，最终效果是一样的。

5. 重命名存储过程。

（1）在对象资源管理器中找到需要重命名的存储过程，右击，选择“重命名”命令，如图9-11所示。

图9-11 存储过程的重命名

（2）除此之外，还可以使用SQL语句进行重命名操作，需要调用的是系统存储过程sp_rename，样例代码如下：

```
EXEC sp_rename 'teacher_info_query_age_below40','teacher_info_query_age_below30'
/* 格式为:sp_rename 需要重命名的存储过程,替换后的名字 */
```

提示： 使用对象资源管理器和使用SQL语句对存储过程进行重命名，效果是一样的。在项目开发过程中，所有的存储过程最好能有较为统一的命名风格，以方便后续管理。

6. 删除存储过程。

（1）在对象资源管理器中找到需要删除的存储过程，右击，选择“删除”命令，如图 9－12 所示。

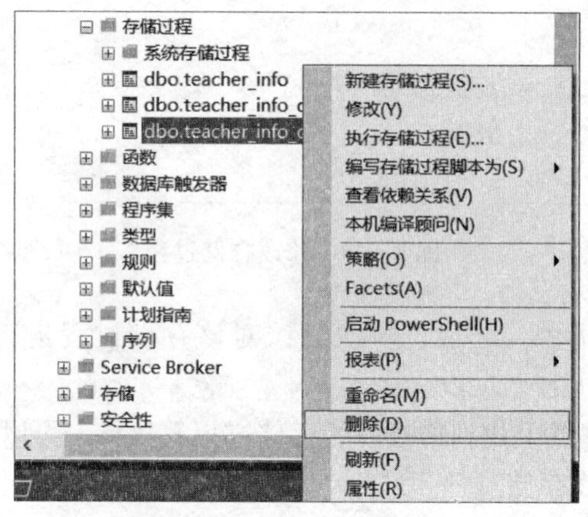

图 9－12　删除存储过程

（2）在弹出的新的窗口中核对信息，无误后，单击“确定”按钮，即可完成存储过程的删除，如图 9－13 所示。

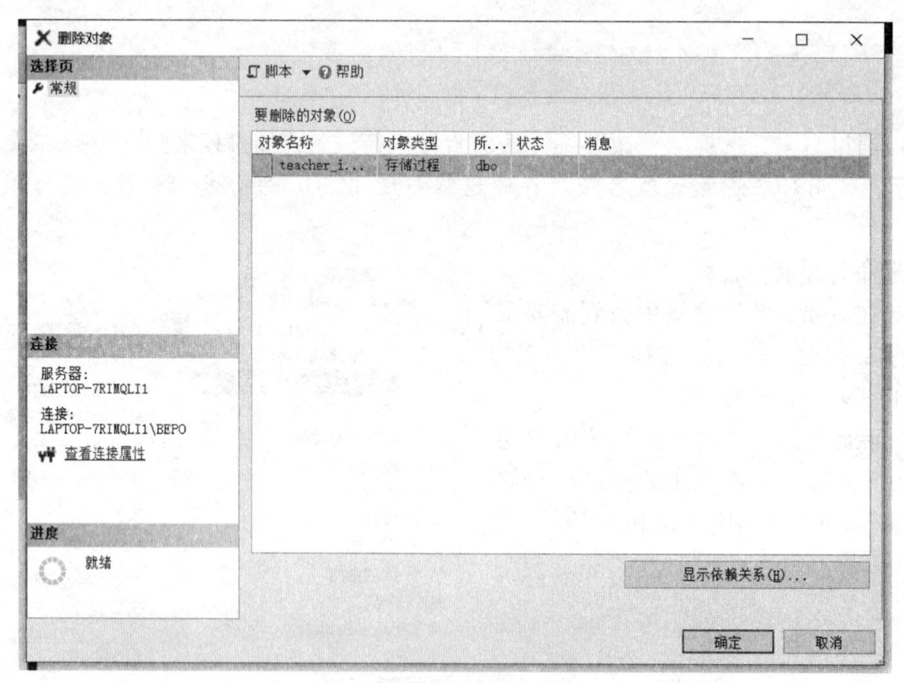

图 9－13　确定删除存储过程

（3）此外，通过使用 DROP PROCEDURE 语句也可以删除存储过程，样例代码如下：

```
DROP PROCEDURE teacher_info_query_age_below30
/* 删除名为"teacher_info_query_age_below30"的存储过程 * /
```

任务9.3 在“教学管理”系统数据库中使用聚合函数和数学函数

【任务工单】

任务工单9-3：在“教学管理”系统数据库中使用聚合函数和数学函数

<table>
<tr><td>任务名称</td><td colspan="5">在“教学管理”系统数据库中使用聚合函数和数学函数</td></tr>
<tr><td>组别</td><td></td><td>成员</td><td></td><td>小组成绩</td><td></td></tr>
<tr><td>学生姓名</td><td colspan="3"></td><td>个人成绩</td><td></td></tr>
<tr><td>任务情境</td><td colspan="5">用户在使用 SQL Server 2019 数据库的过程中，经常需要进行一些较复杂的计算。现请你以数据库管理员的身份帮助用户，通过在 SQL 语句中使用适当的聚合函数进行辅助操作</td></tr>
<tr><td>任务目标</td><td colspan="5">通过使用聚合函数实现对应的功能</td></tr>
<tr><td>任务要求</td><td colspan="5">学习并掌握聚合函数和数学函数的相关知识。
按本任务后面列出的具体任务内容，编写 SQL 语句对“教学管理”系统数据库进行对应的操作</td></tr>
<tr><td>知识链接</td><td colspan="5"></td></tr>
<tr><td>计划决策</td><td colspan="5"></td></tr>
<tr><td>任务实施</td><td colspan="5">1. 了解函数相关的基本概念

2. 使用 Sum 函数求和

3. 使用 Avg 函数求平均值</td></tr>
</table>

续表

任务实施	4. 使用 Min 函数和 Max 函数返回最小值/最大值 5. 使用 Count 函数统计表记录数 6. 使用 Distinct 函数取不重复记录 7. 使用数学函数进行简单的计算验证
检查	1. 理解函数的作用和基本概念；2. 使用聚合函数求得课程总学时；3. 使用聚合函数分析学生成绩；4. 对数学函数进行简单的验证
实施总结	
小组评价	
任务点评	

【前导知识】

聚合函数和数学函数

一、函数的基本概念

SQL Server 2019 提供了丰富的函数（function），从而使程序设计过程更加方便。这些函数可以大概归类为聚合函数（aggregate functions）、数学函数（mathematical functions）、字符串函数（string functions）、日期和时间函数（date & time functions）等。用户也可以根据自己的需求去自定义函数。

由于篇幅有限且函数的数量较大，本任务并不会介绍所有的函数及其使用方法。常见的函数可以在 Microsoft 官网提供的操作手册中进行查阅，链接为 https://docs.microsoft.com/zh－cn/sql/t－sql/functions。

二、聚合函数

聚合函数是一种常用于对一组值进行计算，并最终返回单个值的函数。除了 COUNT(＊)外，聚合函数通常都会忽略 Null 值。聚合函数经常与 SELECT 语句的 GROUP BY 子句一起使用。所有的聚合函数均为确定性函数。换言之，每次使用一组有特定的输入值的聚合函数时，它们最终的返回值都是相同的。常见的聚合函数及其功能见表 9－1。

表 9－1　SQL Server 2019 常用的聚合函数

聚合函数名	函数功能简介
Sum	返回表达式中所有值的和
Avg	返回表达式中所有值的平均值
Stdev	返回表达式中所有值的标准差
Min	返回表达式的最小值
Max	返回表达式的最大值
Count	返回组中的记录数
Distinct	返回组中不重复记录

三、数学函数

数学函数能根据输入值进行相应的数学计算，并返回结果。数学函数的返回值与输入值有相同的数据类型，需要注意的是，三角函数和其他函数将输入值转换为 float 型并返回 float 型结果。部分常用数学函数及其功能列于表 9－2 之中。

表 9－2　SQL Server 2019 常用的数学函数

数学函数名	函数功能简介
Abs	返回绝对值
Ceiling	返回大于或等于指定数值表达式的最小整数
Cos	返回指定表达式中以弧度测量的指定角的三角余弦值
Cot	返回指定表达式中以弧度测量的指定角的三角余切值
Pi	返回圆周率
Power(x,y)	返回 x^y
Round	返回四舍五入值
Sin	返回指定角度（以弧度为单位）的三角正弦值
Square	返回平方值
Sqrt	返回平方根
Tan	返回输入表达式的正切值

【任务内容】

1. 使用 Sum 函数求课程总学时。
2. 使用 Avg 函数求学生的平均成绩。
3. 使用 Stdev 函数求学生成绩的标准差。
4. 使用 Min 函数和 Max 函数返回学生成绩的最低分和最高分。
5. 使用 Count 函数统计学生成绩表的记录数。
6. 使用 Distinct 函数获取不重复记录。
7. 使用数学函数进行简单的计算。

【任务实施】

1. 使用 Sum 函数求课程总学时。

（1）右击数据库，选择“新建”命令。

（2）输入以下 SQL 语句，并执行：

```
SELECT SUM(All credit) As 总学时 /* 通过 SUM()函数计算总学时 * /
FROM [教学管理].[dbo].[课程表] /* 选取课程表 * /
```

（3）结果如图 9－14 所示。

提示：本例中使用了关键字“All”，用于求所有课时的和，也可以省略。此外，SQL 也支持“DISTINCT”关键词，用于除去重复记录的数目。

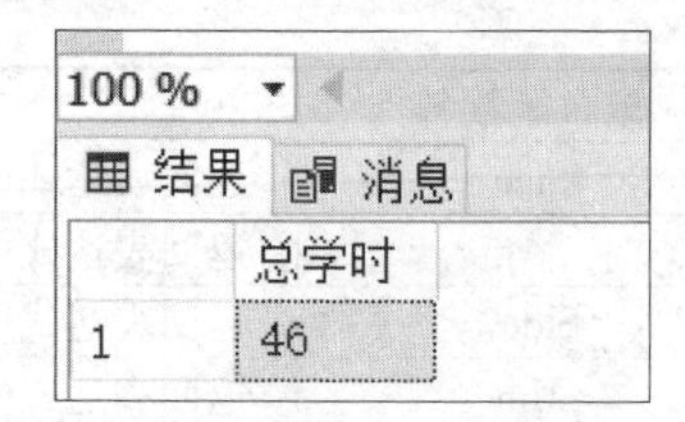

	总学时
1	46

图 9－14　统计总学时返回结果

2. 使用 Avg 函数求学生的平均成绩。

（1）右击数据库，选择“新建”命令。

（2）输入以下 SQL 语句，并执行：

```
SELECT sid,AVG(All score) As 平均分 /* 通过 AVG()函数计算平均分 * /
FROM [教学管理].[dbo].[成绩表] GROUP BY sid /* 选取成绩表 * /
```

（3）得到如图 9－15 所示结果。

	sid	平均分
1	2021001	88
2	2021002	89
3	2021003	69
4	2021004	77
5	2021005	76
6	2021006	67
7	2021007	76
8	2021008	90
9	2021009	79
10	2021010	87
11	2021011	82
12	2021012	89

图 9－15　计算平均分返回结果

3. 使用 Stdev 函数求学生成绩的标准差。
(1) 右击数据库，选择“新建”命令。
(2) 输入以下 SQL 语句，并执行：

```
SELECT STDEV(score) as 标准差   /* 通过 STDEV() 函数得到成绩的标准差 * /
FROM [教学管理].[dbo].[成绩表]   /* 选取成绩表 * /
```

(3) 得到如图 9-16 所示结果。
4. 使用 Min 函数和 Max 函数返回学生成绩的最低分和最高分。
(1) 右击数据库，选择“新建”命令。
(2) 输入以下 SQL 语句，并执行：

```
SELECT MIN(ALL score) As 最低分 /*  通过 MIN() 函数求得最低分 * /
FROM [教学管理].[dbo].[成绩表]/*  选取成绩表 * /
```

(3) 得到如图 9-17 所示结果。

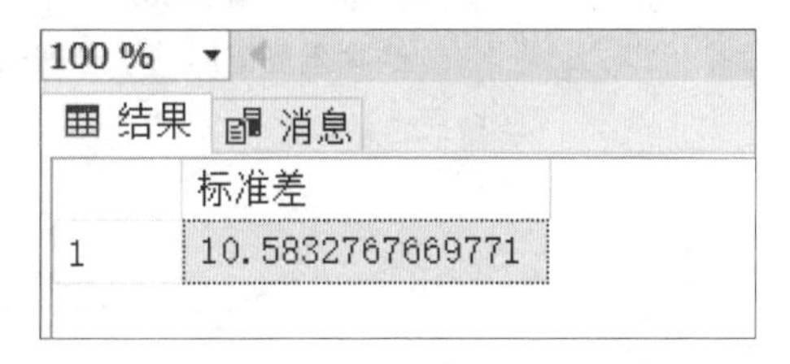

图 9-16 使用 Stdev 函数计算标准差结果

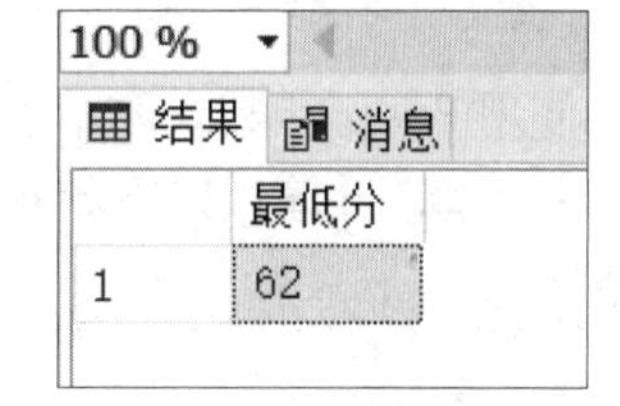

图 9-17 使用 Min 函数计算最低分结果

(4) 要求最高分，只需将“MIN”更换为“MAX”即可。
5. 使用 Count 函数统计学生成绩表的记录数。
(1) 右击数据库，选择“新建”命令。
(2) 输入以下 SQL 语句，并执行：

```
SELECT COUNT(ALL score) As 记录数 /*  通过 COUNT() 函数求表的记录数 * /
FROM [教学管理].[dbo].[成绩表]/*  选取成绩表 * /
```

(3) 得到如图 9-18 所示结果。

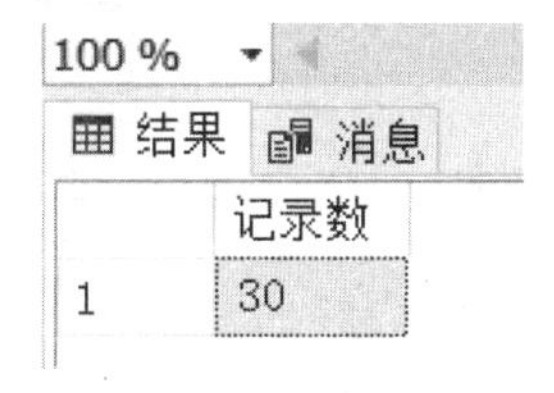

图 9-18 使用 Count 函数统计记录数结果

6. 使用“DISTINCT”关键字取得不重复记录。
(1) 右击数据库，选择“新建”命令。
(2) 输入以下 SQL 语句，并执行：

```
SELECT DISTINCT(sid) /*  通过 DISTINCT 函数删除重复值,并返回结果集 * /
FROM [教学管理].[dbo].[成绩表]/*  选取成绩表 * /
```

（3）得到如图 9－19 所示结果。

	sid
1	2021001
2	2021002
3	2021003
4	2021004
5	2021005
6	2021006
7	2021007
8	2021008
9	2021009
10	2021010
11	2021011
12	2021012

图 9－19　使用 Distinct 函数返回删除重复值后的学号列表

7. 使用数学表达式进行简单的计算验证。

（1）使用 Abs 函数求取“2021”“－2021”和 0 的绝对值。

①新建查询，并输入以下 SQL 语句：

```
SELECT Abs(2021) AS'2021 的绝对值',Abs
(-2021) AS'-2021 的绝对值',
Abs(0) AS'0 的绝对值'
```

②执行结果如图 9－20 所示。

	2021的绝对值	-2021的绝对值	0的绝对值
1	2021	2021	0

图 9－20　验证 Abs 函数

（2）使用 Power 函数求取幂值。

①新建查询，并输入以下 SQL 语句：

```
SELECT Power(2,10)AS'2 的 10 次方'
```

②执行结果如图 9－21 所示。

（3）使用 Square 和 Sqrt 函数求平方和平方根。

①新建查询，并输入以下 SQL 语句：

```
Select Pi()* Square(10)AS'半径为 10 的圆的面积'
/* 半径为 10 的圆的面积=π* 10²* /
```

②执行结果如图 9－22 所示。

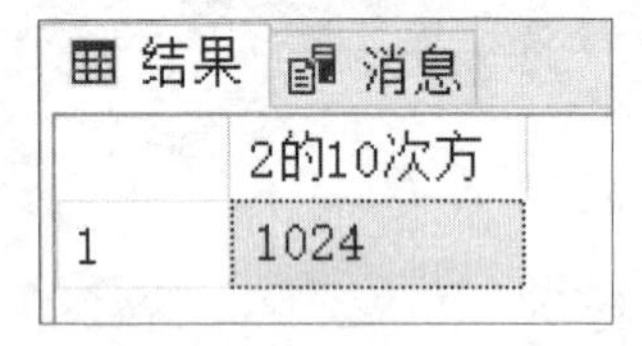

	2的10次方
1	1024

图 9－21　验证 Power 函数

	半径为10的圆的面积
1	314.159265358979

图 9－22　验证 Square 函数

③新建查询，并输入以下 SQL 语句：

```
Select Sqrt(10) AS'10 的平方根'
```

④执行结果如图 9－23 所示。

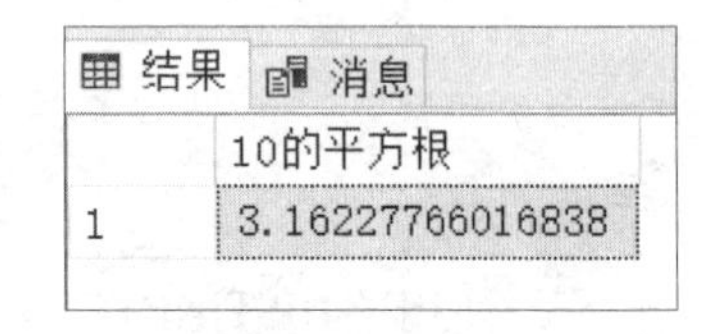

	10的平方根
1	3.16227766016838

图 9－23　验证 Sqrt 函数

任务9.4　在“教学管理”系统数据库中使用日期和时间函数及字符串函数

【任务工单】

任务工单9-4：在“教学管理”系统数据库中使用日期和时间函数及字符串函数

<table>
<tr><td>任务名称</td><td colspan="4">在“教学管理”系统数据库中使用日期和时间函数及字符串函数</td></tr>
<tr><td>组别</td><td></td><td>成员</td><td>小组成绩</td><td></td></tr>
<tr><td>学生姓名</td><td colspan="2"></td><td>个人成绩</td><td></td></tr>
<tr><td>任务情境</td><td colspan="4">用户在使用SQL Server 2019数据库的过程中，经常需要进行一些较复杂的计算。现请你以数据库管理员的身份帮助用户，通过在SQL语句中使用适当的字符串函数及日期和时间函数进行辅助操作</td></tr>
<tr><td>任务目标</td><td colspan="4">使用字符串函数及日期和时间函数实现对应的功能</td></tr>
<tr><td>任务要求</td><td colspan="4">学习并掌握日期和时间函数及字符串函数的相关知识；
按本任务后面列出的具体任务内容，编写SQL语句对“教学管理”系统数据库进行对应的操作</td></tr>
<tr><td>知识链接</td><td colspan="4"></td></tr>
<tr><td>计划决策</td><td colspan="4"></td></tr>
<tr><td>任务实施</td><td colspan="4">1. 了解日期和时间函数及字符串函数的相关基本概念

2. 使用日期和时间函数获取系统时间

3. 使用Day、Month、Year函数返回指定的日、月、年</td></tr>
</table>

续表

任务实施	4. 使用 Datediff 函数计算学生的年龄差 5. 使用 EoMonth 函数返回指定日期月份的最后一天 6. 验证 ASCII、Left、Right、Substring、Len、Reverse、Replace 等常用字符串函数 7. 使用 Str 函数输出学生的出生信息
检查	1. 理解日期和时间函数及字符串函数的作用和基本概念；2. 验证简单的日期和时间函数；3. 编写并执行日期和时间函数，以计算年龄最小的学生和最大的学生的年龄差；4. 验证简单的字符串函数；5. 编写并执行字符串函数，以输出学生的出生信息
实施总结	
小组评价	
任务点评	

【前导知识】

一、日期和时间函数

日期和时间函数
与字符串函数

日期和时间函数主要用于处理日期和时间数据，并最终返回数值、字符串或日期和时间类型的数据。SQL Server 2019 提供了丰富的日期和时间类型与日期和时间函数供开发者使用。其中，日期和时间函数可大体分类为返回系统日期和时间的函数、返回日期和时间部分的函数、返回日期和时间差值的函数和修改日期和时间的函数等。

由于篇幅有限，而函数的数量较大，本任务不会介绍所有的函数及其使用方法。常见的函数可以在 Microsoft 官网提供的操作手册中进行查阅，链接为 https://docs.microsoft.com/zh-cn/sql/t-sql/functions。

1. 日期和时间数据类型

在 SQL 中，日期和时间也可用不同的数据类型表示，见表9-3。

表9-3 SQL Server 2019 常见的日期和时间数据类型

数据类型	格式	范围	精确度	时区偏移量
time	hh:mm:ss[.nnnnnnn]	00:00:00.0000000 到 23:59:59.9999999	100 ns	否
date	YYYY-MM-DD	0001-01-01 到 9999-12-31	1 天	否
smalldatetime	YYYY-MM-DD hh:mm:ss	1900-01-01 到 2079-06-06	1 min	否
datetime	YYYY-MM-DD hh:mm:ss[.nnn]	1753-01-01 到 9999-12-31	0.003 33 s	否
datetime2	YYYY-MM-DD hh:mm:ss[.nnnnnnn]	0001-01-01 00:00:00.0000000 到 9999-12-31 23:59:59.9999999（以 UTC 时间表示）	100 ns	否
datetimeoffset	YYYY-MM-DD hh:mm:ss[.nnnnnnn] [+|-]hh:mm	00:00:00.0000000 到 9999-12-31 23:59:59.9999999（以 UTC 时间表示）	100 ns	是

2. 日期和时间函数简介

①常用的可返回系统日期和时间的函数见表9-4。

表9-4 SQL Server 2019 常用的可返回系统日期和时间的函数

函数	语法	返回值	返回数据类型
SYSDATETIME	SYSDATETIME()	返回包含计算机的日期和时间的 datetime2(7) 值。返回值不包括时区偏移量	datetime2(7)
SYSDATETIMEOFFSET	SYSDATETIMEOFFSET()	返回包含计算机的日期和时间的 datetimeoffset(7) 值。返回值包括时区偏移量	datetimeoffset(7)
GETDATE	GETDATE()	返回包含计算机的日期和时间的 datetime 值。返回值不包括时区偏移量	datetime

②返回日期和时间部分的函数见表 9－5。

表 9－5　SQL Server 2019 返回日期和时间部分的函数

函数	语法	返回值	返回数据类型
DAY	DAY(date)	返回表示指定 date 的“日”部分的整数	int
MONTH	MONTH(date)	返回表示指定 date 的“月”部分的整数	int
YEAR	YEAR(date)	返回表示指定 date 的“年”部分的整数	int

③返回日期和时间差值的函数见表 9－6。

表 9－6　SQL Server 2019 可返回日期和时间差值的函数

函数	语法	返回值	返回数据类型
DATEDIFF	DATEDIFF(datepart, startdate, enddate)	返回两个指定日期之间所跨的日期或时间 datepart 边界数	int
DATEDIFF_BIG	DATEDIFF_BIG(datepart, startdate, enddate)	返回两个指定日期之间所跨的日期或时间 datepart 边界数	bigint

④修改日期和时间值的函数见表 9－7。

表 9－7　SQL Server 2019 修改日期和时间值的函数

函数	语法	返回值	返回数据类型
DATEADD	DATEADD(datepart, number, date)	通过将一个时间间隔与指定 date 的指定 datepart 相加，返回一个新的 datetime 值	date 参数的数据类型
EOMONTH	EOMONTH(start_date[, month_to_add])	返回包含指定日期的月份的最后一天（具有可选偏移量）	返回类型为 start_date 参数类型或 date 数据类型

二、字符串函数

在 SQL Server 2019 中，字符串函数是一个经常使用的函数类型，可以用来进行类型转换和长度设置等操作。部分常用的字符串函数及其功能简介见表 9－8。

表 9－8　SQL Server 2019 部分常见的字符串函数

字符串函数名	函数功能简介
ASCII	返回字符表达式中最左侧字符的 ASCII 码值
Char	用于将 int ASCII 代码转换为字符值
Charindex	返回第一个表达式（如果发现存在）的开始位置
Difference	用于度量两个不同字符表达式之间的差异（0～4）
Left	返回字符串中从左边开始指定个数的字符
Right	返回字符串中从右边开始指定个数的字符
Len	返回指定字符串表达式的字符数，其中不包含尾随空格
Replace	用另一个字符串值替换出现的所有指定字符串值
Reverse	返回字符串值的逆序排序
Str	返回由数字数据转换来的字符数据
Substring	返回字符、二进制、文本或图像表达式的一部分

【任务内容】

1. 使用日期和时间函数获取系统时间。
2. 使用 Day、Month、Year 函数返回指定的日、月、年。
3. 使用 Datediff 函数返回日期和时间的边界数。
4. 使用 EoMonth 函数返回指定日期月份的最后一天。
5. 验证 ASCII、Left、Right、Substring、Len、Reverse、Replace 等常用字符串函数。
6. 使用 Str 函数输出学生的出生信息。

【任务实施】

1. 使用日期和时间函数获取系统时间。

（1）右击数据库，选择“新建”命令。

（2）输入以下 SQL 语句，并执行：

```
SELECT SYSDATETIME() As '系统时间',GETDATE() As '系统日期'
/* 通过 SYSDATETIME()函数得到系统时间,GETDATE()函数得到系统日期 */
```

（3）返回结果如图 9－24 所示。

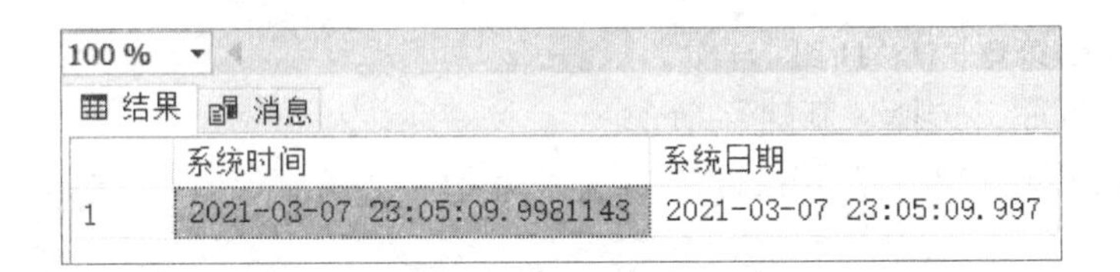

	系统时间	系统日期
1	2021-03-07 23:05:09.9981143	2021-03-07 23:05:09.997

图 9－24　获取系统时间结果

2. 使用 Day、Month、Year 函数返回指定的日、月、年。

（1）右击数据库，选择“新建”命令。

（2）输入以下 SQL 语句，并执行：

```
SELECT DAY('2021 -03 -07 01:02:03.1234567') As 'Day', /* DAY 函数返回日 */
MONTH('2021 -03 -07 01:02:03.1234567') As 'MONTH', /* MONTH 函数返回月 */
YEAR('2021 -03 -07 01:02:03.1234567') As 'YEAR'; /* YEAR 函数返回年 */
```

（3）返回结果如图 9－25 所示。

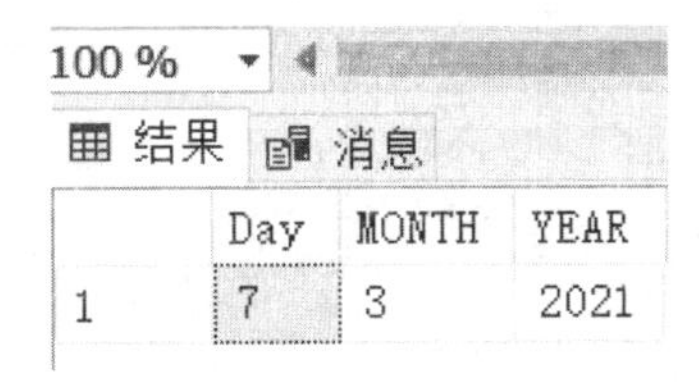

	Day	MONTH	YEAR
1	7	3	2021

图 9－25　验证 Day、Month、Year 函数

3. 使用 Datediff 函数计算学生的年龄差距。

（1）右击数据库，选择“新建”命令。

（2）输入以下 SQL 语句，并执行：

```
SELECT DATEDIFF(day, /* 以'日'为单位 * /
(SELECT MIN(sbirth) FROM [教学管理].[dbo].[学生表]),
(SELECT MAX(sbirth) FROM [教学管理].[dbo].[学生表])) AS '差(日)';
/* 计算最小的学生和最大的学生出生日期的差距 * /
```

（3）返回结果如图 9-26 所示。

（4）将 DATEDIFF 函数中的“day”更换为“month”或“year”，即可查看出生日期差的月和年，可得到如图 9-27 所示的结果。

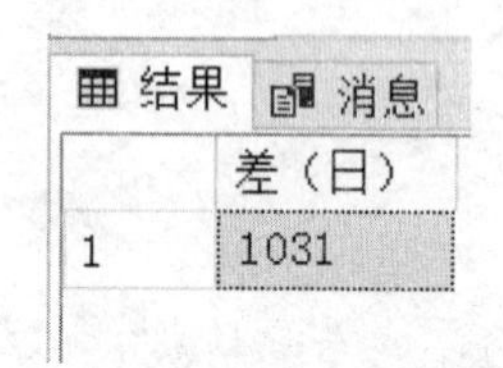

	差（日）
1	1031

图 9-26　计算最小的学生和最大的学生出生日期的差

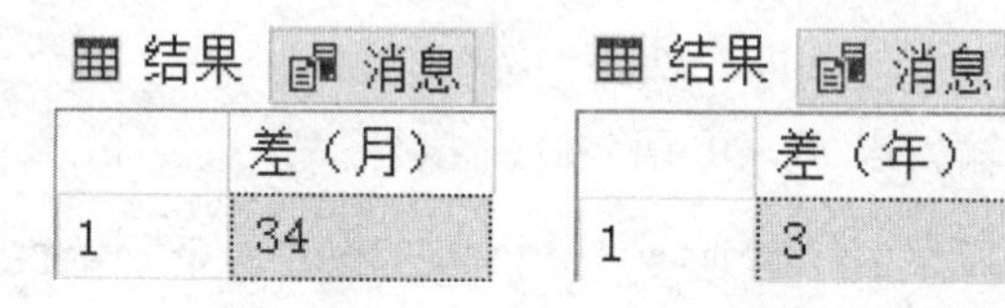

	差（月）
1	34

	差（年）
1	3

图 9-27　将出生日期的差以“月”和“年”为单位显示

4. EoMonth 函数返回指定日期月份的最后一天

（1）右击数据库，选择“新建”命令。

（2）输入以下 SQL 语句，并执行：

```
DECLARE @ date DATETIME ='12/1/2021';/* 定义 DATETIME 为 2021.12.1 * /
SELECT EOMONTH (@ date) AS Result;
/* 使用 EOMONTH 函数得到 DATETIME 所在月的最后一日 * /
```

（3）返回结果如图 9-28 所示。

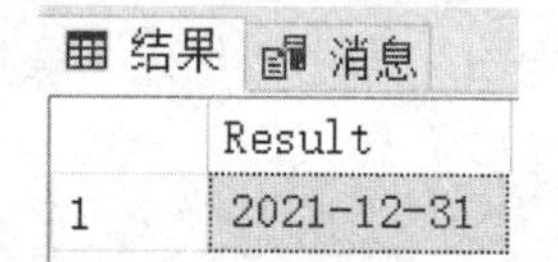

	Result
1	2021-12-31

图 9-28　返回‘12/1/2021’所在月的最后一天

5. 验证 ASCII、Left、Right、Substring、Len、Reverse、Replace 等常用字符串函数。

（1）右击数据库，选择“新建”命令。

（2）输入以下 SQL 语句，并执行：

```
SELECT ASCII('T') AS 'T',
/* 求'T'在 ASCII 码中对应的值 * /
ASCII(Left(('SQL'),1)) AS 'S',
/* 求'SQL'左侧第一位在 ASCII 码中对应的值 * /
ASCII(Substring(('SQL'),2,1)) AS 'Q',
/* 求'SQL'第二位起的第一个字符在 ASCII 码中对应的值 * /
ASCII(Right(('SQL'),1)) AS 'L',
/* 求'SQL'右侧第一位在 ASCII 码中对应的值 * /
LEN('SQL') AS 'LEN', REVERSE('SQL') AS 'REVERSE',
/* 求'SQL'字符串的长度 * /
```

```
REPLACE('I LOVE LOL','LOL','SQL') AS '心声'
/* 使用 Replace 函数将'LOL'替换为'SQL'字符串的长度 * /
```

（3）返回结果如图 9－29 所示。

结果　消息

	T	S	Q	L	LEN	REVERSE	心声
1	84	83	81	76	3	LQS	I LOVE SQL

图 9－29　常见字符串函数的验证结果

6. 使用 Str 函数输出学生的出生信息。

（1）右击数据库，选择“新建”命令。

（2）输入以下 SQL 语句并执行：

```
SELECT sname + '在' + Str(year(sbirth)) +'年出生'
AS '出生信息' FROM [教学管理].[dbo].[学生表]
/* 用 Str 函数将出生年份改为字符串,一并输出 * /
```

（3）得到如图 9－30 所示结果。

100 %

结果　消息

	出生信息
1	张三 在 2002 年出生
2	李平 在 2002 年出生
3	杨婷 在 2003 年出生
4	冷玉林 在 2001 年出生
5	周志鹏 在 2001 年出生
6	陈斌 在 2003 年出生
7	谢平 在 2001 年出生
8	刘佳明 在 2003 年出生
9	黄欣杰 在 2004 年出生
10	邹文娇 在 2004 年出生
11	陈思敏 在 2002 年出生
12	陈靖 在 2002 年出生
13	际婷 在 2003 年出生
14	王玲 在 2004 年出生
15	陈建军 在 2002 年出生
16	李强 在 2003 年出生
17	吴行建 在 2002 年出生
18	左奇 在 2002 年出生
19	聂锋 在 2003 年出生
20	贺琨 在 2004 年出生

图 9－30　使用 Str 函数输出学生的出生信息

任务9.5　在“教学管理”系统数据库中创建并调用自定义函数

【任务工单】

任务工单9-5：在“教学管理”系统数据库中创建并调用自定义函数

<table>
<tr><td>任务名称</td><td colspan="5">在“教学管理”系统数据库中创建并调用自定义函数</td></tr>
<tr><td>组别</td><td></td><td>成员</td><td></td><td>小组成绩</td><td></td></tr>
<tr><td>学生姓名</td><td colspan="3"></td><td>个人成绩</td><td></td></tr>
<tr><td>任务情境</td><td colspan="5">用户在使用SQL Server 2019数据库的过程中，除了使用系统提供的内置函数之外，还需要进行一些自定义的复杂计算。现请你以数据库管理员的身份帮助用户，通过在SQL语句中创建自定义函数来进行辅助操作</td></tr>
<tr><td>任务目标</td><td colspan="5">使用自定义函数实现对应的功能</td></tr>
<tr><td>任务要求</td><td colspan="5">学习并掌握如何创建并调用自定义函数；
按本任务后面列出的具体任务内容，对“教学管理”系统数据库进行对应的操作</td></tr>
<tr><td>知识链接</td><td colspan="5"></td></tr>
<tr><td>计划决策</td><td colspan="5"></td></tr>
<tr><td>任务实施</td><td colspan="5">1. 了解自定义函数的相关基本概念

2. 创建并调用标量函数计算课程编号为“1001”的网页设计与制作课程的平均分

3. 创建并调用内嵌表值函数，以获取教师姓名列表</td></tr>
</table>

续表

任务实施	4. 创建并调用多语句表值函数，以输出指定格式的教师信息表 5. 对自定义函数进行修改和删除
检查	1. 创建并调用标量函数；2. 创建并调用内嵌表值函数；3. 创建并调用多语句表值函数；4. 管理自定义函数
实施总结	
小组评价	
任务点评	

【前导知识】

自定义函数的创建与调用

在 SQL Server 中，除了系统提供的内置函数外，用户还可以根据自身需求在数据库中自己定义函数。用户定义函数是由一个或多个 T-SQL 语句组成的子程序，可以反复调用。SQL Server 2019 根据用户定义函数返回值的类型，可将用户定义函数分为标量函数（Scalar Function）、内嵌表值函数（Inline Function）、多语句表值函数（Multi-Statement Function）。

一、标量函数

标量函数指的是返回值为标量值的用户自定义函数，返回单一值。

创建标量函数的基本语法及主要参数说明如下。

```
CREATE FUNCTION [owner_name.]function_name
([{@ parameter_name [AS] scalar_parameter_data_type [=default]}
[,…n]])
RETURNS scalar_return_data_type
BEGIN
    function_body
    RETURN scalar_expression
END
```

主要参数说明：

①owner_name：数据库所有者名。

②function_name：用户定义的函数名称。函数名必须符合标识符的规则，对其所有者来说，该名在数据库中必须是唯一的。

③@ parameter_name：用户定义函数的形参名。可以声明一个或多个参数，用@ 符号作为第一个字符来指定形参名。

④scalar_parameter_data_type：参数的数据类型。可为系统支持的基本标量类型，不能为 timestamp 类型、用户定义数据类型、非标量类型。

⑤scalar_return_data_type：返回值类型。可以是 SQL Server 支持的基本标量类型，但 text、ntext、image 和 timestamp 除外；函数返回 scalar_expression 表达式的值。

⑥function_body：由 SQL 语句序列构成的函数主体。

二、内嵌表值函数

若用户定义函数包含单个 SELECT 语句且该语句可更新，则该函数返回的表也可更新，这样的函数称为内嵌表值函数。创建内嵌表值函数的基本语法与创建标量函数的语法接近，但没有由 BEGIN-END 语句括起来的函数体。

创建内嵌表值函数的详细代码语法及注释如下。

```
CREATE FUNCTION [owner_name.]function_name      /* 定义函数名部分
(@ parameter_name scalar_parameter_data_type[,…n])      /* 定义形
参部分
RETURNS TABLE      /* 返回值为表类型
AS RETURN
SELECT 语句      /* 通过 SELECT 语句返回内嵌表
```

三、多语句表值函数

多语句表值函数也称为多声明表值型函数，可以看作是标量函数和内联表值函数的结合体。它的返回值是一个表，但它和标量型函数一样，有一个用 BEGIN - END 语句括起来的函数体，返回值的表中的数据是由函数体中的语句插入的。创建多语句表值函数的基本语法与之前介绍的两种函数接近，但它可以进行多次查询，对数据进行多次筛选与合并，弥补了内联表值型函数的不足。

创建多语句表值函数的详细代码语法及注释如下。

```
CREATE FUNCTION function_name (@ parameter_name parameter_data_type)
/* CREATE FUNCTION 函数名称(@ 参数名 参数的数据类型)* /
RETURNS @ Table_Variable_Name table (Column_1 culumn_type,Column_2 culumn_type)
/* RETURNS @ 表变量 table 表的定义(即列的定义和约束)* /
[AS]
BEGIN
function_body     /* 函数体(即 Transact - SQL 语句)* /
RETURN
END
```

四、函数的调用

建立好函数之后，一般会通过 SELECT 语句进行调用，并且必须提供至少两部分组成的名称，例如“dbo. average”。此外，调用函数时，输入的实参必须要和函数定义的形参顺序一致。样例 SQL 语句如下：

```
SELECT 自定义函数名('输入参数')
```

【任务内容】

1. 创建并调用标量函数，以计算课程平均分。
2. 创建并调用内嵌表值函数，以获取教师姓名列表。
3. 创建并调用需要参数的内嵌表值函数，以获取特定职称的教师列表。
4. 创建并调用多语句表值函数，以输出指定格式的教师信息表。
5. 对自定义函数进行修改和删除。

【任务实施】

1. 创建并调用标量函数，以计算课程平均分。

（1）创建标量函数。

①右击数据库，选择“新建”命令。

②输入以下 SQL 语句，并执行：

```
USE 教学管理     /* 选用数据库* /
GO
CREATE FUNCTION average(@ num char(6))
/* 创建名为"average",输入参数为"num"的自定义函数* /
```

```
RETURNS int     /* 返回值的数据类型* /
AS
BEGIN    /* 函数主体开始* /
    DECLARE @ aver int
    SELECT @ aver =avg(score)
    FROM [教学管理]. [dbo]. [成绩表]     /* 选取目标表* /
    WHERE courseid =@ num    /* 选取"courseid"为输入参数"num"的 score* /
RETURN @ aver
END    /* 函数主体结束* /
GO
```

③单击“对象资源管理器”→“可编程性”→“函数”→“标量值函数”，新创建的自定义函数如图 9－31 所示。

（2）调用新创建的标量函数，计算课程编号为“1001”的“网页设计与制作”课程的平均分。

①右击数据库，选择“新建”命令。

②输入以下 SQL 语句，并执行：

```
SELECT 教学管理 . dbo. average ('1001 ') AS 平均分
```

③得到如图 9－32 所示结果。

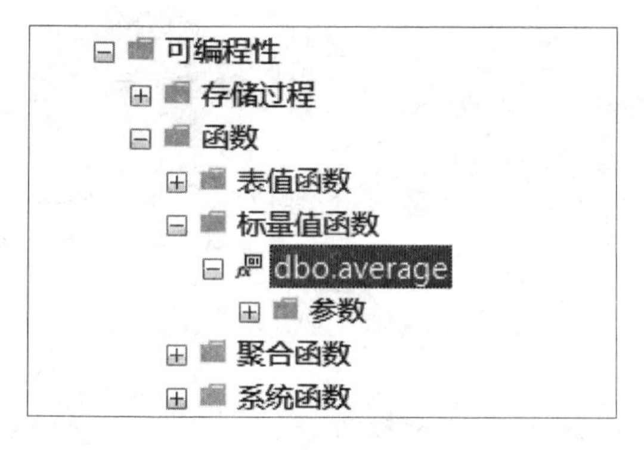

图 9－31 新创建的自定义函数

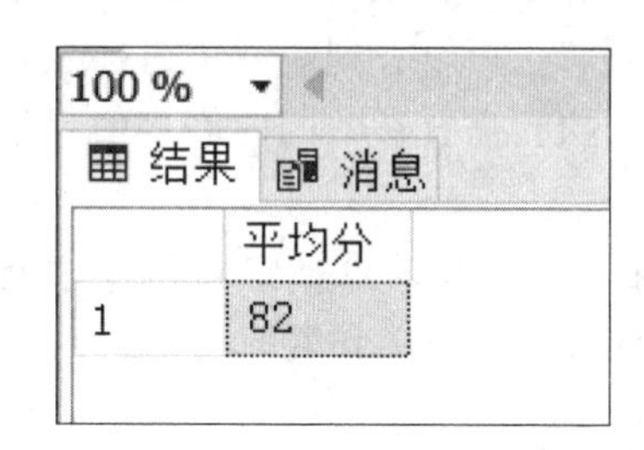

图 9－32 average 函数执行结果

2. 创建并调用内嵌表值函数，以获取教师姓名列表。

（1）创建内嵌表值函数，用于列出所有教师的姓名。

①右击数据库，选择“新建”命令。

②输入以下 SQL 语句，并执行：

```
CREATE FUNCTION getNameList()     /* 创建名为"getNameList"的函数* /
RETURNS table    /* 返回格式为表格* /
AS
RETURN(SELECT tname 姓名 from 教师表)     /* 从教师表中选取所有的
tname* /
```

③单击“对象资源管理器”→“可编程性”→“函数”→“表值函数”，查看新创建的自定义函数“getNameList”。

（2）调用新创建的内嵌表值函数，列出所有教师的姓名。

①右击数据库，选择“新建”命令。

②输入以下 SQL 语句，并执行：

```
SELECT * FROM dbo.getNameList()
```

③得到结果如图 9－33 所示。

	姓名
1	张刚强
2	李丽
3	张梅丽
4	李倩
5	邹梦林
6	边俊明
7	蒋朋刚
8	黄涛
9	张力
10	刘升农
11	陈梓怡
12	欧丽芳

图 9－33 getNameList 函数的执行结果

3. 创建并调用需要参数的内嵌表值函数，以获取特定职称的教师列表。

（1）创建需要参数的内嵌表值函数。

①右击数据库，选择“新建”命令。

②输入以下 SQL 语句，并执行：

```
CREATE FUNCTION getNameByTitle (@ x AS varchar(8))
/* 建立以'x'为变量的 getnameByTitle 函数* /
RETURNStable /* 返回格式为表格* /
AS
RETURN (select * FROM dbo. 教师表 where professional =@ x)
/* 从教师表中选择对应职称的教师* /
```

③单击“对象资源管理器”→“可编程性”→“函数”→“表值函数”，可以看到新创建的自定义函数“getNameList”。

（2）执行需要参数的内嵌表值函数，得到特定职称的教师列表。

①右击数据库，选择“新建”命令。

②输入以下 SQL 语句，并执行：

```
SELECT* FROM 教学管理 .dbo.getNameByTitle('讲师')
/* 其中,'讲师'为输入的参数* /
```

③得到如图 9－34 所示结果。

	tid	tname	tsex	age	professional	department
1	3650100	张刚强	男	32	讲师	基础部
2	3650101	李丽	女	28	讲师	汽车系
3	3650104	邹梦林	女	32	讲师	信息系
4	3650107	黄涛	男	29	讲师	信息系

图 9－34 职称为“讲师”的教师列表

4. 创建并调用多语句表值函数，以输出指定格式的教师信息表。

（1）创建多语句表值函数。

①右击数据库，选择“新建”命令。

②输入以下 SQL 语句，并执行：

```
CREATE FUNCTION getNameTitleAge(@ x AS varchar(8))
/* 建立以 x 为参数的 getNameTitleAge 函数* /
RETURNS @ nameTitleAge table (name varchar(8), age int,title var-
char(8))
/* 设定函数的返回值为表类型及包含内容* /
AS BEGIN
INSERT INTO @ nameTitleAge SELECT tname,age,professional FROM 教师
表
WHERE professional =@ x    /* 将职称 =x 的教师的姓名、年龄和职称输出* /
RETURN
END
```

③单击“对象资源管理器”→“可编程性”→“函数”→“表值函数”，可以看到新创建的自定义函数“getNameTitleAge”。

（2）调用多语句表值函数并输出指定格式的教师信息表。

①右击数据库，选择“新建”命令。

②输入以下 SQL 语句，并执行：

```
SELECT* FROM dbo.getNameTitleAge('教授') /* 其中,'教授'为输入的参数* /
```

③得到如图 9－35 所示结果。

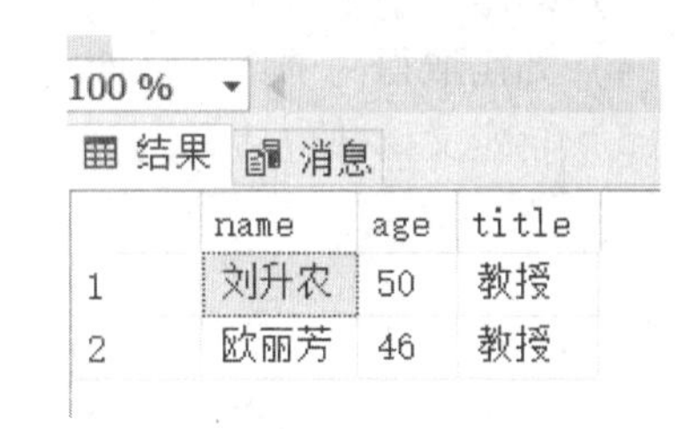

图 9－35　多语句表值函数返回结果

5. 对自定义函数进行修改和删除。

（1）修改自定义函数。

在“对象资源管理器”→“可编程性”→“函数”→“标量值函数”或“表值函数”中找到需要修改的函数，右击，选择“反选”命令，然后选择“修改”命令即可开始修改，如图 9－36 所示。

也可以通过新建查询并输入“ALTER FUNCTION”＋函数名称的方式进行修改。

如果需要对自定义函数进行重命名操作，只需在“对象资源管理器”→“可编程性”→“函数”→“标量值函数”或“表值函数”中找到需要重命名的函数，右击，选择“反选”命令，然后选择“重命名”即可开始重命名操作。

（2）删除自定义函数。

删除自定义函数可以通过对象资源管理器进行，具体步骤与上一任务的“修改自定义函数”接近，即在“可编程性”→“函数”→“标量值函数”或“表值函数”中找到需要删除的函数，右击，选择“反选”命令，然后选择“删除”命令进行删除操作。

也可以通过使用 SQL 语句中的 DROP 命令对自定义函数进行删除，命令如下：

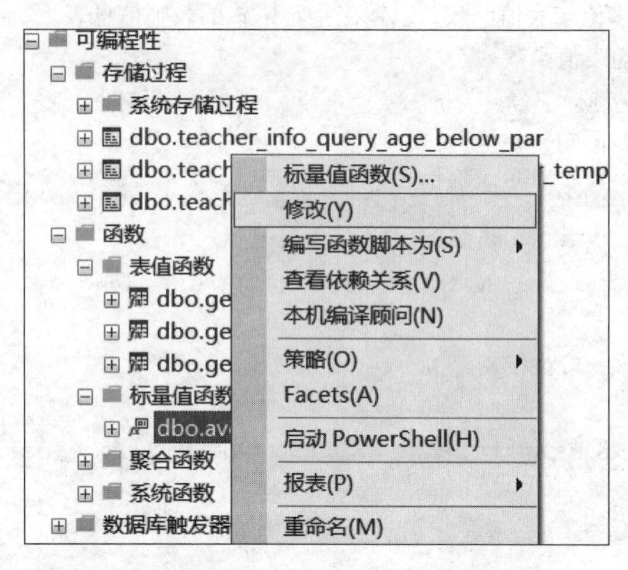

图 9-36　使用对象资源管理器修改自定义函数

```
DROP FUNCTION dbo.average      /* 删除 average 函数* /
```

【知识考核】

填空题：

（1）在 SQL Server 中，存储过程主要分为三类：系统存储过程、扩展存储过程和________。

（2）SQL 语句中重命名存储过程的关键字是________。

（3）列举三个聚合函数：________、________、________。

（4）如需取得两个指定日期之间所跨的日期或时间，应使用________函数。

（5）自定义函数包括有________、________、________三类。

项目10 “教学管理”系统触发器的创建与管理

【项目导读】

在实际生产情况下，可能会碰到这种情况，即当在数据库某张表中修改数据的时候，也需要对其他数据表的数据进行自动操作，那么这时就需要用到触发器。触发器极大地丰富了DBA执行、审计、安全或完整性关联的管理任务。

触发器（trigger）是SQL Server提供给程序员和数据分析员用于保证数据完整性的一种方法，它是与表事件相关的特殊的存储过程，它的执行不是由程序调用的，也不是手工启动的，而是由事件来触发的。当对一个表进行操作（insert、delete、update）时，就会激活它执行。

触发器的创建可以通过SQL语句来完成。通过实现相关触发器实例来理解触发器的使用。触发器的管理工作包括查看触发器、重命名触发器、禁用/启用触发器、修改触发器、删除触发器。

综上所述，本项目要完成的任务有：使用变量和语句；创建“教学管理”系统触发器实例；“教学管理”系统触发器实例的修改和删除；“教学管理”系统触发器实例的查看、重命名、禁用/启用。

【项目目标】

- 掌握变量和语句的定义和使用；
- 了解触发器的概念、分类、作用；
- 掌握使用SQL语句创建触发器的操作；
- 掌握使用SSMS修改和删除触发器的操作；
- 掌握查看、重命名、禁用/启用触发器的操作。

【项目地图】

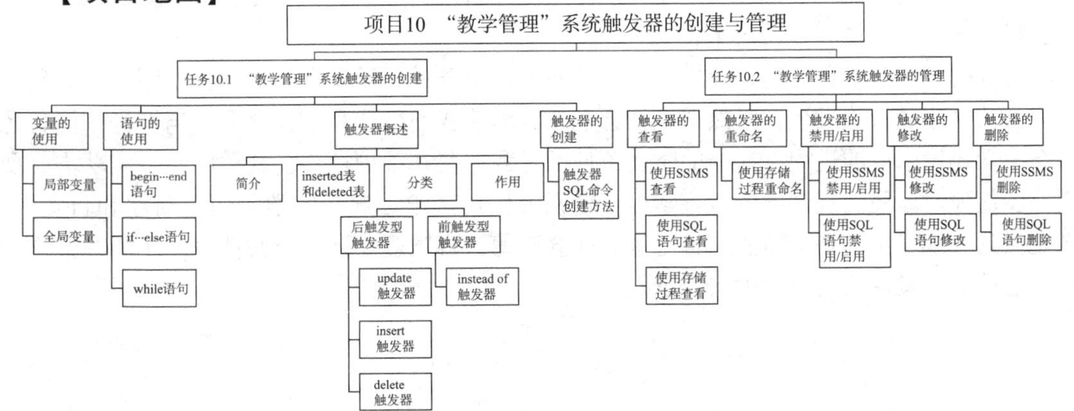

【思政小课堂】

疫情期间遵守公共秩序，自觉维护良好的社会秩序

新冠肺炎疫情防控期间，我们应该遵守公共秩序，自觉在家隔离。现在疫情得到有效控制，但是为了保障自身和他人安全，我们应该自觉维护文明的公共秩序。

公共秩序也称“社会秩序”。为维护社会公共生活所必需的秩序，是由法律、行政法规、国家机关、企业事业单位和社会团体的规章制度等确定的。公共秩序主要包括社会管理秩序、生产秩序、工作秩序、交通秩序和公共场所秩序等。遵守公共秩序是中国公民的基本义务之一。公共秩序关系到人们的生活质量，也关系到社会的文明程度。遵守公共秩序要做好以下3个方面。

一是要切实加强公民对公共秩序法规制度的学习教育。每一个公民只有认真学习我国社会公共秩序的相关法规制度，才能自觉、主动地在社会生活中履行这些法规制度所确定的义务和承担应有的责任，有效维护社会秩序的和谐稳定。只有加强公民对公共秩序法规制度的学习，才能使广大公民提高对公共秩序法规制度的认识和了解，使他们明白在任何场合自己都有义务遵守公共秩序的相关规定要求，从而为我们创造和谐的公共环境提供积极的思想保障。

二是要发动公民成为公共秩序法规制度的维护者。良好的公共秩序是大家所需要的，更是大家必须维护的。只有形成良好的公共秩序，我们每一个公民的合法权益才能得有效保障，只有良好的公共秩序不被破坏并保持下去，我们才有和谐的社会环境，顺利开展国家的各项建设事业。每一个公民自己在遵守公共秩序法规制度的时候，还要自觉主动地做公共秩序法规制度的维护者，对违反、破坏公共秩序法规制度的行为和现象，要敢于挺身而止，积极、及时出面制止。要积极配合公共秩序工作人员和执法人员，与破坏公共秩序者进行斗争，使破坏公共秩序者强烈感受到社会环境对他们的违法违规违章行为的巨大压力。公民积极主动参与制止和纠正违法、破坏公共秩序的行为，也是在维护我们自身权益不受侵犯的有效手段和积极办法，实质上就是在维护和创造我们和谐的社会环境，为社会传递积极的正能量。

三是要坚决打击故意破坏和挑衅公共秩序法规制度的行为。执法部门单位作为代表国家行使法律赋予权利的单位，以及经国家授权执行有关法律规章制度的单位、社会组织和企事业单位，要坚持打击各类违法破坏公共秩序法规制度的行为，坚决打击破坏和公然挑衅公共秩序法规制度的公民个人。要大胆实施执法执规行为，充分彰显法规制度的威严，维护公共秩序法规制度的权威性和严肃性，有效保护公民的合法权益和公共权益不受侵害，维护和谐、稳定的社会环境和社会公平正义。

良好的社会公共秩序是社会发展进步的必要保障条件，没有良好的社会秩序，任凭破坏社会公共秩序的行为发生，必然造成社会乱象，阻滞我们创造和谐社会，影响推进中国特色社会主义建设事业的进程。在新的时代条件下，我们要在维护社会公共秩序上下实功夫，要进一步加强对公民法规制度的教育学习，增强公民对法纪法规制度学习的主动性和自觉性，自觉做到遵规守纪，知法懂法，自觉遵守社会公德，自觉遵守社会公共秩序，才能在推进中国特色社会主义伟大实践中做出贡献。

任务 10.1 “教学管理”系统触发器的创建

【任务工单】

任务工单 10－1：“教学管理”系统触发器的创建

<table>
<tr><td>任务名称</td><td colspan="5">“教学管理”系统触发器的创建</td></tr>
<tr><td>组别</td><td></td><td>成员</td><td></td><td>小组成绩</td><td></td></tr>
<tr><td>学生姓名</td><td colspan="3"></td><td>个人成绩</td><td></td></tr>
<tr><td>任务情境</td><td colspan="5">数据库管理员已按照客户需求完成之前项目，现请你以数据库管理员身份帮助用户使用 SQL 命令完成变量的使用、语句的使用和“教学管理”系统中触发器的创建工作</td></tr>
<tr><td>任务目标</td><td colspan="5">1. 变量和语句的使用；2. 使用 SQL 命令创建“教学管理”系统中的触发器 update、insert、delete、instead of 实例</td></tr>
<tr><td>任务要求</td><td colspan="5">按本任务后面列出的具体任务内容，完成变量、语句实例的使用和“教学管理”系统触发器实例的创建</td></tr>
<tr><td>知识链接</td><td colspan="5"></td></tr>
<tr><td>计划决策</td><td colspan="5"></td></tr>
<tr><td>任务实施</td><td colspan="5">1. 使用变量计算两个数的加法，并显示其和

2. 使用 while 语句计算 1＋2＋3＋…＋100，并将结果显示

3. 使用常见的全局变量</td></tr>
</table>

续表

任务实施	4. 创建 update 触发器实例的步骤 5. 创建 insert 触发器实例的步骤 6. 创建 delete 触发器实例的步骤 7. 创建 instead of 触发器实例的步骤
检查	1. 在 SSMS 对象资源管理器中可以查看到创建的触发器实例；2. 验证触发器执行结果正确
实施总结	
小组评价	
任务点评	

【前导知识】

一、变量的使用

变量的使用

transact－SQL语言中有两种形式的变量：一种是用户自己定义的局部变量，另一种是系统提供的全局变量。

1. 局部变量

局部变量是一个能够拥有特定数据类型的对象，它的作用范围仅限于程序内部。局部变量可以作为计数器来计算循环执行的次数，或是控制循环执行的次数。另外，利用局部变量还可以保存数据值，以供控制流语句测试及保存由存储过程返回的数据值等。局部变量被引用时，要在其名称前加上标志“@”，而且必须先用declare命令定义后才可以使用。

声明一个局部变量的语法格式：

```
declare @ 变量名 数据类型
```

声明多个局部变量的语法格式：

```
declare @ 变量名1 数据类型1，@ 变量名2 数据类型2…
```

提示：使用declare语句声明一个局部变量后，这个变量的值将被初始化为null。

变量赋值的语法格式

```
set @ 变量名 =值 |表达式或 select @ 变量名 =值|表达式
```

提示：使用select赋值需要确保筛选出的记录只有1条。

2. 全局变量

在SQL Server中，全局变量是一种特殊类型的变量，服务器将维护这些变量的值。全局变量以@@前缀开头，不必进行声明，它们属于系统定义的函数，见表10－1。

表10－1　常见全局变量

变量	含义
@@error	最后执行是否有错误
@@identity	最后插入的标识值
@@language	当前使用的语言名称
@@max_connections	同一时间允许创建的最大用户连接数目
@@connections	上次SQL启动以来连接或试图连接的次数
@@rowcount	受上一个SQL语句影响的行数
@@servicename	SQL正在运行的数据库实例
@@servername	SQL服务器的名称
@@transcount	当前连接打开的活动事务数
@@version	SQL Server服务器安装的日期、版本和处理器类型

二、语句的使用

语句的使用

1. begin…end语句

begin…end用来定义一个语句块，它将多个Transact－SQL语句包括起来。

begin…end的语法格式：

```
begin
语句1
```

```
语句2
…
end
```

位于 begin 和 end 之间的各个语句可以是单个的 Transact - SQL 语句，也可以是使用 begin 和 end 定义的语句块。

begin 和 end 定义的语句通常会和 if 语句或 while 语句一起使用。begin 和 end 语句必须成对使用。

2. if…else 语句

if…else 的语法格式：

```
if 布尔表达式
语句块1
[else
语句块2]
```

if…else 语句用于判断一个布尔表达式（取值为 true 或 false）是否成立，如果成立，执行语句块 1；如果不成立，执行语句块 2。语句块 1 和语句块 2 可以是单个 Transact - SQL 语句，也可以是 begin…end 定义的语句块。if 可以单独使用，不需要和 else 配对一起使用。

3. while 语句

while 语句用于设置重复执行的一个语句块。while 的语法格式：

```
while 布尔表达式
循环体语句块
```

只要布尔表达式为 true，就执行循环体语句块，布尔表达式为 false 时退出循环。

三、触发器概述

1. 简介

触发器概述

触发器是一种特殊的存储过程，它不能被显式地调用，而是在往表中插入记录、更新记录或者删除记录时被自动触发执行。触发器与存储过程的唯一区别是触发器不能执行 execute 语句调用，而是在用户执行 Transact - SQL 语句时自动触发执行。

2. inserted 表和 deleted 表

触发器触发时，系统将自动在内存中创建 inserted 表或 deleted 表，这两张表只读，不允许修改，触发器执行完成后，自动删除。

inserted 表用于临时保存插入 insert 或更新 update 后的记录行。deleted 表用于临时保存删除 delete 或更新 update 前的记录行。在触发器中对这两种临时表的使用方法与一般基本表一样，可以通过这两种临时表所记录的数据来判断对数据的修改是否正确，见表 10 - 2。

表 10 - 2　deleted 表和 inserted 表

触发语句	deleted 表	inserted 表
update	存放更新前记录	存放更新后记录
insert	无记录	存放新增记录
delete	存放待删除记录	无记录

3. 触发器分类

（1）后触发型触发器

后触发型触发器就是使用 for 或 after 选项定义的触发器。后触发型触发器只有在引发触发器指定的 update、insert 或 deleted 语句成功执行，并且完成所有的约束检查后，才执行触发器。后触发型触发器根据操作可以分为 update 触发器、insert 触发器及 delete 触发器。

update 触发器执行过程：执行 update 更新语句，在相关表中更新数据；触发 update 触发器，向 deleted 表中插入原有数据；在相关数据表中更新数据，并将更新数据向 inserted 表中插入。

insert 触发器执行过程：执行 insert 插入语句，在相关表中插入数据；触发 insert 触发器，向 inserted 表中插入新行；触发器检查 inserted 表中插入的新行数据，确定是否需要回滚或执行其他操作。

delete 触发器执行过程：执行 delete 删除语句，在相关表中删除数据行；触发 delete 触发器，向 deleted 表中插入被删除的数据行；触发器检查 deleted 表中删除的数据，确定是否需要回滚或执行其他操作。

提示：after 触发器不能在视图上使用。

（2）前触发型触发器

前触发型触发器就是使用 instead of 选项定义的触发器。这种模式的触发器并不执行其所定义的 update、insert、delete 操作，而是指定执行触发器。在表或视图上，每个 update、insert、delete 语句最多定义一个 instead of 触发器。

定义了前触发型触发器的操作，系统并不直接对表执行 update、insert 或 delete 操作。instead of 触发器的动作早于表的约束处理。如果数据操作满足约束，则触发器需要重新执行这些数据。

4. 触发器的作用

触发器的主要作用就是能够实现由主键和外键所不能保证的复杂参照完整性和数据的一致性，它能够对数据库中的相关表进行级联修改，提高比 check 约束更复杂的数据完整性，并自定义错误消息。触发器的主要作用主要有以下方面：

①强制数据完整性。在多个表中添加、更新或删除行时，保留在这些表之间所定义的关系。

②实现复杂的业务规则或要求。

③跟踪记录变化。触发器可以监测数据库内的操作，撤销或回滚违法操作，防止非法修改数据。

④返回自定义的错误消息，而约束则无法返回信息。

⑤嵌套调用。触发器可以调用多个的存储过程，最多可以嵌套 32 层。

四、触发器的创建

触发器的创建

创建触发器的 SQL 语句为 create trigger，其语法格式如下：

```
create trigger trigger_name
on object_name
{for |after |instead of}
[insert,update,delete]
as
sql_statement
```

主要参数说明：

①trigger_ name：trigger_ name 表示触发器名称。触发器名称在数据库中必须是唯一的。

②on：on 子句用于指定在其上执行触发器的对象。

③object name：object name 表示触发器的对象。该对象只能有一个，可以是表或是视图，并且该对象已经存在。

④for | after | instead of：after 指定触发器只有在引发的 SQL 语句中的指定操作都已经成功执行，并且所有的约束检查也成功完成后，才能执行此触发器。for 的作用等同于 after。instead of 执行指定触发器而不是执行引发触发器执行的 SQL 语句，从而替代触发语句的操作。

⑤insert，update，delete：引发触发器执行的操作，若同时指定多个操作，则各操作之间用逗号分隔。

⑥as：as 是触发器将要执行的动作。

⑦sql_ statement：sql_ statement 是包含在触发器中的条件语句或处理语句。

【任务内容】

1. 使用变量和语句，具体要求如下：

（1）使用变量计算两个数的加法，并将其和显示；

（2）使用 while 语句计算 1 +2 +3 + ⋯ +100，并将结果显示；

（3）使用常见的全局变量。

2. 使用 update 触发器在“教学管理”系统数据库中创建“sid_ update”触发器，当学生表中的 sid 学号进行更新修改时，成绩表表中的学号也进行更新。

3. 使用 insert 触发器在“教学管理”系统数据库中创建“course_ insert”触发器，当有新的任课记录插入任课表中时，课程表中插入相关课程信息。

4. 使用 delete 触发器在“教学管理”系统数据库中创建“course_ delete”触发器，当任课表中进行删除任课信息时，课程表中的相关课程信息也进行删除。

5. 使用 instead of 触发器在“教学管理”系统数据库中创建“trigger_ instead”触发器，限制成绩表中平时成绩“score”的取值在 0 ~ 100 范围。

【任务实施】

1. 使用变量和语句。

（1）使用变量计算两个数的加法，并将其和显示。在查询区域窗口输入以下 SQL 语句：

```
declare @ num1 int,@ num2 int,@ sum int     /* 定义局部变量 num1、num2、sum,数据类型 int* /
set @ num1 =5     /* 对变量 num1 赋值 5* /
set @ num2 =10     /* 对变量 num1 赋值 10* /
set @ sum =@ num1 +@ num2     /* 将 num1 +num2 的和赋值给变量 sum* /
print @ sum/* 将@ sum 的值显示在显示器上* /
```

执行以上 SQL 语句，在查询窗口下方显示 15。

提示：print 的作用是将信息显示在显示器上。

（2）使用 while 语句计算 1 +2 +3 + ⋯ +100，并将结果显示。在查询区域窗口输入以下 SQL 语句：

```
declare @ n int,@ sum int     /* 定义局部变量n、sum,数据类型int* /
set @ n=1     /* 对变量n赋值1* /
set @ sum=0     /* 对变量sum赋值0* /
while @ n< =100     /* while语句对布尔表达式n< =100进行判断* /
begin     /* 循环语句块执行开始* /
set @ sum=@ sum+@ n     /* 将sum+n的和赋值给变量sum* /
set @ n=@ n+1     /* n增加1* /
end     /* 循环语句块执行结束* /
print @ sum     /* 将@ sum的值显示在显示器上* /
```

使用while语句判断布尔表达式n< =100为true，执行循环语句块，可以计算1+2+3+…+100的和。当n=101时，布尔表达式n< =100为false，显示器直接输出此时sum的值5050。

(3) 使用全局变量，见表10-3。

表10-3 全局变量的使用

变量	查询语句	查询返回结果
@ @ error	select @ @ error	0（不唯一，以操作为准）
@ @ identity	select @ @ identity	NULL（不唯一，以操作为准）
@ @ language	select @ @ language	简体中文（不唯一，以操作为准）
@ @ max_connections	select @ @ max_connections	32767（不唯一，以操作为准）
@ @ connections	select @ @ connections	10016（不唯一，以操作为准）
@ @ rowcount	select @ @ rowcount	1（不唯一，以操作为准）
@ @ servicename	select @ @ servicename	MSSQLSERVER（不唯一，以操作为准）
@ @ servername	select @ @ servername	LAPTOP-C5TJTHKQ（不唯一，以操作为准）
@ @ transcount	select @ @ trancount	0（不唯一，以操作为准）
@ @ version	select @ @ version	Microsoft SQL Server 2019 (RTM) -15.0.2000.5 (X64) Sep 24 2019 13:48:23 Copyright (C) 2019 Microsoft Corporation Developer Edition (64-bit) on Windows 10 Home China 10.0〈X64〉(Build 18363:)（不唯一，以操作为准）

2. 使用update触发器在“教学管理”系统数据库中创建“sid_update”触发器，当学生表中sid学号进行更新修改时，成绩表中的学号也进行更新。

(1) 在查询区域窗口输入以下SQL命令：

```
create trigger dbo.sid_update     /* 创建触发器sid_update* /
on dbo.学生表     /* 作用在学生表* /
after update     /* update操作之后触发* /
as
if update(sid)     /* 更新sid字段* /
   begin
   declare @ new_id char(7)     /* 申明变量new_id* /
```

```
    declare @ old_id char(7)      /* 申明变量* /
    select @ new_id = sid from inserted      /* new_id 赋值更新后的 sid* /
    select @ old_id = sid from deleted      /* old_id 赋值更新前的 sid* /
    update dbo. 成绩表 set sid = @ new_id     where sid = @ old_id    /* 执
行更新操作* /
    end
```

使用 declare 定义局部变量 new_ id、old_ id，该变量只能在 begin … end 复合语句中使用，并且应该定义在复合语句的开头。采用 set 语句对变量 new_ id、old_ id 赋值。

（2）单击工具栏上的 ▶ 执行(X) 按钮，执行以上 SQL 语句，在查询窗口下方显示命令已成功完成，完成“sid_ update”触发器的创建。

提示：触发器更新某几列数据时，使用 if update（列名）or update（列名）形式。检查是否更新了某一列，用于 insert 或 update，不能用于 delete。

（3）验证“sid_ update”触发器的执行。

①删除成绩表与学生表的外码引用约束：

```
alter table dbo. 成绩表 drop constraint FK_成绩表_学生表
```

②查看成绩表和学生表中的数据，特别是学号“sid”为‘2021001’的记录，如图 10－1所示。

```
select *  from dbo. 学生表 where sid ='2021001'
select *  from dbo. 成绩表 where sid ='2021001'
```

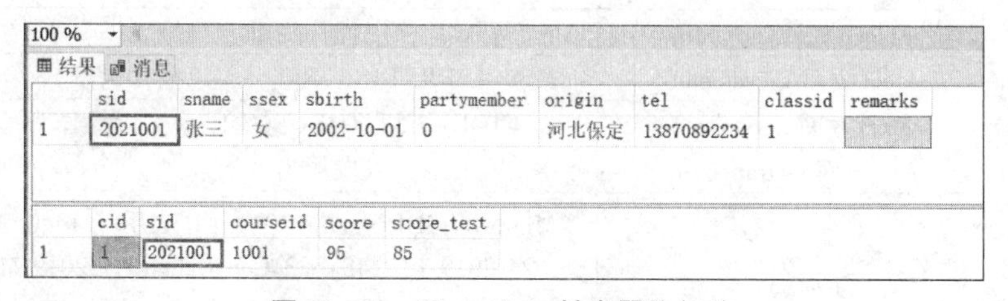

100 %

结果 消息

	sid	sname	ssex	sbirth	partymember	origin	tel	classid	remarks
1	2021001	张三	女	2002-10-01	0	河北保定	13870892234	1	

	cid	sid	courseid	score	score_test
1	1	2021001	1001	95	85

图 10－1　sid_ update 触发器执行前

③执行更新语句：update dbo. 学生表 set sid ='2021050' where sid ='2021001'。

④再次查看成绩表和学生表中的数据，特别是学号“sid”为 2021050 的记录，可以查看到成绩表中学号“sid”为 2021001 的记录已变为 2021050，如图 10－2 所示。

```
select *  from dbo. 学生表 where sid ='2021050'
select *  from dbo. 成绩表 where sid ='2021050'
```

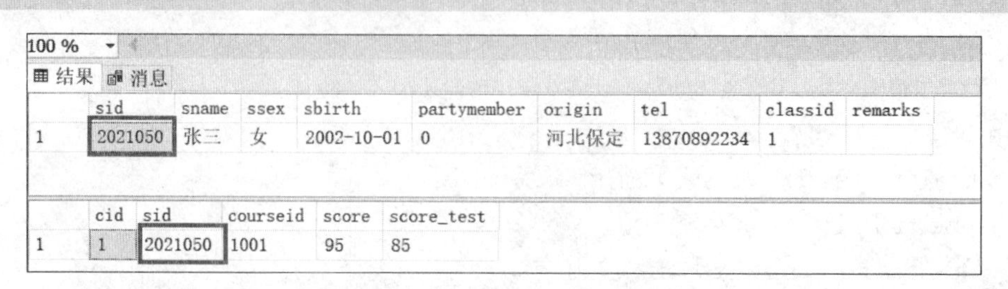

100 %

结果 消息

	sid	sname	ssex	sbirth	partymember	origin	tel	classid	remarks
1	2021050	张三	女	2002-10-01	0	河北保定	13870892234	1	

	cid	sid	courseid	score	score_test
1	1	2021050	1001	95	85

图 10－2　sid_ update 触发器执行后

提示：这里删除了约束。执行完所有验证步骤后，需要还原约束，以维护数据完整关系。执行操作：alter table dbo. 成绩表 add constraint FK_成绩表_学生表 foreign key (sid) references dbo. 学生表 (sid)。

3. 使用 insert 触发器在“教学管理”系统数据库中创建“course_insert”触发器，当有新的任课记录插入任课表中时，课程表中插入相关课程信息。

(1) 在查询区域窗口输入以下 SQL 命令：

```
create trigger dbo.course_insert      /* 创建触发器 course_insert* /
on dbo. 任课表     /* 作用在任课表* /
for insert     /* insert 操作之后触发* /
as
  print '在任课表中插入了数据'     /* 直接输出提示语句* /
  begin
    declare @ new_id char(5);     /* 申明变量 new_id* /
    select @ new_id = courseid from inserted
/* new_id 赋值被插入的 courseid* /
    if(select @ new_id) is not null     /* 判断被插入的 courseid 不为空* /
  begin
  insert into dbo. 课程表(courseid,coursename) values(@ new_id,'* * ');
 /* 课程表中 courseid,coursename 不可为空 * /
  /* 执行 insert 操作* /
  print '在课程表中插入了数据,补充课程完整信息 coursename'
/* 直接输出提示语句* /
  end
end
```

使用 declare 定义局部变量 new_id、old_id，采用 set 语句对变量 new_id、old_id 赋值。判断被插入的 courseid 不为空，执行 insert 操作，并使用 print 输出提示语句“在课程表中插入了数据，补充课程完整信息 coursename”。

(2) 单击工具栏上的 ▶ 执行(X) 按钮，执行以上 SQL 语句，在查询窗口下方显示命令已成功完成，完成“course_insert”触发器的创建。

(3) 验证“course_insert”触发器的执行。

①删除任课表与课程表的外码引用约束：

```
alter table dbo. 任课表 drop constraint FK_任课表_课程表
```

②执行插入语句：

```
insert into dbo. 任课表 values('3650104 ','1060 ','星期三第 78 节','信息楼
201 ')
```

出现提示信息，如图 10-3 所示。

③查看任课表与课程表中的插入数据。查看到课程表中课程编号“courseid”为 1060 的记录，执行查询语句：select * from dbo. 课程表 where courseid = '1060 '，查询如图 10-4 所示。

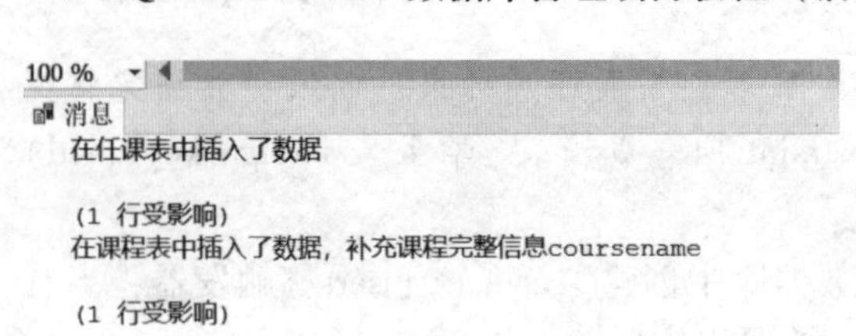

图 10-3　执行 insert 语句后的提示信息

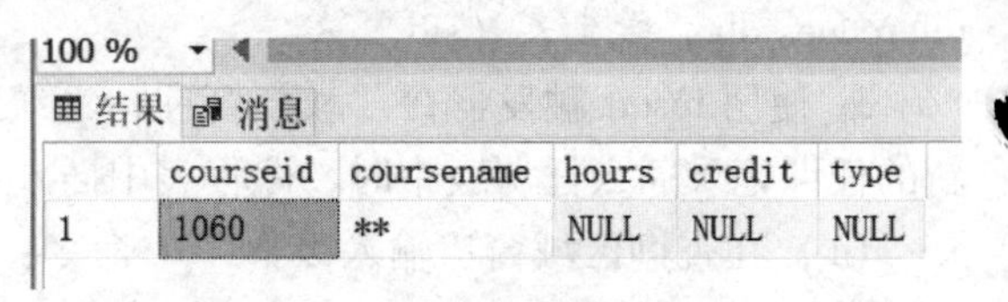

	courseid	coursename	hours	credit	type
1	1060	**	NULL	NULL	NULL

图 10-4　课程表中课程编号“courseid”为 1060 的记录

提示：这里删除了约束。执行完所有验证步骤后，需要还原约束，以维护数据完整关系。执行操作：alter table dbo. 任课表 add constraint FK_任课表_课程表 foreign key（courseid）references dbo. 课程表（courseid）。

4. 使用 delete 触发器在“教学管理”系统数据库中创建“course_delete”触发器，当在任课表中删除任课信息时，课程表中的相关课程信息也被删除。

（1）在查询区域窗口输入以下 SQL 命令：

```
create trigger dbo.course_delete      /* 创建触发器 course_delete* /
on dbo.任课表      /* 作用在任课表* /
for delete     /* delete 操作之后触发* /
as
print '在任课表中删除了数据'      /* 直接输出提示语句* /
begin
declare @ new_id char(5);     /* 申明变量 new_id* /
select @ new_id = courseid from deleted
/* new_id 赋值被删除的 courseid* /
if(select @ new_id) is not null      /* 判断被删除的 courseid 不为空* /
begin
delete from dbo.课程表 where courseid = @ new_id;
/* 执行 delete 操作* /
print '在课程表中删除相关课程信息'      /* 直接输出提示语句* /
end
end
```

（2）单击工具栏上的 ▶ 执行(X) 按钮，执行以上 SQL 命令，在查询窗口下方显示命令已成功完成，完成“course_delete”触发器的创建。

（3）验证“course_delete”触发器的执行。

①查看任课表与课程表中的数据。查看课程编号“courseid”为 1060 的记录，执行查询语句：select * from dbo. 任课表 where courseid = 1060；select * from dbo. 课程表 where courseid = 1060，查询结果如图 10-5 所示。

②执行删除语句：delete from dbo. 任课表 where courseid = 1060，出现如图 10-6 所示提示信息。

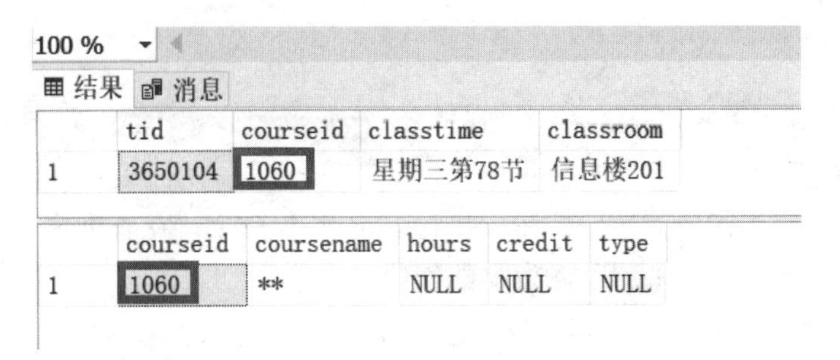

	tid	courseid	classtime	classroom
1	3650104	1060	星期三第78节	信息楼201

	courseid	coursename	hours	credit	type
1	1060	**	NULL	NULL	NULL

图 10－5　course_delete 触发器执行前

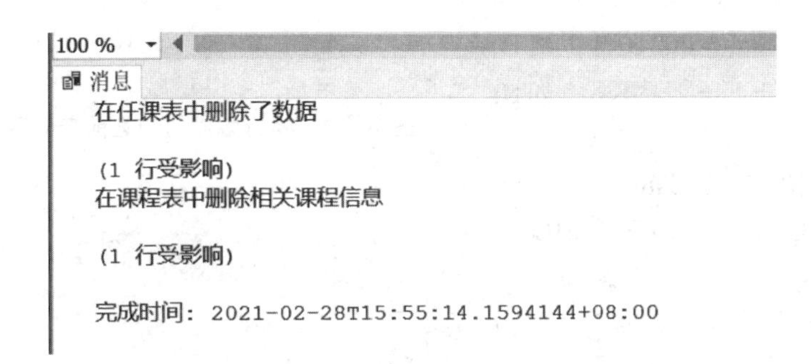

图 10－6　执行 delete 语句后的提示信息

③查看任课表与课程表中的数据。执行查询语句：select ＊ from dbo. 任课表 where courseid＝1060；select ＊ from dbo. 课程表 where courseid＝1060，查看到任课表与课程表中课程编号“courseid”为 1060 的记录都已经被删除。

5. 使用 instead of 触发器在“教学管理”系统数据库中创建“trigger_instead”触发器，限制成绩表中平时成绩“score”的取值在 0～100 范围。

（1）在查询区域窗口输入以下 SQL 命令：

```
create trigger trigger_instead      /* 创建触发器 trigger_instead* /
on dbo. 成绩表    /* 作用在成绩表* /
instead of update,insert    /* update,insert 操作触发* /
as
declare @ new_score smallint;     /* 申明变量 new_score* /
declare @ old_id char(7);     /* 申明变量 old_id* /
if exists(select *  from inserted where score between 0 and 100)
/* 判断平时成绩"score"的取值是否在 0 ~100 范围内* /
begin
print 'ok'    /* 直接输出提示语句* /
select @ new_score=score from inserted
/* new_score 赋值更新后的 score* /
select @ old_id=sid from deleted     /* old_id 赋值更新前的 sid* /
update dbo. 成绩表 set score=@ new_score where sid=@ old_id
/* 更新成绩表* /
```

```
end
else
print 'error'    /* 直接输出提示语句* /
```

（2）单击工具栏上的 ▶ 执行(X) 按钮，执行以上 SQL 命令，在查询窗口下方显示命令已成功完成，完成“trigger_ instead”触发器的创建。

（3）验证“trigger_ instead”触发器的执行。

①执行查询语句：select * from dbo. 成绩表 where sid = 2021001，可以查询到平时成绩“score”为 88，如图 10 – 7 所示。

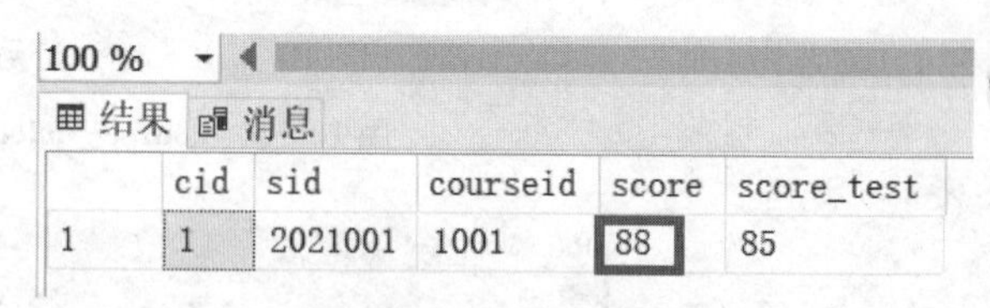

	cid	sid	courseid	score	score_test
1	1	2021001	1001	88	85

图 10 – 7　执行触发语句之前查询平时成绩“score”

②执行更新语句：update dbo. 成绩表 set score = 105 where sid = 2021001，这里出现平时成绩“score”更新为 105，不满足约束条件在 0 ~ 100 范围内，所以出现 error 提示信息，如图 10 – 8 所示；然后执行查询语句：select * from dbo. 成绩表 where sid = 2021001，发现数据并没有更新。

100 %
消息
error

(1 行受影响)

完成时间：2021-02-28T20:46:20.6759640+08:00

图 10 – 8　error 提示信息

③执行更新语句：update dbo. 成绩表 set score = 95 where sid = 2021001，这里出现平时成绩“score”更新为 95，满足约束条件在 0 ~ 100 范围内，所以出现 ok 提示信息，如图 10 – 9 所示；然后执行查询语句：select * from dbo. 成绩表 where sid = 2021001，查看数据已经更新，平时成绩“score”已由 88 更新为 95，如图 10 – 10 所示。

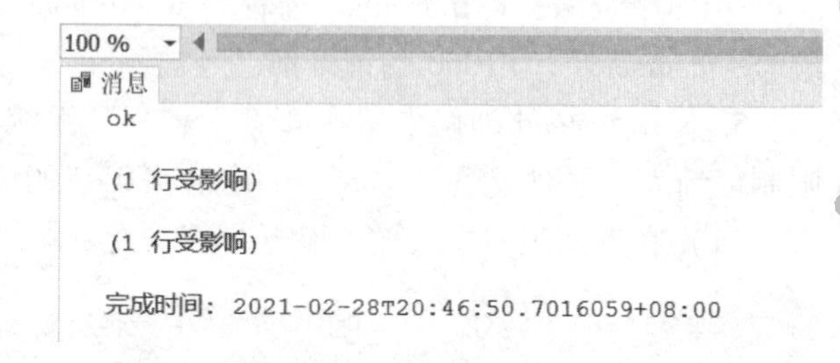

图 10 – 9　ok 提示信息

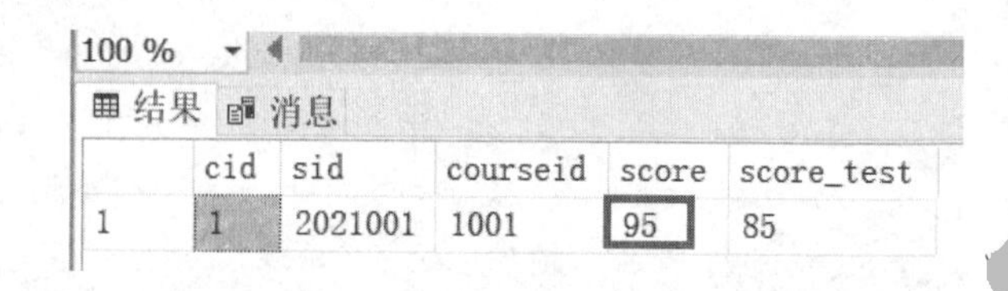

	cid	sid	courseid	score	score_test
1	1	2021001	1001	95	85

图 10 – 10　执行触发语句之后查询平时成绩“score”

由此触发器可以知道，对于定义了 instead of 触发器的操作，系统不执行引发触发器执行的数据操作语句。如果数据操作满足相关约束条件，则在触发器中必须重新执行这些数据操作语句。例如上述“trigger_ instead”触发器，虽然执行了满足约束的更新语句：update dbo. 成绩表 set score = 95 where sid = 2021001，但在触发器中依然需要执行更新语句：update dbo. 成绩表 set score = @ new_score where sid = @ old_id。

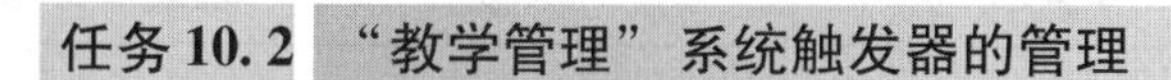

任务10.2 “教学管理”系统触发器的管理

【任务工单】

任务工单10－2：“教学管理”系统触发器的管理

任务名称	“教学管理”系统触发器的管理				
组别		成员		小组成绩	
学生姓名				个人成绩	
任务情境	数据库管理员已按照客户需求完成触发器实例的创建，现请你以数据库管理员身份帮助用户完成“教学管理”系统中触发器实例的管理工作				
任务目标	掌握触发器实例查看、重命名、禁用/启用、修改、删除等操作				
任务要求	按本任务后面列出的具体任务内容，完成“教学管理”系统触发器实例的管理工作				
知识链接					
计划决策					
任务实施	1. 查看触发器的步骤 2. 重命名触发器的步骤 3. 禁用/启用触发器的步骤				

续表

任务实施	4. 修改触发器的步骤 5. 删除触发器的步骤
检查	在 SSMS 对象资源管理器中验证触发器管理操作结果是否正确
实施总结	
小组评价	
任务点评	

【前导知识】

一、触发器的查看

触发器的查看

1. 使用对象资源管理器查看触发器

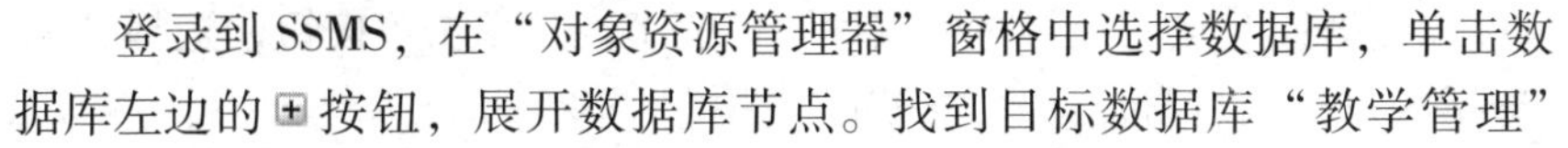

登录到 SSMS，在“对象资源管理器”窗格中选择数据库，单击数据库左边的⊞按钮，展开数据库节点。找到目标数据库“教学管理”系统，单击目标数据库左边的⊞按钮，展开目标数据库节点，在目标数据库下的表节点上单击⊞按钮，选择“触发器”，单击⊞按钮，选择所要查看的触发器。

2. 使用 SQL 语句查看触发器

需要使用的语句格式：

```
select *  from sysobjects where xtype ='对象类型'
```

相关参数说明：

①sysobjects：数据库内的系统表，它存放该数据库内创建的所有对象，如约束、默认值、日志、规则、存储过程等，每个对象在表中占一行。

②xtype：对象类型。

查看触发器语句：select * from sysobjects where xtype ='TR'。

xtype 为 TR 的记录即为触发器对象。执行语句之后，通过查询结果中的“name”字段可以查看触发器名称。

3. 使用存储过程查看触发器

使用语句：

```
[exec] sp_helptext trigger_name
```

相关参数说明：

①［exec］：可选项，存储过程执行操作。

②sp_helptext：显示规则、默认值、未加密的存储过程、用户定义函数、触发器或视图的文本。

③trigger_name：触发器名称，这里指的是需要详细查看的触发器名称。

二、触发器的重命名

使用语句：

```
[exec] sp_rename old_trigger_name,new_trigger_name
```

触发器的重命名

相关参数说明：

①［exec］：可选项，存储过程执行操作。

②sp_rename：更改当前数据库中用户创建的对象的名称，如表名、列表、索引名等。

③old_trigger_name：修改前的触发器名称。

④new_trigger_name：修改后的触发器名称。

三、触发器的禁用/启用

禁用触发器不会删除该触发器。该触发器仍然作为对象存储在当前数据库中。已禁用的触发器可以被重新启用。启用触发器并不是重新创建它，而是以最初创建它时的方式激发它。

触发器的禁用/启用

1. 使用对象资源管理器禁用/启用触发器

登录到SSMS，在“对象资源管理器”窗格中选择数据库，单击数据库左边的⊞按钮，展开数据库节点。找到目标数据库“教学管理”系统，单击目标数据库左边的⊞按钮，展开目标数据库节点，在目标数据库下的表节点上单击⊞按钮，选择“触发器”，单击⊞按钮，选择触发器，右击，选择“禁用/启用”。

2. 使用SQL语句禁用/启用触发器

禁用/启用触发器语法：

```
alter table table_name disable |enable trigger trigger_name
disable |enable trigger trigger_name on table_name
```

主要参数说明：

①table_name：触发器所作用的表名称。

②disable|enable：disable禁用，enable表示启用。

③trigger_name：触发器名称。

如果有多个触发器，则各个触发器名称之间用英文逗号隔开。如果把“trigger_name”换成“all”，则表示禁用或启用该表的全部触发器。

四、触发器的修改

触发器的修改

当触发器只需要进行简单修改即可再使用时，可以用以下两种方法修改触发器。

1. 使用对象资源管理器修改触发器

登录到SSMS，在“对象资源管理器”窗格中选择数据库，单击数据库左边的⊞按钮，展开数据库节点。找到目标数据库“教学管理”系统，单击目标数据库左边的⊞按钮，展开目标数据库节点，在目标数据库下的表节点上单击⊞按钮，选择“触发器”，单击⊞按钮，选择触发器，右击，选择“修改”，进行SQL语句改写。

2. 使用SQL语句修改触发器

修改已定义触发器的语句为alter trigger，其语法格式如下：

```
alter trigger trigger_name
on object_name
{for |after |instead of}
[insert,update,delete]
as
sql_statement
```

五、触发器的删除

触发器的删除

当确认不再使用某个触发器时，可以将其删除。

1. 使用对象资源管理器删除触发器

登录到SSMS，在“对象资源管理器”窗格中选择数据库，单击数据库左边的⊞按钮，展开数据库节点。找到目标数据库“教学管理”系统，单击目标数据库左边的⊞按钮，展开目标数据库节点，在目标数据库下的表节点上单击⊞按钮，选择“触发器”，单击⊞按钮，选择触发器，右击，选择“删除”命令。

2. 使用 SQL 语句删除触发器

删除触发器的语句是 drop trigger，其语法格式如下：

删除单个触发器语法：drop trigger trigger_name。

删除多个触发器语法：drop trigger trigger_name,trigger_name,…。

其中，trigger_name 表示需要删除的触发器名称。

【任务内容】

1. 使用对象资源管理器、SQL 语句和存储过程查看触发器。
2. 使用存储过程重命名触发器。
3. 使用对象资源管理器和 SQL 语句禁用/启用触发器。
4. 使用对象资源管理器和 SQL 语句修改触发器，修改触发器“trigger_instead”，修改输出语句为中文显示，“ok”修改为“成功”，“error”修改为“错误”。
5. 使用对象资源管理器和 SQL 语句删除触发器。

【任务实施】

1. 使用对象资源管理器和 SQL 语句查看触发器。

（1）使用对象资源管理器查看触发器。

在目标数据库下的表节点上单击⊞按钮，选择“触发器”，单击⊞按钮，选择所要查看的触发器，如图 10 - 11 所示。

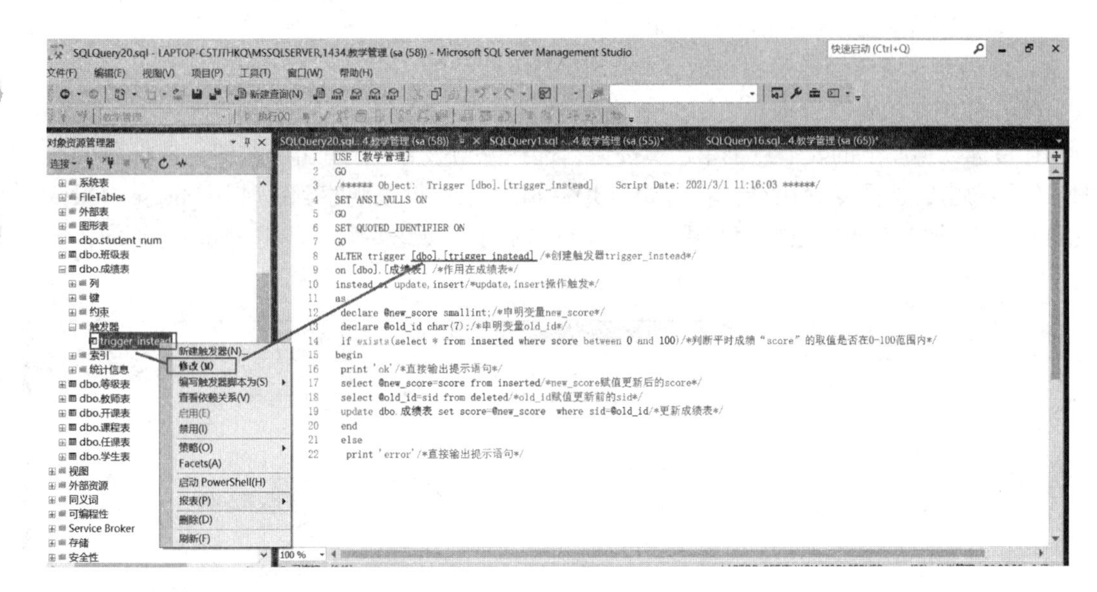

图 10 - 11　查看触发器

（2）使用 SQL 语句查看触发器。

①在查询区域窗口输入以下 SQL 命令：

```
select * from sysobjects where xtype ='TR'
```

②单击工具栏上的 ▶ 执行(X) 按钮，执行以上 SQL 命令，在查询窗口下方显示结果，如图 10 - 12 所示。

（3）使用存储过程查看触发器。

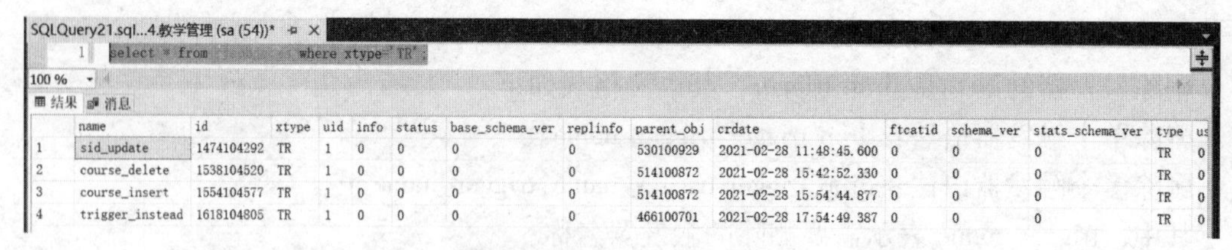
SQLQuery21.sql...4.教学管理 (sa (54))*

1 select * from where xtype='TR';

	name	id	xtype	uid	info	status	base_schema_ver	replinfo	parent_obj	crdate	ftcatid	schema_ver	stats_schema_ver	type	us
1	sid_update	1474104292	TR	1	0	0	0	0	530100929	2021-02-28 11:48:45.600	0	0	0	TR	0
2	course_delete	1538104520	TR	1	0	0	0	0	514100872	2021-02-28 15:42:52.330	0	0	0	TR	0
3	course_insert	1554104577	TR	1	0	0	0	0	514100872	2021-02-28 15:54:44.877	0	0	0	TR	0
4	trigger_instead	1618104805	TR	1	0	0	0	0	466100701	2021-02-28 17:54:49.387	0	0	0	TR	0

图 10-12　查看全部触发器

①在查询区域窗口输入以下 SQL 命令：

```
exec sp_helptext 'trigger_instead'
```

②单击工具栏上的 ▶执行(X) 按钮，执行以上 SQL 命令，在查询窗口下方显示结果，如图 10-13 所示。

2. 使用存储过程重命名触发器。

（1）在查询区域窗口输入以下 SQL 命令：

```
exec sp_rename trigger_instead,trigger_insteadof
```

（2）单击工具栏上的 ▶执行(X) 按钮，执行以上 SQL 命令，在查询窗口下方显示信息："注意：更改对象名的任一部分都可能会破坏脚本和存储过程。"。

（3）使用查询语句：select * from sysobjects where xtype='TR'，可以观察到触发器 trigger_instead 名称已更改为 trigger_insteadof。

3. 使用对象资源管理器和 SQL 语句禁用/启用触发器。

（1）使用对象资源管理器禁用/启用触发器。

在目标数据库下的表节点上单击⊞按钮，选择"触发器"，单击⊞按钮，选择所要查看的触发器右击，选择"禁用/启用"，如图 10-14 所示。可以观察到已禁用 course_delete 触发器 course_delete。再单击"禁用/启用"，此时可以观察到已启用 course_delete 触发器 course_delete。

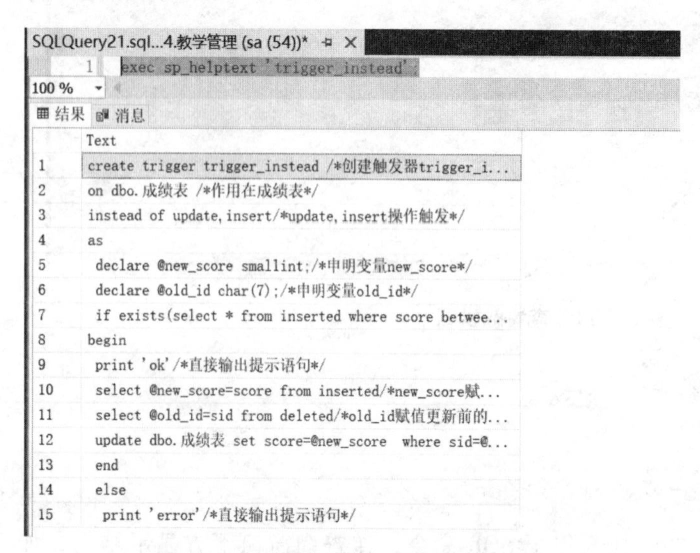
SQLQuery21.sql...4.教学管理 (sa (54))*

1 exec sp_helptext 'trigger_instead'

	Text
1	create trigger trigger_instead /*创建触发器trigger_i...
2	on dbo.成绩表 /*作用在成绩表*/
3	instead of update,insert/*update,insert操作触发*/
4	as
5	declare @new_score smallint;/*申明变量new_score*/
6	declare @old_id char(7);/*申明变量old_id*/
7	if exists(select * from inserted where score betwee...
8	begin
9	print 'ok'/*直接输出提示语句*/
10	select @new_score=score from inserted/*new_score赋...
11	select @old_id=sid from deleted/*old_id赋值更新前的...
12	update dbo.成绩表 set score=@new_score where sid=@...
13	end
14	else
15	print 'error'/*直接输出提示语句*/

图 10-13　查看 trigger_instead 触发器

图 10-14　禁用/启用触发器

提示：一般创建触发器后，触发器已经启用。

（2）使用SQL语句禁用/启用触发器。

①在查询区域窗口输入以下SQL命令进行禁用：

```
alter table dbo.任课表 disable trigger course_delete
```

或

```
disable trigger course_delete on dbo.任课表
```

②单击工具栏上的 ▶执行(X) 按钮，执行以上SQL命令，在查询窗口下方显示命令已成功完成，可以观察到已禁用course_delete触发器 course_delete。

③在查询区域窗口输入以下SQL命令进行启用。

```
alter table dbo.任课表 enable trigger course_delete;
```

或

```
enable trigger course_delete on dbo.任课表;
```

④单击工具栏上的 ▶执行(X) 按钮，执行以上SQL命令，在查询窗口下方显示命令已成功完成，可以观察到已启用course_delete触发器 course_delete。

4. 使用对象资源管理器和SQL语句修改触发器。

（1）使用对象资源管理器修改触发器。

在目标数据库下的表节点上单击⊞按钮，选择“触发器”，单击⊞按钮，选择所要查看的触发器，右击，选择“修改”，如图10－11所示，然后使用SQL语句进行修改。

（2）使用SQL语句修改触发器。

①在查询区域窗口输入以下SQL命令：

```
alter trigger [dbo].[trigger_instead] /*创建触发器trigger_instead*/
on [dbo].[成绩表]        /*作用在成绩表*/
instead of update,insert     /*update,insert操作触发*/
as
declare @ new_score smallint;     /*申明变量new_score*/
declare @ old_id char(7);     /*申明变量old_id*/
if exists(select *  from inserted where score between 0 and 100)
/*判断平时成绩"score"的取值是否在0~100范围内*/
begin
print '成功'     /*直接输出提示语句*/
select @ new_score=score from inserted     /*new_score赋值更新后的
score*/
select @ old_id=sid from deleted     /*old_id赋值更新前的sid*/
update dbo.成绩表 set score=@ new_score where sid=@ old_id     /*
更新成绩表*/
end
else
print '错误'     /*直接输出提示语句*/
```

②单击工具栏上的 ▶执行(X) 按钮，执行以上 SQL 命令，在查询窗口下方显示命令已成功完成。

5. 使用对象资源管理器和 SQL 语句删除触发器。

（1）使用对象资源管理器删除触发器。

在目标数据库下的表节点上单击⊞按钮，选择“触发器”，单击⊞按钮，选择所要查看的触发器，右击，选择“删除”，如图 10 – 15 所示。

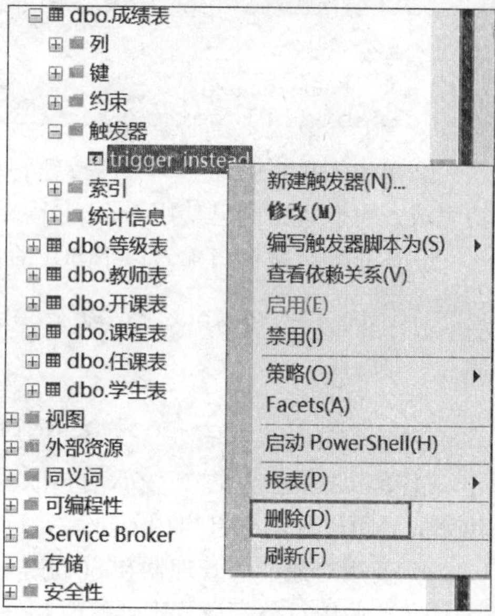

图 10 – 15　删除触发器

（2）使用 SQL 语句删除触发器。

①在查询区域窗口输入以下 SQL 命令：

```
drop trigger trigger_instead;
```

②单击工具栏上的 ▶执行(X) 按钮，执行以上 SQL 命令，在查询窗口下方显示命令已成功完成，触发器“trigger_instead”已经删除。

【知识考核】

1. 填空题

（1）在数据库中删除触发器，应该使用的 SQL 语言命令是________。

（2）触发器定义在一个表中，当在表中执行________、________或________操作时，触发自动执行。

（3）管理触发器的操作有________、________、________、________等。

2. 选择题

（1）在 SQL 语言中，创建触发器的命令是（　　）。

A. create procedure　　B. create rule　　C. create table　　D. create trigger

（2）SQL Server 为每个触发器创建了两个临时表，它们是（　　）。

A. updated 和 deleted　　B. inserted 和 deleted

C. updated 和 inserted　　D. updated 和 selected

（3）以下触发器是当对 student 表进行（　　）操作时触发。

```
create trigger tri_stu on student
for insert,update,delete
as…
```

A. 只是修改　　B. 只是插入

C. 只是删除　　D. 修改、插入、删除

3. 判断题

（1）执行触发器的命令是 execute。（　　）

（2）每个 update、insert、delete 语句可以定义多个 instead of 触发器。（　　）

（3）触发器更新某几列数据时，使用 if update（列名）or update（列名）形式。（　　）

4. 简答题

（1）简述什么是触发器及触发器的用途有哪些。

（2）说明创建触发器命令中，for、after、instead of 各表示什么含义。

（3）简述在触发器中的 SQL 语句的限制。

（4）简述 insert、update 或 delete 操作时产生的临时工作表，以及临时表存放的数据。

（5）创建触发器实现以下功能：每当在 sales 表中插入新数据时，根据此次销售数量和本商品之前销售总量自动计算本商品新的销售总量，并保存在表中。其中，sales 为数据表，product_id、store_id、sale_date、qty、total 为 sales 表中属性。

```
create table sales(
product_id char(10) not null, --产品编号
store_id char(8) not null, --商店编号
sale_date datetime not null, --销售日期
qty int, --销售数量
total int default(0)) --销售总量,其值默认为0
```

项目11

数据库的安全管理

【项目导读】

随着计算机行业的迅速发展，越来越多的公司倾向于采用数据库来存储数据或文件，这使得数据库的安全性变得十分重要。为了保证安全性，公司的数据库必须受到保护，特别是储存着重要信息的数据库。数据完整性和合法存取会受到很多方面的安全威胁，安全保护措施的有效性是数据库系统的主要指标之一。

数据库的安全管理包括数据库的访问、数据库的身份验证方式、数据库的架构管理、数据库的角色管理、数据库的用户管理、数据库的权限管理等，合理地管理数据库对数据库的安全具有至关重要的作用。对数据库的安全管理有两种方法，包括使用 SQL Server Management Studio 和 SQL 语句对数据库进行管理。

综上所述，本项目要完成的任务有：数据库的安全概述、数据库的用户管理、数据库的角色管理、数据库的架构管理及权限管理等相关操作。

【项目目标】

- 掌握 SQL Server 2019 安全层级、远程、安全体系；
- 掌握 SQL Server 2019 的用户管理；
- 掌握 SQL Server 2019 的角色管理；
- 掌握 SQL Server 2019 的架构管理及权限管理。

【项目地图】

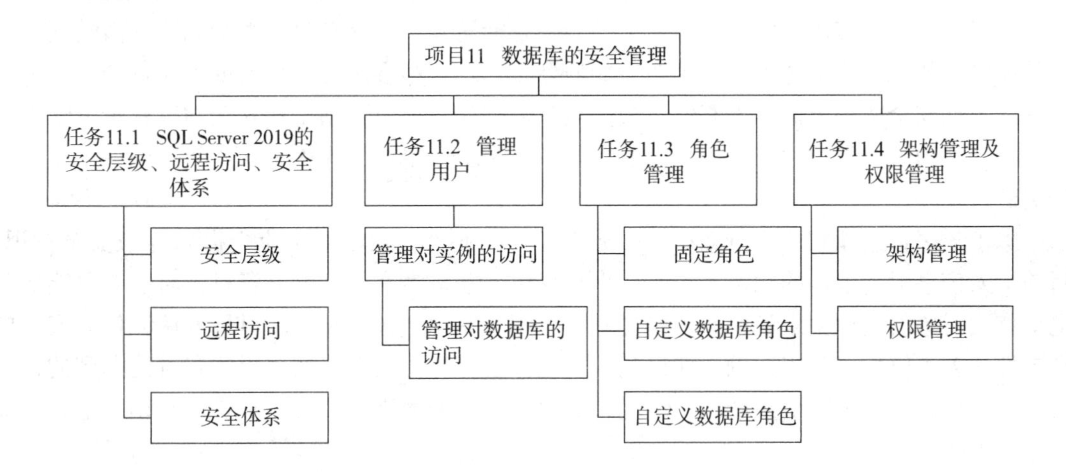

【思政小课堂】

科技兴国，人才强国

打造科技兴国，人才强国战略，大学生应努力学习科学技术，实现中华民族的伟大复兴。

习近平说过：“科技兴则民族兴，科技强则国家强。”实现“两个一百年”奋斗目标，实现中华民族伟大复兴的中国梦，必须坚持走中国特色自主创新道路，面向世界科技前沿、面向经济主战场、面向国家重大需求，加快各领域科技创新，掌握全球科技竞争先机。这是我们提出建设世界科技强国的出发点。

科技兴国是我国重要发展战略，当前我国全力发展科技，切实贯彻科教兴国战略，坚持教育为本，科技与发展相辅相成，为打造科技强国、人才强国的目标打下了坚实的基础。人才强国指的是国家人才强国战略，习近平高度重视人才问题和人才工作，多次强调人才资源是第一资源的观点。大学生应当努力学习科学技术，为实现中华民族的伟大复习做出贡献。

数据库的安全管理强调数据安全的重要性。随着大数据时代的到来，数据成为新时代的“石油资源”，大学生应当努力学习科学知识，特别是计算机专业的学生更是如此，通过学习科学技术，为我国的国防安全、经济、科技、交通、医疗、教育等众多领域做出贡献。

国防安全：一个国家的数据安全关乎一个国家的国防安全，大学生应当努力学习，在数据库安全方面得到技术上的提升，保证数据库系统的安全，学会如何防范恶意代码、网络入侵等，用“科技兴国，人才强国”的价值观武装大脑，提升计算机专业水平，实现中华民族的伟大复兴。

经济：一个国家或者一个城市的经济发展，和数据息息相关。大数据时代各行各业可以利用数据对城市本行业的动态情况进行挖掘。而数据安全又属于各个企业的机密信息。大学生通过努力学习数据库相关安全知识，能够做到对数据的安全管理，从而为各行各业的经济带来利益。

交通：交通数据安全非常重要，数据时代若能对交通数据进行挖掘，对各个交通行业具有重要的实际意义。交通数据对于一个国家的国防来说非常重要，如果交通数据被他国盗取，对国家来说存在非常大的安全隐患。因此，对未来从事交通行业的计算机专业人员来说，应当努力学习数据库安全方面的知识，保护好国家交通数据，为国家安全做出贡献。

医疗：当前很多医院网络安全最大的问题是能力不足，靠自身的力量无法弄清楚网络安全的风险在哪儿、如何防范、出问题后如何处置。现在很多医院都把数据当作资产，认为在医疗大数据安全防护方面，没有绝对的安全，数据放在那里不动是最安全的。对于大学生来说，应当努力学习数据库安全相关知识，服务于企事业单位，为未来就业能找到一个比较好的突破口。

除了学习数据库相关安全知识，服务于各行各业外，大学生也应当提高自身安全意识，目前个人信息泄露事件的频发，为电信诈骗提供了众多潜在受害者的资料，对于有可能成为电信诈骗对象的大学生来说，必须要提升防诈骗的意识。大学生在要思想上认识信息安全的重要性，多了解信息诈骗案例，在接到陌生电话后一定要提高警惕，预防有可能遇到的诈骗行为，如果是有关个人信息变动的情况，需要去正规渠道进行核实，不要轻易相信电话或短信中的说明等。

任务 11.1　SQL Server 2019 的安全层级、远程访问、安全体系

【任务工单】

任务工单 11－1：SQL Server 2019 的安全层级、远程访问、安全体系

<table>
<tr><td>任务名称</td><td colspan="5">SQL Server 2019 的安全层级、远程访问、安全体系</td></tr>
<tr><td>组别</td><td></td><td>成员</td><td></td><td>小组成绩</td><td></td></tr>
<tr><td>学生姓名</td><td colspan="3"></td><td>个人成绩</td><td></td></tr>
<tr><td>任务情境</td><td colspan="5">数据库管理员已按照客户需求创建好了数据库，现请你以不同的验证方式登录到 SQL Server 并且能访问数据库，能够打开远程访问、理解安全层级、安全体系及安全机制的总体策略，并且能够独立创建架构</td></tr>
<tr><td>任务目标</td><td colspan="5">打开远程访问，理解 SQL Server 安全层级、安全体系</td></tr>
<tr><td>任务要求</td><td colspan="5">理解 SQL Server 2019 安全层级、安全体系及安全策略，按本任务后面列出的具体任务内容，以不同的方式登录数据库，打开远程访问，完成架构的创建</td></tr>
<tr><td>知识链接</td><td colspan="5"></td></tr>
<tr><td>计划决策</td><td colspan="5"></td></tr>
<tr><td>任务实施</td><td colspan="5">1. 了解数据库的安全层级
2. 打开数据库的远程访问
3. 了解数据库的安全体系
4. 理解安全机制总体策略</td></tr>
</table>

续表

检查	1. 是否以不同的方式验证；2. 打开远程访问；3. 架构的创建
实施总结	
小组评价	
任务点评	

【前导知识】

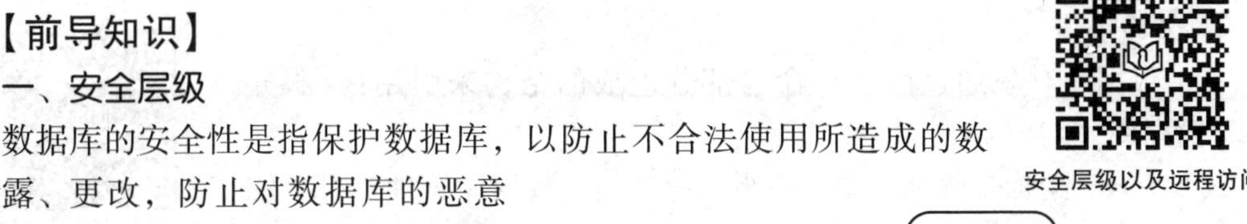

安全层级以及远程访问

一、安全层级

数据库的安全性是指保护数据库，以防止不合法使用所造成的数据泄露、更改，防止对数据库的恶意破坏和非法存取。其安全机制为客户机安全机制（客户机端）、网络传输安全机制（网络安全端）、实例级别安全机制（服务器端）、数据库级别安全机制（具体数据库）、对象级别安全机制（例如表）五个层次，如图 11－1 所示。

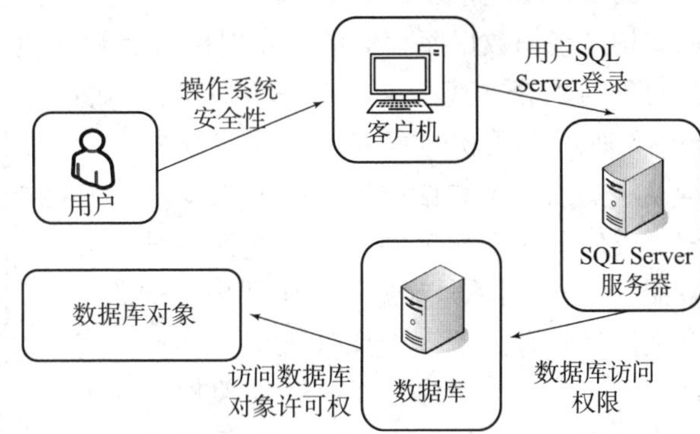

图 11－1　层级对应关系图

那么如何实现数据库安全性管理?

①通过身份验证进入 SQL Server 实例。

②通过登录名、数据库用户、角色和权限的管理实现。

二、安全性体系

SQL Server 的安全性体系结构包括身份验证、有效性验证和权限管理。其功能结构基于如下三个基本实体：

主体：安全账户。

安全对象：要保护的对象。

权限：主体对对象操作的权力。

对于主体、安全对象和权限的初步理解，可以用一句话表示：“给予〈主体〉对于〈安全对象〉的〈权限〉”，如图 11－2 所示。

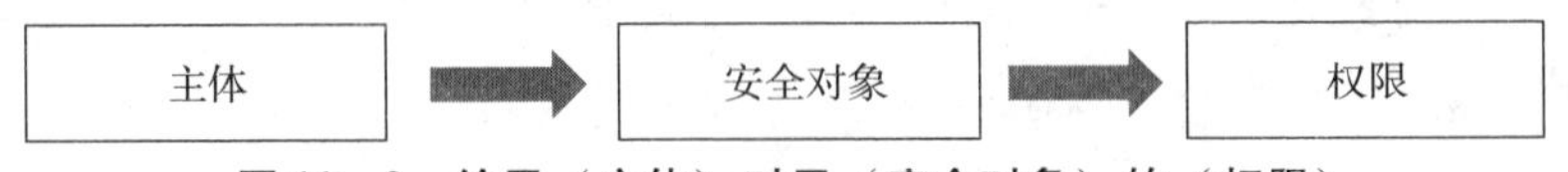

图 11－2　给予（主体）对于（安全对象）的（权限）

1. SQL Server 身份验证

SQL Server 身份验证
以及架构的简单理解

SQL Server 使用两种机制来验证登录：SQL Server 身份验证或者 Windows 身份验证。

（1）SQL Server 身份验证模式

这种验证方式不考虑用户是如何登录操作系统的，用户只需要在装有 SQL Server 的操作系统下打开 SQL Server Management Studio 并且提供登录名和密码即可通过身份验证，用户需要完成 SQL Server 身份验证，才允许访问服务器资源。对于这种验证方法，SQL Server 在其主目录中储存了一个登录名和密码。

（2）Windows 身份验证模式

Windows 身份验证模式是指要登录到 SQL Server 系统的用户身份由 Windows 系统来进行验证。也就是说，在 SQL Server 中可以创建与 Windows 用户账号对应的登录账号，采用这种方式验证身份，只要登录了 Windows 操作系统，登录 SQL Server 时不需要再输入一次账号和密码。

2. 理解架构

架构

一个数据库对象通过由 4 个命名部分组成的结构来引用：〈服务器〉.〈数据库〉.〈架构〉.〈对象〉。

SQL Server 架构是数据库中的逻辑名称空间。数据库管理员可以使用架构来组织数据库存储的大量对象并且赋予这些对象的权限。架构是对象的集合，其本身也是一个对象，如图 11－3 所示。微软的官方说明为“数据库架构是一个独立于数据库用户的非重复命名空间，类似于文件夹，可以将架构视为对象的容器”。一个对象只能属于一个架构，就像一个文件只能存放于一个文件夹中一样。与文件夹不同的是，架构不能嵌套（架构里面不能嵌套架构），而文件夹可以嵌套（文件夹里面可以嵌套文件夹）。因此，我们要访问一个具体的数据库对象的时候，通常应当是：服务器．数据库．架构．对象。

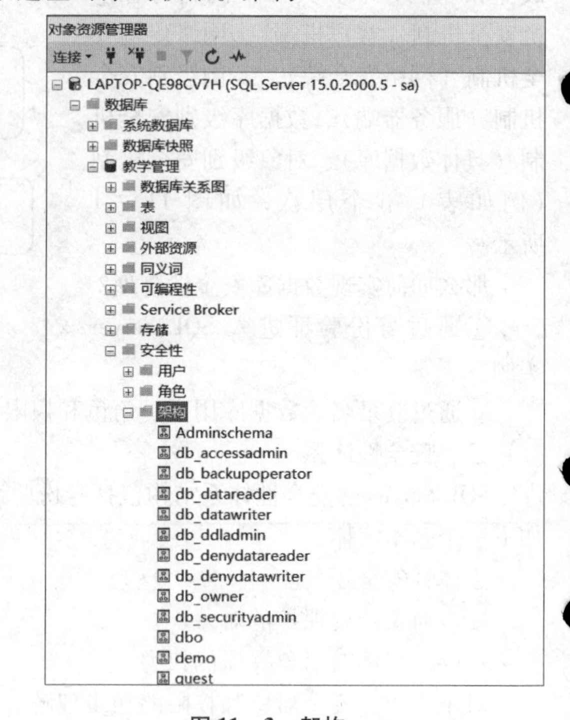

图 11－3　架构

当数据库开发人员创建一个对象（如表）时，这个对象就会关联到一个数据库架构。默认情况下，每个数据库包含一个 dbo 架构。必要时，数据库管理员可以根据需要创建其他架构。在数据库应用程序中，架构提供了三种功能：

- 组织。
- 同名数据库对象在不同架构中含义不同。
- 权限层次。

3. 主体

主体分类

权限将被授予主体。主体可以是服务器角色、登录名、数据库角色或用户，是可以请求 SQL Server 资源的实体。主体按作用范围分类，包括 Windows 级别主体、SQL Server 级主体、数据库级主体及一些特殊主体。

（1）Windows 级的主体

最高层的主体是 Windows 主体。该级别的实体是 Windows 实体而不是 SQL Server 实体。例如，Windows 登录名。当采用 Windows 身份验证登录服务器时，不需要提供 SQL Server 登录名和密码，可以直接通过 Windows 身份验证，Windows 主体和数据库服务器具有映射关系。

（2）服务器级的主体

这一级别的主体包括 SQL Server 登录名、服务器角色（如 sysadmin）。它们不是 Windows 实体。SQL Server 登录名最常见的用途是，当不能采用 Windows 进行身份验证时，可以采用 SQL Server 进行身份验证，从而登录 SQL Server 服务器。

（3）数据库级的主体

当通过 Windows 身份验证或 SQL Server 身份验证后，就获得了对服务器的访问权。服务器内部可以看到多个文件夹，包括数据库、服务器对象、安全性等。在服务器内部也有一些主体，称为数据库级主体。数据库级的主体包括以下几种：

数据库用户：在数据库文件夹可以看到多个数据库，包括系统数据库（如 master）和自建数据库（如教学管理）。数据库用户与登录账户具有映射关系，如图 11 －4 所示。可以给数据库用户根据实际需要分配权限。

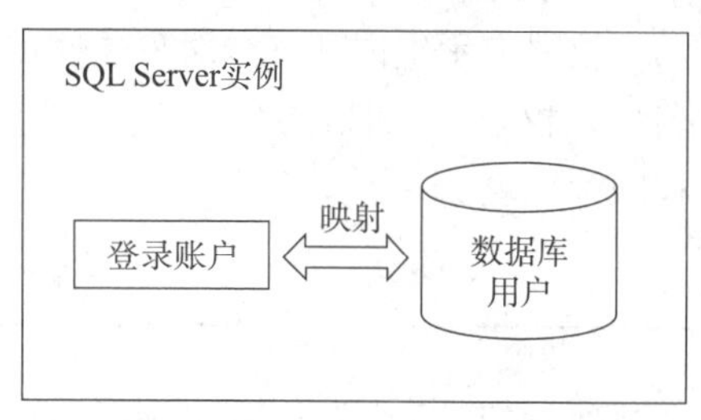

图 11 －4　登录账户与数据库用户映射

数据库角色：数据库角色指的是数据库一些特定权限的集合。数据库管理员将权限汇聚到角色，并将数据库用户与角色关联起来，这样相应的数据库用户就获得了该角色的权限。也可以直接将权限赋予用户，通常采用先将权限分配给角色，再将数据库用户添加至角色的方法给数据库用户分配权限。

比如，在“教学管理”系统数据库中，可以创建“教师”角色，并把相应的权限分配给该角色。接着创建一些“教学管理”系统数据库的数据库用户，这些用户代表不同的老师，然后把这些数据库用户与“教师”角色关联起来，这样相应的老师（数据库用户）就获得了该角色（“教师”）的权限。

（4）特殊主体

sa 登录名：sa 代表 system administrator，是服务器级的主体，该主体对服务器实例有完全的管理权限。安装 SQL Server 时，该登录名会被自动创建。

public 数据库角色：每个数据库都有一个 public 角色，数据库用户都自动属于该角色成员。可以为该角色授予一些基础权限，从而使数据库中所有数据库用户都拥有一些基础性权限，该角色不能被删除。

4. 安全对象

安全对象就是在 SQL Server 权限体系下控制的对象，因为所有的对象都在 SQL Server 的权限体系控制之下，所以在 SQL Server 中的任何对象都可以被称为安全对象。和主体一样，安全对象之间也是有层级的。SQL Server 中将安全对象分为三个层次，分别为服务器层级、数据库层级、构架层级，这三个对象层级为包含关系，如图 11 －5 所示。

安全对象分类以及简单的相关权限

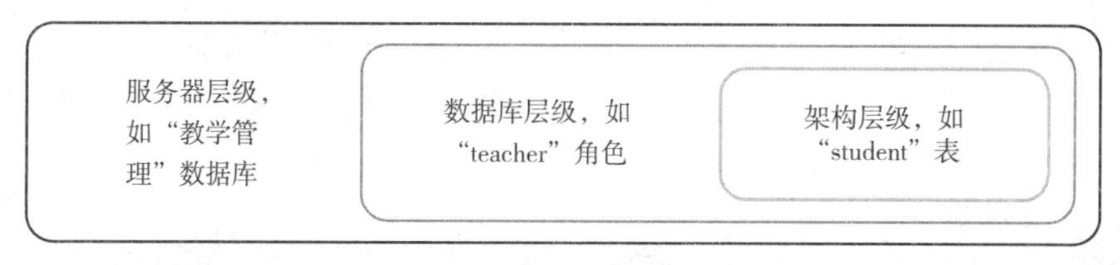

图 11 －5　安全对象

（1）服务器层级安全对象

最典型的服务器层级安全对象为登录名、服务器角色、数据库。

（2）数据库层级安全对象

最典型的数据库层级安全对象为数据库用户、数据库角色、应用程序角色等。

（3）架构层级安全对象

最典型的架构层级安全对象为表。

5. 权限

权限表示主体和安全对象之间的作用关系（给予（主体）对于（安全对象）的（权限名称）权限）。如果要为主体提供能与安全对象交互的能力，主体必须要有访问安全对象的权限，见表 11 -1。

表 11 -1　SQL Server 架构对象权限列表

权限	为主体提供的权限	应用的安全对象
SELECT	为主体提供对安全对象执行 SELECT 查询权限	同义词、表、视图、表值函数
INSERT	为主体提供对安全对象执行 INSERT 查询权限	同义词、表、视图
UPDATE	为主体提供对安全对象执行 UPDATE 查询权限	同义词、表、视图
DELETE	为主体提供对安全对象执行 DELETE 查询权限	同义词、表、视图
EXECUTE	执行程序对象	过程、标量和聚合函数、同义词
CONTROL	提供对象的所有可用权限	过程、所有函数、表、视图、同义词
TAKE OWNERSHIP	如果需要，则获取多余对象的所有权	过程、所有函数、表、视图、同义词
CREATE	创建对象	过程、所有函数、表、视图、同义词
ALTER	修改对象	过程、所有函数、表、视图、同义词

【任务内容】

1. 分别采用 Windows 和 SQL Server 身份验证登录服务器。

2. 创建一个架构。

3. 为“教学管理”系统数据库创建名称为 JXGL 的架构，要求架构所有者为用户“XiaoLi”，与“XiaoLi”用户映射的登录名为 MrXiao，并在“教学管理”系统数据库中创建一张表 Table_1，要求该表属于架构 JXGL（JXGL. Table_1）。

【任务实施】

1. 分别采用 Windows 和 SQL Server 身份验证登录服务器。

（1）采用 Windows 登录服务器：

①单击“开始”按钮，找到“SQL Server Management Studio”并打开。

②选择服务器名称、Windows 身份验证，单击“连接”按钮。

（2）采用 SQL Server 身份验证登录服务器：

①单击“开始”按钮，找到“SQL Server Management Studio”并打开。

②选择服务器名称、SQL Server 身份验证，选择 sa 登录名并输入安装时的预设密码，单击“连接”按钮。

2. 创建一个架构。

打开 SSMS 并连接到服务器实例，打开“数据库”文件夹，然后展开要新建架构的数据库节点，展开“安全性”和“架构”节点，以显示架构列表。列表中有 dbo 和 sys 等架构，右击“架构”，从弹出的快捷菜单中选择“新建架构”命令，在弹出的对话框的文本框中命名架构和提供架构的所有者（所有者包含用户、数据库角色、应用程序角色三种类型，表明所创建的架构归该所有者所有）。单击“确定”按钮即可创建架构。

3. 为“教学管理”系统数据库创建名称为 JXGL 的架构，要求架构所有者为用户“XiaoLi”，与“XiaoLi”用户映射的登录名为 MrXiao，并在“教学管理”系统数据库中创

建一张表 Table_1，要求该表属于架构 JXGL(JXGL.Table_1)。

分析：需要创建的内容包括登录名 MrXiao、用户 XiaoLi、架构 JXGL、表 Table_1。

(1) 以 sa 身份登录 SQL Server 服务器。

(2) 单击“服务器”→“安全性”→“登录名”，右击“登录名”，选择“新建登录名”，如图 11－6 所示。

(3) 在打开的窗口中，登录名输入“MrXiao”，输入密码并确认密码，如图 11－7 所示，单击“确定”按钮。服务器角色选择系统管理员（sysadmin）和公共角色（public），用户映射输入“XiaoLi”，默认架构选择 dbo，图 11－8 所示。

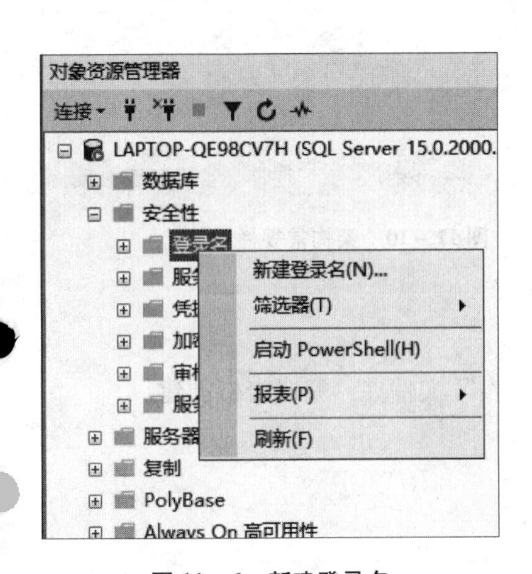

图 11－6　新建登录名

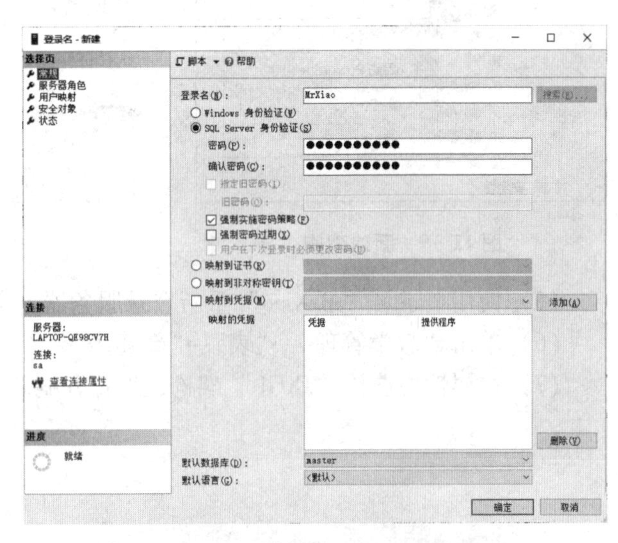

图 11－7　输入登录名和密码

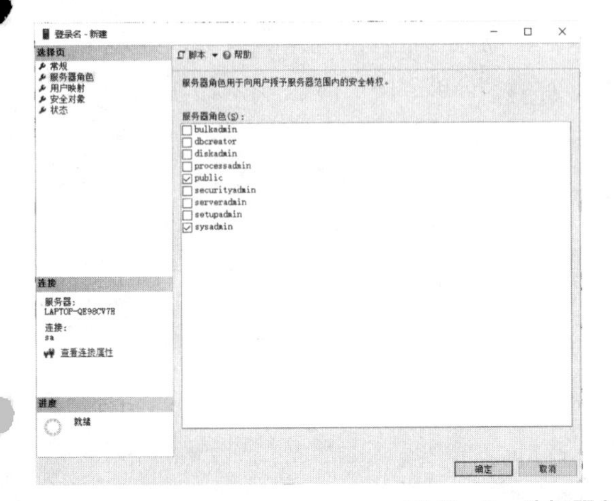

图 11－8　选择服务器角色及用户映射

(4) 在“教学管理”系统数据库中依次单击“安全性”→“架构”→“新建架构”，在打开的窗口中输入架构名称“JXGL”，架构所有者为“XiaoLi”，如图 11－9 和图 11－10 所示。

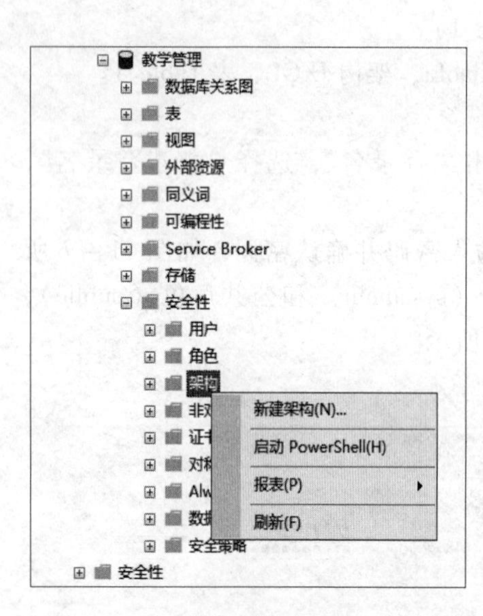

图 11－9　新建架构

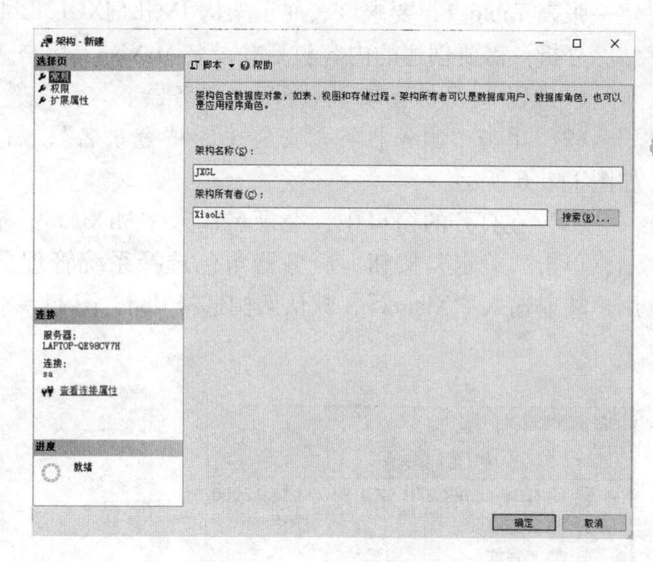

图 11－10　架构常规栏

（5）使用登录名“MrXiao”重新登录服务器。

（6）单击“教学管理”→“表”→“新建表”。

（7）在属性栏选择“JXGL”架构，保存并刷新“表”文件夹，完成表格创建。

任务 11.2　管理用户

【任务工单】

任务工单 11－2：管理用户

任务名称	管理用户				
组别					
学生姓名					
任务情境	数据库管理员已按照客户需求创建好了数据库，现请你创建登录名和数据库用户，能够删除用户，利用 T－SQL 语句创建登录名、删除用户，能为登录名授予权限				
任务目标	掌握实例的访问和数据库的访问				
任务要求	掌握登录名的创建、删除、授权，数据库的创建与管理				
知识链接					
计划决策					
任务实施	1. 管理对 SQL Server 实例的访问 2. 管理对 SQL Server 数据库的访问				

续表

检查	1. 登录名的创建；2. 数据库用户的创建
实施总结	
小组评价	
任务点评	

【前导知识】

管理用户

SQL Server 的结构为服务器—实例—数据库，一个服务器可以有多个实例，一个实例可以有多个数据库，一个数据库可以有多个用户。连接实例分两步走：第一步，数据库引擎检查登录账户是否具备登录许可；第二步，数据库引擎检查登录账户是否与数据库用户之间存在映射关系。

数据库用户是指对该数据库具有访问权的用户，如“教学管理”系统数据库的数据库用户“teacher1”对该数据库里的某些对象具有访问权，每个数据库都有数据库用户，可以根据实际需求自行创建数据库用户，可以为同一个数据库的不同数据库用户分配不同权限，从而做到不同的数据库用户具有不同对象访问权。数据库的访问权通过映射数据库用户与登录账户之间的关系来实现，如图 11－11 所示。也就是说，某人需要访问数据库，需要先通过登录账户登录服务器，并且登录账户和被访问的数据库里面的数据库用户具有映射关系，从而拥有对数据库的访问权（该登录账户为 sysadmin 服务器角色成员的除外）。

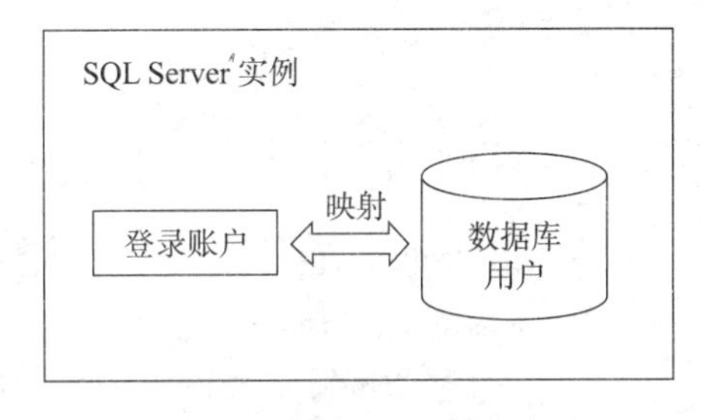

图 11－11　登录账户与数据库映射

一、管理对 SQL Server 实例的访问

管理对 SQL Server 实例的访问 1

针对 SQL Server 实例访问，SQL Server 2019 支持两种身份验证模式：Windows 身份验证模式和混合身份验证模式。在 Windows 身份验证模式下，通过 Windows 进行身份验证并登录；在混合身份验证模式下，既可以使用 Windows 身份验证登录，也可以使用 SQL Server 身份验证登录，其中 SQL Server 身份验证登录需要提供登录名和密码。

1. 设置 SQL Server 服务器身份验证模式

可以设置身份验证方式。具体请看任务。

2. 新建 Windows 用户

可以为 Windows 操作系统创建 Windows 用户或用户组来登录 SQL Server 实例。默认情况下，只有本地 Windows 系统管理员的用户成员和启动 SQL 服务的账户才能访问 SQL Server，一般情况下，可以将新创建的 Windows 用户设置为管理员。

3. 为 Windows 用户授权

4. 使用 Transact－SQL 语句创建 SQL Server 登录名、修改登录名名称、删除登录名，以及获取所有与登录名相关的信息

创建登录名语法格式：

```
CREATE LOGIN LOGIN_name
WITH PASSWORD ='PASSWORD_password'
```

主要参数说明：

①LOGIN_name：所创建的登录名。创建好后，可以通过该登录名登录 SQL Server。

②PASSWORD_password：所创建登录名对应的密码。下次登录 SQL Server 时，可以输入该密码进行登录。

修改登录的名称语法格式：

```
ALTER LOGIN XiaoLiu
WITH NAME = XiaoMa
```

主要参数说明：

①XiaoLiu：需要被修改的登录名名称。

②XiaoMa：将登录名修改为 XiaoMa。

删除 SQL Server 登录账号语法格式：

```
DROP LOGIN XiaoMa
```

需要被删除的登录名为 XiaoMa。

获取相关登录名信息语法格式：

```
SELECT *
FROM sys.sql_logins
```

sys.sql_logins：存储过程。该存储过程可用于获取登录名相关信息。

5. 连接到 SQL Server

（1）通过 Windows 身份验证进行连接

管理对 SQL Server 实例的访问 2

该连接方式是默认的登录 SQL Server 身份验证方式，无须提供登录名和密码，安全性较高。

（2）通过 SQL Server 身份验证进行连接

通过该连接方式连接时，需提供登录名和密码，相对于 Windows 而言，安全性稍弱，因为只需拥有登录名和密码，任何人都可以访问 SQL Server。该种身份验证方式的密码策略有三种：用户在下次登录时必须更改密码、强制密码过期、强制实施密码策略（包括密码长度和密码复杂性）。

6. 拒绝访问

有时候根据实际需求，可以对登录名进行禁用，这种禁用是暂时的，也可以对登录名重新启用。通过禁用访问，保留了登录名和数据库用户之间的映射关系，重新启用登录名时，登录名可以恢复使用，其功能和之前一样。禁用效果如图 11－12 所示。

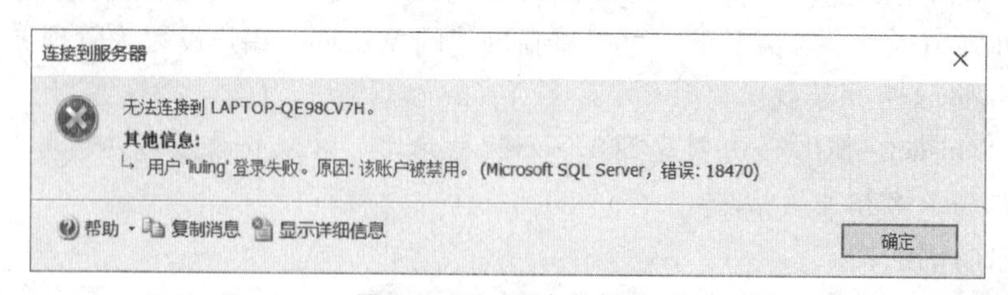

图 11－12　用户被禁用

禁用登录名和启用登录名的语法格式：

```
ALTER LOGIN liuling DISABLE
```

主要参数说明：

①liuling：被禁用的登录名。

②Disable：禁用。

```
ALTER LOGIN liuling ENABLE
```

主要参数说明：

①liuling：被启用的登录名。

②ENABLE：对登录名 liuling 进行启用。恢复启用后，下次就可以继续用登录名 liuling 登录 SQL Server。

检查被禁用的登录名，其语法格式如下：

```
SELECT*  FROM sys. sql_logins
WHERE is_disabled =1
```

主要参数说明：

①sys. sql_logins：用于查询登录的存储过程。

②1：禁用。

通过 SSMS 也可以看到哪些登录名被禁用，可以看到自建的登录名中，liuling 已被禁用（前面有个小红叉）。

7. 将登录名添加至服务器角色

可以将登录名添加至服务器角色，使该登录名具有一定的权限。

二、管理对 SQL Server 数据库的访问

若要访问数据库（如“教学管理”系统数据库），仅仅访问 SQL Server 实例是不够的。在访问 SQL Server 实例之后，还需要对特定的数据库进行访问授权，使该数据库允许被访问。

可以通过创建数据库用户，并且将登录名与数据库用户进行映射来授权对数据库的访问。为了访问数据库（如“教学管理”系统数据库），除了将登录名添加至服务器角色“sysadmin”成员的方法外（若将登录名添加至服务器角色“sysadmin”，则该登录名可以访问数据库文件夹下的任何数据库），还可以将登录名与数据库（如“教学管理”系统数据库）用户进行映射，通过对用户进行授权（例如将与登录名映射的用户添加至固定数据库角色“db_owner”），从而获得相应的访问权限。

所有数据库登录名都要在自己要访问的数据库中与一个数据库用户建立映射关系，一个登录名在一个数据库中只能映射一个数据库用户。

1. 创建数据库用户

语法格式如下：

数据库访问以及创建数据库用户

```
CREATE USER 用户名 FOR LOGIN 登录名 WITHOUT LOGIN
WITH DEFAULT_SCHEMA =架构名
```

主要参数说明：

①用户名：所创建的数据库用户名。

②登录名：指定与数据库用户相关联的登录名。

③WITHOUT LOGIN：指定不将用户映射到现有登录名。

④架构名：指定默认的架构名，若没有指定架构，则默认架构为 dbo。

⑤DEFAULT_SCHEMA：默认架构之意，后面接默认架构。

2. 管理数据库用户

如果要临时禁止某个数据库用户对数据库的访问，可以通过REVOKE

管理数据库用户、孤立用户以及相关注意事相

取消该用户的 CONNECT 授权来实现。

（1）取消用户 CONNECT 授权

语法格式如下：

```
USE 数据库名称
GO
REVOKE CONNECT TO USERA
```

参数说明：

①数据库名称：被操作的数据库名称。

②REVOKE：取消之意。

③USERA：被取消 CONNECT 的数据库用户。

（2）删除数据库用户

语法格式如下：

```
DROP User MarkUser
```

参数说明：

①DROP：删除。

②MarkUser：被删除的数据库用户。

注意：若某数据库用户拥有架构，则不允许被删除。

（3）数据库用户授予备份数据库的权限

语法格式如下：

```
USE 数据库
GO
GRANT BACKUP DATABASE TO User /* 为用户授予授予备份数据库权限* /
```

参数说明：

①GRANT：授权之意，后接相关权限。

②BACKUP：备份数据库权限。

③User：获取相关权限的数据库用户。

3. 管理孤立用户

孤立用户是指当前 SQL Server 实例中没有映射到登录名的数据库用户。若与某数据库用户映射的登录被删除后，该数据库用户就变成了孤立用户。

4. 相关注意事项

①登录是对服务器而言的，只表明它通过了 Windows 认证或 SQL Server 认证，但不能表明其可以对数据库进行访问；数据库用户是对数据库而言的，属于数据库级，已被授予权限的数据库用户对所属数据库具有访问权限（如，若某数据库用户只与“教学管理”系统数据库的 JXGL 架构相关联，则该数据库用户只能访问“教学管理”系统数据库下的 JXGL 架构内的内容）。

②创建登录名后，如果在数据库中没有授予该登录账户访问数据库的权限，则该账户仍然不能访问数据库。

③SQL Server 的超级用户（sa）或者 Windows 超级用户（Administrator）登录时，可以

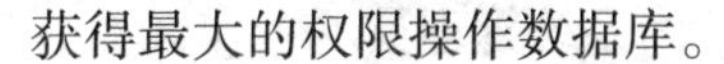

获得最大的权限操作数据库。

④数据库用户是指对该数据库具有访问权的用户，可以通过映射数据库的用户与登录账户之间的关系来实现数据库的访问权。

⑤数据库用户管理有界面方式和命令方式。CREATE USER 用于创建用户；DROP USER 用于删除用户。

【任务内容】

1. 用户管理之 SSMS。

（1）设置 SQL Server 服务器身份验证模式。

（2）创建 Windows 用户 tom，通过创建的 Windows 用户登录 SQL Server。

（3）为 Windows 登录的用户 tom 授权。

（4）将登录名“liuling”添加至服务器角色的“sysadmin”角色，使得该登录名属于系统管理员角色的成员，从而获得系统管理员的权限。

（5）利用 SSMS，在“教学管理”系统数据库中为登录名 liuling 创建用户名 userLiu。

（6）利用 SSMS，删除数据库用户 userLiu。

（7）创建登录名 XiaoLuo，要求该登录名具有系统管理员权限，在“教学管理”系统数据库中映射的用户为 LuoQiao，默认架构 dbo。

2. 用户管理之 T－SQL。

（1）使用 T－SQL 语句创建一个名为 MarkLogin 的登录名，并将它与“教学管理”系统中的 MarkUser 用户进行映射。

（2）撤销数据库用户 MarkUser 的 CONNECT 授权。

（3）为数据库用户 JohnUser 授予 BACKUP DATABASE（备份数据库）权限。

（4）在“教学管理”系统数据库中创建一个没有映射到登录名的用户 BossUser。

（5）利用 T－SQL 语句，使用 SQL Server 登录名 liuling 在“教学管理”系统数据库中创建数据库用户，默认架构名使用 dbo。

（6）利用 T－SQL 语句，删除在“教学管理”系统数据库的用户 userLiuLing。

【任务实施】

1. 用户管理之 SSMS。

（1）设置 SQL Server 服务器身份验证模式。

在“开始”菜单中选择“所有程序”，打开 SSMS，弹出“连接到服务器”对话框，“身份验证”选择“Windows 身份验证”，单击“连接”按钮即可连接到服务器。在“对象资源管理器”中，右击 SQL Server 实例名 LAPTOP-QE98CV7H (SQL Server 15.0.2000.5 - LAPTOP-QE98CV7H\65104)，从弹出的快捷菜单中选择“属性”命令，打开“服务器属性”对话框。在左边的“选择页”列表中，选择“安全性”选项，打开“安全性”选项页。在“服务器身份验证”选项区域设置身份验证模式，包括“Windows 身份验证模式”和“SQL Server 和 Windows 身份验证模式”两种。更改身份验证模式后，右击实例 SQL Server 实例名 LAPTOP-QE98CV7H (SQL Server 15.0.2000.5 - LAPTOP-QE98CV7H\65104)，选择“重新启动”即可生效。

（2）创建 Windows 用户 tom，通过创建的 Windows 用户登录 SQL Server。

打开“控制面板”，找到“用户账户”，单击“管理其他账户”→“在电脑设置中添加新用户”，选择“将其他人添加到这台电脑”，在新建账户界面输入用户名“tom”，密码

“123456”，返回后即可看到添加的“tom”用户，将该用户设置为系统管理员。

重启 Windows 操作系统，用账户 tom 登录 Windows 操作系统，打开 SSMS，选择 Windows 身份验证来登录 SQL Server。

（3）为 Windows 登录的用户 tom 授权。

可以通过 SSMS 来创建 SQL Server 登录名，以便授权访问 SQL Server 实例。具体操作如下：打开 SSMS 并连接到目标服务器及实例，在“对象资源管理器”窗口中展开“安全性”节点，找到“登录名”并右击，从弹出的快捷菜单中选择“新建登录名”，在“登录名 - 新建”对话框的“常规”栏中选择“Windows 身份验证”，在“登录名”栏中单击“搜索”按钮，单击“高级”按钮，单击“立即查找”按钮，选择刚刚创建的 Windows 账户（tom）。在“服务器角色”栏中选择系统管理员角色（sysadmin），在“用户映射”栏中可以根据需要将登录与用户进行映射，架构可以根据需要选择默认架构，单击“确定”按钮创建。以后利用“tom”账户登录 Windows 后，可以直接登录 SQL Server 服务器。

（4）将登录名“liuling”添加至服务器角色的“sysadmin”角色，使该登录名属于系统管理员角色的成员，从而获得系统管理员的权限。

①找到服务器角色“sysadmin”，如图 11－13 所示。

②右击“sysadmin”，打开“服务器角色属性”窗口，找到“选择服务器登录名或角色”，如图 11－14 所示。

③单击“浏览”按钮，打开“查找对象”窗口，将“liuling”登录名添加至服务器角色，依次单击“确定”按钮。这样操作之后，“liuling”将具有系统管理员的权限，如图 11－15 所示。

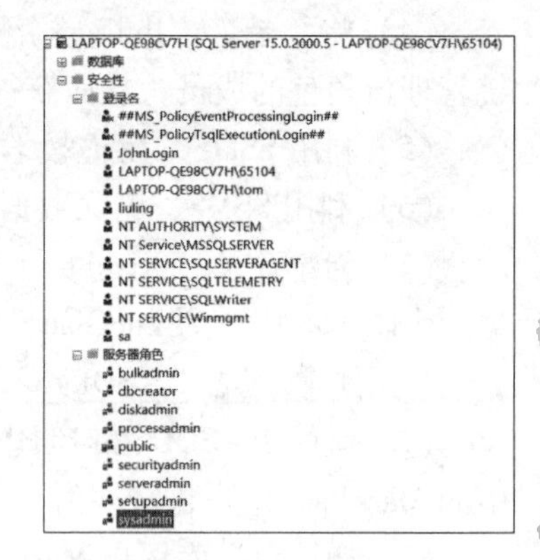

图 11－13　服务器角色

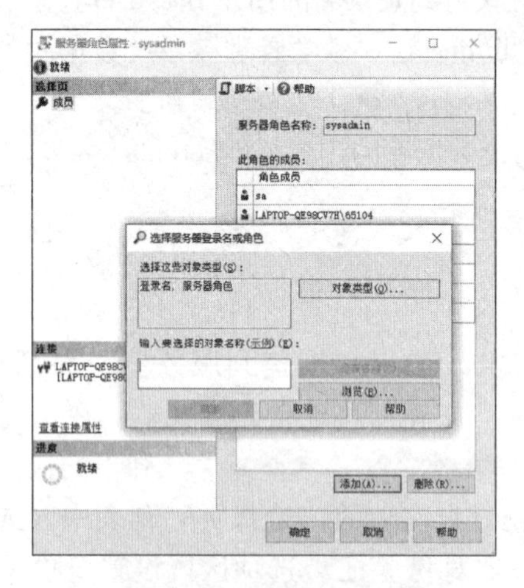

图 11－14　服务器角色属性

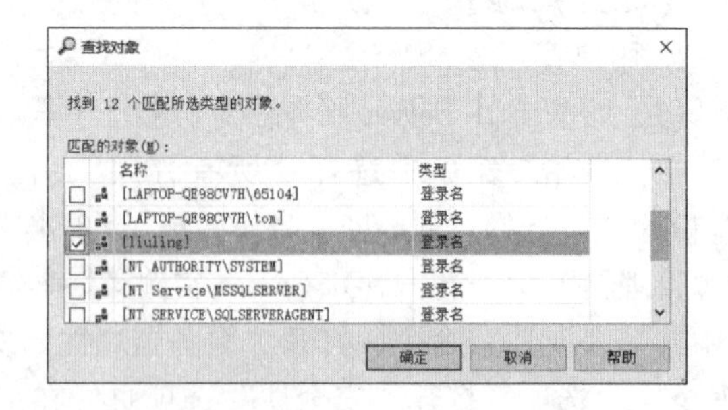

图 11－15　查找对象

（5）利用 SSMS，在“教学管理”系统数据库中为登录名 liuling 创建用户名 userLiu。

①以 sa 身份登录 SQL Server 服务器。

②在对象资源管理器中，展开“数据库”，在“教学管理”系统数据库“安全性”的“用户”节点中，右击“用户”，单击“新建用户”命令。

③在“数据库用户 - 新建”窗口的“登录名”文本框中添加 SQL Server 登录名 liuling，

然后在“用户名”文本框中输入数据库用户名“userLiu”，选择默认架构 dbo，如图 11－16 所示。单击“确认”按钮完成创建。

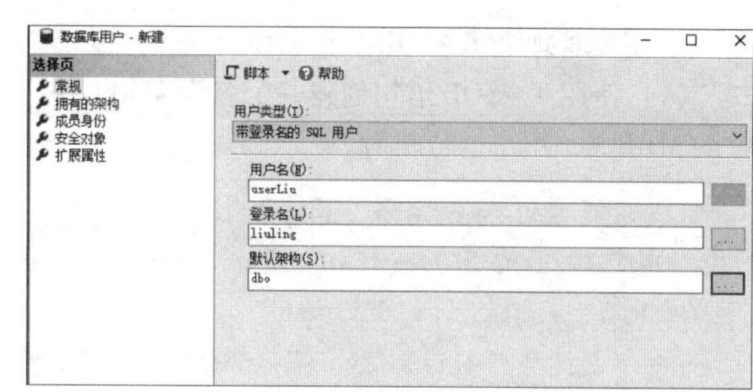

图 11－16　数据库用户－新建窗口

（6）利用 SSMS，删除数据库用户 userLiu。

①以 sa 身份登录 SQL Server 服务器。

②单击“数据库”→“教学管理”→“安全性”→“用户”，右击需要删除的用户，选择“删除”。

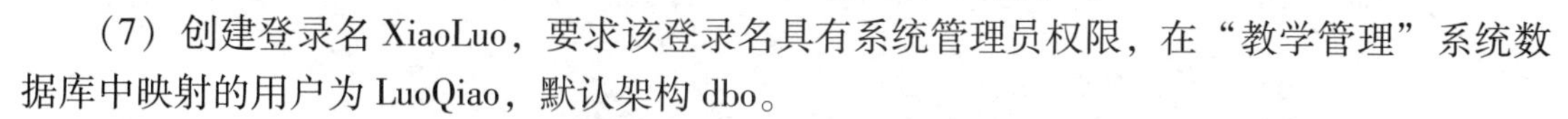

（7）创建登录名 XiaoLuo，要求该登录名具有系统管理员权限，在“教学管理”系统数据库中映射的用户为 LuoQiao，默认架构 dbo。

①以 sa 身份登录 SQL Server 服务器。

②在对象资源管理器中，单击“安全性”→“登录名”，右击“登录名”，选择“新建登录名”。

③在弹出的“登录名－新建”窗口的“选项页”中选择“常规”，登录名输入“XiaoLuo”，选择“SQL Server 身份验证”，并输入登录密码“123456”。为了保证安全性，可勾选“强制实施密码策略”“强制密码过期”“用户在下次登录时必须更改密码”，如图 11－17 所示。

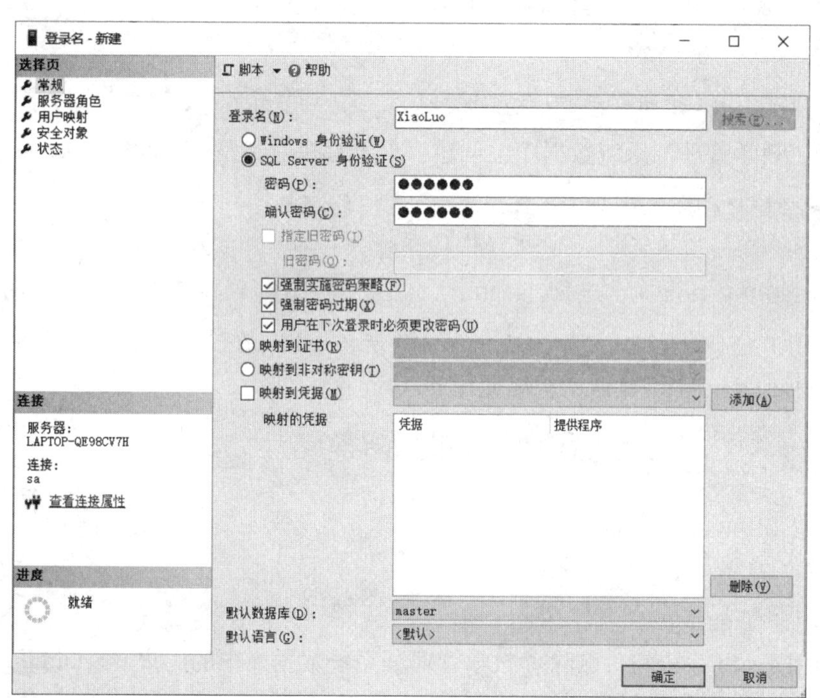

图 11－17　登录名与密码

④单击“服务器角色”选项页，选择“sysadmin”和“public”。

⑤单击“用户映射”选项页，在“教学管理”系统数据库栏中，“用户”输入“LuoQiao”，“架构”选择默认架构“dbo”。

2. 用户管理之T-SQL。

（1）使用T-SQL语句创建一个名为MarkLogin的登录名，并将它与“教学管理”系统中的MarkUser用户进行映射。

```
--创建登录名Mark,密码为123456
CREATE LOGIN MarkLogin      /*创建登录名为MarkLogin*/
with password ='123456'      /*将登录名密码设为123456*/
--创建用户MarkUser,并与MarkLogin进行映射
use 教学管理      /*打开"教学管理"系统数据库*/
GO
CREATE USER MarkUser FOR LOGIN MarkLogin      /*将用户与登录名进行映射*/
```

（2）撤销数据库用户MarkUser的CONNECT授权。

```
Transact-SQL代码如下:
USE 教学管理      /*打开"教学管理"系统数据库*/
GO
REVOKE CONNECT TO MarkUser      /*撤销权限*/
```

（3）为数据库用户JohnUser授予BACKUP DATABASE（备份数据库）权限。

```
USE 教学管理      /*打开"教学管理"系统数据库*/
GO
GRANT BACKUP DATABASE TO JohnUser      /*为用户授予授予备份数据库权限*/
```

（4）在“教学管理”系统数据库中创建一个没有映射到登录名的用户BossUser。

```
USE 教学管理      /*打开"教学管理"系统数据库*/
GO
CREATE USER BossUser WITHOUT LOGIN      /*创建孤立用户BossUser*/
```

（5）利用T-SQL语句，使用SQL Server登录名liuling在“教学管理”系统数据库中创建数据库用户userLiuling，默认架构名使用dbo。

```
USE 教学管理      /*打开"教学管理"系统数据库*/
GO
CREATE USER userLiuling      /*创建登录名为userLiuling的用户*/
FOR LOGIN liuling
WITH DEFAULT_SCHEMA=dbo      /*使用默认架构dbo*/
```

（6）利用T-SQL语句，删除“教学管理”系统数据库中的用户userLiuLing。

```
USE 教学管理      /*打开"教学管理"系统数据库*/
GO
DROP USER userLiuling      /*删除数据库用户userLiuLing*/
```

任务 11.3 角色管理

【任务工单】

任务工单 11－3：角色管理

<table>
<tr><td>任务名称</td><td colspan="5">角色管理</td></tr>
<tr><td>组别</td><td></td><td></td><td></td><td></td><td></td></tr>
<tr><td>学生姓名</td><td colspan="3"></td><td></td><td></td></tr>
<tr><td>任务情境</td><td colspan="5">数据库管理员已按照客户需求创建好了数据库，现请你将登录名授权加入服务器角色，在服务器角色中删除用户，利用 T－SQL 语句创建角色</td></tr>
<tr><td>任务目标</td><td colspan="5">角色理解，创建角色，删除角色，添加用户</td></tr>
<tr><td>任务要求</td><td colspan="5">掌握角色的理解，能够创建角色、删除角色、为角色添加用户</td></tr>
<tr><td>知识链接</td><td colspan="5"></td></tr>
<tr><td>计划决策</td><td colspan="5"></td></tr>
<tr><td>任务实施</td><td colspan="5">1. 角色的理解
2. 固定角色
3. 自定义数据库角色
4. 应用程序角色</td></tr>
</table>

续表

检查	1. 角色是否创建；2. 是否添加用户至角色
实施总结	
小组评价	
任务点评	

【前导知识】

角色是 SQL Server 方便对主体进行管理的一种方式。属于某个角色的用户或登录名拥有相应的权限；用户或登录名可以属于多个角色。

当几个数据库用户需要在某个特定的数据库中执行类似的动作时，可以向该数据库中添加一个角色，数据库管理员将操作数据库的权限赋予该角色。然后再将数据库用户或者登录账户添加至该角色，使数据库用户或者登录账户拥有了相应的权限。

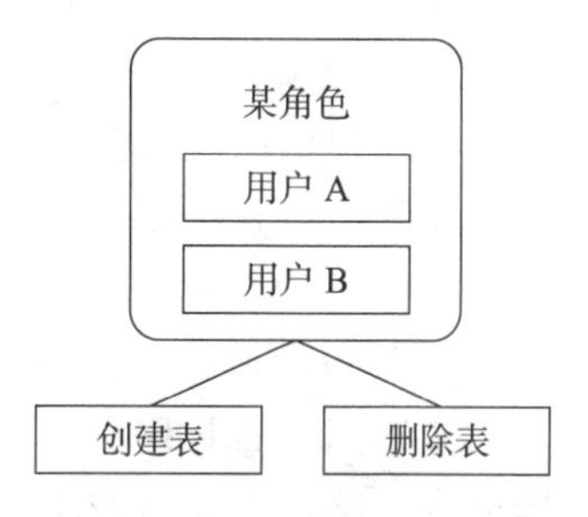

图 11－18　角色用户关系图

角色是数据库管理系统为方便权限管理而设置的管理单位，是一组权限的集合。通过角色可将用户分为不同的类型，对相同类用户赋予相同的操作权限，如图 11－18 所示。

角色包括固定角色、用户定义数据库角色、应用程序角色三种。其中固定角色又包括固定服务器角色和固定数据库角色。

一、固定角色

固定角色是指其权限已被 SQL Server 定义，并且 SQL Server 管理者不能对其权限进行修改的角色。

1. 服务器角色

为了方便管理权限，SQL Server 提供了若干角色。服务器角色的权限作用域为服务器范围。SQL Server 提供了 9 种固定服务器角色。

角色概念以及服务器级角色

可以将服务器级主体（SQL Server 登录名、Windows 账户）添加到服务器级角色（比如将登录名“XiaoLuo”添加至服务器级角色 sysadmin 中，使得通过该登录名连接到服务器后具有系统管理员的权限），见表 11－2。

表 11－2　固定服务器角色及其权限

服务器的固定角色	说明
sysadmin（系统管理员）	该角色的成员拥有操作 SQL Server 的所有权限，可以在服务器中执行任何操作
serveradmin（服务器管理员）	该角色的成员可以更改服务器范围内的配置选项并关闭服务器
securityadmin（安全管理员）	该角色的成员可以管理登录名及其属性。他们可以有 GRANT、DENY 和 REVOKE 服务器级权限，还可以有 GRANT、DENY 和 REVOKE 数据库级权限（如果他们有数据库的访问权限）。此外，还可以重置 SQL Server 登录名的密码
processadmin（进程管理员）	processadmin 固定服务器角色的成员可以终止在 SQL Server 实例中运行的进程
setupadmin（安装程序管理员）	该角色的成员可以添加和删除连接服务器
bulkadmin（块数据操作管理员）	该角色的成员可以运行 BULK INSERT 语句
diskadmin（磁盘管理员）	该角色用于管理磁盘文件
dbcreator（数据库创建者）	该角色的成员可以创建、更改、删除和还原任何数据库
public（公共角色）	每个 SQL Server 登录名均属于 public 服务器角色。如果未向某个服务器主体授予或拒绝对某个安全对象的特定权限，该用户将继承授予该对象的 public 角色的权限

在 SQL Server Management Studio 中，可以按以下步骤为登录账户分配固定服务器角色，从而获得相应的权限。

①利用 sa 账户登录服务器。

②依次展开“安全性”→“服务器角色”，找到相应的服务器角色，右击该角色，选择“属性”（若要为某个登录名分配系统管理员角色，则找到“sysadmin”）。

③在弹出的对话框中单击“添加”按钮。

④弹出“选择服务器登录名或角色”对话框，单击“浏览”按钮。

⑤弹出“查找对象”对话框，勾选“匹配对象”后单击“确定”按钮（若要为登录名“liuling”分配服务器角色，这里需要勾选“liuling”）。

⑥返回“选择服务器登录名或角色”对话框，可以看到选中的目标用户已包含在该对话框中，确认无误后依次单击“确定”按钮。

可以添加及删除与角色相关的信息，其语法如下：

```
SELECT IS_SRVROLEMEMBER('sysadmin')
EXECUTE sp_addsrvrolemember'LAPTOP-QE98CV7H\tom','sysadmin'
EXECUTE sp_dropsryrolemember'LAPTOP-QE98CV7H\tom','sysadmin'
```

参数说明：

①IS_SRVROLEMEMBER('sysadmin')：用于判断当前登录的用户是否属于系统管理员角色。

②sp_addsrvrolemember：用于为现有的服务器角色添加一个登录名。

③sp_dropsrvrolemember：用于将一个登录名从服务器角色中删除。

2. 数据库角色

固定数据库角色

数据库角色包括两种：固定数据库角色和自定义数据库角色。固定数据库角色指数据库的管理、访问权限已被 SQL Server 固定的那些角色（如“教学管理”系统数据库中含有固定数据库角色 db_owner）。数据库角色的作用是便于管理数据库中的权限，其权限作用域为数据库范围。固定数据库角色是在数据库级别定义的，并且存在于每个数据库中。可以向数据库角色中添加任何数据库用户和其他 SQL Server 角色。

数据库角色是数据库级的主体，可以使用数据库角色为一组数据库用户指定数据库权限。可以根据特定的权限需求在数据库中添加角色来对数据库用户进行分组，见表 11－3 和表 11－4。

表 11－3　固定数据库角色

数据库角色的名称	说明
db_owner	该角色的成员可以执行数据库的所有配置和维护活动，还可以删除数据库
db_securityadmin	该角色的成员可以修改角色成员身份和管理权限
db_accessadmin	该角色的成员可以为登录名添加或删除数据库访问权限
db_backupoperator	该角色的成员可以备份数据库
db_ddladmin	该角色的成员可以在数据库中运行任何数据定义语言（DDL）命令
db_datawriter	该角色的成员可以在所有用户表中添加、删除或更改数据
db_datareader	该角色的成员可以从所有用户表中读取所有数据
db_denydatawriter	该角色的成员不能添加、修改或删除数据库内用户表中的任何数
db_denydatareader	该角色的成员不能读取数据库内用户表中的任何数据
public	每个数据库用户都属于 public 数据库角色。这个数据库角色不能删除

表 11－4　用于数据库角色的命令

命令	说明
sp_helpdbfixedrole（T－SQL）	返回固定数据库角色的列表
sp_helprole（T－SQL）	返回当前数据库中有关角色的信息
sp_helprolemember（T－SQL）	返回有关当前数据库中某个角色的成员信息
IS_MEMBER（T－SQL）	判断当前账户是否为指定 Microsoft Windows 组或数据库角色的成员
CREATE_ROLE（T－SQL）	在当前数据库中创建新的数据库角色
ALTER_ROLE（T－SQL）	更改数据库角色的名称
DROP_ROLE（T－SQL）	从数据库中删除角色
sp_addrole（T－SQL）	在当前数据库中创建新的数据库角色
sp_droprole（T－SQL）	从当前数据库中删除数据库角色
sp_addrolemember（T－SQL）	为当前数据库中的数据库角色添加成员
sp_droprolemember（T－SQL）	从当前数据库中的数据库角色中删除成员

可以使用 T－SQL 语句创建数据库角色，并将数据库用户添加至该角色中，使数据库用户获取相对应的权限；也可以将已经添加至角色中的数据库用户在角色成员中删除，以及删除角色。语法格式如下：

```
USE 数据库
GO
CREATE ROLE A
GO
EXECUTE sp_addrolemember 'A','B'
EXECUTE sp_droprolemember 'A', 'B'
DROP ROLE A
```

相关参数说明：

①USE 数据库：打开数据库。

②CREATE ROLE A：创建角色 A。

③sp_addrolemember：存储过程，用于执行将数据库添加至相应的角色当中。

④A：刚刚创建的角色。

⑤B：需要被添加至角色的数据库用户，添加完之后可获得角色 A 所用于的权限。

⑥sp_droprolemember：存储过程，执行将数据库角色中的数据库剔除。

⑦DROP：用于删除数据库角色。

注意：SQL Server 2019 不允许删除含有成员的角色，在删除一个数据库角色之前，必须先删除该角色下的所有用户。

自定义数据库角色以及应用程序角色

二、自定义数据库角色

在创建数据库角色时，将某些权限授予该角色，然后将数据库用户指定为该角色的成员，用户将继承这个角色的所有权限。可以使用 T－SQL 语句创建和 SSMS 创建两种方法。

1. 使用 SSMS 创建

在“对象资源管理器”中找到需要创建自定义数据库角色的数据库（如“教学管理”系统数据库），展开该数据库，依次单击“安全性”→“角色”→“数据库角色”，右击“数据库角色”，选择“新建数据库角色”，在“数据库角色－新建”窗口的“常规”栏中输入“角色名称”，“所有者”（所有者包括用户、应用程序角色、数据库角色三种，很多情况下选择数据库用户并直接在这儿添加至数据库角色），勾选“此角色拥有的架构”，完成后单击“确定”按钮。

2. 使用 T－SQL 创建

语法格式：

```
CREATE ROLE 角色名 [AUTHORIZATION 所有者名]
```

参数说明：

AUTHORIZATION：授权于之意，表该角色归所有者所有。

三、应用程序角色

应用程序角色是一个数据库主体，它使应用程序能够用其自身的、类似用户的特权来运行。

【任务内容】

1. 角色管理之 T－SQL。

（1）在“教学管理”系统数据库中创建名称为 teacher 的数据库角色，并在这个新角色中添加已存在的数据库用户 LiuYan。从数据库角色 teacher 中删除数据库用户 LiuYan，然后删除 teacher 角色。

（2）使用 T－SQL 语句在“教学管理”系统数据库中创建名为“teacher”的角色。

（3）将 Windows 登录名 tom 添加到 sysadmin 固定服务器角色中。

（4）从 sysadmin 固定服务器角色中删除 SQL Server 登录名 liuling。

（5）使用 T－SQL 语句将“教学管理”系统数据库的数据库用户 XiaoLi 添加为固定数据库角色 db_owner 的成员。

（6）在“教学管理”系统数据库中，使用存储过程将数据库用户 XiaoLi 从 db_owner 成员中去除。

（7）利用 T－SQL 语句在“教学管理”系统数据库创建名为 role2 的新角色，并指定 dbo 为该角色的所有者。

（8）利用存储过程 sp_addrolemember 将数据库用户 XiaoLi 添加到 role1。

（9）使用 DROP ROLE 命令删除数据库角色 role2。

2. 角色管理之 SSMS。

（1）使用 SSMS 赋予已建立的登录名 liuling 系统管理员权限。

（2）使用对象资源管理器添加固定数据库角色成员；对“教学管理”系统数据库用户 LuoQiao 赋予数据库管理员权限。

（3）在数据库“教学管理”系统上定义一个数据库角色 role1，使该角色对“教学管理”系统数据库中的任课表具有增、删、改、查权限，并在该角色中增加成员 LuoQiao。

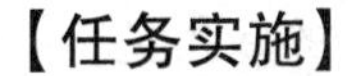

1. 角色管理之 T-SQL。

（1）在“教学管理”系统数据库中创建名称为 teacher 的数据库角色，并在这个新角色中添加已存在的数据库用户 LiuYan。从数据库角色 teacher 中删除数据库用户 LiuYan，然后删除 teacher 角色。

```
    USE 教学管理      /* 打开"教学管理"系统数据库* /
    GO
    CREATE ROLE teacher      /* 创建角色 teacher* /
    GO
    EXECUTE sp_addrolemember 'teacher','LiuYan'     /* 为角色添加数据库用
户 LiuYan* /
    USE 教学管理      /* 打开"教学管理"系统数据库* /
    GO
    EXECUTE sp_droprolemember 'teacher', 'LiuYan'     /* 在 teacher 角色中
删除成员数据库成员 LiuYan* /
    DROP ROLE teacher      /* 删除数据库角色 teacher* /
```

（2）使用 T-SQL 语句在“教学管理”系统数据库中创建名为“teacher”的角色。

```
    USE 教学管理      /* 打开"教学管理"系统数据库* /
    GO
    CREATE ROLE teacher      /* 创建 teacher 角色* /
```

（3）利用系统存储过程将 Windows 登录名 tom 添加到 sysadmin 固定服务器角色中。

```
    sp_addsrvrolemember 'LAPTOP-QE98CV7H\Tom', 'sysadmin'。
```

（4）利用系统存储过程从 sysadmin 固定服务器角色中删除 SQL Server 登录名 liuling。

```
    sp_dropsrvrolemember 'liuling', 'sysadmin'。
```

（5）使用 T-SQL 语句将“教学管理”系统数据库的数据库用户 XiaoLi 添加为固定数据库角色 db_owner 的成员。

```
    USE 教学管理      /* 打开"教学管理"系统数据库* /
    GO
    EXEC sp_addrolemember 'db_owner', 'XiaoLi'     /* 添加 XiaoLi 为固定
数据库角色 db_owver 成员* /
```

（6）在“教学管理”系统数据库中，使用存储过程将数据库用户 XiaoLi 从 db_owner 成员中删除。

```
    USE 教学管理      /* 打开"教学管理"系统数据库* /
    GO
    EXEC sp_droprolemember 'db_owner', 'XiaoLi'     /* 删除固定数据库角色
成员 XiaoLi* /
```

（7）利用T-SQL语句在“教学管理”系统数据库中创建名为role2的新角色，并指定dbo为该角色的所有者。

```
USE 教学管理      /* 打开"教学管理"系统数据库* /
GO
CREATE ROLE role2 AUTHORIZATION dbo     /* 创建数据库角色 role2,dbo
为该角色的所有者* /
```

（8）利用存储过程sp_addrolemember将数据库用户XiaoLi添加到role1。

```
EXEC sp_addrolemember 'role1','XiaoLi'    /* 添加数据库用户 XiaoLi 到
数据库角色 role1 中* /
```

（9）使用DROP ROLE命令删除数据库角色role2。

```
DROP ROLE role2     /* 删除数据库角色 role2* /
```

注：删除角色之前，需先将角色成员删除。

2. 角色管理之SSMS。

（1）使用SSMS赋予已建立的登录名liuling系统管理员权限。

①以系统管理员身份登录到SQL Server，在对象资源管理器中展开“安全性”→“登录名”，选择“liuling”，右击“liuling”，选择“属性”。

② 在“登录属性”窗口“服务器角色”栏中勾选sysadmin角色。

③单击“确定”按钮，完成授权。

（2）使用对象资源管理器添加固定数据库角色成员；对“教学管理”系统数据库用户LuoQiao赋予数据库管理员权限。

①以系统管理员身份登录到SQL Server服务器，打开“对象资源管理器”的“教学管理”系统数据库的用户的“数据库用户”窗口。

②在“常规”选择页的“数据库角色成员身份”栏中，勾选固定数据库角色“db_owner”，单击“确定”按钮完成设置，这样该用户将拥有数据库管理员权限。

（3）在数据库“教学管理”系统上定义一个数据库角色role1，使该角色对“教学管理”系统数据库中的任课表具有增、删、改、查权限，并在该角色中增加成员LuoQiao。

①依次在“教学管理”系统数据库中展开“安全性”→“角色”→“数据库角色”，右击“数据库角色”，弹出“数据库角色-新建”窗口，角色名称输入“role1”，所有者输入“dbo”，如图11-19所示。

②在“安全对象”栏中单击“搜索”，选择“特定对象”并确定，在“选择对象”窗口中单击“对象类型”按钮，选择“表”并单击“确定”按钮，如图11-20所示。

③回到“选择对象”界面，单击“浏览”按钮，在“查找对象”窗口中勾选“任课表”，确认后返回，可以看到对任课表的权限，选择相应权限后确定，完成授权。完成授权后，该角色具有对表的相应权限，如图11-21所示。

④依次在“教学管理”系统数据库中展开“安全性”→“用户”，找到数据库用户“LuoQiao”，双击“LuoQiao”，在“成员身份”栏中勾选“role1”角色。

（4）刷新“教学管理”系统数据库，再次找到数据库角色“role”，可以看到数据库用户“LuoQiao”已经被添加进去。

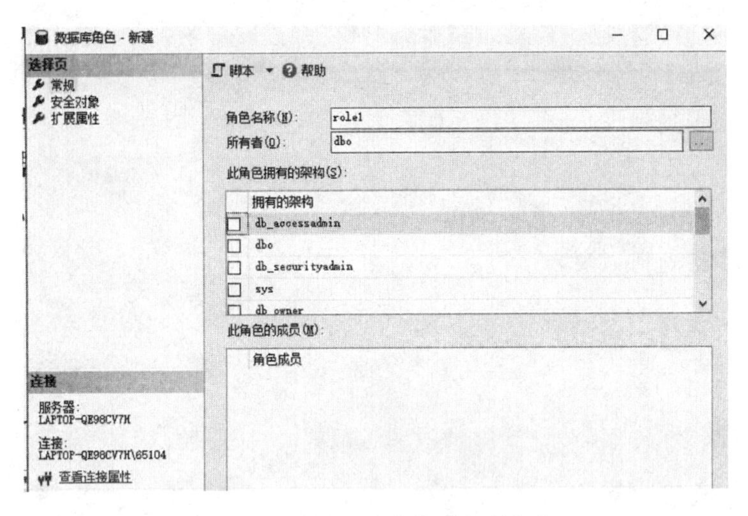

图 11－19　输入角色名称和所有者

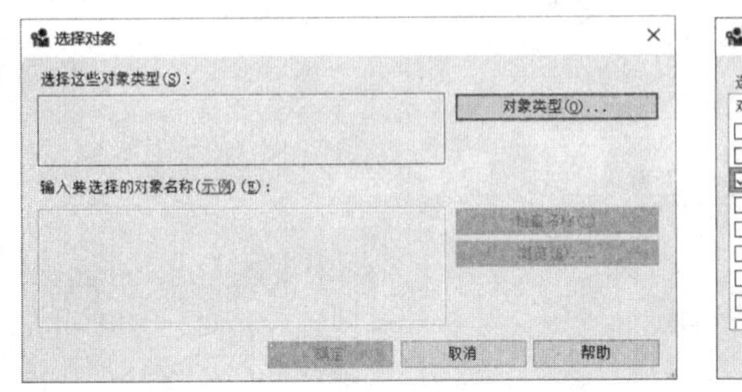

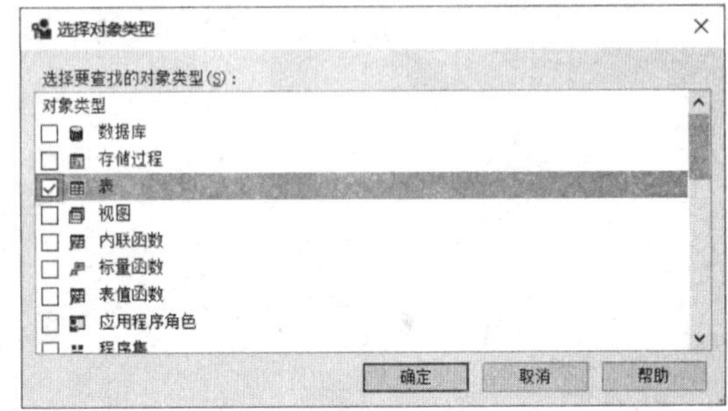

图 11－20　选择对象

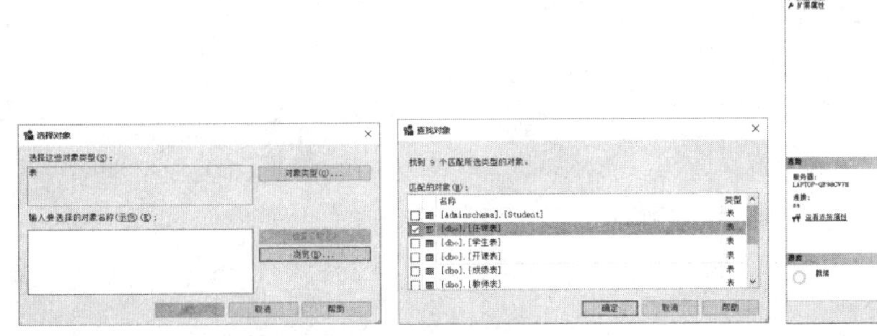

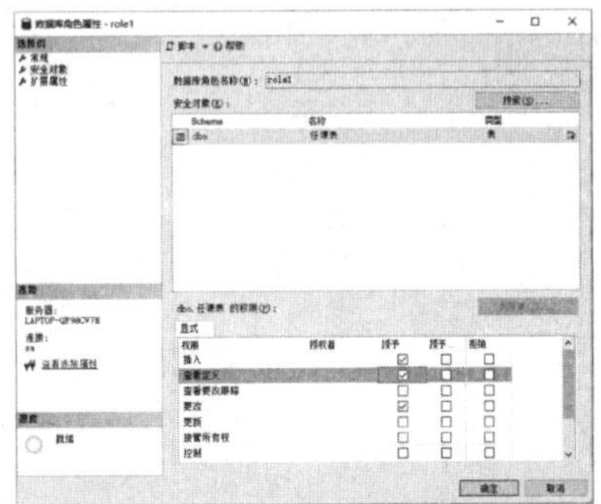

图 11－21　完成授权

任务 11.4　架构管理及权限管理

【任务工单】

任务工单 11－4：架构管理及权限管理

任务名称	架构管理及权限管理				
组别					
学生姓名					
任务情境	数据库管理员已按照客户需求创建好了数据库，现请你创建架构，为用户授予权限，为角色授予权限、拒绝权限、取消权限				
任务目标	架构的创建，权限的授予				
任务要求	掌握架构的创建，权限的管理				
知识链接					
计划决策					
任务实施	1. 架构管理 2. 权限管理				

续表

检查	1. 是否创建架构；2. 是否授权
实施总结	
小组评价	
任务点评	

【前导知识】

一、架构管理

架构管理

架构是一种允许对数据库对象进行分组的容器对象，架构里面包含各种数据库对象，如表。架构对如何引用数据库对象具有很大的影响，不同的数据库对象可能处于不同的架构中。在 SQL Server 2019 中，所有的数据库对象都隶属于架构。一个数据库对象可以通过 4 个命名部分组成的结构来引用，如下所示：

```
〈服务器〉.〈数据库〉.〈架构〉.〈对象〉
```

1. 架构的创建

可以使用 CREATE SCHEMA 语句来创建数据库架构。

语法格式如下：

```
CREATE SCHEMA schema_name [AUTHORIZATION owner_name]
DROP SCHEMA schema_name
```

参数说明：

①CREATE：创建之意，后接需要被创建的架构。

②schema_name：所创建的架构名。

③owner_name：该架构的拥有者名。

④DROP：删除之意，后接 SCHEMA 以及需要被删除的架构。

注意： SQL Server 2019 不允许删除其中仍含有对象的架构。

2. 获取架构信息

可以使用存储过程获取架构信息，其语法格式如下：

```
SELECT *
FROM sys.schemas
```

参数说明：

sys.schemas：存储过程。执行该存储过程可以显示架构相关信息。

3. 默认架构

可以使用参数 DEFAULT_SCHEMA 来设置默认架构。

二、权限管理

权限管理

数据库的权限是指用户对对象的使用及操作的权力。被授予的权限决定用户能够对哪些数据库对象实行哪些操作。

管理权限主要包括授予、拒绝和撤销。SQL Server 中的权限包括对象权限、语句权限、隐含权限。

1. 对象权限

对象权限决定数据库用户对数据库对象所执行的操作。它控制数据库用户在表和视图上执行 SELECT、INSERT、UPDATE、DELETE 语句及执行存储过程的能力，不同类型的数据库对象支持不同的针对该对象的操作，见表 11－5。

表 11 - 5　对象与可执行操作

对象	可执行的操作
表	SELECT、INSERT、UPDATE、DELETE、REFERANCES
视图	SELECT、INSERT、UPDATE、DELETE
存储过程	EXECUTE
列	SELECT、UPDATE

2. 语句权限

语句权限指用户是否具有权限来执行某一语句，这些语句的通常是一些管理性操作。这些语句特点是：语句操作的对象在执行该语句之前并不存在于数据库中（比如，创建数据库对象语句之前，并不存在于该数据库，执行该语句之后才完成数据库的创建），属于服务器级别的操作。见表 11 - 6。

表 11 - 6　语句权限

语句	作用	语句	作用
CREATE DATABASE	创建数据库	CREATE RULE	创建规则
CREATE TABLE	创建表	CREATE FUNCTION	创建函数
CREATE PROCEDURE	创建存储过程	BACKUP DATABASE	备份数据库
CREATE VIEW	创建视图	BACKUP LOG	备份日志
CREATE DEFAULT	创建默认对象		

3. 隐含权限

隐含权限指系统自行预定义而不需要授权就有的权限。包括固定服务器角色权限、固定数据库角色权限、数据库对象所有者权限。

4. 授予权限

GRANT 语句授予权限，给数据库用户或数据库角色授予数据库级别或对象级别的权限。

语法格式：

```
GRANT 权限
    ON 安全对象 TO 主体
    WITH GRANT OPTION
    AS 主体
```

相关参数如下：

①权限：指定权限的名称。

比如，数据库操作的权限名称可以为“CREATE\BACKUP”，表和视图操作的权限名称可以为“SELECT\INSERT\UPDATE\DELETE\REFERANCES”，存储过程操作的权限名称可以为“EXECUTE”。

②ON 安全对象：指定将授予其权限的安全对象。

③主体：指定主体的名称。主体是指被授予权限的对象，可以是存在于当前数据库的用户、角色。

④WITH GRANT OPTION：允许对象在获得权限的同时将指定权限授予其他用户、角色。

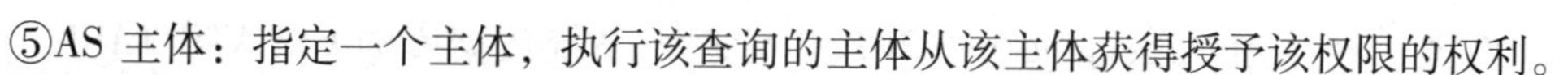

⑤AS 主体：指定一个主体，执行该查询的主体从该主体获得授予该权限的权利。

5. 拒绝权限

DENY 命令可以拒绝给当前数据库的用户授予的权限，并防止用户通过其角色成员身份继承该权限。

语法格式：

```
DENY 权限
ON 安全对象 TO 主体
```

相关参数如下：

①DENY：拒绝权限之意。

②其他参数与授予权限的一致。

6. 撤销权限

REVOKE 语句撤销以前授予或拒绝了的权限。

语法格式：

```
REVOKE 权限 [(列 [ , …] )] [ , … ]
[ ON 安全对象 ] FROM 主体 [ , … ]
```

①DENY：拒绝权限之意。

②其他参数与授予权限的一致。

【任务内容】

1. 架构管理。

（1）在“教学管理”系统数据库中创建一个名称为 JXGL1 的架构，并将数据库用户 LuoQiao指定为该构的所有者。然后在这个架构下创建了一个名为 Student 的表。同时为数据库角色 public 授 select 权限。

（2）创建一个架构并将其指定为某个数据库用户的默认架构。

（3）在“教学管理”系统数据库中，创建一个名称为 JiaoXue 的架构，并将数据库用户 LiuLing 指定为该构的所有者。然后在这个架构下创建了一个名为 class 的表。

2. 权限管理。

（1）给“教学管理”系统数据库的用户 LiuLing 授予创建表的权限。

（2）在“教学管理”系统数据库中，给 public 角色授予学生表的查询权限。给 LiuLing 用户授予插入、修改、删除权限，使用户可以对学生表进行查询、插入、修改、删除操作。

（3）在“教学管理”系统数据库中，将学生表的插入权限授予角色 role1 并允许转授。usersqlWubin 是 role1 的成员，在 usersqlWubin 用户上将学生表的插入权限授予用户 usersql-Heli，usersqlHeli 不是 role1 的成员。

（4）为数据库用户 LuoQiao 授予对学生表的 INSERT、UPDATE 权限。

（5）为数据库用户 LuoQiao 授予“教学管理”系统数据库的创建表语句权限。

（6）拒绝语句权限，设置“教学管理”系统数据库的多个用户不允许使用 CREATE VIEW 和 CREATE TABLE 语句。

（7）拒绝“教学管理”系统数据库的用户 LiuYong 对数据库对象学生表的更新、删除权限。

（8）取消已授予用户 DengLiang 在“教学管理”系统数据库的 CREATE TABLE 语句权限。

（9）取消已对 LiuYong 授予的在学生表上的 UPDATE 权限。

【任务实施】

1. 架构管理。

（1）在“教学管理”系统数据库中创建一个名称为 JXGL1 的架构，并将数据库用户 LuoQiao 指定为该构的所有者。然后在这个架构下创建了一个名为 Student 的表。同时为数据库角色 public 授予 select 权限。

T－SQL 代码如下：

```
USE 教学管理/* 打开"教学管理"系统数据库* /
GO
CREATE SCHEMA JXGL1 AUTHORIZATION LuoQiao    /* 创建一个名为 JXGL1
的架构,并指定该架构拥有者为 LuoQiao* /
GO
CREATE TABLE JXGL1.Student(StudentID int,StudentDate smalldate-
time,ClientID int)    /* 在该架构下创建一个名为 Student 的表,并使得该表格
用于 StudentID 等* /
GO
GRANT SELECT ON JXGL1.Student TO public    /* 为数据库角色 public 授
予相关权限* /
GO
```

（2）创建一个架构并将其指定为某个数据库用户的默认架构。

```
CREATE LOGIN Boss2login WITH PASSWORD ='123456'
/* 创建登录名 Boss2login 并设置登门密码为 123456* /
GO
USE 教学管理    /* 打开"教学管理"系统数据库* /
GO
CREATE USER Boss2User FOR LOGIN Boss2login
/* 创建用户 Boss2User 映射于登录名 Boss2login* /
GO
CREATE SCHEMA JXGL2    /* 创建架构 JXGL2* /
AUTHORIZATION Boss2User
GO
CREATE TABLE JXGL2.Student(StudentID int,StudentDate smalldate-
time,ClientID int)    /* 在 JXGL2 中创建表 Student* /
GO
```

```
    GRANT SELECT ON JXGL2.Student TO Boss2User     /* 授权 Boss2User 拥有
对 Student 的 SELECT 权限* /
    GO
    ALTER USER Boss2User WITH DEFAULT_SCHEMA = JXGL2     /* 指定 JXGL2 为
数据库用户 Boss2User 的默认架构* /
```

注：以上代码最后一行指定 JXGL2 为数据库用户 Boss2User 的默认架构。

（3）在“教学管理”系统数据库中，创建一个名称为 JiaoXue 的架构，并将数据库用户 LiuLing 指定为该构的所有者。然后在这个架构下创建了一个名为 class 的表。

①T - SQL 方法。

```
    USE 教学管理/* 打开"教学管理"系统数据库* /
    GO
    CREATE SCHEMA JiaoXue AUTHORIZATION LiuLing     /* 创建架构 JiaoXue,
并将数据库用户 LiuLing 为该架构的所有者* /
    GO
    CREATE TABLE JiaoXue.class(classA int,classB int,classC int)
    /* 在该架构下创建表 class* /
    GO
```

②可视化方法。

右击“教学管理”系统数据库，输入架构名称“JiaoXue”以及架构所有者“LiuLing”，创建表，完成创建候选中要更改的表。右击，选择“设计”，然后在“架构”属性中选择想要的架构，保存即可。

2. 权限管理。

（1）给“教学管理”系统数据库的用户 LiuLing 授予创建表的权限。

```
    USE 教学管理     /* 打开"教学管理"系统数据库* /
    GRANT CREATE TABLE TO LiuLing     /* 授予 LiuLing 创建表的权限* /
    GO
```

（2）在“教学管理”系统数据库中，给 public 角色授予学生表的查询权限。给 LiuLing 用户授予插入、修改、删除权限，使用户可以对学生表进行查询、插入、修改、删除操作。

①授权给 public，授权后以“教学管理”系统数据库中的其他用户登录，可以在该数据库中执行查询语句（public 角色被授权后，其 SELECT 权限应用于数据库中的所有用户）。

T - SQL 方法：

```
    USE 教学管理     /* 打开"教学管理"系统数据库* /
    GRANT SELECT TO public     /* 授予 public SELECT 权限* /
    GO
```

可视化方法：

单击“教学管理”系统数据库→“安全性”→“角色”→“数据库角色”→“public”→“安全对象”→“搜索”，找到学生表，在下面勾选查询权限。

②授权给 LiuLing

```
T-SQL 方法:
USE 教学管理     /* 打开"教学管理"系统数据库* /
GO
GRANT INSERT, UPDATE, DELETE
ON 学生
TO LiuLing     /* 授予 INSERT UPDATE DELETE 权限于学生 LiuLing* /
GO
```

可视化方法：

单击“教学管理”系统数据库→“安全性”→“用户”→“LiuLing”→“属性”→“安全对象”→“搜索”，找到学生表，在下面勾选对应权限。

（3）在“教学管理”系统数据库中，将学生表的插入权限授予角色 role1 并允许转授。usersqlWubin 是 role1 的成员，在 usersqlWubin 用户上将学生表的插入权限授予用户 usersqlHeli，usersqlHeli 不是 role1 的成员。

①将权限授予 role1 角色，并允许转授。

T-SQL 方法：

```
USE 教学管理     /* 打开"教学管理"系统数据库* /
GO
GRANT INSERT ON 学生 TO role1     /* 授予权限* /
WITH GRANT OPTION     /* 允许权限被转授* /
```

可视化方法：

打开“教学管理”系统数据库→“安全性”→“角色”→“role1”→“属性”→“安全对象”，找到学生表，在下面勾选对应权限。

②以 userWubing 登录。

T-SQL 方法：

```
USE 教学管理     /* 打开"教学管理"系统数据库* /
GO
GRANT INSERT
ON 学生 TO usersqlHeli     /* 授予权限* /
AS role1
```

（4）为数据库用户 LuoQiao 授予对学生表的 INSERT、UPDATE 权限。

①以管理员身份登录，在“对象资源管理器”中选择“教学管理”系统数据库的学生表。

②单击快捷菜单的“属性”命令，打开“表属性 - 学生”窗口。

③单击“权限”页的“用户或角色”列表框上方的“搜索”按钮，选择 LuoQiao 用户，单击“确定”按钮返回。

④在“LuoQiao 的权限”列表框中授予该用户“插入”“更新”权限。

⑤单击“确定”按钮完成授权。

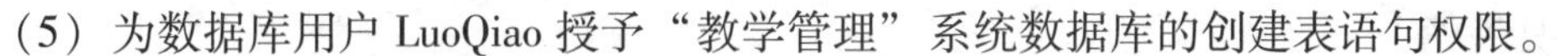

(5) 为数据库用户 LuoQiao 授予“教学管理”系统数据库的创建表语句权限。

①以管理员身份登录，在“对象资源管理器”中选择“教学管理”系统数据库。

②单击快捷菜单的“属性”命令，打开“数据库属性－教学管理”窗口。

③选择“权限”页的“用户或角色”列表中的用户 LuoQiao。

④勾选“LuoQiao 的权限”列表中的“创建表”的“授予”列复选框。

⑤单击“确定”按钮完成语句权限授予。

(6) 拒绝语句权限，设置“教学管理”系统数据库的多个用户不允许使用 CREATE VIEW 和 CREATE TABLE 语句。

```
USE 教学管理      /* 打开"教学管理"系统数据库* /
DENY CREATE VIEW, CREATE TABLE
TO DengLiang, WangBing      /* 授予权限* /
GO
```

(7) 拒绝“教学管理”系统数据库的用户 LiuYong 对数据库对象学生表的更新、删除权限。

```
USE 教学管理      /* 打开"教学管理"系统数据库* /
DENY UPDATE, DELETE
ON 学生 TO LiuYong      /* 授予权限* /
GO
```

(8) 取消已授予用户 DengLiang 在“教学管理”系统数据库的 CREATE TABLE 语句权限。

```
USE 教学管理      /* 打开"教学管理"系统数据库* /
REVOKE CREATE TABLE      /* 撤销权限* /
FROM DengLiang
GO
```

(9) 取消已对 LiuYong 授予的在学生表上的 UPDATE 权限。

```
USE 教学管理      /* 打开"教学管理"系统数据库* /
REVOKE UPDATE
ON 学生 FROM LiuYong      /* 撤销权限* /
GO
```

小结：身份验证模式包括 Windows 身份验证模式和 SQL Server 身份验证模式。登录账户是用户与 SQL Server 间建立的连接途径。登录是对服务器而言的；用户是对数据库而言的。角色是数据库管理系统为方便权限管理而设置的管理单位。角色中的所有成员都继承角色所拥有的权限。权限是指用户对数据库中对象的使用及操作的权利，包括对象权限、语句权限和隐含权限三种类型，使用 GRANT 命令授予权限、DENY 命令拒绝权限、REVOKE 命令撤销权限。

【知识考核】

1. 选择题

（1）在 SQL Server 中，数据库的安全管理包括（　　）。

A. 权限管理　　B. 用户管理　　C. 角色管理　　D. 登录名管理

（2）一个登录名在一个数据库中可以创建（　　）个数据库用户。

A. 1　　B. 2　　C. 3　　D. 4

（3）可以对数据库角色和数据库角色进行的操作是（　　）。

A. 查看　　B. 删除　　C. 修改　　D. 添加

（4）下列（　　）属于数据库角色。

A. dbcreator　　B. db_owner　　C. db_datareader　　D. db_datawriter

2. 判断题

（1）数据库的安全性是指保护数据库，以防止不合法使用造成数据泄露、更改，防止对数据恶意破坏和非法存取。（　　）

（2）登录是对服务器而言的，用户是对数据库而言的。（　　）

（3）数据库用户是指对该服务器上所有数据库具有访问权的用户。（　　）

（4）DENY 语句和 REVOKE 语句含义相同。（　　）

（5）数据库角色就是数据库用户（　　）

3. 填空题

（1）使用 T-SQL 语句，在“教学管理”系统数据库中为一个名为 teacher 的数据库角色添加成员 Liu，可以使用以下语句：

```
EXECUTE sp_addrolemember 'teacher', '________'
```

（2）CREATE DATABASE 语句用于________。

（3）〈服务器〉.〈数据库〉.〈架构〉.〈________〉

（4）固定角色主要包括数据库角色和 ________。

（5）REVOKE 命令的作用是________。

（6）DENY 命令的作用是________。

（7）在混合身份认证模式下，当选用 SQL Server 身份认证登录时，需提供用户名和________，以验证用户身份。

（8）SQL Server 中包括三种类型的权限，即________权限、语句权限和隐含权限。

（9）角色分为系统预定义的固定角色和根据自己的需要定义的________。

4. 简答题

（1）简述什么是数据库角色。

（2）简述什么是数据库用户。

（3）简述什么是数据库权限。

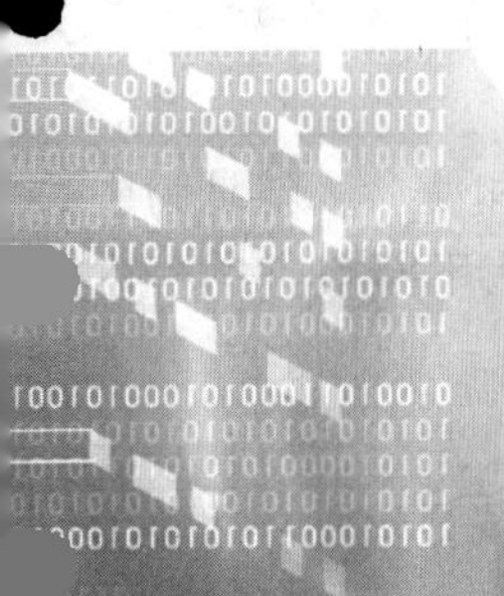

项目12

数据库的备份与还原

【项目导读】

SQL Server 备份和还原组件为保护存储在 SQL Server 数据库中的关键数据提供了基本安全保障。为了尽量降低灾难性数据丢失的风险，需定期备份数据库，以便保存对数据的修改。计划良好的备份和还原策略有助于保护数据库，使之免受各种故障导致的数据丢失的威胁。

综上所述，本项目完成的任务有：数据库的备份，包括完整备份、差异备份、事务日志备份、数据库的设备备份；数据库的还原，包括简单还原、完整还原、大容量日志还原；创建自动备份计划。

【项目目标】

- 数据库的备份与数据库的还原；
- 创建自动备份维护计划。

【项目地图】

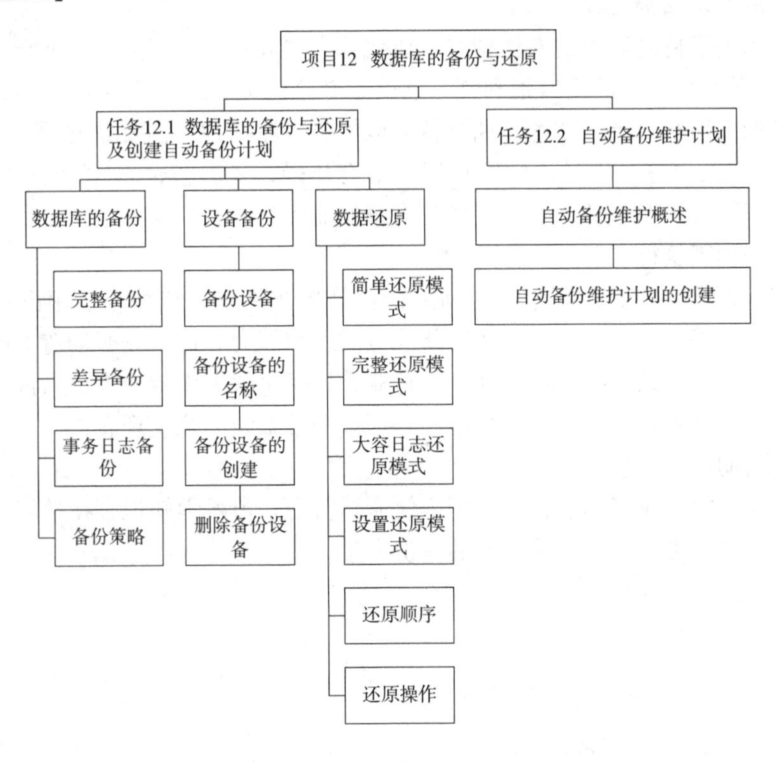

【思政小课堂】

不忘初心，牢记使命，努力学习，追求工匠精神

党的十九大报告指出："不忘初心，方得始终。中国共产党人的初心和使命，就是为中国人民谋幸福，为中华民族谋复兴。这个初心和使命是激励中国共产党人不断前进的根本动力。"

作为新一代大学生，同时也应当把不忘初心、牢记使命时刻记在心里。学生的初心就是努力学习知识，将来为国家和社会做贡献。大学生时代是学习科技知识的黄金阶段，大学生更是应该努力学习，不忘初心，牢记学习使命。

工匠精神属于职业精神的一部分，包括全身心投入的敬业精神、追求卓越的精益精神、持之以恒的专注精神、追求突破的创新精神。作为新一代大学生，在努力提高技能水平的同时，追求职业精神也非常重要。

全身心投入的敬业精神

大学生应当追求全身心投入的敬业精神。中华民族历来有"敬业乐群""忠于职守"的传统，敬业是中国人民的传统美德。早在古代时期，孔子就主张人在一生中始终要勤奋、刻苦，为事业尽心尽力。敬业精神是人们基于对一件事情、一种职业的热爱而产生的一种全身心投入的精神，是社会对人们工作态度的一种道德要求。

追求卓越的精益精神

大学生应当追求卓越的精益精神。精益求精是对产品的追求，是从业者对产品精益求精的苛求，也是对客户认真负责的一种态度。对于数据库从业者来说，应当注重产品的品质。例如，在做教学管理系统的时候，应当对数据做好最合适的备份，选择最合适的备份和还原方法。

持之以恒的专注精神

大学生应当追求持之以恒的专注精神。唐代诗人贾岛曾有诗云："十年磨一剑，霜刃未曾试。"十年辛苦劳作，才磨出一把利剑，这就是专注的力量。历经十年磨砺，钝器也能变为利刃。铸剑如此，学习更是如此。拥有持之以恒的专注精神，前提是热爱。"爱一行方能干一行"。你是工人也好，你是科学家也罢，唯有热爱，才有激情，才有动力，才能坚守。专注，关键是坚持。没有坚持，专注可能只有善始而无善终。

追求突破的创新精神

大学生应当追求突破的创新精神。创新精神是指在具有能够综合运用已有的知识、信息、技能和方法的情况下，提出新方法、新观点的思维能力和进行发明创造、改革、革新的意志、信心、勇气和智慧。对于从事计算机行业，特别是数据库行业人员来说，拥有创新精神非常重要，拥有创新精神，能够为数据库管理系统带来新的管理理念；拥有创新精神，能够为产品带来新的设计理念。

总的来说，大学生应当不忘初心、牢记使命。努力学习科学知识，在学习的过程中培养自己的工匠精神，为国家、社会尽自己的一份力量。

任务 12.1　数据库的备份与还原及创建自动备份计划

【任务工单】

任务工单 12－1：数据库的备份与还原及创建自动备份计划

任务名称	数据库的备份与还原及创建自动备份计划				
组别					
学生姓名					
任务情境	数据库管理员已按照客户需求创建好了数据库，现请你对该数据库进行备份与还原				
任务目标	对“教学管理”系统数据库进行备份与还原				
任务要求	掌握数据库的备份与还原				
知识链接					
计划决策					
任务实施	1. 数据库的备份 2. 设备备份 3. 数据库还原				

续表

检查	1. 备份的创建；2. 还原数据库
实施总结	
小组评价	
任务点评	

【前导知识】

备份是指数据库管理员定期或不定期地将数据库的部分或全部内容复制到磁带或磁盘上进行保存的过程。数据的还原，是数据备份的逆向过程，可以利用备份好的数据进行数据库的恢复。

为什么要备份?

①故障不可避免。

②需要数据库在出现故障时能够及时、有效地恢复。

备份主要包括完整备份、差异备份、事务日志备份三种类型。

一、数据库的备份方式及策略

1. 完整备份

三种备份

完整数据库备份，即对整个数据库，包括用户表、索引、视图、存储过程等进行备份。其特点是时间长，占用空间大，备份过程中容易忽略一些其他事务。完整备份是备份的基础，其提供了任何其他备份的基准，其他备份如差异备份只是在执行完整备份之后才能被执行。例如，每天对数据库做完整备份，如图 12 - 1 所示。

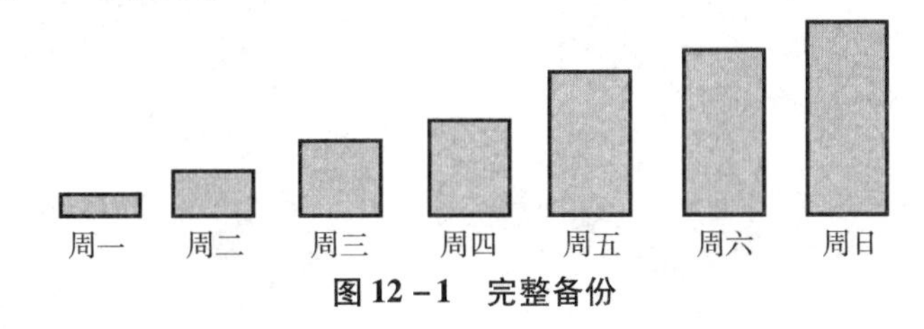

图 12 - 1　完整备份

（1）使用 SSMS 进行备份

①在“对象资源管理器中”展开“数据库”，找到需要备份的数据库（以教学管理为例）。

② 右击数据库，依次找到“任务”→“备份”，单击“备份”按钮，弹出“备份数据库 - 教学管理”窗口。

③在“备份类型”下拉列表框中，有“完整”“差异”“事务日志”三种类型，选择“完整”选项。对于“备份组件”，选择“数据库”，也可以根据需要选择“文件和文件组”。在“目标”部分，可以选择添加或删除其他备份设备，“目标”指的是将数据库备份到目标路径。最后单击“确定”按钮即可完成备份。

提示：创建完整数据库备份之后，就可以创建差异数据库备份，如果要创建差异备份，则类型选择为“差异”。

（2）使用语句进行备份

语法结构如下：

```
Backup database A to B
```

参数说明：

①A：具体数据库名。

②B：备份设备名称。

2. 差异备份

差异备份是完整备份的补充，执行的是差异数据的备份，只备份上次完整备份之后更改的数据。其特点是时间短，占用磁盘空间小，适用于频繁修改的数据。例如，每周一和周日对数据库做完全备份，周二至周六对数据库做差异备份，如图 12－2 所示。在还原数据时，需要先还原前一次做的完整备份，再还原最后一次所做的差异备份。

注：创建完整数据库备份之后，就可以创建差异数据库备份。如果要创建差异备份，则类型选择为“差异”，所以，在还原数据时，需要先还原前一次做的完整备份，再还原最后一次所做的差异备份。

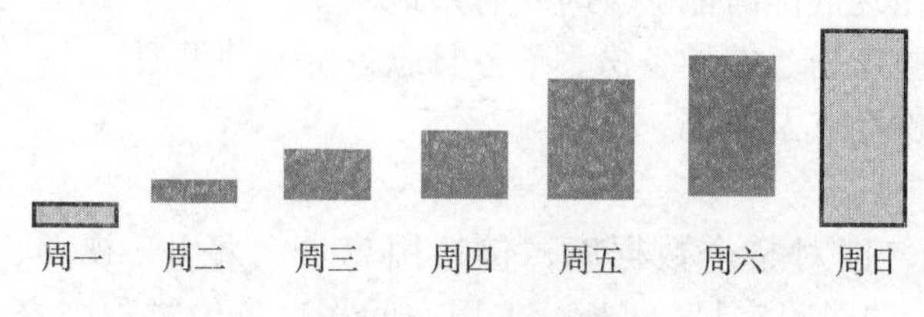

图 12－2　差异备份

方法：

（1）采用 SSMS 进行备份

与完整备份的方法一致。

（2）使用语句进行差异备份

语法结构如下：

```
Backup database A to B with different
```

参数说明：

①A：具体数据库名。

②B：备份设备名称。

③different：使用差异备份。

3. 事务日志备份

事务日志用于记录所有事务对数据库所做的修改，它记录了上一次完整备份、差异备份或事务日志备份后数据库的所有变动过程。事务日志备份只备份事务日志中的内容，事务日志备份是自上次备份后对数据库执行的所有事务的一系列记录。其特点是时间短，占用空间小。

（1）采用 SSMS 进行备份

与完整备份的方法一致。

（2）使用语句进行差异备份

语法格式如下：

```
Backup log A to B
```

相关参数：

①log：日志。

②A：数据库。

③B：备份到 B 中。

在了解三种备份方式后，再来看一下备份策略。

4. 备份策略

备份数据库之前，需要确认备份的策略。备份策略最重要的是如何选择和组合备份方式。

备份策略

常用备份策略包括：

（1）完全备份策略

该备份策略忽略两次完全备份操作之间数据的变化情况，是一种每次都对备份目标执行完全备份的方式。该备份策略包括对数据和日志的备份，适合数据量不是特别大，数据更改不太频繁的数据库。

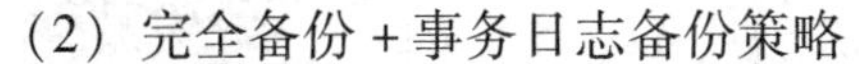

（2）完全备份 + 事务日志备份策略

创建定期的数据库完全备份，并在两次数据库完全备份之间按一定的时间间隔创建事务日志备份，增加事务日志备份的次数，以减少每次备份时间。该策略适用于不希望经常创建完全备份，但又不允许丢失太多数据的情况。

备份过程可采用的方法：先创建完全备份，再创建事务日志备份。

（3）完全备份 + 差异备份 + 事务日志备份策略

创建定期的数据库完全备份，并在两次数据库完全备份之间按一定的时间间隔创建差异备份，再分别在两次差异备份之间创建一些事务日志备份。

备份过程可采用的方法：先创建完全备份，再创建差异备份，最后创建事务日志备份。

很多情况下，可采用自动备份维护计划进行自动备份。

二、备份设备

1. 备份设备的概念

备份设备

备份设备指的是用于存储数据库、事务日志或文件和文件组备份的存储介质，备份或还原的时候会被用到。可以在服务器的本地磁盘上或共享网络资源的远程磁盘上定义磁盘备份设备。备份磁盘设备的最大大小由磁盘设备上的可用空间决定。

常用存储介质类型包括：

硬盘：最常用的备份介质（可用于备份本地文件和网络文件）。

磁带：大容量备份介质（只可用于备份本地文件）。

2. 备份设备的名称

备份设备在磁盘上是以文件方式存储的，一般使用统一命名方式来命名备份文件。可以使用物理设备名称或逻辑设备名称。

物理设备名称：操作系统文件名，直接采用备份文件在磁盘上以文件方式存储的完整路径名。如 D:\backup\data_full. bak 指的是在 D 盘 backup 文件夹中的 data_full. bak 文件。

逻辑设备名称：为备份设备指定的逻辑名称。如备份设备 D:\backup\data_full. bak 可命名为 mybak。

3. 备份设备的创建

创建备份设备可以使用 SQL Server 图形化管理界面或系统存储过程创建两种方法。

4. 删除备份设备

可以使用 SSMS 删除备份设备或系统储存过程删除备份设备。其中，SMMS 删除备份设备只需要在对象资源管理器中找到该备份设备，右击，选择“删除”即可；使用存储过程删除备份设备，使用 sp_adropdevice 删除。

三、数据还原

数据还原是指将数据库备份装载到系统中，应用事务日志重建数据库的过程，其是数据备份的逆向操作。

数据库备份以后，如果数据库遭受破坏或数据丢失，或者因维护任务从一个服务器向另一个服务器复制数据库时，需要利用数据库的备份执行还原数据库的操作。

数据库的还原包括简单还原模式、完整还原模式和大容量日志还原模式三种。

1. 简单还原模式

仅使用了数据库备份或差异备份，没有涉及事务日志备份。只能还原到最近备份的末尾，例如，数据库分别在 t1、t2、t3、t4、t5 时间段进行了备份，当 t6 发生灾难时，由于没有事务日志备份，该时间段的更新会丢失，也就是说，只能还原到 t5。

数据库的还原模式，还原相关设置，及其还原顺序

2. 完整还原模式

使用了数据库备份和事务日志备份。将数据库还原到发生灾难的时刻，几乎不造成任何数据丢失，为保证这种还原程度，所有操作将完整记录在事务日志。例如，数据库已完成了数据库备份和事务日志备份 DB_1、Log_1、Log_2，当故障出现时，先还原 DB_1，再还原 Log_1、Log_2，最后按尾日志进行还原，数据库还原至故障点，如图 12－3 所示。

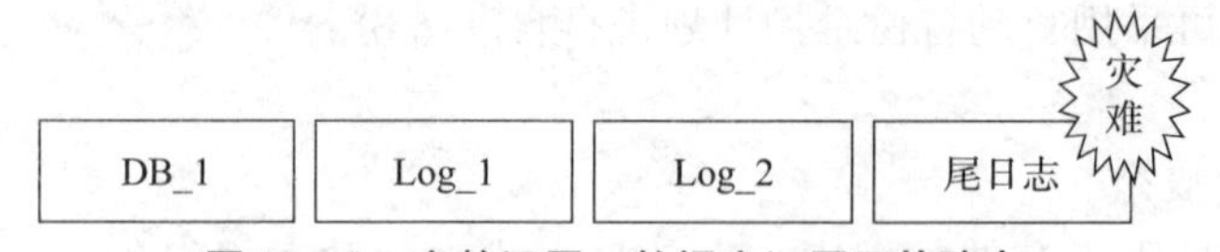

图 12－3　完整还原，数据库还原至故障点

选择该还原模式的备份策略是：先进行完整数据库备份，再进行差异数据库备份，最后进行事务日志备份。

3. 大容量日志还原模式

能够尽最大可能减少大规模操作所需要的存储空间。大规模操作主要是创建索引和大容量复制。选择该模式所采用的策略和完整还原模式所采用的策略基本相同，见表 12－1。

表 12－1　备份类型和还原模式的关系

还原模式	备份类型			
	完整数据库备份	差异数据库备份	事务日志备份	文件或文件差异备份
简单	必需	可选	不允许	不允许
完整	必需	可选	必需	可选
大容量日志记录	必修	可选	必需	可选

4. 设置还原模式

打开 SSMS，右击将要备份的数据库，从弹出的快捷菜单中选择“属性”命令，打开“数据库属性”对话框。在选择页中选择“选项”，在“恢复模式”中选择所需的设置。

5. 还原顺序

SQL Server 还原方案使用一个或多个还原步骤来实现。一般地，还原操作需要一个完整数据库备份、一个差异数据库备份及后续日志备份。

通用的还原顺序：

①还原数据库的完全备份。

②还原数据库的差异备份。

③根据后续事务日志备份进行还原。

6. 还原操作

还原操作

还原是备份的逆向操作，可以通过 SSMS 和使用 T－SQL 语句两种方法进行还原。此处仅介绍使用 SSMS 还原数据库。

具体操作步骤如下：

①在“对象资源管理器”中展开“数据库”，找到需要还原的数据库（以“教学管理”系统数据库为例）。

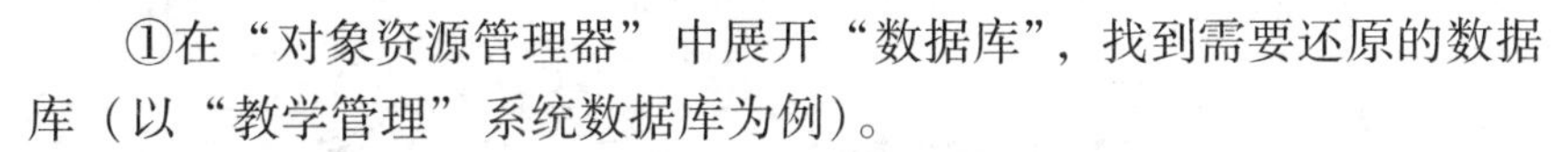

②右击该数据库，选择“任务”→“还原”→“数据库”，弹出“还原数据库－教学管理”窗口。

③在“还原数据库－教学管理”窗口中，“源”一栏可以选择数据库，也可选择设备。如果选择设备，则找到之前创建的设备 BFSB1。

④在“目标”区域的“数据库”下拉列表框中选择要还原的数据库的名称。在“还原计划”中选中要还原的备份集。

⑤选择“文件”选项卡，可以将数据库文件重新定位，也可以还原到原位置。

⑥选择“选项”选项卡。如果还原数据库时想要覆盖现有的数据库，选中“覆盖现有数据库”复选框。如果要修改恢复状态，可以选择相应的选项。

⑦设置完后，单击“确定”按钮，完成还原。

【任务内容】

1. 将“教学管理”系统数据库完整备份到“教学管理备份设备”。
2. 将“教学管理”系统数据库差异备份到“教学管理备份设备”。
3. 备份“教学管理”系统数据库的日志到“教学管理备份设备”。
4. 使用存储过程 sp_dropdevice 删除名称为 abc 的备份设备。
5. 使用 SQL Server 图形化管理界面创建备份设备。
6. 使用系统储存过程创建备份设备。
7. 对“教学管理”数据库进行备份并还原，要求：

（1）采用完整恢复模式。

（2）创建备份设备 BFSB1。

（3）将“教学系统”数据库备份至备份设备 BFSB1 中。

（4）利用备份好的数据，对“教学系统”数据库进行还原。

【任务实施】

1. 将“教学管理”系统数据库完整备份到“教学管理备份设备”。

T－SQL 代码如下：

```
Backup database 教学管理 to 教学管理备份设备 /* 将"教学管理"系统数据库备份到"教学管理备份设备"* /
```

执行结果如图 12－4 所示。

2. 将“教学管理”系统数据库差异备份到“教学管理备份设备”。

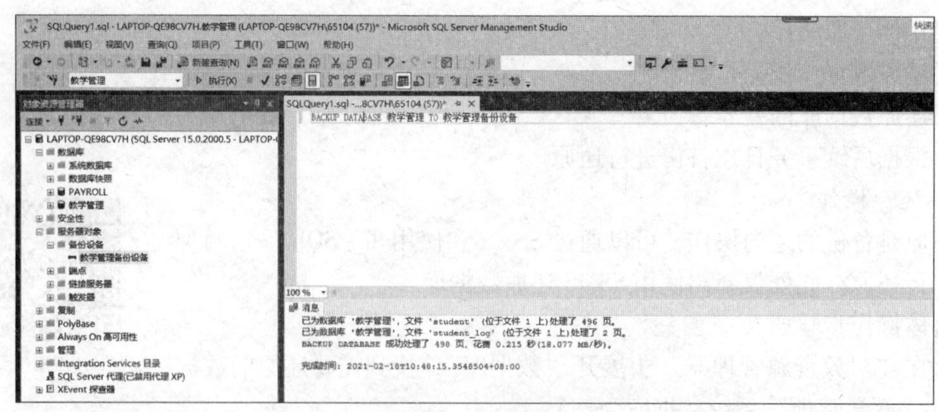

图 12－4　完整备份

```
Backup databaca 教学管理 to 教学管理备份设备
With differential /* 将"教学管理"系统数据库备份到"教学管理备份设备",使
用差异备份* /
```

3. 备份“教学管理”系统数据库的日志到“教学管理备份设备”。

```
Backup log 教学管理 to 教学管理备份设备 /* 事务日志备份* /
```

4. 使用存储过程 sp_dropdevice 删除名称为 abc 的备份设备。

```
exec sp_dropdevice abc /* 使用存储过程删除备份设备* /
```

5. 使用 SQL Server 图形化管理界面创建备份设备。

具体操作步骤如下：

（1）在“对象资源管理器”中依次展开“服务器对象”→“备份设备”，右击“备份设备”，选择“新建备份设备”。

（2）在“备份设备”窗口中，输入备份设备名称，在“目标”中选择文件，选择备份路径并输入备份名，单击“确定”按钮，如图 12－5 所示。

（3）可以在备份设备中看到已创建的备份设备，如图 12－6 所示。

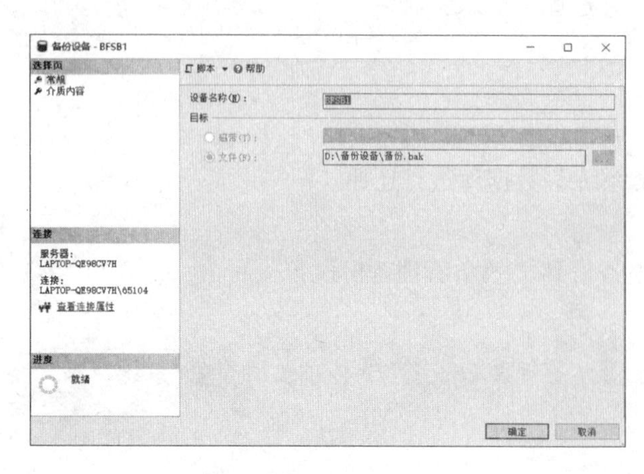

图 12－5　备份设备设置

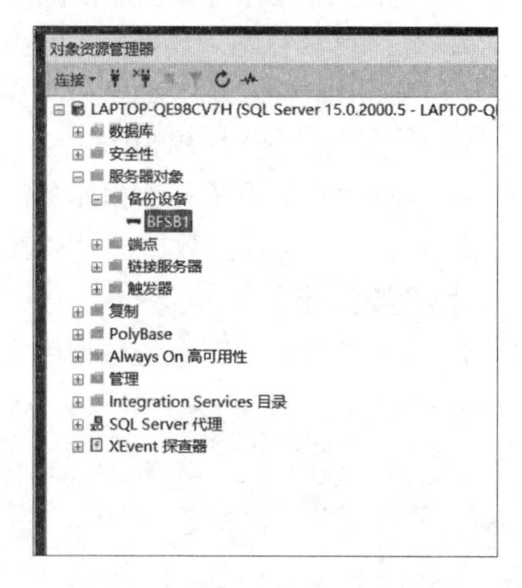

图 12－6　已创建的备份设备

6. 使用系统储存过程创建备份设备。

可以使用 sp_addumpdevice 创建备份设备。

创建一个名称为 abc 的磁盘备份设备，其物理名称为“D:\BFSB2”。

```
Exec sp_addumpdevice'disk','abc','D:\BFSB2.bak'/* 使用存储过程创建备份设备* /
```

7. 对“教学管理”数据库进行备份与还原。

（1）选择还原模式。

还原模式决定总体的备份策略和备份类型，不同的还原模式对数据库的备份要求有所不同（例如，在还原数据库的时候采用完整还原模式，那么至少对数据库采用了完整备份和事务日志备份两种方法）。还原模式的选择如图 12－7 所示。

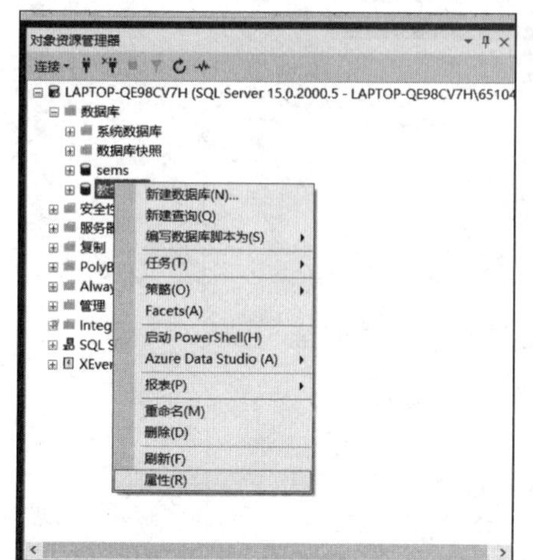

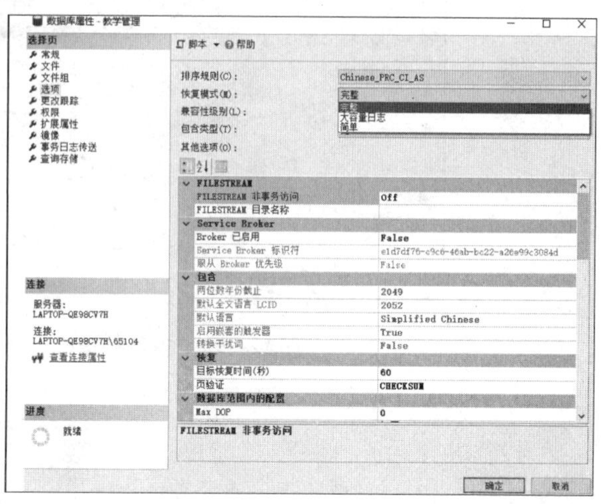

图 12－7　选择数据库的还原模式

（2）创建备份设备。

其过程如图 12－8 所示。

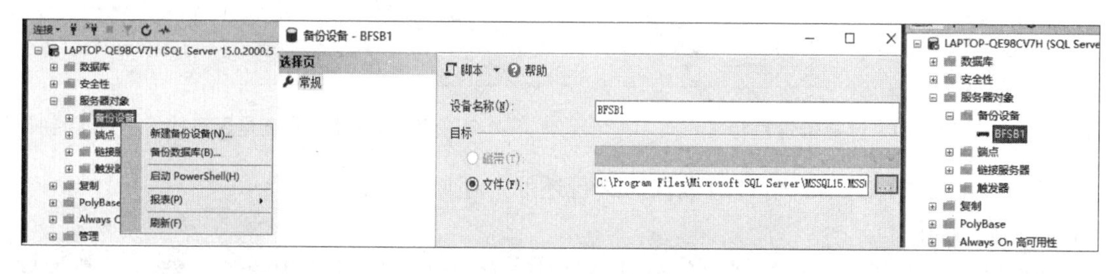

图 12－8　创建备份设备

（3）实现备份。

对数据的备份如图 12－9 所示。首先找到需要备份的数据库，以“教学管理”系统数据库为例，右击“教学管理”系统数据库，找到“备份”并单击，进入“备份数据－教学管理”窗口，备份类型选择“完整”，单击显示的目标，单击“删除”按钮。在目标栏单击

“添加”按钮，弹出“选择备份目标”窗口，选择刚刚创建的备份设备“BFSB1”，单击“确定”按钮，回到“备份数据库－教学管理”窗口，如图 12－10 和图 12－11 所示，单击“确定”按钮，完成数据库备份。

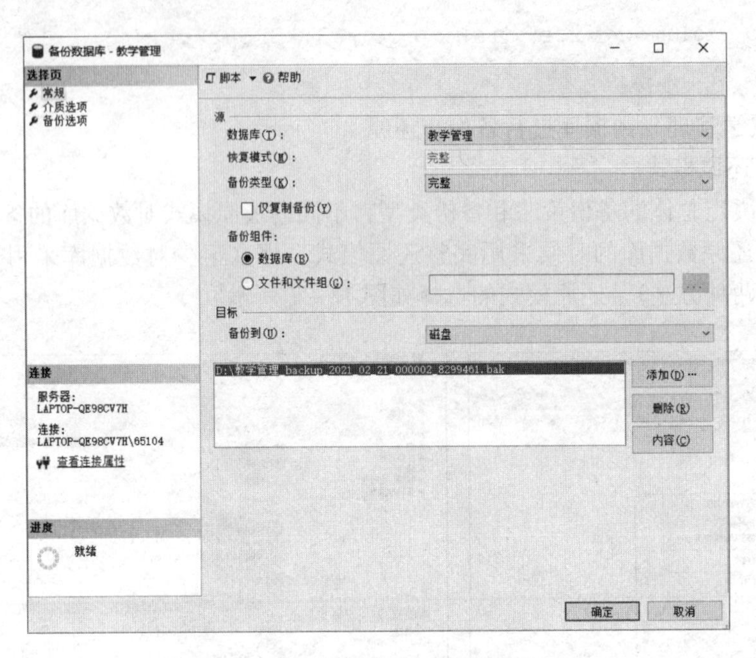

图 12－9 “备份数据库－教学管理”窗口

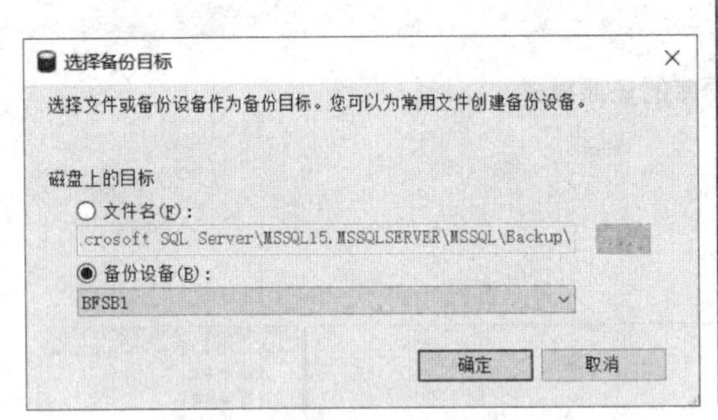

图 12－10 选择备份目标

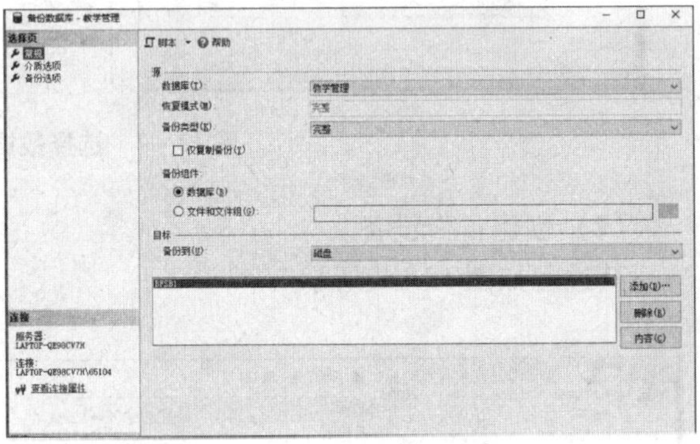

图 12－11 检查是否正确

备份好了数据库之后，可以对数据库进行还原。还原步骤如下：

（1）限制用户。

还原之前需限制用户对数据库进行其他操作，经过设置，其他用户就不能访问数据库了，设置方法如图 12－12 所示。找到数据库并右击，选择“属性”，在弹出的窗口中选择选项页，找到“限制访问”，选择“单用户”(SINGLE_USER)，单击“确定”按钮，如图 12－13 所示。

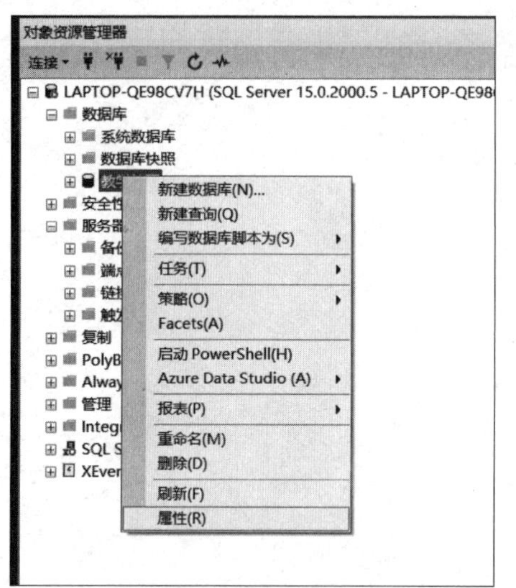

图 12－12　数据库属性

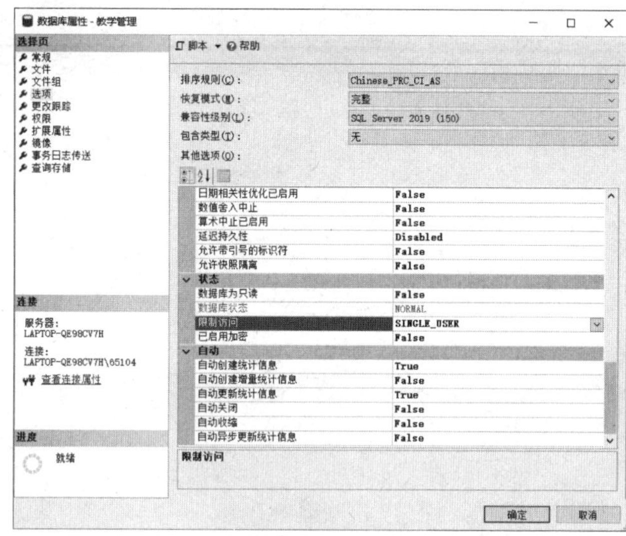

图 12－13　限制访问

（2）实现还原。

选择需要还原的数据库，依次单击“任务”→“还原”→“数据库”，在弹出的窗口中，单击“设备”后的“…”按钮，在弹出的“选择备份设备”窗口中选择备份设备（刚刚备份在设备 BFSB1 中），单击“添加”按钮，选择 BFSB1 并单击“确定”按钮，依次单击“确定”按钮，直到完成还原，如图 12－14 和图 12－15 所示。

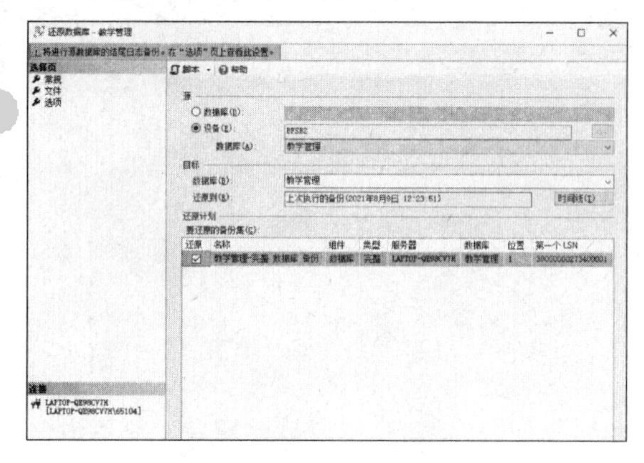

图 12－14　选择设备

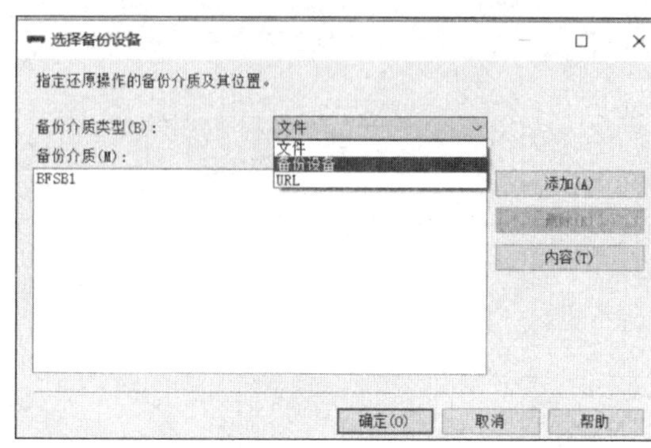

图 12－15　BFSB1

任务 12.2　自动备份维护计划

【任务工单】

任务工单 12－2：自动备份维护计划

任务名称	自动备份维护计划				
组别					
学生姓名					
任务情境	请你为“教学管理”系统数据库创建自动备份计划				
任务目标	能够对该数据库创建自动备份计划				
任务要求	能够创建自动备份维护计划				
知识链接					
计划决策					
任务实施	自动备份维护计划的创建				

续表

检查	自动备份计划的创建
实施总结	
小组评价	
任务点评	

【前导知识】

创建自动备份维护计划

创建数据库维护计划可以让 SQL Server 自动、有效地维护数据库，从而为系统管理员节省大量时间。SQL Server 维护计划可以创建一个作业，以按预定间隔自动执行维护任务。

维护计划向导可以用于设置核心维护任务，从而确保数据库执行良好，做到定期备份数据库。它可以创建一个或多个 SQL Server 代理作业，代理作业将按计划间隔自动执行相应操作。

SQL Server 2019 可以做维护计划，从而对数据库进行自动备份。以“教学管理”系统数据库为例，我们需对该数据库进行备份，由于该数据库数据量庞大，若是每天进行完整备份，则会浪费很多时间和磁盘空间，维护起来也十分麻烦。

因此，可以采用完整备份与差异备份相结合的备份方式，每周日进行一次完整备份，每天晚上进行一次差异备份。既做到了节约时间，又做到了节约磁盘空间。使用该种方法，在还原的时候需使用完整备份和差异备份，文件才能进行更好的还原。

【任务内容】

为“教学管理”系统数据库创建自动备份维护计划。要求：

（1）采用完整备份和差异备份相结合的方式。

（2）每周日对数据库进行一次完整备份，每周一至周六对数据库进行差异备份。

（3）每次备份执行的时间为 0.00。

（4）维护计划名称为 JXGL。

【任务实施】

创建维护计划的过程如下：

（1）在做计划之前，需要先启用 SQL Server 代理，并将启动模式设为自动。

（2）依次展开“服务器”→“管理”→“扩展时间”，找到“维护计划”，右击并选择“维护计划向导”。

（3）单击“下一步”按钮，进入“选择计划属性”界面，输入计划的名称“JXGL”并注以说明。由于我们的计划包括完整备份和差异备份，其中完整备份一周一次，差异备份一天一次，因此选择“每项任务单独计划”，如图 12－16 所示。

（4）单击“下一步”按钮，选择“完整备份”“差异备份”，单击“下一步”按钮，弹出图 12－17 所示窗口，单击“下一步”按钮，则弹出图 12－18 所示窗口，这时可以对完整备份进行设置，如图 12－19 所示。

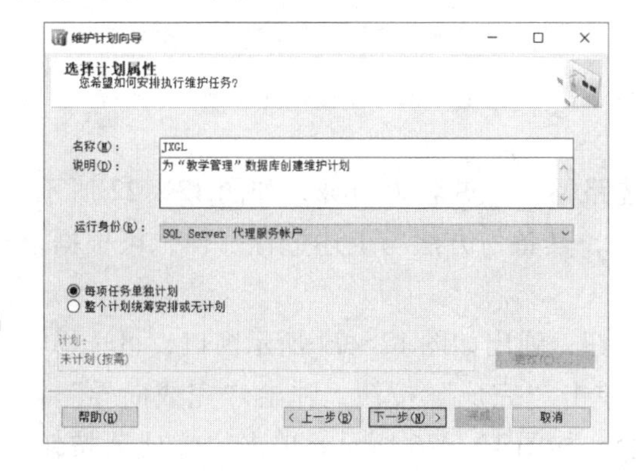

图 12－16　维护计划向导

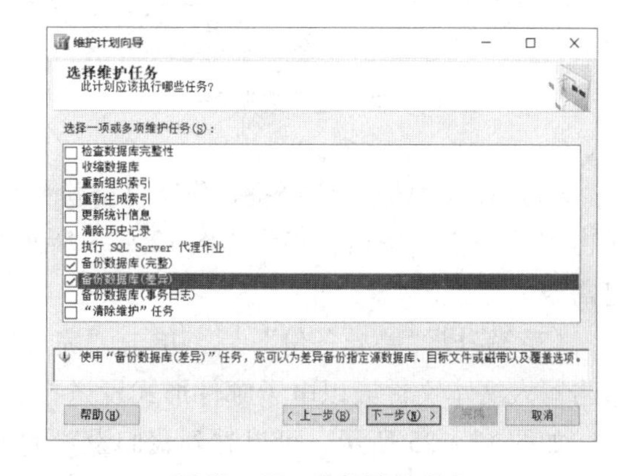

图 12－17　选择维护任务

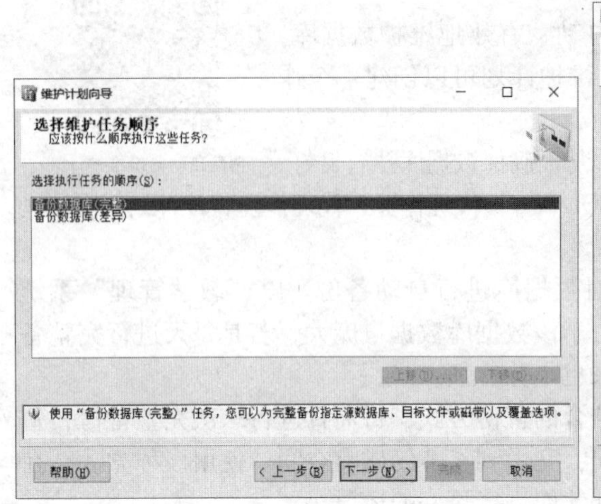

图 12－18　完整备份

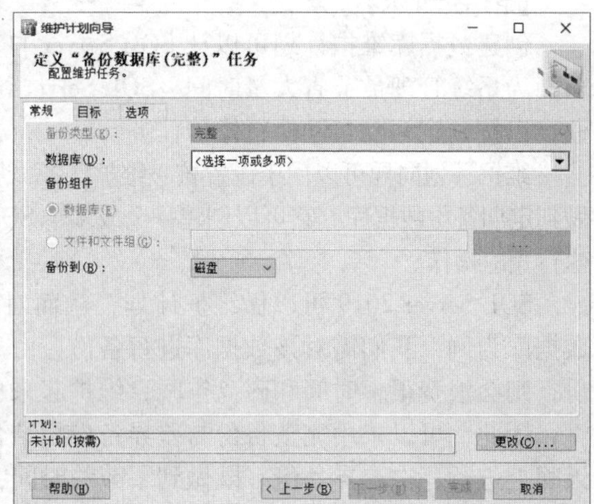

图 12－19　完整备份设置

（5）选择“常规”栏，选择“教学管理”系统数据库，如图 12－20 所示，单击“确定”按钮，单击“计划”旁边更改项，弹出“新建作业计划”窗口，此时可对完整备份进行设置，如图 12－21 所示。

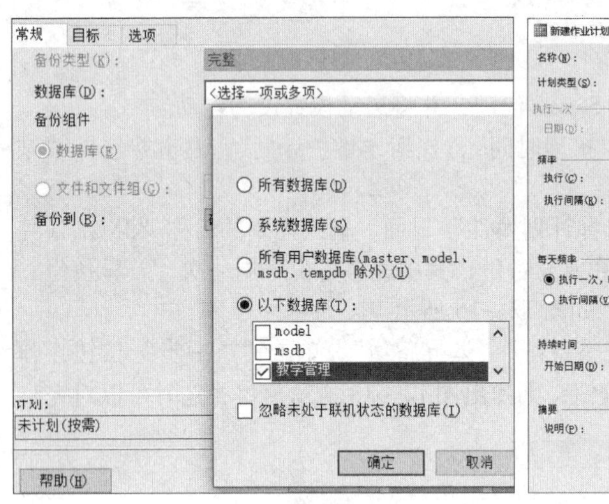

图 12－20　选择数据库

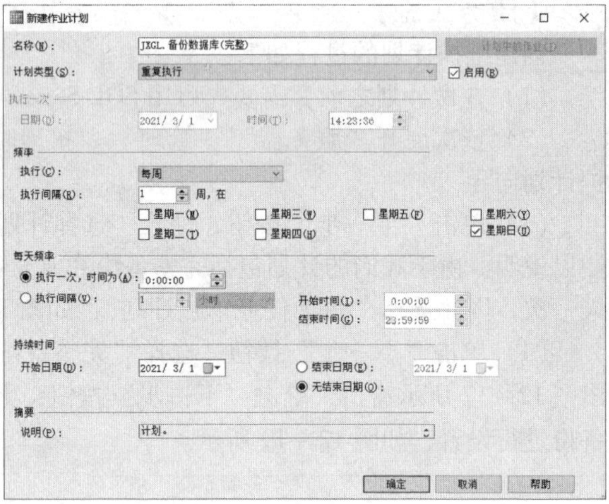

图 12－21　新建作业计划

（6）在“目标”栏可将备份文件备份到所选路径，扩展名为 .bak，如图 12－22 所示，单击“下一步”按钮，将弹出图 12－23 所示窗口，其备份方法与上述过程一样，可根据自己需要创建。

（7）完成“差异备份”后，单击“完成”按钮，弹出如图 12－24 所示窗口，可选择将报告写入文本文件或以电子邮件形式发送报告。单击“完成”按钮，弹出“完成向导”窗口，如图 12－25 所示，可以看到我们设置的内容，如图 12－26 所示。单击“完成”按钮，如图 12－27 所示。

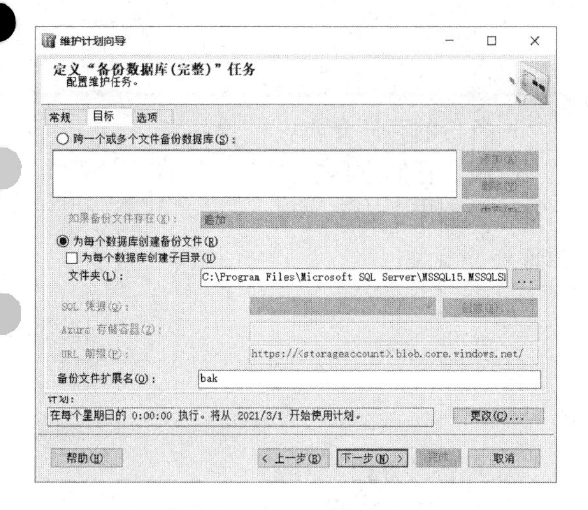

图 12－22　目标栏

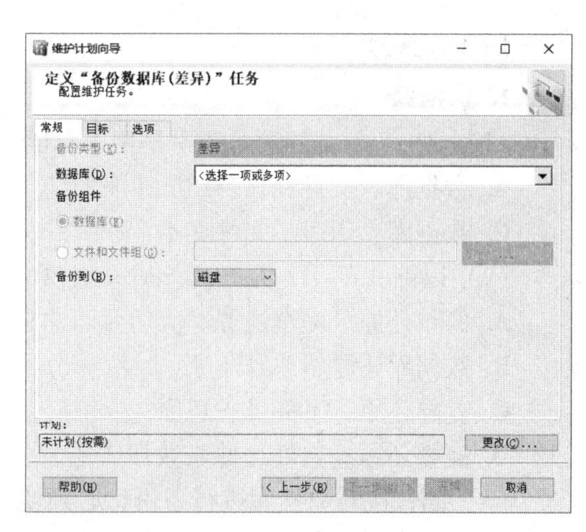

图 12－23　差异备份

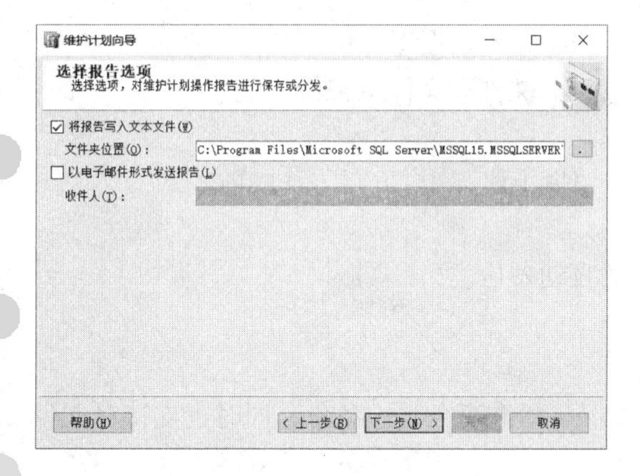

图 12－24　报告写入

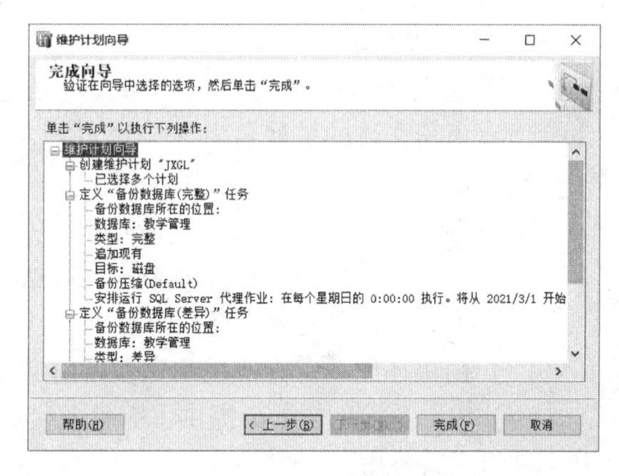

图 12－25　完成向导

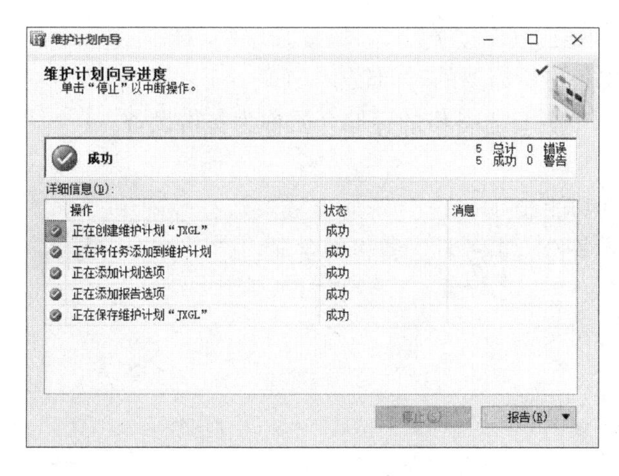

图 12－26　完成

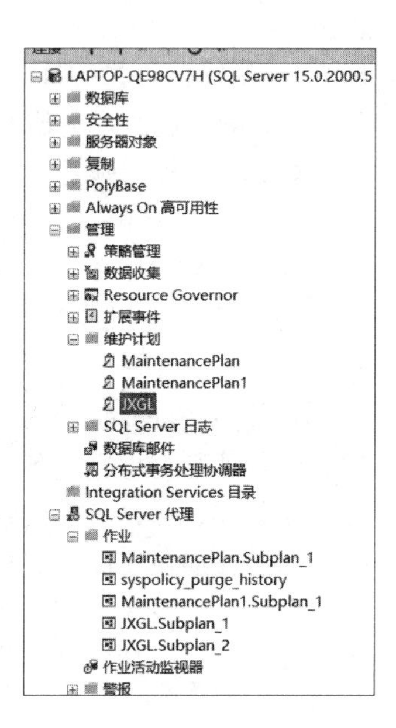

图 12－27　JXGL 维护计划

【知识考核】

1. 选择题

（1）SQL Server 的设备备份是用来存储（　　）备份的存储介质。

A. 数据库、文件和文件组、事务日志　　B. 表、存储过程、视图

C. 数据库、图表、文件文本　　D. 数据库、索引

（2）以下（　　）是 SQL Server 提供的数据库还原模型。

A. 简单还原、完全还原、大容量日志还原

B. 数据库还原、差异还原

C. 差异还原、事务日志还原

D. 完整还原、文件还原、数据库还原

（3）第一次对数据库进行备份，必须使用（　　）备份方式。

A. 完整备份　　B. 差异备份　　C. 事务日志备份　　D. 视图备份

（4）简单还原必须使用（　　）。

A. 完整数据库备份　　B. 差异数据库备份

C. 事务日志备份　　D. 文件和文件组备份

（5）备份文件的扩展名为（　　）。

A. .bak　　B. .exe　　C. .txt　　D. .doc

2. 判断题

（1）可以创建自动维护计划来实现数据库的自动备份。（　　）

（2）完整备份就是差异备份。（　　）

（3）简单还原一定会使用到完整备份文件。（　　）

（4）SQL Server 数据库提供了完整备份、差异备份和事务日志备份，同时也支持对文件和文件组进行备份。（　　）

（5）对一个经常要进行数据库操作的数据库进行备份，需要在完全备份的基础上进行差异备份。（　　）

（6）恢复数据库时，对恢复的顺序有如下要求：①恢复最近的完全数据备份；②恢复完全备份之后的最近的差异数据库备份（如果有的话）；③恢复日志备份。（　　）

（7）数据库还原只能用 T－SQL 语句实现。（　　）

（8）可以使用 SSMS 对数据库进行恢复。（　　）

（9）相对于数据库备份，事务日志备份所需要的时间较少。（　　）

（10）SQL Server 用来存储数据库、事务日志备份的存储介质称为备份设备。（　　）

3. 简答题

（1）请简述数据库备份的含义及其功能。

（2）请简述数据据完整备份、差异备份、事务日志备份的含义。

（3）请简述什么是备份设备。

（4）请简述简单还原和完整还原的含义。

参 考 文 献

[1] 申时凯，李海雁，等. 数据库应用技术［M］. 2 版. 北京：中国铁道出版社，2008.

[2] 刘勇，刘造新. SQL Server 2005 数据库管理［M］. 北京：清华大学出版社，2012.

[3] 洪运国. SQL Server 2012 数据库管理教程［M］. 北京：航空工业出版社，2013.

[4] 魏衍君，郑凤婷. SQL Server 2016 数据库技术实用教程［M］. 西安：西北工业大学出版社，2017.

[5] 何玉洁. 数据库管理与编程技术［M］. 北京：清华大学出版社，2009.

[6] 王珊，萨师煊. 数据库系统概论［M］. 4 版. 北京：高等教育出版社，2006.

[7] 郎振红，杨阳. SQL Server 2014 数据库设计与开发教程［M］. 北京：人民邮电出版社，2018.

[8] 郑阿奇，刘启芬，顾韵华. SQL Server 2016 数据库教程［M］. 北京：人民邮电出版社，2019.

[9] 卫琳. SQL Server 2014 数据库应用与开发教程［M］. 4 版. 北京：清华大学出版社，2019.

[10] 高玉珍，杨云，王建侠，石秀芳. SQL Server 2016 数据库管理与开发项目教程：微课版［M］. 北京：人民邮电出版社，2020.

[11] 王立平，刘祥淼，彭霁. SQL Server 2014 从入门到精通［M］. 北京：清华大学出版社，2016.

[12] 康会光. SQL Server 2008 中文版标准教程［M］. 北京：清华大学出版社，2009.

[13] 奎晓燕，等. 数据库技术与应用［EB/OL］. https://www.icourse163.org/course/CSU-1450057174?from=searchPage.

[14] Microsoft SQL 文档［EB/OL］. https://docs.microsoft.com/zh-cn/sql/?view=sql-server-ver15.

参考文献

[1] [illegible]
[2] [illegible] SQL Server 2016 [illegible]
[3] [illegible] SQL Server 2016 [illegible]
[4] [illegible] 2016 [illegible] 2017.
[5] [illegible]
[6] [illegible]
[7] [illegible] SQL Server 2014 [illegible]
[8] [illegible] SQL Server 2016 [illegible]
[9] [illegible] SQL Server 2016 [illegible] 2019.
[10] [illegible] SQL Server 2016 [illegible]
[11] [illegible] SQL Server 2014 [illegible]
[12] [illegible] SQL Server [illegible]
[13] [illegible]
[14] [illegible] https://docs.microsoft.com/ [illegible]